从零开始

学51单片机C语言

刘建清 ◎ 主编

陶柏良 范军龙 ◎ 编著

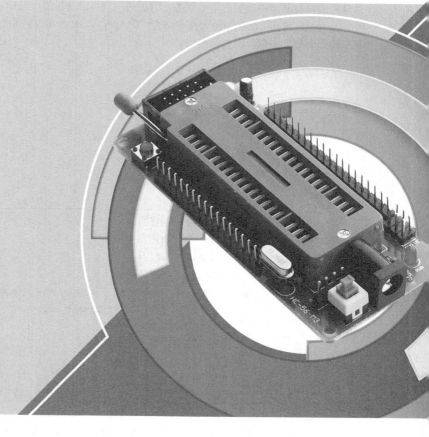

人民邮电出版社

北京

图书在版编目（ＣＩＰ）数据

从零开始学51单片机C语言 / 刘建清主编 ; 陶柏良,
范军龙编著. -- 北京 : 人民邮电出版社，2019.6
ISBN 978-7-115-49784-0

Ⅰ．①从… Ⅱ．①刘… ②陶… ③范… Ⅲ．①单片微
型计算机－C语言－程序设计 Ⅳ．①TP368.1②TP312.8

中国版本图书馆CIP数据核字(2018)第246348号

内 容 提 要

　　本书采用新颖的讲解形式，深入浅出地介绍了 51 单片机的组成、开发环境及单片机 C 语言基础知识，结合大量实例，详细演练了中断、定时器、串行通信、键盘接口、LED 数码管、LCD 显示器、DS1302 时钟芯片、EEPROM 存储器、单片机看门狗、温度传感器 DS18B20、红外和无线遥控电路、A/D 和 D/A 转换器、步进电机、语音电路、LED 点阵屏、基于 VB 的 PC 与单片机通信等内容。本书中的所有实例均具有较高的实用性和针对性，且全部通过了实验板验证；尤为珍贵的是，所有源程序均具有较强的移植性，读者只需将其简单修改甚至不用修改，即可应用到自己开发的产品中。

　　全书语言通俗，实例丰富，图文结合，简单明了，适合单片机爱好者和初学者，也可作为中等专业技术学校、中等职业学校等教学用书。

◆ 主　　编　刘建清

　　编　　著　陶柏良　范军龙

　　责任编辑　黄汉兵

　　责任印制　彭志环

◆ 人民邮电出版社出版发行　　北京市丰台区成寿寺路 11 号

　　邮编　100164　电子邮件　315@ptpress.com.cn

　　网址　http://www.ptpress.com.cn

　　固安县铭成印刷有限公司印刷

◆ 开本：787×1092　1/16

　　印张：24.25　　　　　　　　　2019 年 6 月第 1 版

　　字数：582 千字　　　　　　　2019 年 6 月河北第 1 次印刷

定价：89.00 元

读者服务热线：**(010)81055493**　印装质量热线：**(010)81055316**
反盗版热线：**(010)81055315**

我们所处的时代是一个知识爆发的时代，新产品、新技术层出不穷，电子技术发展更是日新月异。当你对妙趣横生的电子世界发生兴趣时，首先要找一套适合自己学习的电子类图书阅读，"从零开始学电子"丛书正是为了满足零起点入门的电子爱好者而写的，全套丛书共有如下 6 册：

从零开始学电工电路

从零开始学电动机、变频器和 PLC

从零开始学电子元器件识别与检测

从零开始学模拟电路

从零开始学数字电路

从零开始学 51 单片机 C 语言

和其他电子技术类图书相比，本丛书具有以下特点。

内容全面，体系完备。本丛书给出了电子爱好者学习电子技术的全方位解决方案，既有初学者必须掌握的电工电路、模拟电路和数字电路等基础理论，又有电子元器件检测、电动机等操作性较强的内容，还有变频器、PLC、51 单片机、C 语言等软硬件结合的综合知识。内容翔实，覆盖面广。掌握好本系列内容，读者就能熟练读懂有关电子科普类杂志，再稍加实践，必定能成为本行业的行家里手。

通俗易懂，重点突出。传统的图书在介绍电路基础和模拟电子等内容时，大都借助高等数学这一工具进行分析，电子爱好者自学电子技术时，必须先学高等数学，再学电路基础，门槛很高，使大多数电子爱好者被拒之门外，失去了学习的热情和兴趣。为此，本丛书在编写时，完全考虑到了初学者的需要，既不讲难懂的理论，也不涉及高等数学方面的公式，尽可能地把复杂的理论通俗化，将烦琐的公式简易化，再辅以简明的分析、典型的实例。这构成了本丛书的一大亮点。

实例典型，实践性强。本丛书最大程度地强调了实践性，书中给出的例子大都经过了验证，可以实现，并且具有代表性，本丛书中的单片机实例均提供有源程序，并给出实验方法，以方便读者学习和使用。

内容新颖，风格活泼。丛书所介绍的都是电子爱好者关心的、并且在业界获得普遍认同的内容。丛书的每一本都各有侧重，又互相补充，论述时疏密结合，重点突出，不拘一格。对于重点、难点和容易混淆的知识，书中用专用标识进行了标注和提示。

把握新知，结合实际。电子技术发展日新月异，为适应时代的发展，丛书还对电子技术的新知识做了详细的介绍。丛书中涉及的应用实例都是作者开发经验的提炼和总结，相信会对读者带来很大的帮助。在讲述电路基础、模拟和数字电子技术时，还专门安排了软件仿真实验，实验过程非常接近实际操作的效果。仿真软件不但提供了各种丰富的分立元件和集成电路等元器件，还提供了各种丰富的调试测量工具：电压表、电流表、示波器、指示器、分析仪等。仿真软件是一个全开放性的仿真实验平台，给我们提供了一个完备的综合性实验室，可以任意组合实验环境，搭建实验。电子爱好者通过实验，将使学习变得生动有趣，加深对电路理论知识的认识，一步一步走向电子制作和电路设计的殿堂。

总之，对于需要学习电子技术的电子爱好者而言，选择"从零开始学电子"丛书不失为一个良好选择。该丛书一定能给你耳目一新的感觉，当你认真阅读完本丛书后将会发现，无论是你所读的书，还是读完书的你，都有所不同。

为方便读者获取本书配套的开发软件及实例程序源代码，请购书后扫码加入专属 QQ 群（群号：781011353）。我们将提供与本书相关的资源，以供读者下载。

单片机就是把一个计算机系统集成到一个芯片上，概括地讲，一块芯片就成了一台计算机。目前市面上流行的单片机，其价格便宜，对于广大爱好者来说，购买的性价比很高。单片机再结合适当的硬件接口电路，还有什么事情做不到呢？作者对它的评价是八个字：软硬兼施，老少皆宜。

单片机虽然好玩，但是很多人经过一番探索之后却深感学好单片机并非易事，甚至连入门都感到困难。作者本人也是从一位电子爱好者成长为工程师的，此过程自然少不了学习、探索、实践、再学习、再实践这样一条规律，因此深切地知道单片机难学，主要是不得要领，难以入门。一旦找到学习的捷径，入了门，掌握简单程序的编写方法并观察到实际演示效果，必然会信心大增。接下来再向深度、广度进军时，心里就比较坦然了，最终能够一步一个脚印地去扩展自己的知识面，成为单片机的编程高手。

在与众多的单片机爱好者交流中得知，单纯讲单片机内部结构、指令太枯燥，且不易理解，他们感兴趣的是单片机编程的应用实例，而且主要喜欢简单、实用、有趣的初级实例。因此，编写本书的思路是以实战演练为主线贯穿全书，且提供了源程序的详细解读，这样初学者能够看得清、看得懂、学得快，从而达到一体化的学习效果。

在内容安排上，本书通过 51 单片机内部资源（中断系统、定时/计数器、串口通信）、键盘接口、LED 数码管显示、LCD 液晶显示、DS1302 时钟芯片、I²C 总线接口芯片 AT24C04、DS18B20 温度传感器、红外遥控、A/D 和 D/A 转换、步进电机、LED 点阵屏、语音电路等大量具体的实际例子以及几个综合实例，系统演练了 51 单片机中最为常用、最为典型的接口应用。另外，本书也包括了一些作者在学习和实际设计过程中总结的一些经验及方法，希望能够帮助大家更好地学习 51 单片机。

本书安排的例子大部分是由作者编写的，有一些是参考相关资料改写的，全部程序都经过作者调试并通过。对于例子的使用说明也描述得非常详细，力争让读者"看则能用，用则能成"，保证读者在动手的过程中体会到成功的乐趣。本书提供的所有实验都有完整的源程序和工具软件。从这个角度来讲，你拿到手上的不仅仅是一本书，更是我们过去几年实践经验的积累。

本书编写过程中，参阅了《无线电》《单片机与嵌入式系统应用》等杂志，并从互联网上搜索了一些有价值的资料，由于其中的很多资料经过多次转载，已经很难查到原始出处，谨在此向资料提供者表示感谢。

参加本书编写工作的还有宗军宁、刘水潺、宗艳丽等同志。由于作者水平有限，书中难免有疏漏之处，诚恳希望各位同行、读者批评指正。

作者

2019 年 4 月

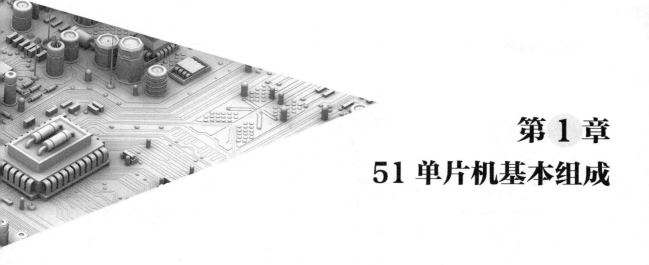

第 1 章
51 单片机基本组成

单片机的内部结构比较复杂，而且还非常不易懂，如果你用汇编语言编程，就必须对单片机的内部结构有一个详细的理解，否则，编程时就会有云里雾里的感觉。好在目前单片机编程一般采用 C 语言，采用 C 语言编程时，不必对单片机的硬件结构有深入的理解，只需对单片机的基本组成和常用寄存器用法作一了解即可，这大大降低了单片机入门的门槛和开发周期，为单片机爱好者提供了极大的方便。

|1.1 单片机内部结构与引脚|

1.1.1 单片机的内部结构组成

单片机虽然型号众多，但它们结构却基本相同，主要包括中央处理器（CPU）、存储器（程序存储器和数据存储器）、定时/计数器、并行接口、串行接口和中断系统等几大单元，图 1-1 所示的是 51 单片机内部结构框图。

可以看出，51 单片机虽然只是一个芯片，但"麻雀虽小，五脏俱全"，作为计算机应该具有的基本部件在单片机内部几乎都包括，因此，51 单片机实际上就是一个简单的微型计算机系统。

1. 中央处理器（CPU）

中央处理器（CPU）是整个单片机的核心部件，是 8 位数据宽度的处理器，能处理 8 位二进制数据或代码，CPU 负责控制、指挥和调度整个单元系统的工作，完成运算和控制输入输出等操作。

2. 存储器

存储器分为程序存储器（ROM）和数据存储器（RAM）两种。前者存放调试好的固定程序和常数，它是只读的，掉电数据不会丢失；后者存放一些随时有可能变动的数据，它是可读可写的，掉电后数据会消失。

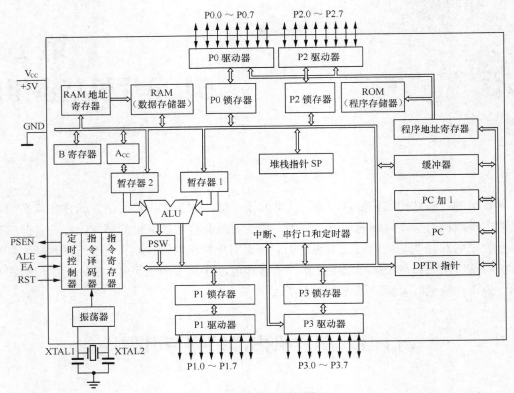

图1-1　51单片机内部结构框图

3. 定时/计数器

单片机除了具有运算功能外，还具有控制功能，所以离不开计数和定时。因此，在单片机中就设置有定时器兼计数器。

4. 并行输入/输出（I/O）口

51 单片机一般共有 4 组 8 位 I/O 口（P0、P2、P1 和 P3），用于与外部进行数据并行传输。

5. 全双工串行口

51 单片机内置一个全双工串行通信口，用于与其他设备间的串行数据传输。

6. 中断系统

51 单片机具备较完善的中断功能，一般包括外部中断、定时/计数器中断和串行中断，以满足不同的控制要求。

现在，我们已经知道了单片机的组成，实际上，单片机内部有一条将它们连接起来的"纽带"，即所谓的"内部总线"。而 CPU、ROM、RAM、I/O 口、中断系统等就分布在此"总线"的两旁，并和它连通。从而，一切指令、数据都可经"内部总线"传输。

以上介绍的是 51 单片机的基本组成部分，各种型号的 51 单片机有 STC89C5X、AT89S5X

等，都是在 51 单片机内核的基础上进行功能的增强和改装而成。

1.1.2　单片机的引脚

51 单片机虽然型号众多，同一封装的 51 单片机其管脚配置基本一致。图 1-2 所示的是采用 PDIP40（40 脚双列直插式）封装的 51 单片机引脚配置图。

40 个引脚中，正电源和地线 2 个，外置石英振荡器的时钟线 2 个，复位引脚 1 个，控制引脚 3 个，4 组 8 位 I/O 口线 32 个。

1．电源和接地引脚（2 个）

GND（20 脚）：接地脚。

V_{CC}（40 脚）：正电源脚，接+5V 电源。

2．外接晶体引脚（2 个）

XTAL1（19 脚）：时钟 XTAL1 脚，片内振荡电路的输入端。

XTAL2（18 脚）：时钟 XTAL2 脚，片内振荡电路的输出端。

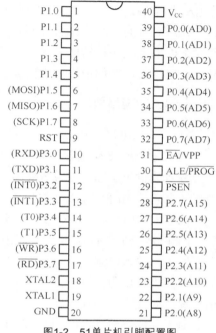

图1-2　51单片机引脚配置图

时钟电路为单片机产生时序脉冲，单片机所有运算与控制过程都是在统一时序脉冲的驱动下进行的。时钟电路就好比人的心脏，如果人的心跳停止了，生命就会停止。同样，如果单片机的时钟电路停止工作，那么单片机也就停止运行了。

51 单片机的时钟有两种方式，一种是片内时钟振荡方式，但需在 18 和 19 脚外接石英晶体和振荡电容；另外一种是外部时钟方式，即将外引脉冲信号从 XTAL1 引脚注入，而 XTAL2 引脚悬空。

3．复位电路

RST（9 脚）：复位信号引脚。

当振荡器运行时，在此引脚上出现 2 个机器周期以上的高电平将使单片机复位。一般在此引脚与 GND 之间连接一个下拉电阻，与 V_{CC} 引脚之间连接一个电容。单片机复位后，从程序存储器的 0000H 单元开始执行程序，并初始化一些专用寄存器为复位状态值。

4．控制引脚（3 个）

$\overline{PSEN}$（29 脚）：外部程序存储器的读选通信号。在读外部程序存储器时，$\overline{PSEN}$ 产生负脉冲，以实现对外部程序存储器的读操作。

ALE/$\overline{PROG}$（30 脚）：地址锁存允许信号。当访问外部存储器时，ALE 用来锁存 P0 扩展地址低 8 位的地址信号；在不访问外部存储器，ALE 端以固定频率（时钟振荡频率的 1/6）输出，可用于外部定时或其他需要。另外，该脚还是一个复用脚，在编程期间，将用于输入编程脉冲。

$\overline{EA}$/VPP（31 脚）：内外程序存储器选择控制引脚。当 $\overline{EA}$ 接高电平时，单片机先从内部程序存储器取指令，当程序长度超过内部 Flash ROM 的容量时，自动转向外部程序存储器；当 $\overline{EA}$ 为低电位时，单片机则直接从外部程序存储器取指令。例如，AT89S51/52 单片机内部有 4KB/8KB 的程序存储器，因此，一般将 $\overline{EA}$ 接到+5V 高电平，让单片机运行内部的程序。而对于内部无程序存储器的 8031（现在已很难见到），$\overline{EA}$ 端必须接地。另外，$\overline{EA}$/VPP 还是一个复用脚，在用通用编程器编程时，VPP 脚需加上 12V 的编程电压。

5. 输入/输出引脚（32 个）

（1）P0 口 P0.0～P0.7（39～32 脚）

P0 口是一个 8 位漏极开路的"双向 I/O 口"，需外接上拉电阻，每根 I/O 口线可以独立定义为输入或输出，输入时须先将其置"1"。P0 口还具有第二功能，即作为地址/数据总线，当作数据总线用时，输入 8 位数据；而当作地址总线用时，则输出 8 位地址。

（2）P1 口 P1.0～P1.7（1～8 脚）

P1 口是一个带有内部上拉电阻的 8 位"准双向 I/O 口"，每根 I/O 口线可以独立定义为输入或输出，输入时须先将其置"1"。由于它的内部有一个上拉电阻，所以连接外围负载时不需要外接上拉电阻，这一点与下面将要介绍的 P2、P3 口都一样，与上面介绍的 P0 口不同，请大家务必注意！

对于 AT89S51/52 单片机，P1 口的部分引脚还具有第二功能，如表 1-1 所示。

表 1-1　　　　　　　AT89S51/52 单片机 P1 口部分引脚的第二功能

引脚	第二功能	适用单片机	备　注
P1.0	定时/计数器 2 外部输入（T2）	AT89S52	AT89S51 只有 T0、T1 两个定时/计数器； AT89S52 有 T0、T1、T2 三个定时/计数器
P1.1	定时/计数器 2 捕获/重载触发信号和方向控制（T2EX）	AT89S52	
P1.5	主机输出/从机输入数据信号（MOSI）	AT89S51/52	这是 SPI 串行总线接口的三个信号，用来对 AT89S51/52 单片机进行 ISP 下载编程
P1.6	主机输入/从机输出数据信号（MISO）	AT89S51/52	
P1.7	串行时钟信号（SCK）	AT89S51/52	

顺便说一下，STC89C51/C52 与 AT89S51/52 有所不同，其 P1.5、P1.6、P1.7 脚没有第二功能，STC89C51/C52 的 ISP 下载编程是通过串口进行的。

（3）P2 口 P2.0～P2.7（21～28 脚）

P2 口是一个带有内部上拉电阻的 8 位"准双向 I/O 口"，每根 I/O 口线可以独立定义为输入或输出，输入时须先将其置"1"。由于它的内部有一个上拉电阻，所以连接外围负载时不需要外接上拉电阻。同时，P2 口还具有第二功能，在访问外部存储器时，它送出地址的高 8 位，并与 P0 口输出的低地址一起构成 16 位的地址线，从而可以寻址 64KB 的存储器（程序存储器或数据存储器），P2 口的第二功能很少使用，请大家不必过深研究。

（4）P3 口 P3.0～P3.7（10～17 脚）

P3 口是一个带有内部上拉电阻的 8 位"准双向 I/O 口"，每根 I/O 口线可以独立定义为输入或输出，输入时须先将其置"1"。由于它的内部有一个上拉电阻，所以连接外围负载时不需要外接上拉电阻。同时，P3 口还具有第二功能，第二功能如表 1-2 所示。这里要说明的是，当 P3 口的某些 I/O 口线作为第二功能使用时，不能再把它当作通用 I/O 口使用，但其他未使用的 I/O 口线可作为通用 I/O 口线。

P3 口的第二功能应用十分广泛，我们会在后续章节中进行详细说明。

表 1-2　　　　　　　　　　　　　P3 口的第二功能

引脚	第二功能	引脚	第二功能
P3.0	串行数据接收（RXD）	P3.4	定时/计数器 0 外部输入（T0）
P3.1	串行数据发送（TXD）	P3.5	定时/计数器 1 外部输入（T1）
P3.2	外部中断 0 输入（$\overline{INT0}$）	P3.6	外部 RAM 写选通信号（$\overline{WR}$）
P3.3	外部中断 1 输入（$\overline{INT1}$）	P3.7	外部 RAM 读选通信号（$\overline{RD}$）

|1.2　单片机的存储器|

我们知道，存储器分为程序存储器和数据存储器两部分，顾名思义，程序存储器用来存放程序，数据存储器用来存放数据。那么，什么是程序？什么是数据呢？它们又是怎样存放的呢？

程序就是我们"费九牛二虎之力"编写的代码，需要用通用编程器、下载线等写到单片机的程序存储器中，写好后，单片机就可以按照我们的要求进行工作了。由于断电后要求程序不能丢失，因此，程序存储器必须采用 ROM、EPROM、Flash ROM 等类型。

程序写到单片机后，需要通电运行，程序运行过程中，需要产生大量中间数据和运行结果，这些数据放在什么地方呢？就放在数据存储器中，由于这些数据一般不要求进行断电保存，因此，数据存储器大都采用 RAM 类型。

重点提示：有些单片机如 STC89C51/52 等，内部还有 EEPROM 数据存储器，这类存储器主要用来存储一些表格、常数、密码等，存储后，即使掉电，数据也不会丢失，但是，由于 EEPROM 的写入速度相对较慢，须用几个 ms 才能完成 1 字节数据的写操作，如果使用 EEPROM 存储器替代 RAM 来存储变量，就会大幅度降低处理器的速度，同时，EEPROM 只能经受有限次数（一般在 10 万次左右）的写操作，所以，EEPROM 通常只是为那些在掉电的情况下需要保存的数据预留的，不能用 EEPROM 代替 RAM。另外，我们平时一提到数据存储器，一般指的也是 RAM，而不是 EEPROM。

不同的单片机，其存储器的类型及大小有所不同，如 AT89S51 的程序存储器采用的是 4KB 的 Flash ROM，数据存储器采用的是 128B 的 RAM；AT89S52 的程序存储器采用的是 8KB 的 Flash ROM，数据存储器采用的是 256B 的 RAM。STC89C51/52 内部 Flash ROM 分别为 4KB 和 8KB，RAM 要大一些，均为 512B。一般情况下，单片机内部的存储器足够使用，如果内部存储器不够时，则可进行扩展，扩展后的单片机系统就具有内部程序存储器、内部数据存储器、外部程序存储器和外部数据存储器四个存储空间。图 1-3 给出了 AT89S51/52 存储器的配置图。

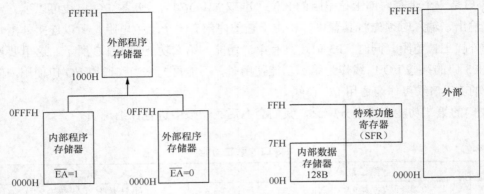

（a）AT89S51 单片机存储器配置图

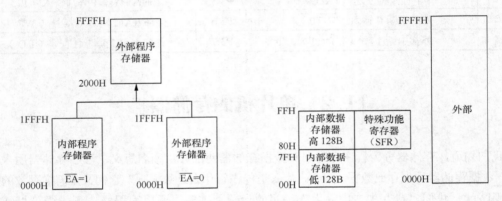

（b）AT89S52 单片机存储器配置图

图1-3　AT89S51/52存储器配置图

|1.3　单片机的最小系统电路|

单片机的正常工作，离不开工作电源、振荡电路和复位电路三个基本条件。能让单片机运行起来的最小硬件连接就是单片机的最小系统电路，如图 1-4 所示。

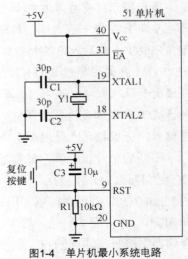

图1-4　单片机最小系统电路

1.3.1　单片机的工作电源

51 单片机的 40 脚接 5V 电源，20 脚接地，为单片机提供工作电源，由于目前的单片机均内含程序存储器，因此，在使用时，一般需要将 31 脚接电源（高电平）。

1.3.2　单片机的复位电路

复位是单片机的初始化操作，其主要功能是把程序存储器初始化为 0000H，使单片机从 0000H 单元开始执行程序。除了进入系统的正常初始化之外，当由于程序运行出错或操作错误使系统处于死锁状态时，也需按复位键以重新启动。

51 单片机的 RST 引脚是复位信号的输入端，复位信号是高电平有效，其有效时间应持续 24 个振荡脉冲周期（即 2 个机器周期）以上。通常为了保证应用系统可靠地复位，复位电路应使引脚 RST 脚保持 10ms 以上的高电平。只要引脚 RST 保持高电平，单片机就循环复位。当引脚 RST 从高电平变为低电平时，单片机退出复位状态，从程序存储器的 0000H 地址开始执行用户程序。

复位操作有上电自动复位和按键手动复位两种方式。

上电复位的过程是在加电时，复位电路通过电容加给 RST 端一个短暂的高电平信号，此高电平信号随着 V_{CC} 对电容的充电过程而逐渐回落，即 RST 端的高电平持续时间取决于电容的充电时间。

手动复位需要人为在复位输入端 RST 上加入高电平。一般采用的办法是在 RST 端和正电源 V_{CC} 之间接一个按钮，当按下按钮时，则 V_{CC} 的+5V 电平就会直接加到 RST 端。即使按下按钮的动作较快，也会使按钮保持接通达数十毫秒，所以，保证能满足复位的时间要求。

1.3.3　单片机的时钟电路

时钟电路用于产生时钟信号，单片机本身是一个复杂的同步时序电路，为了保证同步工作方式的实现，单片机应设有时钟电路。

在单片机芯片内部有一个高增益反相放大器，其输入端为芯片引脚 XTAL1，输出端为引脚 XTAL2，在芯片的外部通过这两个引脚跨接晶体振荡器和微调电容，形成反馈电路，就构成了一个稳定的自激振荡器，如图 1-5 所示。

电路中对电容 C1 和 C2 的要求不是很严格，如使用高质的晶振，则不管频率多少，C1、C2 一般都选择 30pF。对于 AT89S51/52 单片机，晶体的振荡频率范围是 0～33MHz，晶体振荡频率越高，则系统的时钟频率越高，单片机运行速度也越快。

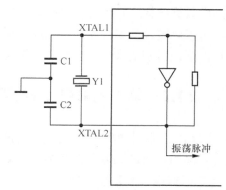

图1-5　单片机的振荡电路

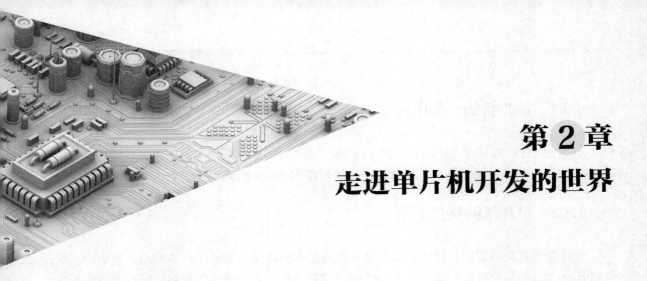

第 2 章
走进单片机开发的世界

本章以一个 LED 流水灯为例，教你在低成本实验开发板上，一步一步学习单片机开发。只要按照本章所述内容进行学习和操作，即可很快编写出自己的第一个单片机程序，并通过实验开发板看到程序的实际运行结果，从而熟悉单片机实验开发的全过程。通过本章的学习，你将会发现，单片机并不神秘，也不高深，它好玩、有趣，老少皆宜。

|2.1 单片机 C 语言入门|

51 单片机的编程语言主要有两种，一种是汇编语言，另一种是 C 语言。汇编语言的机器代码执行效率很高，但可读性却不强，复杂一点的程序就更难读懂，而 C 语言虽然在机器代码生成效率上不如汇编语言，但可读性和可移植性却远远超过汇编语言，而且 C 语言还可以嵌入汇编来解决高时效性的代码编写问题。因此，在掌握一定汇编语言的基础上，就需要进一步学习 C 语言编程了。

2.1.1 C 语言的特点

C 语言是一种结构化语言。它层次清晰，便于按模块化方式组织程序，易于调试和维护。C 语言的表现能力和处理能力极强，它不仅具有丰富的运算符和数据类型，便于实现各类复杂的数据结构。它还可以直接访问内存的物理地址，进行位（bit）一级的操作。由于 C 语言实现了对硬件的编程操作，因此 C 语言集高级语言和低级语言的功能于一体，效率高、可移植性强，特别适合单片机系统的编程与开发。

2.1.2 单片机采用 C 语言编程的好处

与汇编语言相比，C 语言在功能性、结构性、可读性、可维护性上有明显的优势，因而易学易用。用过汇编语言后再使用 C 语言来开发，体会会更加深刻。下面简要说明单片机采用 C 语言编程的几点好处。

1. 语言简洁，使用方便、灵活

C 语言是现有程序设计语言中规模最小的语言之一，C 语言的关键字很少，ANSI C 标准一共只有 32 个关键字，9 种控制语句，压缩了一切不必要的成分。C 语言的书写形式比较自由，表达方法简洁，使用一些简单的方法就可以构造出相当复杂的数据类型和程序结构。同时，当前几乎所有单片机都有相应的 C 语言级别的仿真调试系统，调试十分方便。

2. 代码编译效率较高

当前，较好的 C 语言编译系统编译出来的代码效率只比直接使用汇编低 20%左右，如果使用优化编译选项甚至可以更低。况且，随着单片机技术的发展，ROM 空间不断提高，51 系列单片机中，片上 ROM 空间做到 32KB、64KB 的比比皆是，代码效率所差的 20%已经不是一个重要问题。

3. 无须深入理解单片机内部结构

采用汇编语言进行编程时，编程者必须对单片机的内部结构及寄存器的使用方法十分清楚；在编程时，一般还要进行 RAM 分配，稍不小心，就会发生变量地址重复或冲突。

采用 C 语言进行设计时，则不必对单片机硬件结构有很深入的了解，编译器可以自动完成变量存储单元的分配，编程者可以专注于应用软件部分的设计，大大加快了软件的开发速度。

4. 可进行模块化开发

C 语言是以函数作为程序设计的基本单位的，C 语言程序中的函数相当于汇编语言中的子程序。各种 C 语言编译器都会提供一个函数库，此外，C 语言还具有自定义函数的功能，用户可以根据自己的需要编写满足某种特殊需要的自定义函数（程序模块），这些程序模块可不经修改，直接被其他项目所用。因此采用 C 语言编程，可以最大程度地实现资源共享。

5. 可移植性好

用过汇编语言的读者都知道，即使是功能完全相同的一种程序，对于不同的单片机，必须采用不同的汇编语言来编写。这是因为汇编语言完全依赖于单片机硬件。C 语言是通过编译来得到可执行代码的，本身不依赖机器硬件系统，用 C 语言编写的程序基本上不用修改或者进行简单的修改，即可方便地移植到另一种结构类型的单片机上。

6. 可以直接操作硬件

C 语言具有直接访问单片机物理地址的能力，可以直接访问片内或片外存储器，还可以进行各种位操作。

介绍到这里，我想说一下我学习单片机编程的一个小插曲。在 20 世纪 90 年代中期，我最初接触单片机的时候，在我心中觉得 51 就是单片机，单片机就是 51，根本不知道还有其他单片机的存在。那时，我学习的是汇编语言，根本不知道用 C 语言也可以进行单片机开发。幸运的是，我有一个同事，比较精通 C 语言，我们一起做一个项目的时候，我才真正发现 C

语言的威力，于是，在同事的影响下，我开始使用 C 语言进行单片机编程。其实我也很庆幸，学习和使用了两年多的汇编语言。由于这些锻炼，我对单片机底层结构和接口时序弄得很清楚。在使用 C 语言开发的时候，优化代码和处理中断就不会太费劲。

总之，用 C 语言进行单片机程序设计是单片机开发与应用的必然趋势，我们一旦学会使用 C 语言之后，就会对它爱不释手，尤其是进行大型单片机应用程序开发，C 语言几乎是唯一的选择。

2.1.3 如何学习单片机 C 语言

C 语言常用语法不多，尤其是单片机的 C 语言常用语法更少，初学者没有必要将 C 语言的所有内容都学习一遍，只要跟着本书学下去，当遇到难点时，停下来适当地查阅 C 语言基础教材里的相关部分，便会很容易掌握。有关 C 语言的基础教材较多，在这里，笔者向大家推荐谭浩强的《C 程序设计》一书，该书语言通俗，实例丰富，十分适合初学者学习和查阅。

C 语言仅仅是一个编程语言，其本身并不难，难的是如何灵活运用 C 语言编写出结构完善的单片机程序。要达到这一点，就必须花费大量的时间进行实践、实验，光看书不动手，等于是纸上谈兵，很难成功！因此，本书主要是通过不断地实践、实战，使读者在玩中学，在学中玩，步步为营，步步深入，使自己在不知不觉中，成为单片机的编程高手。

2.1.4 一个简单的流水灯程序

下面我们先来看一个实例，这个例子的功能十分简单，就是让单片机的 P2 口的 LED 灯按流水灯的形式进行闪烁，每个 LED 灯的闪烁时间为 0.5s，硬件电路如图 2-1 所示。

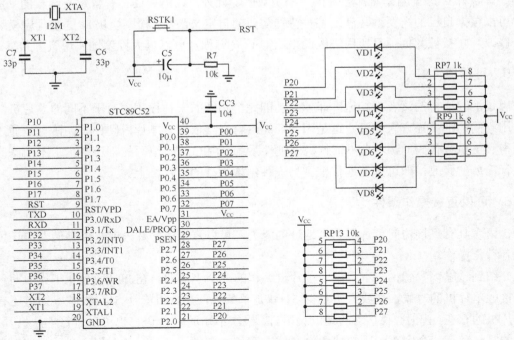

图2-1　点亮P2口LED灯电路

图中采用 STC89C52 单片机，这种单片机属于 80C51 系列，其内部有 8KB 的 Flash ROM 和 512B（比特）的 RAM，并且可以通过串口进行 ISP 程序下载，不需要反复插拔芯片，非常适于做实验。STC89C52 的 P2 引脚上接 8 个发光二极管，RP7、RP9 为限流电阻排，以免 LED 被烧坏；P2 口是准双向口，可以外接上拉电阻，也可以不接，图中外接了 RP13 上拉电阻排。

根据要求，用 C 语言编写的程序如下。

```c
#include<reg52.h>
#define uint unsigned int
sbit  P20=P2^0;                    //定义位变量
sbit  P21=P2^1;
sbit  P22=P2^2;
sbit  P23=P2^3;
sbit  P24=P2^4;
sbit  P25=P2^5;
sbit  P26=P2^6;
sbit  P27=P2^7;
void Delay_ms(uint xms)            //延时程序，xms 是形式参数
{
  uint i, j;
  for(i=xms;i>0;i--)               //i=xms,即延时 xms,xms 由实际参数传入一个值
  {
    for(j=115;j>0;j--)
    {;}                            //此处分号不可少,表示是一个空语句
  }
}
void main()
{
  while(1)                         //循环显示
  {
    P20=0;                         //P20 脚灯亮
    Delay_ms (500);                //将实际参数 500 传递给形式参数 xms，延时 0.5s
    P20=1;                         //P20 脚灯灭
    P21=0;                         //P21 脚灯亮
    Delay_ms (500);
    P21=1;                         //P21 脚灯灭
    P22=0;                         //P22 脚灯亮
    Delay_ms (500);
    P22=1;                         //P22 脚灯灭
    P23=0;                         //P23 脚灯亮
    Delay_ms (500);
    P23=1;                         //P23 脚灯灭
    P24=0;                         //P24 脚灯亮
    Delay_ms (500);
    P24=1;                         //P24 脚灯灭
    P25=0;                         //P25 脚灯亮
    Delay_ms (500);
    P25=1;                         //P25 脚灯灭
    P26=0;                         //P26 脚灯亮
    Delay_ms (500);
    P26=1;                         //P26 脚灯灭
    P27=0;                         //P27 脚灯亮
    Delay_ms (500);
```

```
        P27=1;                          //P27 脚灯灭
    }
}
```

这里，采用单片机 C 语言编译器 Keil 软件作为开发环境，关于 Keil 软件的详细内容，将在后面进行介绍。

下面我们对这个程序进行简要的分析。

程序的第一行是"文件包含"，所谓"文件包含"是指一个文件将另外一个文件的内容全部包含进来。所以，这里的程序虽然只有几行，但 C 编译器（Keil 软件）在处理的时候却要处理几十行或几百行。为加深理解，可以用任何一个文本编辑器打开 Keil\c51\inc 文件夹下面的 reg52.h 来看一看里面有什么内容，在 C 编译器处理这个程序时，这些内容也会被处理。这个程序包含 reg.h 的目的就是为了使用 P2 这个符号，即通知 C 编译器程序中所写的 P2 是指 80C51 单片机的 P2 端口，而不是其他变量，这是如何做到的呢？用写字板程序打开 reg52.h 显示如下。

```
#ifndef __REG52_H__
#define __REG52_H__
/*  BYTE Register  */
sfr P0  = 0x80;
sfr P1  = 0x90;
sfr P2  = 0xa0;
sfr P3  = 0xb0;
......
#endif
```

可以看到："sfr P2= 0xa0;"，即定义符号 P2 与地址 0xa0 对应，熟悉 80C51 内部结构的读者不难看出，P2 口的地址就是 0xa0。

程序的第 2 行是一个宏定义语句，注意后面没有分号，#define 命令用它后面的第一个字母组合代替该字母组合后面的所有内容，也就是相当于我们给"原内容"重新起一个比较简单的"新名称"，方便以后在程序中使用简短的新名称，而不必每次都写烦琐的原内容。该例中，我们使用宏定义的目的就是将 unsigned int 用 uint 代替，在上面的程序中可以看到，在我们需要定义 unsigned int 类型变量时，并没有写 unsigned int，取而代之的是 uint。

程序的第 3～10 行用符号 P20～P27 来表示 P2 口的 P2.0～P2.7 八只引脚，在 C 语言里，如果直接写 P2.0、P2.1……P2.7，C 编译器并不能识别，而且它们不是一个合法的 C 语言变量名，所以得给它另起一个名字，这里起的名为 P20～P27，可是 P20～P27 是否就是 P2.0～P2.7 呢？你这么认为，C 编译器可不这么认为，所以必须给它们建立联系，这里使用了 Keil 的保留字 sbit 来定义。

main 称为"主函数"，每一个 C 语言程序有且只有一个主函数，函数后面一定有一对大括号"{}"、在大括号里面书写其他程序代码。

Delay_ms(500)的用途是延时，由于单片机执行指令的速度很快，如果不进行延时，灯亮之后马上就灭，灭了之后马上就亮，速度太快，人眼根本无法分辨，所以需要进行适当的延时，这里采用自定义函数 Delay_ms(500)，以延时 0.5s 的时间，函数前面的 void 表示该延时函数没有返回值。

Delay_ms(500)函数是一个自定义函数，它不是由 Keil 编译器提供的，即你不能在任何情况下写这样一行程序以实现延时，如果在编写其他程序时写上这么一行，会发现编译通不过。

注意观察本程序会发现，在使用 Delay_ms(500)之前，第 11～16 行已对 Delay_ms(uint xms)函数进行了事先定义，因此，在主程序中才能采用 Delay_ms(500)进行使用。

注意，在延时函数 Delay_ms(uint xms)定义中，参数 xms 被称作"形式参数"（简称形参）；而在调用延时函数 Delay_ms(500)中，小括号里的数据"500"，这个"500"被称作"实际参数"（简称实参），参数的传递是单向的，即只能把实参的值传给形参，而不能把形参的值传给实参。另外，实参可以在一定范围内调整，这里用"500"来要求延时时间为 0.5s，如果是"1000"，则延时时间是 1000ms，即 1s。

在延时函数 Delay_ms(uint xms)内部，采用了两层嵌套 for 语句，如下所示。

```
void Delay_ms(uint xms)          //延时程序，xms 是形式参数
{
  uint i, j;
  for(i=xms;i>0;i--)             //i=xms，即延时 xms，xms 由实际参数传入一个值
  {
        for(j=115;j>0;j--)
        {;}                      //此处分号不可少，表示是一个空语句
  }
}
```

在这个延时函数中，采用的是一种比较正规的形式，C 语言规定，当循环语句后面的大括号只有一条语句或为空时，可省略大括号，因此，上面两个 for 循环语句中的大括号都可以省略，也就是说，可以采用以下简化的形式。

```
void Delay_ms(uint xms)          //延时程序，xms 是形式参数
{
  uint i, j;
  for(i=xms;i>0;i--)             //i=xms，即延时 xms，xms 由实际参数传入一个值
        for(j=115;j>0;j--);      //此处分号不可少
}
```

第一个 for 后面没有分号，那么编译器就会认为第二个 for 语句就是第一个 for 语句的内部语句，而第二个 for 语句后面有分号，编译器就会认为第二个 for 语句内部语句为空。程序在执行时，第一个 for 语句中的 i 每减一次，第二个 for 语句便执行 115 次，因此上面这个例子便相当于共执行了 xms×115 次 for 语句。通过改变 xms 变量的值，可以改变延时时间。

2.1.5 利用 C51 库函数实现流水灯

上面介绍的程序虽然可以实现流水灯的功能，程序比较烦琐，下面采用 C51 自带的库函数_crol()_()来实现，具体源程序如下所示。

```
#include<reg52.h>
#include<intrins.h>
#define uint unsigned int
#define uchar unsigned char
void Delay_ms(uint xms)          //延时程序，xms 是形式参数
{
  uint i, j;
  for(i=xms;i>0;i--)             //i=xms，即延时 xms，xms 由实际参数传入一个值
        for(j=115;j>0;j--);      //此处分号不可少
}
void main()
```

```
{
    uchar led_data=0xfe;        //给 led_data 赋初值 0xfe,点亮第一个 LED 灯
    while(1)                    //大循环
    {
        P2= led_data;
        Delay_ms(500);
        led_data=_crol_( led_data,1);//将 led_data 循环左移 1 位再赋值给 led_data
    }
}
```

该源程序在 ch2/my_8LED 文件夹中。

显然,这个流水灯程序比上面的流水灯程序要简捷许多,下面简要进行说明。

程序中, _crol_是一个库函数,其函数原形为:

```
unsigned char _crol_ (unsigned char c, unsigned char b);
```

这个函数是 C51 自带的库函数,包含在 intrins.h 头文件中,也就是说,如果在程序中要用到这个函数,那么必须在程序的开头处包含 intrins.h 这个头文件。函数实现的功能是,将字符 c 循环左移 b 位。

函数中, _crol_是函数名,不用多讲,函数前面没有 void,取而代之的是 unsigned char,表示这个函数返回值是一个无符号字符型数据;有返回值的意思是说,程序执行完这个函数后,通过函数内部的某些运算而得出一个新值,该函数最终将这个新值返回给调用它的语句。小括号里有两个形参,unsigned char c,unsigned char b,它们都是无符号字符型数据。

现在我们应该清楚 led_data=_crol_(led_data,1)这条语句的含义了,其作用就是,将 led_data 中的数据向左循环移 1 位,再赋给变量 led_data。

有左移位库函数,当然也有右移库函数,函数原形为:

```
unsigned char _cror_ (unsigned char c, unsigned char b);
```

右移位函数与左移位函数使用方法相同,这里不再重复。

2.1.6 小结

通过以上的几个简单的 C 语言程序,我们可以总结出以下几点。

(1)C 程序是由函数构成的,一个 C 源程序至少包括一个函数,一个 C 源程序有且只有一个名为 main()的函数,也可能包含其他函数,因此,函数是 C 程序的基本单位。主程序通过直接书写语句和调用其他函数来实现有关功能,这些其他函数可以是由 C 语言本身提供给我们的,这样的函数称之为库函数(流水灯程序中的_crol_(led_data,1)函数就是一个库函数),也可以是用户自己编写的,这样的函数称之为用户自定义函数(流水灯程序中的 Delay_ms(uint xms)函数就是一个自定义函数)。那么,库函数和用户自定义函数有什么区别呢?简单地说,任何使用 C 语言的人,都可以直接调用 C 的库函数而不需要为这个函数写任何代码,只需要包含具有该函数说明的相应的头文件即可;而自定义函数则是完全个性化的,是用户根据自己需要而编写的。

(2)一个函数由两部分组成。

① 函数的首部,即函数的第一行。包括函数名、函数参数(形式参数)等,函数名后面必须跟一对圆括号,即便没有任何参数也是如此。

②　函数体，即函数首部下面的大括号"{}"内的部分。如果一个函数内有多个大括号，则最外层的一对"{}"为函数体的范围。

（3）一个 C 语言程序，总是从 main 函数开始执行的，而不管物理位置上这个 main()放在什么地方。

（4）主程序中的 Delay_ms(uint xms)如果写成 delay_ms(uint xms)就会编译出错，即 C 语言区分大小写，这是很多初学者在编写程序时常犯的错误，书写时一定要注意。

（5）C 语言书写的格式自由，可以在一行写多个语句，也可以把一个语句写在多行。没有行号（但可以有标号），书写的缩进没有要求。但是建议读者自己按一定的规范来写，可以给自己带来方便。

（6）每个语句定义的最后必须有一个分号，分号是 C 语句的必要组成部分。

（7）可以用/*……*/的形式为 C 程序的任何一部分作注释，在"/*"开始后，一直到"*/"为止的中间的任何内容都被认为是注释；如果使用的是 Keil 开发软件，那么，该软件也支持 C++风格的注释，就是用"//"引导的后面的语句是注释。这种风格的注释，书写比较方便，只对本行有效，在只需要一行注释的时候，我们往往采用这种格式。但要注意，只有 Keil 支持这种格式，其他的编译器不一定支持这种格式的注释。

|2.2　低成本单片机开发板介绍|

学习单片机离不开开发板，边学边练，这样才能尽快掌握。目前，市场上这类产品种类很多，价格也相差很大，这里简单介绍几种低成本的、实用的开发板供学习时参考，当然，如果你具有一定的动手能力，也可以自己制作。

2.2.1　低成本单片机开发板 1

先介绍第一款低成本单片机开发板 DD-900，DD-900 实验开发板由笔者与顶顶电子共同开发，具有实验、仿真、ISP 下载等多种功能，支持 51 系列和部分 AVR 单片机；只需一套
DD-900 实验开发板和一台计算机而不需要购买仿真器、编程器等其他任何设备，即可轻松进行学习和开发。图 2-2 所示的是 DD-900 实验开发板的实物图。

1．DD-900 实验开发板硬件资源十分丰富，可以完成单片机应用中几乎所有的实验，主要硬件资源和接口如下。

（1）8 路 LED 灯。

（2）8 位共阳 LED 数码管。

（3）1602 字符液晶接口。

（4）12864 图形液晶接口。

图2-2　DD-900实验开发板实物图

（5）4 个独立按键。

（6）4×4 矩阵按键。

（7）RS232 串行接口。

（8）RS485 串行接口。

（9）PS/2 键盘接口。

（10）I²C 总线接口 EEPROM 存储器 AT24C04。

（11）Microwire 总线接口 EEPROM 存储器 93C46。

（12）8 位串行 A/D 转换器 ADC0832。

（13）10 位串行 D/A 转换器 TLC5615。

（14）实时时钟 DS1302。

（15）NE555 多谐振荡器。

（16）步进电机驱动电路 ULN2003。

（17）单总线温度传感器 DS18B20。

（18）红外遥控接收头。

（19）1 个蜂鸣器。

（20）1 个继电器。

（21）AT89S 系列单片机 ISP 下载接口。

（22）3V 输出接口。

（23）单片机引脚外扩接口。

DD-900 实验开发板主要硬件资源在板上的位置如图 2-3 所示。

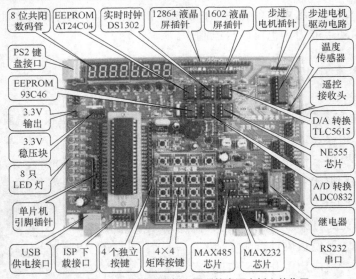

图2-3　DD-900实验开发板主要硬件资源在板上的位置

2．DD-900 实验开发板的外扩接口插针 J1、J2，可以将单片机的所有引脚引出，方便和外围设备（如无线遥控、nRF905 无线收发等）进行连接。

3．将仿真芯片（如 SST89E516RD）插入到 DD-900 的锁紧插座上，配合 Keil 软件，可按单步、断点、连续等方式，对源程序进行仿真调试，也就是说，DD-900 实验开发板可作为一台独立的 51 单片机仿真器使用。

4．通过串口，DD-900 实验开发板可完成对 STC89CXX 系列单片机的程序下载。同时，实验开发板还设有 ISP 下载接口，借助下载线（下面将要介绍）可方便地下载 AT89S 系列单片机程序。因此，DD-900 实验开发板可作为一台独立的 51 单片机下载编程器使用。

5．DD-900 实验开发板不但支持 51 单片机的实验、仿真、下载，也支持 AVR 系列单片机的实验、下载（代表型号：AT90S8515、ATmega8515L）。

6．DD-900 实验开发板可完成很多实验，不同的实验可能会占用单片机相同的端口，为了使各种实验不相互干扰，需要对电路信号和端口进行切换。DD-900 采用了"跳线"的形式来完成切换（共设置了 7 组，JP1～JP7），这种切换方式的特点是：可靠性高，编程方便，但操作起来比较麻烦，需要根据不同的实验来切实跳线的位置。

DD-900 实验开发板下载程序时，需要采用计算机串口，由于目前的计算机，大都取消了串口，因此，需要一根 USB 转串口线，这样，DD-900 实验开发板就可以通过计算机的 USB 接口下载程序了，USB 转串口线如图 2-4 所示。

图2-4　USB转串口线

2.2.2　低成本单片机开发板 2

这是笔者在淘宝上看到的一款低成本的单片机开发板，价格只有几十元，单片机常见的功能基本都有，性价比很高，其外观如图 2-5 所示。

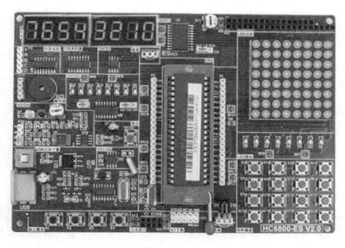

图2-5　低价格单片机开发板2

该开发板可进行流水灯实验、LED 显示实验、独立和矩阵按键实验、1602 和 12864 液晶显示实验、点阵实验、A/D 实验、D/A 实验、DS1302 时钟实验、EEPROM AT 24C02 实验、步进电机和直流电机实验、红外遥控实验、DS18B20 温度传感器实验等。通过外接插针接口，还可扩展一些其他实验。作为入门的初学者，这款实验板的功能已经足够使用。

这款实验板上安装有 74HC138 译码器和 74HC245 三态缓冲门,可以扩展较多的 IO 接口,实验时,可不用跳线或只需要少量跳线,即可完成不同的实验。

另外,该开发板集成有 USB 转串口芯片 CH340,也就是说,把 USB 转串口线的功能也集成在开发板上,下载程序时, 不用再购买 USB 转串口线,只需要一根普通的 USB 线,把计算机和开发板连接起来即可方便地下载程序。

2.2.3 低成本单片机开发板 3

这也是笔者在淘宝上看到的一款低成本的单片机开发板,价格同样便宜,只有几十元,其外观如图 2-6 所示。

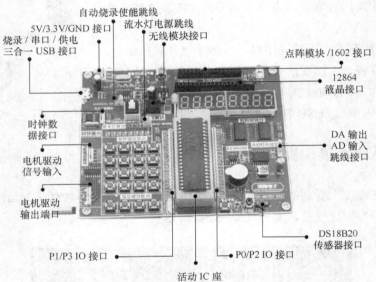

图2-6 低价格单片机开发板3

该开发板除没有集成 LED 点阵外,其他功能与上款开发板基本一致,也是一款非常适合初学者入门的开发板。

2.2.4 低成本单片机开发板 4

这款单片机开发板功能比以上几种要丰富一些,当然价格要稍高一点,在物价如此高的今天,一百多元也算是低成本的了,其外观如图 2-7 所示。

和前几款相比,这款开发板最大的亮点有以下几点:一是可以进行双色点阵实验;二是设有彩屏接口,可行方便地进行彩屏实验;三是通过接外 AVR 核心板和 ARM 核心板(插入原 51 芯片的插座上)还可以进行 AVR 和 ARM 单片机的实验与学习。

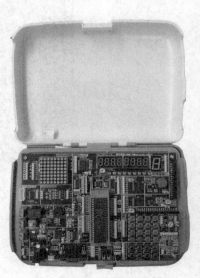

图2-7 低成本单片机开发板4

2.2.5　单片机仿真器

单片机仿真器是在产品开发阶段，用来替代单片机进行软硬件调试的、非常有效的开发工具。使用仿真器，可以对单片机程序进行单步、断点、全速等手段的调试，在集成开发环境 Keil 中，检查程序运行时单片机中 RAM、寄存器内容的变化，观察程序的运行情况。使用仿真器可以迅速发现和排除程序中的错误，从而大大缩短单片机开发的周期。

下面仅介绍单片机的"片上仿真"。"片上仿真"是基于单片机本身的仿真，也就是说，只要一片单片机，不需要额外购买别的东西，就可以实现仿真。对于单片机爱好者来说，片上仿真是最高性价比的选择，各大单片机公司都已开发出不同性能的支持片上仿真的单片机。其中 STC 公司有一款性能很不错的片上仿真单片机——IAP15F2K61S2。

虽然 IAP15F2K61S2 也是 40 脚的单片机，但如果把它直接插在开发板上，你会发现单片机是不工作的。不仅 IO 接口不兼容，连 V_{CC} 电源输入的位置也不同。接下来是外部晶体的使用，IAP15F2K61S2 单片机不需要接外部晶体，因为它的内部集成了一个高精度的时钟源，可以用软件设置成 5～30MHz 的时钟频率。这一改进对我们使用者的意义是：不论我们做何应用，都不需要外接晶体的电路了。只要连接 V_{CC} 和 GND，单片机就可以工作。再连接 TXD 和 RXD，单片机就能 ISP 下载和仿真了。因此，使用 IAP15F2K61S2 之前，需要制作一个 IAP15F2K61S2 转接板，还好，STC 公司早已考虑到这一点，专门设计好了 IAP15F2K61S2 转接板，有兴趣的读者可到 STC 公司网站，下载 IAP15F2K61S2 转接板原理图、使用说明等相关资料。IAP15F2K61S2 转接板实物图如图 2-8 所示。

图2-8　IAP15F2K61S2转接板实物图

使用时，首先将 IAP15F2K61S2 转接板放在单片机开发板的锁紧插座中锁紧。然后与 Keil 调试软件配合，即可按单步、断点、连续等方式调试实际应用程序。

目前市场上，除了上面介绍的 IAP15F2K61S2 转接板外，还有普中公司设计的一款仿真器，其外观和内部转接板如图 2-9 所示。

外观图

内部转接板

图2-9　普中仿真器

|2.3 单片机开发六步走|

本节中，将以一个 LED 流水灯为例，教你一步一步学习单片机开发，为单片机初学者寻找一条通向成功的"正确之路""光明之路"。

2.3.1 第一步：硬件电路设计与制作

硬件电路设计是一门大学问，若设计不周，轻则完不成任务，达不到要求，重则可能发生短路、烧毁元件等事故。要想设计一个功能完善、电路简捷的硬件电路，不但要熟悉掌握电子元器件、模拟电路、数字电路等基本知识，还要学会 Protel（Altium Designer）软件的使用。

Protel 是电子爱好者设计原理图和制作 PCB 图的首选软件，在国内的普及率很高，几乎所有的电子公司都要用到它。

Protel 软件发展很快，主要版本有 Protel 99 SE、Protel DXP、Protel DXP 2004，从 Protel DXP 2004 以后，Protel 改名为 Altium Designer，主要版本有 Altium Designer 6.0、Altium Designer 6.9、Altium Designer 8.3 等，目前最新版本为 Altium Designer 18。使用 Protel（Altium Designer）软件，即可以绘制规范的电路原理图，又可以制作出漂亮的 PCB 板。对于从事电子工程的技术人员，必须熟练掌握 Protel；对于电子爱好者和初学者，如果还不能掌握，也可以使用市场上常见的万用板来代替 PCB 板。用万用板进行组装的特点是：方法简单，用料便宜，但组装时对焊接和连线有较高的要求。

在本书以后的实验中，基本都采用实验开发板进行学习和实验，也就是说，硬件电路我们已为你设计好了。但如果在实践中进行单片机开发，硬件电路设计与制作是必不可少的步骤，甚至非常重要。

为了方便，我们仍以前面介绍的流水灯为例进行演示，在前面介绍的"低成本单片机开发板 2"上（实物图参见图 2-5）进行实验，流水灯电路原理图参见图 2-1。

2.3.2 第二步：编写程序

想让单片机按你的意思（想法）完成一项任务，必须先编写供其使用的程序，编写单片机的程序应使用该单片机可以识别的"语言"，否则你将是对"机"弹琴，通过前面的学习我们知道，单片机编程语言主要有汇编语言和 C 语言，这里，我们会选用 C 语言进行编程。

编写程序时需要软件开发平台，我们选用 Keil 软件。Keil 软件是 51 单片机实验、开发中应用最为广泛的软件，界面友好，易学易用，在调试程序、软件仿真方面也有很强大的功能。因此，很多开发 51 应用的工程师或普通的单片机爱好者，都对它十分喜欢。

Keil 软件提供了文本编辑处理、编译链接、项目管理、窗口、工具引用和软件仿真调试等多种功能，通过一个集成开发环境（μVsion IDE）将这些部分组合在一起。使用 Keil 软件，可以对汇编语言程序进行汇编，对 C 语言程序进行编译，对目标模块和库模块进行链接以产生一个目标文件，生成 Hex 文件，对程序进行调试等。另外，Keil 还具有强大的仿真功能，在仿真功能中，有两种仿真模式：软件模拟方式和硬件仿真。在软件模拟方式下，不需要任何 51 单片机硬件即可完成用户程序仿真调试，极大地提高了用户程序开发效率；在硬件仿真方式下，借助仿真器（仿真芯片），可以实现用户程序的实时在线仿真。

总之，Keil 软件功能强大，应用广泛，无论是单片机初学者，还是单片机开发工程师，都必须掌握好、使用好。

下面，我们就开始启动 Keil，用 C 语言编写 8 位流水灯程序。

1. 先在 F 盘（其他位置也可以）新建一个文件夹，命名为 my_8LED，用来保存 8 位流水灯程序。点击 "Project" 菜单，选择下拉式菜单中的 "New μVsion Project"，弹出文件对话窗口，选择你要保存的路径，在 "文件名" 中输入你的第一个 C 程序项目名称，这里我们用 "my_8LED"，如图 2-10 所示。

保存后的文件扩展名为 uvproj，这是 Keil 项目文件扩展名，以后我们可以直接点击此文件以打开先前做的项目。

2. 点击 "保存" 后，这时会弹出一个选择器件对话框，要求你选择单片机的型号，你可以根据你使用的单片机来选择。Keil 几乎支持所有的 51 核的单片机，在这里，我们选择 AT89S52，如图 2-11 所示，然后单击【OK】按钮。

图2-10　保存文件对话框

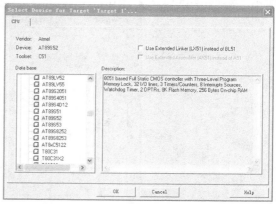

图2-11　选择单片机型号对话框

Keil 中没有 STC89C 系列单片机型号，如果你制作的实验开发板采用 STC89C52 等单片机，仍然可以选用 AT89S52。由于 STC89C52 单片机中的个别寄存器和 AT89S52 有所不同，因此，在使用这些不同的寄存器，需要在程序中用 sfr 关键字进行声明。

值得庆幸的是，宏晶科技公司的下载软件，提供了一项功能，可以把 STC 单片机加载到 Keil 软件，这为选择和使用 STC 单片机提供了极大的方便。

加载和使用方法如下。

（1）到宏晶科技公司官网下载 STC-ISP 软件，打开 STC-ISP V6.85 软件（其他版本也可以），点击软件右侧的 "Keil 仿真设置" 选项卡。再点击 "添加型号和头文件到 Keil 中，添加 STC 仿真器驱动到 Keil 中" 按钮，如图 2-12 所示。点击后，就把 STC 芯片的型号和仿真程序与 Keil 软件绑定在一起。这样 Keil 软件中，就可以选择、使用 STC 单片机了。

（2）回到 Keil 软件中，将刚才制作的 my_8LED 项目删除，再重新加载 STC 单片机。

点击 "Project" 菜单，选择下拉式菜单中的 "New uVsion Project"，弹出文件对话窗口，选择你要保存的路径，在 "文件名" 中输入 "my_8LED"，点击 "保存" 后，这时会弹出一个选择器件对话框，就会出现 STC MCU Database 选择对话框，如图 2-13 所示。这里，我们选择 "STC MCU Database"。

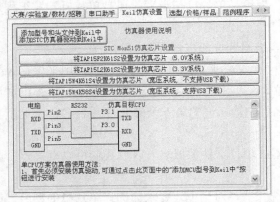

图2-12　Keil仿真设置选项卡

图2-13　STC MCU Data base选择对话框

（3）然后，要求你选择单片机的型号，在这里，我们就可以选择 STC89C52 了，如图 2-14 所示，然后单击【OK】按钮。

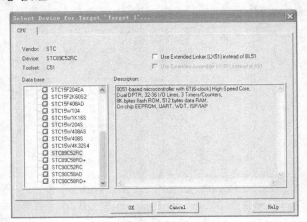

图2-14　选择STC89C52单片机

3．随后弹出如图 2-15 所示的对话框，询问是否添加标准的启动代码到你的项目，一般情况下选 "否" 即可。

图2-15　询问添加启动代码对话框

4．回到主窗口界面，单击 "File" 菜单，再在下拉菜单中单击 "New" 选项，出现文件编辑窗口。此时光标在编辑窗口里闪烁，这时可以键入用户的应用程序了。但建议首先保存该空白的文件，单击菜单上的"File"，在下拉菜单中选中"Save As"，出现文件"另存为"对话框，在"文件名"栏右侧的编辑框中，输入文件名，同时，必须输入正确的扩展名。注意，采用 C 语言编写程序时，扩展名为（.c）；用汇编语言编写程序时，扩展名必须为（.asm）。这里选用文件名和扩展名为 my_8LED.c，如图 2-16 所示，然后，单击【保存】按钮。

图2-16　保存文件对话框

5．回到主窗口界面后，单击"Target 1"前面的"＋"号，然后在"Source Group 1"上单击右键，在弹出的快捷菜单上，然后单击"Add File to Group 'Source Group 1'"，出现增加源文件对话框。选中"my_8LED.c"，如图 2-17 所示。然后单击【Add】按钮。

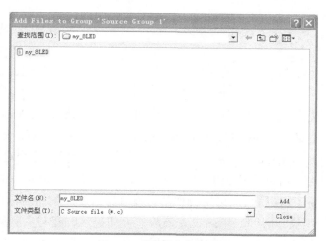

图2-17　增加源文件对话框

重点提示：单击【Add】按钮后，增加源文件对话框并不消失，等待继续加入其他文件，但不少人员误认为操作没有成功而再次单击【Add】按钮，这时会出现如图 2-18 所示的警告提示窗口，提示你所选文件已在列表中，此时应点击【确定】，返回前一对话框，然后点击【Close】即可返回主界面。

6．单击"Source Group 1"前的加号，此时会发现 my_8LED.c

图2-18　警告提示窗口

文件已加入到其中，如图 2-19 所示。

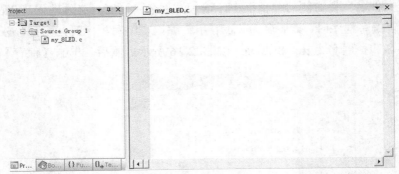

图2-19　加入源文件后的窗口

7. 在编辑窗口中输入前面介绍的流水灯的 C 语言源程序。这个程序的功能就是让 P2 口的 8 个 LED 灯按流水灯的形式进行显示，每个灯显示时间约 0.5s，循环往复。输入完毕后，主窗口界面如图 2-20 所示。

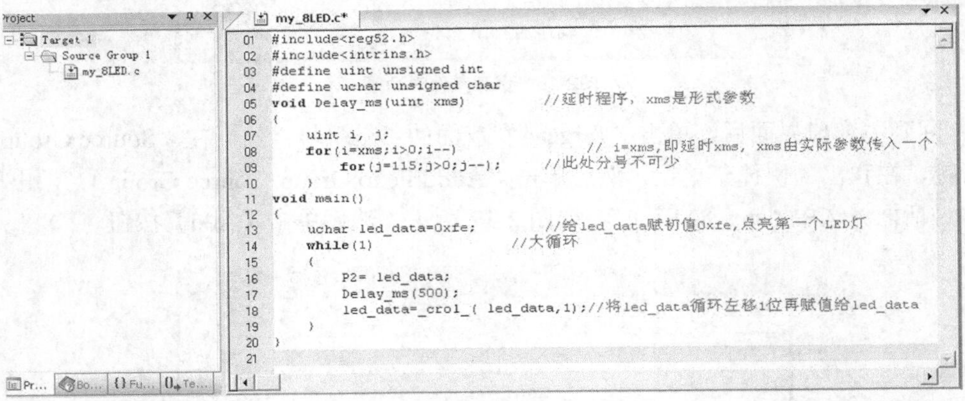

```
01  #include<reg52.h>
02  #include<intrins.h>
03  #define uint unsigned int
04  #define uchar unsigned char
05  void Delay_ms(uint xms)          //延时程序，xms是形式参数
06  {
07      uint i, j;
08      for(i=xms;i>0;i--)            // i=xms,即延时xms，xms由实际参数传入一个
09          for(j=115;j>0;j--);      //此处分号不可少
10      }
11  void main()
12  {
13      uchar led_data=0xfe;         //给led_data赋初值0xfe,点亮第一个LED灯
14      while(1)                     //大循环
15      {
16          P2= led_data;
17          Delay_ms(500);
18          led_data=_crol_( led_data,1);//将led_data循环左移1位再赋值给led_data
19      }
20  }
21
```

图2-20　输入程序后的主窗口

8. 工程建立好以后，还要对工程进行进一步的设置，以满足要求。

用鼠标右键单击主窗口 "Target1"，在出现的快捷菜单中选择 "Option for target 'target1'"，选择 "Option for target 'target1'" 后，即出现工程设置对话框，这个对话框共有 10 多个页面，单击 Target，可对 Target 页中的有关选项进行设置，其中，Xtal 后面的数值是晶振频率值，默认值是所选目标 CPU 的最高可用频率值，该值与最终产生的目标代码无关，仅用于软件模拟调试时显示程序执行时间。正确设置该数值可使显示时间与实际所用时间一致，一般将其设置成与你的硬件所用晶振频率相同，如果没必要了解程序执行的时间，也可以不设。这里，将 Xtal 设置为 11.0592，其他保持默认设置，如图 2-21 所示。

课外阅读：在 Target 页中，还有几项设置，简要说明如下。

Memory Model 用于设置 RAM 使用情况，有以下三个选择项。

① Small：所有变量都在单片机的内部 RAM 中。

② Compact：可以使用一页（256 字节）外部扩展 RAM。

③ Larget：可以使用全部外部的扩展 RAM。

Code rom size 用于设置 ROM 空间的使用，同样也有三个选择项。

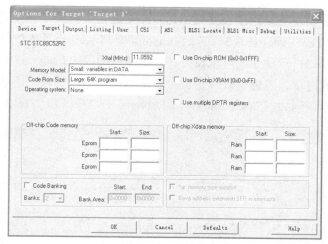

图2-21　Target页的设置

① Small：只用低于 2KB 的程序空间。

② Compact：单个函数的代码量不能超过 2KB，整个程序可以使用 64KB 程序空间。

③ Larget：可用全部 64KB 空间。

这些选择项必须根据所用硬件来决定，对于本例，按默认值设置。

Operating 项是操作系统选择，Keil 提供了两种操作系统：Rtx tiny 和 Rtx full，通常我们不使用任何操作系统，即使用该项的默认值 None。

Off Chip Code memory 用以确定系统扩展 ROM 的地址范围，Off Chip xData memory 组用于确定系统扩展 RAM 的地址范围，这些选择项必须根据所用硬件来决定，一般均不需要重新选择，按默认值设置。

9. 单击 OutPut 页，里面也有多个选择项，其中 Creat Hex file 用于生成可执行代码文件，其格式为 Intel HEX 格式，文件的扩展名为.HEX，默认情况下该项未被选中，如果要写片做硬件实验，就必须选中该项，这里我们选择该项。选中该项后，在编译和链接时将产生*.hex代码文件，该文件可用编程器去读取并烧写到单片机中，再用硬件实验板看到实验结果。最后设置的情况如图 2-22 所示。

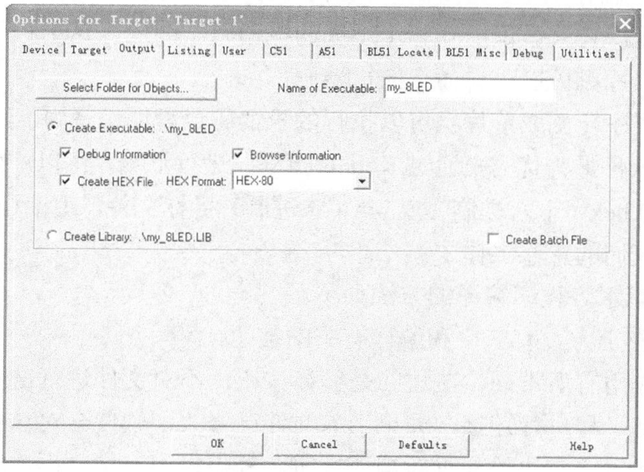

图2-22　OutPut页的设置

10. 单击 Debug 页，该页用于设置调试器，Keil 提供了两种工作模式，即 Use Simulator（软件模拟仿真）和 Use（硬件仿真）。Use Simulator 是将 Keil 设置成软件模拟仿真模式，在此模式下不需要实际的目标硬件就可以模拟 51 单片机的很多功能，这是一个非常实用的功能。Use 是硬件仿真选项，当进行硬件仿真时，应选中此项，另外，还从右侧的下拉框中选择所用的硬件仿真器，例如，STC Monitor-51 Driver（STC 单片机仿真器），如图 2-23 所示。

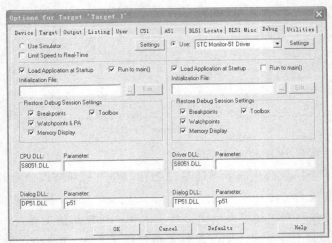

图2-23 Debug页

需要说明的是，如果你安装的 Keil 软件没有加载 STC 单片机型号及仿真器，在下拉框中不会出现 STC Monitor-51 Driver 选项，如果要使用 STC 仿真器，必须打开 STC-ISP 软件，点击软件右侧的"Keil 仿真设置"选项卡进行加载（具体方法参见前面介绍的内容）。

以上工程设置对话框中的其他选项页与 C51 编译器、A51 汇编器、BL51 连接器等用法有关，这里均取默认值，不做任何修改。设置完成后，单击【OK】按钮进行确认。

2.3.3 第三步：编译程序

以上编写的 8 位流水灯程序是提供给我们看的，在学完 C 语言后我们完全可以看懂，但是，单片机可看不懂，它只认识由 0 和 1 组成的机器码。因此，这个程序还必须进行编译，将程序"翻译"成单片机可以"看懂"的机器码。

要将编写的源程序转变成单片机可以执行的机器码过程叫编译，用于 51 单片机的编译软件较多，其中 Keil 软件最为优秀，通过 Keil 对源程序进行汇编，可以产生目标代码，生成单片机可以"看懂"的.hex（十六进制）或.bin（二进制）目标文件，用编程器烧写到单片机中，单片机就可以按照我们的意愿工作了。

用 Keil 对 8 位流水灯程序编译的方法如下。

在 Keil 主窗口左上方，有三个和编译有关的按钮，。

这三个按钮的作用有所不同，左边的是编译按钮，不对文件进行链接；中间的是编译链接按钮，用于对当前工程进行链接，如果当前文件已修改，软件会对该文件进行编译，然后再链接以产生目标代码；右边的是重新编译按钮，每点击一次均会再次编译链接一次，不管程序是否有改动，确保最终产生的目标代码是最新的。这三个按钮也可以在"project"菜单中找到。

　　这个项目只有一个文件，你按这三个按钮中的任何一个都可以编译。这里，为了产生目标代码，我们选择按中间的编译链接按钮或右边的重新编译按钮。在下面的"Build output"窗口中可以看到编译后的有关信息，如图 2-24 所示。提示获得了名为"my_8LED.hex"的目标代码文件。编译完成后，打开 my_8LED 文件夹，会发现，文件夹里多出了一个 my_8LED.hex 文件。

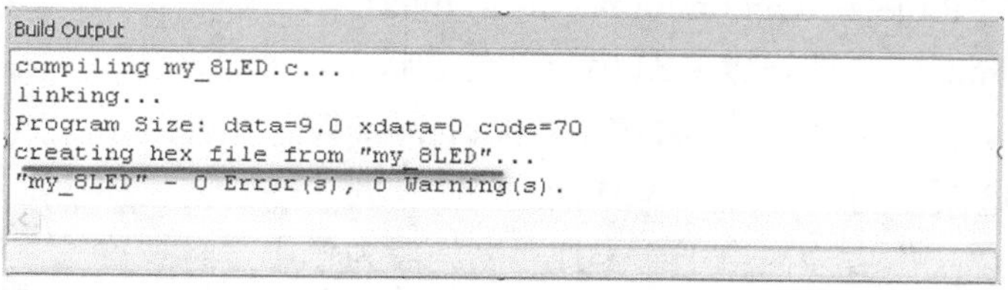

```
Build Output
compiling my_8LED.c...
linking...
Program Size: data=9.0 xdata=0 code=70
creating hex file from "my_8LED"...
"my_8LED" - 0 Error(s), 0 Warning(s).
```

图2-24　编译后的有关信息

　　如果源程序有语法错误，会有错误报告出现，用户应根据提示信息，更正程序中出现的错误，重新编译，直至正确为止。

2.3.4　第四步：仿真调试

　　程序编译通过后，只是说明源程序没有语法错误，至于源程序中存在的其他错误，往往还需要通过反复的仿真调试才能发现。所谓仿真即是对目标样机进行排错、调试和检查，一般分为硬件仿真和软件仿真两种，下面分别进行说明。

1.　硬件仿真

　　硬件仿真是通过仿真器与用户目标板进行实时在线仿真。一块用户目标板包括单片机部分及外围接口电路部分，例如，我们在前面设计的 8 位流水灯电路，单片机部分由 STC89C52 最小系统组成，外围接口电路则由 8 位发光二极管及限流电阻组成。硬件仿真就是利用仿真器来代替用户目标板的单片机部分，由仿真器向用户目标板的接口电路部分提供各种信号、数据进行测试、调试的方法。这种仿真可以通过单步执行、连续执行等多种方式来运行程序，并能观察到单片机内部的变化，便于修改程序中的错误。

　　如果你手头上有实验开发板，只需要取下单片机，将硬件仿真接板插到活动插座上，然后再将开发板和计算机连接起来，即可以进行硬件仿真了，有关硬件仿真的详细内容，本书不打算进行详细的介绍，感兴趣的读者可以到宏晶科技公司官网参阅相关文章进行学习。

　　对于初学者，实际编程时，所写的程序一般不太复杂，加之 STC 单片机下载程序十分方便，因此，可以采用下载的方法进行编程。方法是：直接将程序下载到单片机中进行观察，如果与实验不符，再修改、再下载，直到符合要求为止。因此，初学者可以跳过硬件仿真这一步。

2.　软件仿真

　　在 Keil 软件中，内建了一个仿真 CPU，可用来模拟执行程序，该仿真 CPU 功能强大，可以在没有用户目标板和硬件仿真器的情况下进行程序的模拟调试，这就是软件仿真。

软件仿真不需要硬件，简单易行。不过，软件仿真毕竟只是模拟，与真实的硬件执行程序还是有区别的，其中最明显的就是时序。软件仿真是不可能和真实的硬件具有相同的时序的，具体的表现就是程序执行的速度和各人使用的计算机有关，计算机性能越好，运行速度越快。

如果读者没有制作实验开发板，也没有仿真器，可以采用软件仿真的方法进行模拟，具体方法如下。

（1）单击菜单"Project→Option for target 'target1'"，出现工程设置对话框，在 Debug 页中，选择 Use Simulator，即设置 Keil 为软件仿真状态。

（2）按 Ctrl+F5，进入仿真状态，再按菜单 Peripherals→I/O Ports →Port2，打开 Port2 观察窗口，如图 2-25 所示。

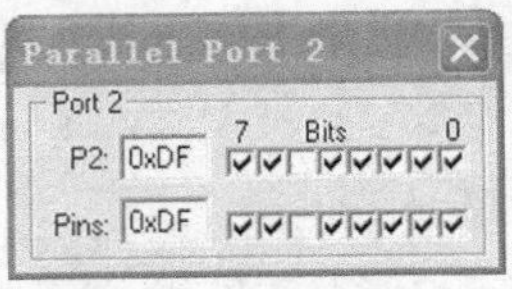

图中，框内打"√"者为高电平，未打"√"者为低电平。按 F5 全速运行，会发现窗口中的"√"在 Port2 调试窗口中不停地闪

图2-25　Port2调试窗口

动，不能看到具体的效果，这时我们可以采用过程单步执行的方法进行调试，不停地按动工具栏上的 按钮（Step Over），可以看到 Port2 调试窗口中未打"√"的小框（表示低电平）不停地右移。也就是说，Port2 调试窗口模拟了 P2 口的电平状态。

2.3.5　第五步：烧写程序

仿真调试通过后，用 STC89C 系列单片机下载软件 STC-ISP 将 my_8LED.hex 代码文件下载到实验板 STC89C52 中，就可以欣赏到你的第一个"产品"了。烧写程序的步骤如下。

（1）将 USB 线一端接 PC USB 口，另一端接开发板 USB 口（这里选用前面介绍的低成本单片机开发板 2，见图 2-4）。

（2）安装 USB 转串口芯片 CH340 芯片驱动程序（如果你的计算机是 windows10 操作系统，无须安装 CH340 驱动，可自动识别），安装完成之后，PC 会提示发现新硬件，同时会建立一个虚拟的串口号，这个串口号可在 PC 的设备管理器上查看，这时，会看到"USB-SERIAL CH340（COM3）"一栏，这就是开发板上 CH340 的虚拟串口（COM3），如图 2-26 所示。

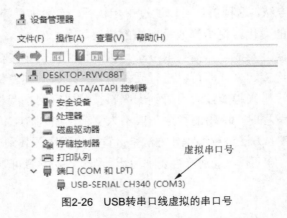

图2-26　USB转串口线虚拟的串口号

注意，对于不同的计算机，这个虚拟的串口号可能有所不同。

（3）了解到这个串口号后，打开 STC 下载软件，"串口选择"一栏中，选择相应的串口号（这里选择 COM3），在单片机型号一栏中，选择 STC89C52（开发板上插座上安装的是此单片机），如图 2-27 所示。

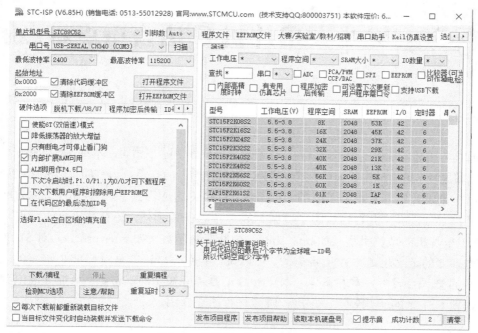

图2-27　选择串口号和单片机型号

（4）单击窗口中的"打开程序文件"按钮，打开需要写入的十六进制文件，这里选择 8 路流水灯文件 my_8LED.hex。单击窗口中的"下载/编程"按钮，此时在下载软件文本框中显示"正在检测目标单片机"，此时，给开发板通电，开始下载程序，下载完成后，出现"下载 OK、校验 OK、已加密"等信息，如图 2-28 所示。此时，会发现开发板上的 8 个 LED 发光管循环点亮。

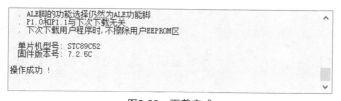

图2-28　下载完成

2.3.6　第六步：脱机运行检查

你不可能一次完美无缺的将源程序写好，这就需要反复修改源程序，反复编译、仿真、烧写到单片机中，反复将单片机装到电路中去实验，针对硬件或软件出现的问题进行修改，逐步进行完善。确认硬件电路没有问题，确认程序没有"臭虫"后，整个实验开发过程也就结束了。

以上描述是以制作一个 8 位流水灯为例，全面介绍了单片机实验开发的全过程，包括硬件电路设计与制作、编写程序、编译程序、仿真调试、烧写程序、脱机运行检查六个步骤，在本书的后续章节中，仿真调试我们一般省略跳过，但其他五个步骤是必需的。

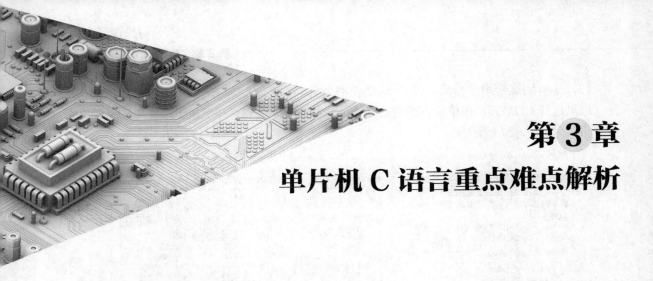

第 3 章
单片机 C 语言重点难点解析

本章内容讲述单片机的编辑语言——C 语言，如果你学过 C 语言，本章内容学起来可能就会很简单；如果没学过，你需要认真看了，另外，还要结合专门介绍 C 语言的教材进行辅助学习！

C 语言是单片机开发中最重要的编程语言，将 C 语言应用到 51 单片机上，称为单片机 C 语言，简称 C51。单片机 C 语言除了遵循一般 C 语言的规则外，还有其自身的特点，如增加了适应 51 单片机的数据类型（如 bit、sbit）、中断服务函数（如 interrupt n），对 51 单片机特殊功能寄存器的定义也是 C51 所特有的，可以说，单片机 C 语言是对标准 C 语言的扩展。单片机 C 语言知识点较多，本书不是一本介绍 C 语言基础知识的教材，不可能面面俱到，在本章中，仅就 C51 中的一些要点、重点、难点进行简要介绍。

|3.1　C51 基本知识|

3.1.1　标识符和关键字

1. 标识符

标识符是用来标识源程序中某个对象的名字，这些对象可以是语句、数据类型、函数、变量、数组等。

标识符的命名应符合以下规则。

（1）有效字符：只能由字母、数字和下划线组成，且以字母或下划线开头。

（2）有效长度：在 C51 编译器中，支持 32 个字符，如果超长，则超长部分被舍弃。

（3）C51 的关键字不能用作变量名。

标识符在命名时，应当简单，含义清晰，尽量为每个标识符取一个有意义的名字，这样有助于阅读理解程序。

C51 区分大小写，如 Delay 与 DELAY 是两个不同的标识符。

2. 关键字

关键字则是 C51 编译器已定义保留的特殊标识符，它们具有固定名称和含义，在程序编写中不允许标识符与关键字相同。C51 采用 ANSI C 标准规定了 32 个关键字，如表 3-1 所示。

表 3-1　　　　　　　　　　　　　　　　ANSI C 标准的关键字

关 键 字	用 途	说 明
auto	存储种类说明	用以说明局部变量，缺省值为此
break	程序语句	退出最内层循环
case	程序语句	Switch 语句中的选择项
char	数据类型说明	单字节整型数据或字符型数据
const	存储类型说明	在程序执行过程中不可更改的常量值
continue	程序语句	转向下一次循环
default	程序语句	Switch 语句中的失败选择项
do	程序语句	构成 do…while 循环结构
double	数据类型说明	双精度浮点数
else	程序语句	构成 if…else 选择结构
enum	数据类型说明	枚举
extern	存储种类说明	在其他程序模块中说明了的全局变量
float	数据类型说明	单精度浮点数
for	程序语句	构成 for 循环结构
goto	程序语句	构成 goto 转移结构
if	程序语句	构成 if…else 选择结构
int	数据类型说明	基本整型数
long	数据类型说明	长整型数
register	存储种类说明	使用 CPU 内部寄存器的变量
return	程序语句	函数返回
short	数据类型说明	短整型数
signed	数据类型说明	有符号数，二进制数据的最高位为符号位
sizeof	运算符	计算表达式或数据类型的字节数
static	存储种类说明	静态变量
struct	数据类型说明	结构类型数据
swicth	程序语句	构成 switch 选择结构
typedef	数据类型说明	重新进行数据类型定义
union	数据类型说明	联合类型数据
unsigned	数据类型说明	无符号数数据
void	数据类型说明	无类型数据
volatile	数据类型说明	该变量在程序执行中可被隐含地改变
while	程序语句	构成 while 和 do…while 循环结构

另外，C51 还根据 51 单片机的特点扩展了相关的关键字，如表 3-2 所示。

表 3-2　　　　　　　　　　　　　　　　C51 编译器扩展的关键字

关 键 字	用 途	说 明
bit	位标量声明	声明一个位标量或位类型的函数
sbit	位标量声明	声明一个可位寻址变量
sfr	特殊功能寄存器声明	声明一个特殊功能寄存器
sfr16	特殊功能寄存器声明	声明一个 16 位的特殊功能寄存器
data	存储器类型说明	直接寻址的内部数据存储器

续表

关 键 字	用 途	说 明
bdata	存储器类型说明	可位寻址的内部数据存储器
idata	存储器类型说明	间接寻址的内部数据存储器
pdata	存储器类型说明	分页寻址的外部数据存储器
xdata	存储器类型说明	外部数据存储器
code	存储器类型说明	程序存储器
interrupt	中断函数说明	定义一个中断函数
reentrant	再入函数说明	定义一个再入函数
using	寄存器组定义	定义芯片的工作寄存器

3.1.2　数据类型

C51 数据类型可分为基本类型、构造类型、指针类型和空类型四类，具体分类情况如图 3-1 所示。

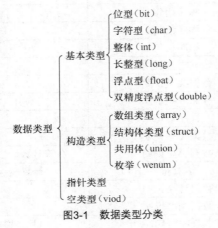

图3-1　数据类型分类

C51 编译器所支持的数据类型如表 3-3 所示。

表 3-3　　　　　　　　　C51 编译器所支持的数据类型

数 据 类 型	名 称	长 度	值 域
unsigned char	无符号字符型	单字节	0～255
signed char	有符号字符型	单字节	−128～+127
unsigned int	无符号整型	双字节	0～65535
signed int	有符号整型	双字节	−32768～+32767
unsigned long	无符号长整型	四字节	0～4294967295
signed long	有符号长整型	四字节	−2147483648～+2147483647
float	浮点型	四字节	±1.175494E-38～±3.402823E+38
*	指针型	1～3 字节	对象的地址
bit	位类型	位	0 或 1
sfr	特殊功能寄存器	单字节	0～255
sfr16	16 位特殊功能寄存器	双字节	0～65535
sbit	可寻址位	位	0 或 1

1. char 字符类型

char 类型的长度是一个字节，通常用于定义处理字符数据的变量或常量。分无符号字符类型 unsigned char 和有符号字符类型 signed char，默认值为 signed char 类型。unsigned char 类型用字节中所有的位来表示数值，可以表达的数值范围是 0～255。signed char 类型用字节中最高位字节表示数据的符号，"0"表示正数，"1"表示负数，负数用补码表示。所能表示的数值范围是 –128～+127。unsigned char 常用于处理 ASCII 字符或用于处理小于或等于 255 的整型数。

2. int 整型

int 整型长度为两个字节，用于存放一个双字节数据。分有符号整型数 signed int 和无符号整型数 unsigned int，默认值为 signed int 类型。signed int 表示的数值范围是 –32768～+32767，字节中最高位表示数据的符号，"0"表示正数，"1"表示负数。unsigned int 表示的数值范围是 0～65535。

3. long 长整型

long 长整型长度为四个字节，用于存放一个四字节数据。分有符号长整型 signed long 和无符号长整型 unsigned long，默认值为 signed long 类型。

4. float 浮点型

float 浮点型用于表示包含小数点的数据类型，占用四个字节。51 单片机是 8 位机，编程时，尽量不要用浮点型数据，这样会降低程序的运行速度和增加程序的长度。

5. 指针型

指针型本身就是一个变量，在这个变量中存放的指向另一个数据的地址。这个指针变量要占据一定的内存单元，在 C51 中，它的长度一般为 1～3 个字节。

6. bit 位类型

bit 位类型是 C51 编译器的一种扩充数据类型，利用它可定义一个位变量，但不能定义位指针，也不能定义位数组。它的值是一个二进制位，不是 0 就是 1。例如：

```
bit flag    //定义位变量 flag
```

7. sfr 特殊功能寄存器

sfr 也是 C51 扩充的数据类型，占用一个内存单元，取值范围为 0～255。利用它可以访问 51 单片机内部的所有特殊功能寄存器。

定义方法如下。

```
sfr 特殊功能寄存器名=地址常数
```

例如，sfr P1=0x90；这一句定义 P1 为 P1 端口在片内的寄存器，在后面的语句中我们可以用 P1 = 0xff（对 P1 端口的所有引脚置高电平）之类的语句来操作特殊功能寄存器。

8. sfr16 16 位特殊功能寄存器

在新一代的 51 单片机中，特殊功能寄存器经常组合成 16 位来使用。采用关键字 sfr16 可以定义这种 16 位的特殊功能寄存器。sfr16 也是 C51 扩充的数据类型，占用两个内存单元，取值范围为 0～65535。

例如，对于 89S52 单片机的定时器 T2，可采用如下的方法来定义。

```
sfr16 T2=0xcc;    //定义 TIMER2，其地址为 T2L=0xcc，T2H=0xcd
```

这里 T2 为特殊功能寄存器名，等号后面是它的低字节地址，其高字节地址必须在物理上直接位于低字节之后。

9. sbit 可寻址位

在 51 单片机应用系统中，经常需要访问特殊功能寄存器中的某些位，C51 编译器为此提供了一个扩充关键字 sbit，利用它定义可位寻址对象。定义方法有如下 3 种。

（1）sbit 位变量名=位地址

这种方法将位的绝对地址赋给位变量，位地址必须位于 0x80～0xff。例如：

```
sbit  OV=0xd2;
sbit  CY=0xd7;
```

（2）sbit 位变量名=特殊功能寄存器名^位置

当可寻址位位于特殊功能寄存器中时可采用这种方法，"位位置"是一个 0～7 的常数。例如：

```
sfr  PSW=0xd0;
sbit  OV=PSW^2;
sbit  CY=PSW^7;
```

（3）sbit 位变量名=字节地址^位位置

这种方法以一个常数（字节地址）作为基地址，该常数必须在 0x80～0xff。"位位置"是一个 0～7 的常数。例如：

```
sbit  OV=0xd0^2;
sbit  CY=0xd0^7;
```

sbit 是一个独立的关键字，不要将它与关键字 bit 相混淆。关键字 bit 用来定义一个普通位变量，它的值是二进制数的 0 或 1。

重点提示： C51 中，用户可以根据需要对数据类型重新进行定义，定义方法如下。

```
typedef 已有的数据类型  新的数据类型名；
```

例如：

typedef int integer；

integer a,b；

这两句在编译时，先把 integer 定义为 int，在以后的语句中遇到 integer 就用 int 置换，integer 就等于 int，所以 a、b 也就被定义为 int。typedef 只是对已有的数据类型作一个名字上的置换，并不是产生一个新的数据类型。

3.1.3　常量

1. 常量的数据类型

常量是在程序运行过程中不能改变值的量，常量的数据类型主要有整型、浮点型、字符型、字符串型。

（1）整型常量

整型常量可以用十进制、八进制和十六进制表示。至于二进制形式，虽然它是计算机中最终的表示方法，但它太长，所以 C 语言不提供用二进制表达常数的方法。

用十进制表示，是最常用也是最直观的。如 7356、−90 等。

八进制用数字 0 开头（注意不是字母 o），如 010、016 等。

十六进制以数字 0+小写字母 x 或大写字母 X 开头），如 0x10、0Xf 等。注意，十六进制数只能用合法的十六进制数字表示，字母 a、b、c、d、e、f 既可以大写，也可以小写。

（2）浮点型常量

浮点型常量可分为十进制和指数表示形式。十进制由数字和小数点组成，如 0.888、3345.345、0.0 等。指数表示形式为：[±]数字[.数字]e[±]数字，[]中的内容为可选项，其中内容根据具体情况可有可无，但其余部分必须有，如 125e3、7e9、−3.0e-3。

（3）字符型常量

字符型常量是单引号内的字符，如‘a’‘d’等，不可以显示的控制字符，可以在该字符前面加一个反斜杠“\”组成专用转义字符。常用转义字符如表 3-4 所示。

表 3-4　　　　常用转义字符表

转 义 字 符	含　　义	ASCII 码（16/10 进制）
\o	空字符（NULL）	00H/0
\n	换行符	0AH/10
\r	回车符（CR）	0DH/13
\t	水平制表符	09H/9
\b	退格符	08H/8
\f	换页符	0CH/12
\'	单引号	27H/39
\"	双引号	22H/34
\\	反斜杠	5CH/92

（4）字符串型常量

字符串型常量由双引号内的字符组成，如“test”“OK”等。当引号内的没有字符时，为空字符串。在 C 语言中，系统在每个字符串的最后自动加入一个字符‘/0’作为字符串的结束标志。请注意字符常量和字符串常量的区别，如'Z'是字符常量，在内存中占一个字节，而“Z”是字符串常量，占两个字节的存储空间，其中一个字节用来存放‘\0’。

2. 用宏表示常数

假如我们要写一个有关圆的计算程序，那么π（3.14159）值会被频繁用到。我们显然没有理由去改π的值，所以应该将它当成一个常量对待，那么，我们是否就不得不一遍一遍地写 3.14159 这一长串的数呢？

必须有个偷懒的方法，并且要提倡这个偷懒，因为多次写 3.14159，难免哪次就写错了。这就用到了宏。宏不仅可以用来代替常数值，还可以用来代替表达式，甚至是代码段。下面只谈宏代替常数值的功能。

宏的语法为：

```
#define 宏名称 宏值
```

比如要代替前面说到的 π 值，应为：

```
#define PAI 3.14159
```

注意，宏定义不是 C51 严格意义上的语句，所以其行末不用加分号结束。

有了上面的语句，我们在程序中凡是要用到 3.14159 的地方都可以使用 PAI 这个宏来取代。作为一种建议和一种广大程序员共同的习惯，宏名称经常使用全部大写的字母。

3. 用 const 定义常量

常量还可以用 const 来进行定义，格式为：

```
const 数据类型 常量名 = 常量值;
```

例如，const float PAI = 3.14159;

const 的作用就是指明这个量（PAI）是常量，而非变量。

常量必须一开始就指定一个值，然后，在以后的代码中，我们不允许改变 PAI 的值。

重点提示：用宏定义#define 表示的常量和用 const 定义的常量有没有区别呢？有的。用 #define 进行宏定义的时候，只是单纯的替换，不会进行任何检查，比如类型，语句结构等，即宏定义常量只是纯粹的替换关系，如#define null 0; 编译器在遇到 null 时总是用 0 代替 null; 而 const 定义的常量具有数据类型，定义数据类型的常量便于编译器进行数据检查，使程序可能出现错误进行排查，所以，用 const 定义的常量比较安全。另外，用#define 定义的常量，不会分配内存空间，每用到一次，都要替换一次，如果这个常量比较大，而且又多次使用，就会占用很大的程序空间。而 const 定义的常量是放在一个固定地址上的，每次使用时只调用其地址即可。

3.1.4 变量

在程序运行过程中，其值可以被改变的量称为变量。变量有两个要素，一是变量名，变量命名遵循标识符命名规则。二是变量值，在程序运行过程中，变量值存储在内存中。

在 C51 中，要求对所有用到的变量，必须先定义、后使用，定义一个变量的格式如下。

```
[存储种类] 数据类型 [存储器类型] 变量名表
```

在定义格式中，除了数据类型和变量名表是必要的，其他都是可选项。

1. 变量的初始化

```
unsigned int a;
```

声明了一个整型变量 a。但这变量的值的大小是随机的，我们无法确定。无法确定一个变量值是常有的事。但有些时候，出于某种需要，需要我们事先给一个变量赋初值。为变量赋初值一般用 "=" 进行赋值，如下所示。

```
unsigned int a = 0;
```

其作用是将 0 赋予 a，让 a 的值初始化为 0。

定义多个变量时也一样，例如：

```
unsigned int a = 0,b= 1;
```

注意事项：定义一个变量时，如果一个变量的值小于 255，一般将其定义为 unsigned char 类型，最好不要定义为 unsigned int 类型，因为 unsigned char 类型只占一个字节，而 unsigned int 类型则占用两个字节，当然，如果这个变量的值大于 255，则不能将其定义为 unsigned char 类型，只能将其定义为 unsigned int 类型或其他合适的类型。

2. 变量的存储器类型

51 单片机的存储器类型较多，有片内程序存储器、片外程序存储器、片内数据存储器、片外数据存储器。其中，片内数据存储器又分为低 128 字节和高 128 字节。为充分支持 51 单片机的这些特性，C51 引入了一些关键字，用来说明存储器类型。表 3-5 是 C51 支持的存储器类型。

表 3-5　　　　　　　　　　　　　　C51 存储器类型

存储器类型	说　　明
data	直接访问内部数据存储器（128 字节），访问速度最快
bdata	可位寻址内部数据存储器（16 字节），允许位与字节混合访问
idata	间接访问内部数据存储器（256 字节），允许访问全部片内地址
pdata	分页访问外部数据存储器（256 字节）
xdata	外部数据存储器（64KB）
code	程序存储器（64KB）

例如：

```
unsigned char code  a=10;  //变量 a 的值 10 被存储在程序存储器中,这个值不能被改变
```

需要注意，当变量被定义成 code 存储器类型时，其值不能被改变，即变量在程序中不能再重新赋值。否则，编译器会报错。

例如：

```
unsigned char data a ;  //在内部 RAM 的 128 字节内定义变量 a
unsigned char bdata b ;  //在内部 RAM 的位寻址区定义变量 b
unsigned char idata c ;  //在内部 RAM 的 256 字节内定义变量 c
```

如果省略存储器类型，系统则会按编译模式 SMALL、COMPACT 或 LARGE 所规定的默认存储器类型（默认为 SMALL）去指定变量的存储区域。

SMALL 存储模式把所有函数变量和局部数据段放在 data 数据存储区，对这种变量的访问速度最快。COMPACT 存储模式中，变量被定位在外部 pdata 数据存储器中。LARGE 存储模式中，变量被定位在外部 xdata 数据区。

3. 变量的存储种类

此部分内容将在后面介绍函数时进行说明。

3.1.5 运算符和表达式

运算符就是完成某种特定运算的符号，分为单目运算符、双目运算符和三目运算符。单目就是指需要有一个运算对象，双目就要求有两个运算对象，三目则要有三个运算对象。表达式则是由运算及运算对象所组成的具有特定含义的式子，后面加上分号便构成了表达式语句。

1. 赋值运算符及其表达式

赋值运算符是 "="，它的功能是给变量赋值，例如：

a=0xff;　　　　//这是一个赋值表达式语句，其功能是将十六进制数 0xff 赋予变量 a。

2. 算术运算符及其表达式

C51 有以下几种算术运算符，如表 3-6 所示。

表 3-6　　　　　　　　　　　　算术运算术的功能

算术运算符号	功　　能
+	加法
−	减法
*	乘法
/	除法
++	自增 1
−−	自减 1
%	求余

除法运算符和一般的算术运算规则有所不同，如是两浮点数相除，其结果为浮点数，如 10.0/20.0 所得值为 0.5，而两个整数相除时，所得值就是整数，如 7/3，值为 2。

求余运算符的对象只能是整型，在%运算符左侧的运算数为被除数，右侧的运算数为除数，运算结果是两数相除后所得的余数。

注意事项：自增和自减运算符的作用是使变量自动加 1 或减 1。自增和自减符号放在变量之前和之后是不同的。

++i, −−i:在使用 i 之前，先使 i 值加（减）1。

i++, i−−: 在使用 i 之后，再使 i 值加（减）1。

例如：若 i=5，则执行 j=++i 时，先使 i 加 1，即 i=i+1=6，再引用结果，即 j=6。运算结果为 i=6，j=6。

再如：若 i=5，则执行 y=i++时，先引用 i 值，即 j=5，再使 i 加 1，即 i=i+1=6。运算结果为 i=6，j=5。

3. 关系运算符及其表达式

关系运算符用来比较变量的值或常数的值，并将结果返回给变量。C 语言有 6 种关系运算符，如表 3-7 所示。当两个表达式用关系运算符连接起来时，这时就是关系表达式。

表 3-7	关系运算符
关系运算符	功　　能
>	大于
>=	大于等于
<	小于
<=	小于等于
==	等于
!=	不等于

4. 逻辑运算符及其表达式

逻辑运算符用于求条件式的逻辑值，C51 有 3 种逻辑运算符，如表 3-8 所示。用逻辑运算符将关系表达式或逻辑量连接起来就是逻辑表达式。

表 3-8	逻辑运算符
逻辑运算符	功　　能
&&	逻辑与
‖	逻辑或
!	逻辑非

5. 位运算符及其表达式

C51 中共有 6 种位运算符，如表 3-9 所示。

表 3-9	位运算符
位 运 算 符	功　　能
&	按位与
|	按位或
^	按位异或
~	按位取反
>>	右移位
<<	左移位

位运算一般的表达形式如下。

变量 1 位运算符 变量 2

在以上几种位运算符中，左移位和右移位操作稍复杂。

左移位（<<）运算符是用来将变量 1 的二进制位值向左移动，由变量 2 所指定的位数，例如，a=0x8f（即二进制数 10001111），进行左移运算 a<<2，就是将 a 的全部二进制位值一起向左移动 2 位，其左端移出的位值被丢弃，并在其右端补以相应位数的"0"。因此，移位的结果是 a=0x3c（即二进制数 00111100）。

右移位（>>）运算符是用来将变量 1 的二进制位值向右移动，由变量 2 指定的位数。进行右移运算时，如果变量 1 属于无符号类型数据，则总是在其左端补"0"；如果变量 1 属于有符号类型数据，则在其左端补入原来数据的符号位（即保持原来的符号不变），其右端的移出位被丢弃。例如，对于 a=0x8f，如果 a 是无符号数，则执行 a>>2 之后，结果为 a=0x23（即

二进制数 00100011）；如果 a 是有符号数，则执行 a>>2 之后，结果为 a=0xe3（即二进制数
11100011）。

例：用移位运算符实现流水灯。

在本书第 2 章中，曾介绍过两个流水灯的例子，当时采用的是给 P2 口逐位赋值和使用
库函数_crol 来实现的，实际上，流水灯还可以通过移位运算符实现，实现的源程序如下：

```
#include<reg52.h>
#define uchar unsigned char
#define uint unsigned int
void Delay_ms(uint xms)                //延时程序,xms 是形式参数
{
  uint i, j;
  for(i=xms;i>0;i--)                   //i=xms,即延时 xms,xms 由实际参数传入一个值
        for(j=115;j>0;j--);
}
void main()
{
  while(1)
  {
        uchar led_data=0xfe;           //给 led_data 赋初值 0xfe,点亮第一只 LED 灯
        uchar i;
        for(i=0;i<8;i++)
        {
                P2=led_data;           //将 led_data 赋值给 P0
                Delay_ms(500);
                led_data=(led_data<<1)|0x01;   //左移 1 位后,再与 0x01 进行或运算,以保证只有一
只 LED 灯被点亮
        }
  }
}
```

该程序在 ch3/ch3_1 文件夹中。

6. 复合赋值运算符及其表达式

复合赋值运算符就是在赋值运算符 "=" 的前面加上其他运算符。表 3-10 是 C51 中的复
合赋值运算符。

表 3-10   复合赋值运算符

位 运 算 符	功　　能
+=	加法赋值
_=	减法赋值
*=	乘法赋值
/=	除法赋值
%=	取模赋值
<<=	左移位赋值
>>=	右移赋位值
&=	逻辑与赋值
|=	逻辑或赋值
^=	逻辑异或赋值
~=	逻辑非赋值

复合赋值运算其实是 C51 中一种简化程序的方法，凡是二目运算都可以用复合赋值运算

符去简化表达。例如，a+=1 等价于 a=a+1；b/=a+2 等价于 b=b/(a+2)。

7．其他运算符及其表达式

（1）条件运算符

C 语言中有一个三目运算符，它就是"?:"条件运算符，它要求有三个运算对象。它可以把三个表达式连接构成一个条件表达式。条件表达式的一般形式如下。

逻辑表达式? 表达式 1 : 表达式 2

其功能是：当逻辑表达式的值为真（非 0）时，整个表达式的值为表达式 1 的值；当逻辑表达式的值为假（0）时，整个表达式的值为表达式 2 的值。

例如，a=1，b=2，我们要求是取 a、b 两数中较小的值放入 min 变量中，可以这样写程序。

```
if (a<b)
min = a;
else
min = b;
```

用条件运算符去构成条件表达式就变得十分简单明了。

```
min = (a<b)?a : b
```

很明显，它的结果和含意都和上面的一段程序是一样的，但是代码却比上一段程序少很多，编译的效率也相对要高，存在的问题是可读性较差，在实际应用时可以根据自己的习惯使用。

（2）sizeof 运算符

sizeof 是用来求数据类型、变量或是表达式的字节数的一个运算符，但它并不像"="之类运算符那样在程序执行后才能计算出结果，它是直接在编译时产生结果的，格式如下：

```
sizeof (数据类型);
```

（3）强制类型转换运算符

C51 有两种数据类型转换方式，即隐式转换和显式转换。隐式转换是在对程序进行编译时由编译器自动处理的，隐式转换遵循以下规则。

① 所有 char 型的操作数转换成 int 型。

② 用运算符连接的两个操作数如果具有不同的数据类型，按以下次序进行转换：如果一个操作数是 float 类型，则另一个操作数也转换成 float 类型；如果一个操作数是 long 类型，则另一个操作数也转换成 long 类型；如果一个操作数是 unsigned 类型，则另一个操作数也转换成 unsigned 类型。

③ 在对变量赋值时发生的隐式转换，将赋值号"="右边的表达式类型转换成赋值号左边变量的类型。例如，把整型数赋值给字符型变量，则整型数的高 8 位将丧失；把浮点数赋值给整型变量，则小数部分将丧失。

在 C51 中，只有基本数据类型（即 char、int、long 和 float)可以进行隐式转换，其余的数据类型不能进行隐式转换。例如，我们不能把一个整型数利用隐式转换赋值给一个指针变量，在这种情况下就必须利用强制类型转换运算符来进行显式转换，强制类型转换格式如下。

```
(数据类型)表达式;
```

其中，（数据类型）中的类型必须是 C51 中的一个数据类型，例如：

```
int a=7,b=2;
float y;
y=(float)a/b;   //先将 a 转换成 float 型,再进行运算;注意与 y=(float)(a/b)不同
```

C51 规定了算术运算符的优先级和结合性。优先级是指当运算对象两侧都有运算符时,执行运算的先后次序,按运算符优先级别高低顺序执行运算。结合性是指当一个运算对象两侧的运算符的优先级别相同时的运算顺序。各种运算符的优先级和结合性如表 3-11 所示。

表 3-11   运算符的优先级和结合性

优 先 级	操 作 符	功 能	结 合 性
1 (最高)	( )	改变优先级	从左至右
	[ ]	数组下标	
	->	指向结构体成员	
	.	结构体成员	
2	++、--	增 1 减 1 运算符	从右至左
	&	取地址	
	*	取内容	
	!	逻辑求反	
	~	按位求反	
	+、-	取正数、负数	
	( )	强制类型转换	
	sizeof	取所占内存字节数	
3	*、/、%	乘法、除法、取余	从左至右
4	+、-	加法、减法	
5	<<、>>	左移位、右移位	
6	<、<=、>、>=	小于、小于等于、大于、大于等于	
7	==、!=	相等、不等	
8	&	按位与	
9	^	按位异或	
10			按位或	
11	&&	逻辑与	
12	||	逻辑或	
13	? :	条件运算符	从右至左
14	=、+=、-=、*= /=、%=、&=,^= |=、<<=、>>=	赋值运算符	从右至左
15(最低)	,	逗号运算符,顺序求值	从左至右

说明:同一优先级的运算符由结合方向确定,例如,*和/具有相同的优先级,因此,3*5/4的运算次序是先乘后除。取负数运算符–和自加 1 运算符++具有同一优先级,结合方向为自右向左,因此,表达式–i++相当于–(i++)。

3.1.6 表达式语句和复合语句

C51 是一种结构化的程序设计语言,提供了相当丰富的程序控制语句,下面先介绍表达式语句和复合语句。

1. 表达式语句

表达式语句是最基本的一种语句。不同的程序设计语言都会有不一样的表达式语句，如 VB 语言，就是在表达式后面加入回车构成 VB 的表达式语句，而在 51 单片机的 C51 中则是加入分号";"构成表达式语句，例如：

```
a=b*10;
i++;
```

都是合法的表达式语句。一些初学者往往在编写调试程序时忽略了分号";"，造成程序无法被正常的编译。另外，在程序中加入了全角符号、运算符输错、漏掉也会造成程序不能被正常编译。

在 C51 中有一个特殊的表达式语句，称为空语句，它仅仅是由一个分号";"组成。

2. 复合语句

在 C51 中，一对花括号"{}"不仅可用作函数体的开头和结尾标志，也可作为复合语句的开头和结尾的标志，复合语句也称为"语句块"，其形式如下。

```
{
  语句 1;
  语句 2;
  ……;
  语句 n;
}
```

复合语句之间用"{}"分隔，而它内部的各条语句还是需要以分号";"结束。复合语句是允许嵌套的，也是就是在"{}"中的"{}"也是复合语句。复合语句在程序运行时，"{}"中的各行单语句是依次顺序执行的。在 C51 中，可以将复合语句视为一条单语句，也就是说，在语法上等同于一条单语句。

对于一个函数而言，函数体就是一个复合语句。要注意的是在复合语句中所定义的变量是局部变量，局部变量就是指它的有效范围只在复合语句内部，即函数体内部。

3.1.7 条件选择语句

1. if 语句

if 条件语句又被称为分支语句，其关键字是由 if 构成。C51 提供了 3 种形式的 if 条件语句。

（1）if…else 语句

if…else 语法格式如下。

```
if (条件表达式)
{
  语句 1
}
else
{
  语句 2
}
```

该语句的执行过程是：如果条件为真，执行语句 1，否则（条件为假），执行语句 2。

（2）if 语句

if 语句格式如下。

```
if （条件表达式）
{
  语句
}
```

该语句的执行过程是：如果条件为真，执行其后的 if 语句，然后执行 if 语句的下一条语句，如果条件不成立（条件为假），则跳过 if 语句，直接执行 if 语句的下一条语句。

例如：

```
if (a==b){a++;}
a--;
```

当 a 等于 b 时，a 就加 1，否则，a 就减 1。

（3）嵌套的 if…else 语句

嵌套的 if…else 语法格式如下。

```
if （条件表达式 1）
{
  语句 1
}
else if （条件表达式 2）
{
  语句 2
}
else if （条件表达式 3）
{
  语句 3
}
...
else
{
  语句 n
}
```

以上形式的嵌套 if 语句执行过程可以这样理解：从上向下逐一对 if 后的条件表达式进行检测，当检测某一表达式的值为真时，就执行与此有关的语句。如果所有表达式的值均为零，则执行最后的 else 语句，例如：

```
if(a>=0) {c=0;}
else if(a>=1) {c=1;}
else if(a>=2) {c=2;}
else if(a>=3) {c=3;}
else {c=4;}
```

2. switch 语句

虽然用多个 if 语句可以实现多方向条件分支，但是，使用过多的 if 语句实现多方向分支会使条件语句嵌套过多，程序冗长，这样读起来也很不好读。这时如果使用开关语句，不但可以达到处理多分支选择的目的，而且又可以使程序结构清晰。开关语句的语法如下。

```
switch （表达式）
{
  case 常量表达式 1：语句 1；break;
  case 常量表达式 2：语句 2；break;
```

```
case 常量表达式 3: 语句 3; break;
case 常量表达式 n: 语句 n; break;
default: 语句
}
```

运行时，switch 后面的表达式的值将会作为条件，与 case 后面的各个常量表达式的值相对比，如果相等时，则执行后面的语句，再执行 break 语句，跳出 switch 语句。如果 case 没有和条件相等的值时，就执行 default 后的语句。当要求没有符合的条件时，不做任何处理，则可以不写 default 语句。

注意事项：如果在 case 语句中遗忘了 break，则程序在执行了本行 case 选择之后，不会按规定退出 switch 语句，而是将执行后续的 case 语句。有经验的程序员可以在 switch 语句中预设一系列不含 break 的 case 语句，这样程序会把这些 case 语句加在一起执行。这对某些应用可能是很有效的，但对另一些情况则将引起麻烦，因此使用时必须谨慎小心。

3.1.8　循环语句

C51 中用来实现循环的语句有以下三种：while、do while 和 for 循环语句。

1. while 循环语句

while 语句一般形式为：

```
while(条件表达式)
{
  循环体语句;
}
```

while 语句中，while 是 C51 的关键字。while 后一对圆括号中的表达式用来控制循环体是否执行；while 循环体可以是一条语句，也可以是多条语句。若是一条语句可以不加大括号；若是多条语句，应该用大括号括起来组成复合语句。

while 语句的执行过程如下。

（1）计算 while 后一对圆括号中条件表达式的值。当值为非 0 时，执行步骤（2）；当值为 0 时，执行步骤（4）。

（2）执行循环体中语句。

（3）转去执行步骤（1）。

（4）退出 while 循环。

由以上叙述可知，while 后一对圆括号中表达式的值决定了循环体是否执行，因此，进入 while 循环后，一定要有能使此表达式的值变为 0 的操作，否则，循环将会无限制地进行下去。

在一些特殊情况下，while 循环中的循环体可能是一个空语句，如下所示。

```
while(条件表达式) { ;}
```

其中的大括号可以省略，但分号绝不能省略，如下所示。

```
while(条件表达式) ;
```

这种循环语句的作用是，如果条件表达式为非 0，则反复进行判断（即处于等待状态）；若条件表达式的值为 0，则退出循环。例如，下面这段程序是读取 51 单片机串行口数据的函数，其中就用了一个空语句 while(!RI) 来等待单片机串行口接收结束。

```
read_com()              //函数定义
{
    char a;             //变量定义
    while(!RI);         //若 RI=0, 即!RI 为 1, 说明没有接收中断, 则继续等待串口接收数据
    a=SUBF;             //读串行口内容
    RI=0;               //清除串行口接收标志
    return(a);          //返回
}
```

2. do while 循环语句

do while 语句一般形式为:

```
do
{
    循环体语句;
}
while(条件表达式);
```

do while 循环语句中,do 是 C51 的关键字,必须和 while 联合使用。do-while 循环由 do 开始,用 while 结束。必须注意的是:在 while(表达式)后的 ";" 不可丢,它表示 do while 语句的结束。while 后一对圆括号中的表达式用来控制循环是否执行。在 do 和 while 之间的循环体内可以是一条语句,也可以是多条语句。若是一条语句可以不加大括号;若是多条语句,应该用大括号括起来组成复合语句。

do while 语句的执行过程如下。

(1)执行 do 后面循环体中的语句。

(2)计算 while 后一对圆括号中表达式的值。当值为非 0 时,转去执行步骤(1);当值为 0 时,执行步骤(3)。

(3)退出 do-while 循环。

由 do while 构成的循环与 while 循环十分相似,它们之间的重要区别是:while 循环的控制,出现在循环体之前,只有当 while 后面表达式的值为非 0 时,才可能执行循环体。在 do while 构成的循环中,总是先执行一次循环体,然后再求表达式的值,因此,无论表达式的值是 0 还是非 0,循环体至少要被执行一次。

和 while 循环一样,在 do while 循环体中,要有能使 while 后表达式的值变为 0 的操作,否则,循环将会无限制地进行下去。

以笔者的经验,do while 循环用得并不多,大多数的循环用 while 来实现会更直观。

请比较以下两段程序,前者使用 while 循环,后者使用 do while 循环。

程序 1:

```
int a = 0;
while(a>0) {a--;}
```

变量 a 初始值为 0,条件 a>0 显然不成立。所以循环体内的 a--,语句未被执行。本段代码执行后,变量 a 值仍为 0。

程序 2:

```
int a = 0;
do{ a--;}
while(a>0);
```

尽管循环执行前，条件 a>0 一样不成立，但由于程序在运行到 do 时，并不先判断条件，而是直接先运行一遍循环体内的语句：a--。于是 a 的值成为−1，然后，程序才判断 a>0，发现条件不成立，循环结束。

3. for 循环语句

for 循环语句比较常用，其一般形式为：

```
for(表达式 1;表达式 2;表达式 3)
{
    循环体语句；
}
```

for 是 C51 的关键字，其后的一对圆括号中通常含有三个表达式，各表达式之间用 ";" 隔开，紧跟在 for（…）之后的循环体，可以是一条语句，也可以是多条语句。若是一条语句可以不加大括号；若是多条语句，应该用大括号括起来组成复合语句。

for 循环的执行过程如下。

（1）计算 "表达式 1"（"表达式 1" 通常称为 "初值设定表达式"）。

（2）计算 "表达式 2"（"表达式 2" 通常称为 "终值条件表达式"）；若其值为非 0，转步骤（3）；若其值为 0，转步骤（5）。

（3）执行一次 for 循环体。

（4）计算 "表达式 3"（"表达式 3" 通常称为 "更新表达式"），转向步骤（2）。

（5）结束循环，执行 for 循环之后的语句。

下面对 for 循环语句的几种特例进行简要说明。

第一种特例：for 语句中的小括号内的三个表达式全部为空，形成 for(;;)形式，这意味着没有设初值，无判断条件，循环变量为增值，它的作用相当于 while(1)，即构成一个无限循环过程。

第二种特例：for 语句三个表达式中，表达式 1 缺省。例如：

```
Delay_ms(unsigned int  xms)
{
  unsigned int j;
  for(;xms>0;xms--)
        for(j=0;j<115;j++);
}
```

这是一个延时程序，在第一个 for 循环中，没有对变量 xms 赋初值，因为这里的变量 xms 是 Delay_ms 函数的形参，程序运行时，xms 由实参传入一个数值。

第三种特例:for 语句三个表达式中，表达式 2 缺省。例如：

```
for(i=1;;i++)
sum=sum+i;
```

即不判断循环条件，认为表达式始终为真。循环将无休止地进行下去。它相当于：

```
i=1;
while(1)
{
  sum=sum+i;
  i++;
}
```

第四种特例：没有循环体的 for 语句。例如：

```
int sum=2000;
for(t=0;t<sum;t++){;}
```

此例在程序中起延时作用。

下面举一个例子，说明 for 循环语句的具体应用。

例：由单片机的 P3.7 脚（外接蜂鸣器）输出救护车的声音。

通过软件延时，使 P3.7 脚输出 1kHz 和 2kHz 的变频信号，每隔 1s 交替变化 1 次，即可模拟救护车的声音，详细源程序如下。

```
#include <reg52.h>
sbit P37=P3^7;
/*******以下是 250μs×x 延时函数*******/
void delay250(unsigned int x)
{
unsigned int j,i;
for(i=0;i<x;i++)
  for(j=0;j<25;j++);
}
/*********以下是主函数********/
void main()
 {
unsigned int i,j;
 {
for(;;)                         //大循环
 {
       for(i=0;i<2000;i++)      //循环 2000 次
       {
              P37=~P37;         //输出声音
              delay250(2);      //延时 500μs
       }
       for(j=0;j<4000;j++)      //延时 4000 次
       {
              P37=~P37;         //输出声音
              delay250(1);      //延时 250μs
       }
  }
 }
}
```

该源程序在 ch3/ch3_2 文件夹中。

4. break 和 continue 语句在循环体中的作用

（1）break 语句

前面，我们已经介绍过，用 break 语句可以跳出 switch 语句体。在循环结构中，也可应用 break 语句跳出本层循环体，从而提前结束本层循环。

例如，如下程序。

```
#include<reg52.h>
void main(void)
{
  int i,sum;
  sum=0;
  for(i=1;i<=10;i++)
  {
         sum=sum+i;
```

```
            if(sum>5)break;
    }
    while(1);
}
```

该例中，当 i=3 时，sum 的值为 6，if(sum>5)语句的值为 1，于是执行 break 语句，跳出 for 循环，执行 "while(1);" 语句，程序处于等待状态。若没有 break 语句，则程序需要等到 i<=10 时才能退出循环。

（2）continue 语句

continue 汉意为继续。它的作用及用法和 break 类似。重要区别在于：当循环遇到 break，是直接结束循环，若遇上 continue，则是停步当前这一遍循环，然后直接尝试下一遍循环。可见，continue 并不结束整个循环，而仅仅是中断的这一遍循环，然后跳到循环条件处，继续下一遍的循环。当然，如果跳到循环条件处，发现条件已不成立，那么循环也将结束，所以我们称为尝试下一遍循环。

在 while 和 do while 循环中，continue 语句使得流程直接跳到循环控制条件的测试部分，然后决定循环是否继续进行。在 for 循环中，遇到 continue 后，跳过循环体中余下的语句，而去对 for 语句中的 "表达式 3" 求值，然后进行 "表达式 2" 的条件测试，最后根据 "表达式 2" 的值来决定 for 循环是否执行。下面举例说明。

```
#include<reg52.h>
void main(void)
{
  int i,sum = 0;
  for(i = 1; i<=100;i++)
  {
        if( i % 10 == 3) continue;
        sum =sum+ i;
  }
  P2=sum;
  while(1);
}
```

该源程序在 ch3/ch3_3 文件夹中。

为了判断一个 1～100 的数中哪些数的个位是 3，程序中用了求余运算符%，即将一个 2 位以内的正整数，除以 10 以后，余数是 3，就说明这个数的个位是 3。比如 23 除以 10，商数是 2，余数是 3。

程序执行的最终结果为：sum=0x11da（十进制为 4570），并将结果送 P2 口，然后，程序处于等待状态。

程序的执行结果可通过 Keil 软件进行观察，方法是：启动 Keil 软件，输入上面源程序，进入软件仿真界面，选择菜单 view→Watch→locals，打开观察窗口，按工具栏中 按钮进行调试，sum 不断变化，循环结束后，sum 的最终结果为 0x11DA（即 4570），如图 3-2 所示。

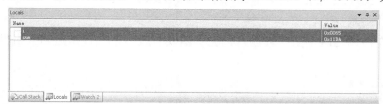

图3-2　在观察窗口查看变量sum的值

5. goto 语句

goto 语句是一种无条件转移语句，使用格式为：

```
goto 标号；
```

其中，标号是 C51 中一个有效的标识符，这个标识符加上一个 ":" 一起出现在函数内某处，执行 goto 语句后，程序将跳转到该标号处并执行其后的语句。另外，标号必须与 goto 语句同处于一个函数中，但可以不在一个循环层中。通常，goto 语句与 if 条件语句连用，当满足某一条件时，程序跳到标号处运行。

goto 语句通常不用，主要因为它将使程序层次不清，且不易读，但在多层嵌套退出时，用 goto 语句则比较合理。

|3.2 C51 函数|

3.2.1 函数概述

从 C51 程序的结构上划分，C51 函数分为主函数 main() 和普通函数两种。而普通函数又分为两种，一种是标准库函数；另一种是用户自定义函数。

1. 标准库函数

标准库函数是由 C51 编译器提供的，供使用者在设计应用程序时使用。C51 具有功能强大、资源丰富的标准函数库，在进行程序设计时，应该善于充分利用这些功能强大、内容丰富的标准库函数资源，以提高效率，节省时间。

在调用库函数时，用户在源程序 include 命令中应该包含的头文件名。例如，调用左移位函数_crol_时，要求程序在调用输出库函数前包含以下的 include 命令：

```
#include<intrins.h>
```

include 命令必须以#号开头，系统提供的头文件以 ".h" 作为文件的后缀，文件名用一对尖括号括起来。注意：include 命令不是 C51 语句，因此不能在最后加分号。

2. 用户自定义函数

用户自定义函数，顾名思义，是用户根据自己的需要编写的函数。

从函数定义的形式上划分可以有三种形式：无参数函数、有参数函数和空函数。

（1）无参数函数

此种函数在被调用时，无参数输入，无参函数一般用来执行指定的一组操作。无参数函数的定义形式为：

```
类型标识符 函数名()
{
    类型说明
```

```
    函数体语句
}
```

类型标识符是指函数值的类型，若不写类型说明符，默认为 int 类型；若函数类型标识符为 void，表示不需要带回函数值。{}中的内容称为函数体，在函数体中也有类型说明，这是对函数体内部所用到变量的类型说明。例如：

```
void Delay_1ms()           //延时 1s 程序
{
 uint i, j;
 for(i=1000;i>0;i--)
        for(j=115;j>0;j--);  //此处分号不可少
}
```

这里，Delay_1ms 为函数名，Delay_1ms 函数是一个无参函数，当这个函数被调用时，延时 1s 时间。函数前面的 void 表示这个函数执行完后不带回任何数据。

（2）有参数函数

在调用此种函数时，必须输入实际参数，以传递给函数内部的形式参数。在函数结束时返回结果，供调用它的函数使用。有参数函数的定义方式为：

```
类型标识符 函数名(形式参数表)
形式参数类型说明
{
类型说明
函数体语句
}
```

有参函数比无参函数多了形式参数表，各参数之间用逗号间隔。在进行函数调用时，主调函数将赋予这些形式参数实际的值。

例：单片机控制 P2 口 8 只 LED 灯以间隔 1s 亮灭闪烁。

源程序如下。

```
#include<reg52.h>
void Delay_ms(unsigned int  xms)        //被调函数定义,xms 是形式参数
{
 unsigned int i, j;
 for(i=xms;i>0;i--)                     //i=xms,即延时 xms, xms 由实际参数传入一个值
        for(j=115;j>0;j--);             //此处分号不可少
 }
void main()
{
 while(1)
 {
        P2=0xff;
        Delay_ms(1000);                //主调函数
        P2=0;
        Delay_ms(1000);                //主调函数
 }
}
```

该程序在 ch3/ch3_4 文件夹中。

Delay_ms(unsigned int xms)函数括号中的变量 xms 是这个函数的形式参数，其类型为 unsigned int，当这个函数被调用时，主调函数 Delay_ms(1000)将实际参数 1000 传递给形式参数 xms，从而达到延时 1s 的效果。Delay_ms 函数前面的 void 表示这个函数执行完后不返回任何数据。

重点提示： 如何能知道 Delay_ms(1000)就是延时 1s 呢？下面通过 Keil 进行模拟调试，具体方法如下。

① 在 Keil 的工程设置对话框中，将晶振频率设置为 11.0592MHz，将仿真功能设置为软件仿真（Use Simulator）。

② 按对源程序进行编译、链接，按 Ctrl+F5 组合键，进入模拟仿真状态。

③ 将光标移到 P2=0xff 行，按 {} 按钮或使用快捷键 Ctrl+F10，使程序运行光标所在处，此时，观察左侧的寄存器窗口，可看到 sec 显示的时间为 0.0004（单位为 s），这是定时程序的起始时间，如图 3-3 所示。

④ 再将光标移到 P2=0 行，按 {} 按钮或 Ctrl+F10 组合键，使程序运行到该行，此时，观察左侧的寄存器窗口，可看到 sec 显示的时间为 1.0128（单位为 s），这是定时程序的结束时间，如图 3-4 所示。

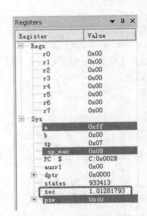

图3-3　延时程序起始时间　　　　　　图3-4　延时程序结束时间

⑤ 将结束时间减去起始时间，即为定时程序的延时时间，即定时时间为：

$$1.0128 - 0.0004 \approx 1000ms = 1s$$

上面的例子中，Delay_ms 函数是一个 void 函数，没有返回值，下面再举一下带返回值的例子，这个例子的功能是求两个数中的大数，函数定义可写为：

```
int max(int a,int b)
{
  if(a>b) return a;
  else return b;
}
```

该例中，max 函数是一个整型函数，其返回的函数值是一个整数，形参 a、b 均为整型量，a、b 的具体值是由主调函数在调用时传输过来的。在 max 函数体中的 return 语句是把 a（或 b）的值作为函数的值返回给主调函数。

（3）空函数

此种函数体内无语句，是空白的。调用此种空函数时，什么工作也不做，不起任何作用。而定义这种函数的目的并不是为了执行某种操作，而是为了以后程序功能的扩充。空函数的定义形式为：

```
返回值类型说明符 函数名()
{}
```

例如：

```
int add()
{ }
```

应该指出的是，在 C51 中，程序总是从 main 函数开始，完成对其他函数的调用后再返回到 main 函数，最后由 main 函数结束整个程序。

3.2.2　函数的参数和返回值

在上面的几个例子中，我们对函数的参数已有所了解，下面再简要进行归纳总结。

1. 函数的参数

定义一个函数时，位于函数名后面圆括号中的变量名为"形式参数"（简称形参），而在调用函数时，函数名后面括号中的表达式为"实际参数"（简称实参）。形式参数在未发生函数调用之前，不占用内存单元，因而也是没有值的。只有在发生函数调用时它才被分配内存单元，同时获得从主调用函数中实际参数传递过来的值。函数调用结束后，它所占用的内存单元也被释放。

进行函数调用时，主调用函数将实际参数的值传递给被调用函数中的形式参数。为了完成正确的参数传递，实际参数的类型必须与形式参数的类型一致，如果两者不一致，则会发生"类型不匹配"错误。

函数调用中发生的数据传输是单向的。即只能把实参的值传输给形参，而不能把形参的值反向地传输给实参。

2. 函数的返回值

函数的返回值是指函数被调用之后，执行函数体中的程序段所取得的并返回给主调函数的值。对函数返回值说明如下。

（1）函数的返回值只能通过 return 语句返回主调函数。

return 语句的一般形式为：

```
return 表达式;
```

或者为：

```
return (表达式);
```

该语句的功能是计算表达式的值，并返回给主调函数。在函数中允许有多个 return 语句，但每次调用只能有一个 return 语句被执行，因此只能返回一个函数值。

（2）函数体内可以没有 return 语句，程序的流程就一直执行到函数末尾的"}"，然后返回到函数，这时也没有确定的函数值带回。在定义此类函数时，可以明确定义为"空类型"（void）。一旦函数被定义为空类型后，就不能在主调函数中使用被调函数的函数值了。为了使程序有良好的可读性并减少出错，凡不要求返回值的函数都应定义为空类型。

3.2.3　函数的调用

函数调用的一般形式为：

```
函数名(实际参数表);
```

对于有参数型函数，若包含多个实际参数，则应将各参数之间用逗号分隔开。主调用函数的数目与被调用函数的形式参数的数目应该相等。实际参数与形式参数按实际顺序一一对应传递数据。

如果调用的是无参数函数，则实际参数表可以省略，但函数名后面必须有一对空括号。

1. 函数调用的方式

主调用函数对被调用函数的调用主要有以下两种方式。

（1）函数调用语句

即把被调用函数名作为主调用函数中的一个语句。

例如：

```
Delay_1ms();
Delay_ms(1000);
```

此时并不要求被调用函数返回结果数值，只要求函数完成某种操作。

（2）函数结果作为表达式的一个运算对象

例如：

```
result=2*max(a,b);
```

被调用函数 max 为表达式的一部分，它的返回值乘以 2 再赋给变量 result。

2. 对被调用函数的说明

在一个函数中调用另一个函数必须具有以下条件。

（1）被调用函数必须是已经存在的函数（库函数或用户自定义函数）。

（2）如果程序中使用了库函数，或使用了不在同一文件中另外的自定义函数，则应该在程序的开头处使用#include 包含语句，将所用的函数信息包含到程序中来。

例如：

```
#include <stdio.h>        //将标准输入、输出头文件(在函数库中)包含到程序中来
#include <math.h>         //将函数库中专用数学库的函数包含到程序中来
```

这样，程序编译时，系统就会自动将函数库中的有关函数调入到程序中去，编译出完整的程序代码。

（3）如果被调函数出现在主调函数之后，对被调函数调用之前，应对被调函数进行声明，例如：

```
#include<reg52.h>
void main()
{
  void Delay_ms(unsigned int  xms); //被调函数声明,xms 是形式参数
  while(1)
  {
      P2=0xff;
      Delay_ms(1000);            //主调函数
      P2=0;
      Delay_ms(1000);            //主调函数
  }
}
void Delay_ms(unsigned int  xms)    //函数定义,xms 是形式参数
```

```
{
  unsigned int  i, j;
  for(i=xms;i>0;i--)              //i=xms,即延时 xms,xms 由实际参数传入一个值
        for(j=115;j>0;j--);       //此处分号不可少
}
```

（4）如果被调函数出现在主调函数之前，不用对被调函数加以说明。因为 C51 编译器在编译主调函数之前，已经预先知道已定义了被调用函数的类型，并自动加以处理。例如，ch3/ch3_4 实例中采用的就是这种方式。这种函数调用方式存在的问题是，当程序中编写的函数较多时，若被调函数位置放置不正确，容易引起编译错误。

3.2.4　局部变量和全局变量

1. 局部变量

局部变量被声明在一个函数之中，局部变量的有效范围只有在它所声明的函数内部有效。另外，在主函数定义的变量，也只在主函数中有效，而不因为在主函数中定义而在整个文件中有效，并且主函数也不能使用其他函数中定义的变量。例如：

```
float f1 ( int a )        /* 函数 f1 */
{int b，c;             ⎫
 ⋮                    ⎬  a、b、c 有效
}                     ⎭
char f2(int x，int y)      /* 函数 f2 */
{int i，j;             ⎫
 ⋮                    ⎬  x、y、i、j 有效
}                     ⎭
void main ( )             /* 主函数 */
{int m，n;             ⎫
 ⋮                    ⎬  m、n 有效
}                     ⎭
```

2. 全局变量

一个源文件可能包含多个函数，在函数内定义的变量是局部变量，而在函数外定义的变量是外部变量，也称全局变量。全局变量可以为本文件中其他函数所共有，它的有效范围为从定义变量的位置开始到本文件结束，例如：

```
int p=1，q=5;             /* 外部变量 */
float f1(int a)            /* 定义函数 f1 */
   {
     int b，c;
     ⋮
   }
char c1，c2;               /* 外部变量 */
char f2(int x，int y)       /* 定义函数 f2 */
   {
     int i，j;
     ⋮
   }
void main() /* 主函数 */
   {
     int m，n;
     ⋮
   }
```

全局变量 p、q 的作用范围

全局变量 c1、c2 的作用范围

注意事项：若全局变量与局部变量同名，则在局部变量的作用范围内，全局变量将被屏蔽，即它不起作用。另外，全局变量在程序的全部执行过程中都占用存储单元，而局部变量则是在需要时才开辟存储单元。

3.2.5　变量的存储种类

变量的存储种类有四种：自动变量（auto）、外部变量（extern）、静态变量（static）和寄存器变量（register）。

（1）自动变量

在定义变量时，如果未写变量的存储种类，则缺省状态下为 auto 变量，自动变量由系统为其自动分配存储空间。例如：

```
unsigned char  a ;  //a是一个无符号字符形自动变量
unsigned int  b ;  //b是一个无符号整形自动变量
```

为了书写方便，经常使用简化形式来定义变量的数据类型，其方法是在源程序的开头使用#define 语句。例如：

#define uchar unsigned char

#define uint unsigned int

经以上宏定义后，在后面就可以用 uchar、uint 定义变量了。例如：

```
uchar  a  ; //a是一个无符号字符形自动变量
uint  b  ; //b是一个无符号整形自动变量
```

（2）静态变量

若变量前加有 static，则该变量为静态变量。例如：

```
static unsigned char  a ; //a是一个无符号字符型静态变量
```

静态变量既可以在函数外定义，也可以在函数内定义，一般情况下，应在函数内部进行定义，这种静态变量称为静态局部变量。

静态局部变量的值在函数调用结束后不消失而保留原值，即占用的存储单元不释放，在下一次调用函数时，该变量的值是上次已有的值。这一点与自动变量不同，自动变量在调用结束后其值消失，即占用的存储单元将被释放。

重点提示：在定义变量时，如果不赋初值的话，对于静态局部变量来说，编译时自动赋初值 0（对数值型变量）或空字符（对字符变量）。而对于自动变量来说，如果不赋初值，它的值是一个不确定的值。这是由于每次函数调用结束后自动变量的存储单元已释放，下次调用时又重新分配新的存储单元，而分配的单元中的值是不确定的。

（3）外部变量

如果一个程序包括两个文件，两个文件都要用到同一个变量（例如 a），不能分别在两个文件中各自定义一个变量 a，否则，在进行程序编译连接时会出现"重复定义"的错误，正确的做法是：在第一个文件中定义全局变量 a，在第二个文件中用 extern 对全局变量 a 进行"外部声明"，这样，在编译连接时，系统会由此知道 a 是一个已在别处定义的外部全局变量，在本文件中就可以合法地引用变量 a 了，具体定义如下。

第一个文件对变量 a 的定义：

```
unsigned char a ;  //a 是一个无符号字符型变量，注意，要在函数外部定义，即定义成全局变量
```

第二个文件对变量 a 的定义：

```
extern a;  //a 在另一个文件中已进行定义
```

另外需要说明的是，在 C51 中，除了外部变量外，还有外部函数，如果有一个函数前面有关键字 extern，表示此函数是在其他文件中定义过的外部函数。

（4）寄存器变量

如果有一些变量使用频繁，为了提高执行效率，可以将变量放在 CPU 的寄存器中，需要时从寄存器取出，不必再从内存中去存取，由于对寄存器的存取速度远高于对内存的存取速度，因此，这样做可提高执行效率。这种变量叫作寄存器变量，用关键字 register 进行声明。

|3.3　C51 数组|

数组是一组有序数据的集合，数组中的每个元素都属于同一种数据类型，不允许在同一数组中出现不同类型的变量。数组的种类较多，本节重点介绍常用的一维、二维和字符数组。

3.3.1　一维数组

1. 一维数组的一般形式

一维数组的一般形式如下。

```
类型说明符  数组名[常量表达式];
```

例如：

```
char a[10];
```

该例定义了一个一维字符型数组，有 10 个元素，每个元素由不同的下标表示，分别为 a[0]，a[1]，a[2]，…，a[9]。注意，数组的第一个元素的下标为 0，而不是 1，即数组的第一个元素是 a[0]而不是 a[1]，而数组的第十个元素为 a[9]。

2. 一维数组的初始化

所谓数组初始化，就是在定义说明数组的同时，给数组赋新值。对一维数组的初始化可用以下方法实现。

（1）在定义数组时对数组的全部元素赋予初值。

例如：

```
int a[6]={0,1,2,3,4,5};
```

在上面进行的定义和初始化中，将数组的全部元素的初值依次放在花括号内。这样，在初始化后，a[0]＝0，a[1]＝1，a[2]＝2，…，a[5]＝5。

（2）只对数组的部分元素初始化。

例如：

```
int a[10]={0,1,2,3,4,5};
```

上面定义的 a 数组共有 10 个元素，但花括号内只有 6 个初值，则数组的前 6 个元素被赋

予初值，而后 4 个元素的值为 0。

（3）在定义数组时，若不对数组的全部元素赋初值，则数组的全部元素被缺省地赋值为 0。

例如：

```
int  a[10];
```

则 a[0]～a[9] 全部被赋初值 0。

另外，C51 规定：通过赋初值可用来定义数组的大小，这时数组说明符的方括号可以不指定数组的大小。

例如：

```
int a[]={1,1,1,1};
```

以上语句花括号中出现了 4 个 1，它隐含地定义了 a 数组含有 4 个元素。

重点提示：数组元素类似于单个变量，与单个变量相比具有以下特殊之处。

（1）数组元素是通过数组名加上该元素在数组中的位置（下标）来访问的。

（2）数组元素的赋值是逐个进行的。

（3）数组名 a 代表的是数组 a 在内存中的首地址，因此，可以用数组名 a 来代表数组元素 a[0] 的地址。

3. 一维数组的查表功能

数组的一个非常有用的功能之一就是查表。在许多单片机控制系统应用中，使用查表法不但比采用复杂的数学方法有效，而且执行起来速度更快，所用代码较少。表可以事先计算好后装入程序存储器中。

例如：以下程序可以将摄氏温度转换成华氏温度。

```
unsigned char code temperature[]={32,34,36,37,39,41};//数组
unsigned char chang(unsigned char val)
{
  return temperature [val];  //返回华氏温度值
}
main()
{
  x=chang(5);          //得到与 5℃相应的华氏温度值
}
```

在程序的开始处，定义了一个无符号字符型数组 temperature[]，并对其进行初始化，将摄氏温度 0，1，2，3，4，5 对应的华氏温度 32，34，36，37，39，41 赋予数组 temperature[]，类型代码 code 指定编译器将此表定位在程序存储器中。

在主程序 main() 中调用函数 chang(unsigned char val)，从 temperature[] 数组中查表获取相应的温度转换值。x＝chang(5)；执行后，x 的结果为与 5℃相应的华氏温度 41°F。

4. 数组作为函数的参数

前面已经介绍了可以用变量作为函数的参数，数组元件也可以作为函数的实参，其用法与变量相同。此外，数组名也可以作为实参（此时，函数的形参可以是数组名，也可以是指针变量），不过，用数组名作为实参时，不是把数组元素的值传递给形参，而是把实参数组的

首地址传递给形参，这样，形参和实参共用同一段内存单元，形参各元素的值若发生变化，会使实参各元素的值也发生变化，这一点与变量作函数参数完全不同（变量作函数参数时，形参变化时，不影响实参）。

3.3.2　二维数组

1．二维数组的一般形式

二维数组的一般形式是：

`类型说明符 数组名[常量表达式1][常量表达式2];`

其中常量表达式 1 表示第一维下标的长度，常量表达式 2 表示第二维下标的长度。

例如：

`int a[3][4];`

说明了一个三行四列的数组，数组名为 a，其下标变量的类型为整型。该数组的下标变量共有 3×4 个，即：

```
a[0][0],a[0][1],a[0][2],a[0][3]
a[1][0],a[1][1],a[1][2],a[1][3]
a[2][0],a[2][1],a[2][2],a[2][3]
```

2．二维数组的初始化

（1）所赋初值个数与数组元素的个数相同

可以在定义二维数组的同时给二维数组的各元素赋初值。

例如：

`int a[3][4]={{1,2,3,4},{5,6,7,8},{9,10,11,12}};`

全部初值括在一对花括号中，每一行的初值又分别括在一对花括号中，之间用逗号隔开。

（2）每行所赋初值个数与数组元素的个数不同

当某行一对花括号内的初值个数少于该行中元素的个数时。

例如：

`int a[3][4]={{1,2,3},{4,5,6},{9,10,11}};`

系统将自动给该行后面的元素补初值 0。因此，a[0][3]、a[1][3]、a[2][3]的初值为 0。也就是说，不能跳过每行前面的元素而给后面的元素赋初值。

（3）所赋初值行数少于数组行数

当代表着给每行赋初值的行花括号对少于数组的行数时。

例如：

`int  a[3][4]={{1,2},{4,5}};`

系统将自动给后面各行的元素补初值 0。

（4）赋初值时省略行花括号对

在给二维数组赋初值时可以不用行花括号对。

例如：

`int  a[3][4]={1,2,3,4};`

在编译时，系统将按 a 数组元素在内存中排列的顺序，将花括号内的数据一一对应地赋给各个元素，若数据不足，系统将给后面的元素自动补初值 0。以上将给 a 数组第一行中的元素依次赋予 1、2、3、4，其他元素中的初值都为 0。

重点提示：对于一维数组，可以在数组定义语句中省略方括号中的常量表达式，通过所赋初值的个数来确定数组的大小；对于二维数组，只可以省略第一个方括号中的常量表达式，而不能省略第二个括号中的常量表达式。

例如：

int，a[][4]={{1,2,3}，{4,5}，{8}};

以上语句中，a 数组的第一维的方括号中的常量表达式省略，在所赋初值中，含有 3 个行花括号对，则第一维的大小由所赋初值的行数来决定。因此，它等同于：

int   a[3][4]= {{1,2,3}，{4,5}，{8}};

3.3.3 字符数组

1. 字符数组的一般形式

用来存放字符量的数组称为字符数组。字符数组类型的一般形式与前面介绍的数值数组相同。例如，char c[10]，字符型数组也可以定义为整型。例如，int c[10]，但这时每个数组元素占两个字节的内存单元。另外，字符数组也可以是二维或多维数组，例如，char c[5][10]。

2. 字符数组的初始化

字符数组赋初值的最直接的方法是将各字符逐个赋给数组中的各个元素，例如：

```
char a[10]={'W','E','I','-','J','I','A','N','G','\0'};
```

C51 还允许用字符串直接给字符数组赋初值。其方法有以下两种形式：

```
char a[10]={"DING-DING"};
char a[10]="DING-DING";
```

用双引号""括起来的一串字符，称为字符串常量，C51 编译器会自动地在字符末尾加上结束符'\0'(NULL)。

用单引号''括起来的字符为字符的 ASCII 码值，而不是字符串。比如'a'表示 a 的 ASCII 码值 97，而"a"表示一个字符串，由两个字符 a 和\0 组成。

一个字符串可以用一维数组来装入，但数组的元素数目一定要比字符多一个，以便 C51 编译器自动在其后面加入结束符'\0'。

若干个字符串也可以装入一个二维字符数组中，数组的第一个下标是字符串的个数，第二个下标定义每个字符串的长度。该长度应当比这批字符串中最长的串多一个字符，用于装入字符串的结束符'\0'。比如 char a[20][31]，定义了一个二维字符数组 a，可容纳 20 个字符串，每串最长可达 30 个字符。

重点提示：当程序中设定了一个数组时，C51 编译器就会在系统的存储空间中开辟一个区域，用于存放该数组的内容，数组就包含在这个由连续存储单元组成的模块的存储体内。

例如：

int data a[65];

定义了有 65 个元素的 int 类型数组，每个数组元素占 2 字节，这 65 个数组元素需要占用 2×65=130 个字节，由于 51 单片机的 data 区最多只有 128 字节的存储空间，因此，定义一个这么大的数组在编译器会出错。当然，为了避免出错，可以将 data 改为 idata，即按以下方式进行定义：

int idata a[65];

根据以上内容可知，51 单片机存储器资源有限，在进行 C51 编程开发时，要仔细地根据需要来选择数组的大小，不可随意将数组定义的过大。

|3.4　C51 指针|

3.4.1　指针概述

指针是 C51 中广泛使用的一种数据类型。 运用指针编程是 C51 最主要的风格之一。利用指针变量可以表示各种数据结构，能很方便地使用数组和字符串；并能像汇编语言一样处理内存地址，从而编出精练而高效的程序。指针极大地增强了 C51 的功能。学习指针是学习 C51 中最重要的一环，同时，指针也是 C51 中最为困难的一部分。不过，对于简单的单片机程序，指针的应用并不多，所以，初学者不必过于担心，如果一时还不能掌握指针，可以在实践中不断地学习，慢慢熟悉。

1. 指针基本概念

我们知道，计算机的内存是以字节为单位的一片连续的存储空间，每一个字节都有一个编号，这个编号就称为内存地址。就像旅馆的每个房间都有一个房间号一样，如果没有房间号，旅馆的工作人员就无法进行管理。同样的道理，没有内存字节的编号，系统就无法对内存进行管理。因为内存的存储空间是连续的，内存中的地址号也是连续的，并且用二进制数来表示，为了直观起见，在这里我们将用十进制数进行描述。

若在程序中定义了一个变量，C51 编译器就会根据定义中变量的类型，为其分配一定字节数的内存空间（如字符型占 1 字节，整型占 2 字节，实型占 4 字节），此后，这个变量的内存地址也就确定了。例如，若有定义：

```
char  m;
int  n;
float  x;
```

这时，将如图 3-5 所示。

图3-5　内存单元的分配

系统为 m 分配了 1 个字节的存储单元，为 n 分配了两个字节的存储单元，为 x 分配了 4 个字节的存储单元。图中的数字只是示意的字节地址。每个变量的地址是指该变量所占存储单元的第一个字节的地址。在这里，我们称 m 的地址为 1012，n 的地址为 1015，x 的地址为 1201。

　　一般情况下，我们在程序中只需指出变量名，无须知道每个变量在内存中的具体地址，每个变量与具体地址的联系由 C51 编译器来完成。程序中我们对变量进行存取操作，实际上也就是对某个地址的存储单元进行操作。这种直接按变量的地址存取变量值的方式称为"直接存取"方式。

　　在 C51 中，还可以定义一种特殊的变量，这种变量是用来存放内存地址的。假设程序中定义了一个整型变量 a，它们的值为 6，C51 编译器将地址为 1000 和 1001 的 2 字节内存单元分配给了变量 a。现在，我们再定义一个这样的变量 ap，它也有自己的地址（2010）；若将变量 a 的内存地址（1000）存放到变量 ap 中，这时要访问变量 a 所代表的存储单元，可以先找到变量 ap 的地址（2010），从中取出 a 的地址（1000），然后再去访问以 1000 为首地址的存储单元。这种通过变量 ap 间接得到变量 a 的地址，然后再存取变量 a 的值的方式称为"间接存取"方式，ap 称为指向变量 a 的指针变量。如图 3-6 所示。

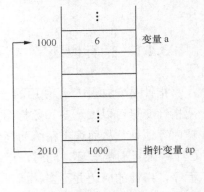

图3-6　指针变量

　　重点提示：为了使用指针进行间接访问，必须弄清楚变量的指针和指针变量这两个概念。

　　变量的指针：变量的指针就是变量的地址，对于上面提到的变量 a 而言，其指针就是 1000。

　　指针变量：若有一个变量存放的是另一个变量的地址，则该变量为一个指针变量，上面提到的 ap 就是一个指针变量，因为 ap 中（即 2010 地址单元）存放着变量 a 的地址 1000。

2. 指针变量的定义

　　C51 规定，所有的变量在使用之前必须先定义，以确定其类型。指针变量也不例外，由于它是用来专门存放地址的，因此必须将它定义为"指针类型"。

　　指针定义的一般形式为：

```
数据类型 *指针变量名;
```

　　例如：

```
int *ap;
```

　　注意这个定义中，指针变量是 ap 而不是*ap（*ap 是一个变量），也就是说，指针变量 ap 存放的是地址，变量*ap 存放的是数值。

3. 指针变量初始化

　　一个指向不明的指针，是一个危险的家伙。很多软件有 Bug，其最后的原因，就是存在指向不明的指针。

　　设有如下语句。

```
int a=10,b=20,c=30;
int *ap,*bp,*cp;
```

```
ap=&a,bp=&b,cp=&c;
```

第 1 行定义三个整型变量 a，b，c。

第 2 行定义了三个整型指针变量 ap，bp，cp。

而第 3 行，"指针变量 ap 存储了变量 a 的地址，指针变量 bp 存储了变量 b 的地址，指针变量 cp 存储了变量 c 的地址"。即 "ap 指向了 a，bp 指向了 b，cp 指向了 c"。语句中的&为取地址运算符。

执行了上面三行代码后，结果是：ap 指向 a，bp 指向 b，cp 指向 c。

当变量、指针变量定义之后，如果对这些语句进行编译，那么 C51 编译器就会给每一个变量和指针变量在内存中安排相应的内存单元。然而，这些单元的地址除非使用特殊的调试程序，否则是看不到的。为了能清楚地说明问题，假设 C51 编译器将地址为 1000 和 1001 的 2 字节内存单元指定给变量 a 使用，将地址为 1002 和 1003 的 2 字节内存单元指定给变量 b 使用，将地址为 1004 和 1005 的 2 字节内存单元指定给变量 c 使用。同理指针变量 ap 的地址为 2010，指针变量 bp 的地址为 2012，指针变量 cp 的地址为 2014。

通过取地址运算操作后，指针 ap 就指向了变量 a，即指针变量 ap 地址单元中装入了变量 a 的地址 1000；指针变量 bp 指向了变量 b，即指针变量 bp 的地址单元中装入了变量 b 的地址 1002；而指针变量 cp 指向了变量 c，即指针变量 cp 的地址单元中装入了变量 c 的地址 1004。具体情形如图 3-7 所示。

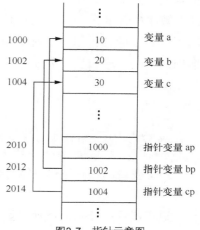

图3-7　指针示意图

4. 指针变量的赋值

指针变量的赋值有以下几种形式。

（1）把一个变量的地址赋予指向相同数据类型的指针变量。

例如：

```
int a,*ap;
ap=&a;
```

把整型变量 a 的地址赋予整型指针变量 ap。

（2）把一个指针变量的值赋予指向相同类型变量的另一个指针变量。

例如：

```
int a,*ap,*bp;
ap=&a;
bp=ap;
```

把 a 的地址赋予指针变量 bp

由于 ap，bp 均为指向整型变量的指针变量，因此可以相互赋值。

（3）把数组的首地址赋予指向数组的指针变量。

例如：

```
int a[5],*ap;
ap=a; //数组名表示数组的首地址，也可写为 ap=&a[0];
```

（4）把字符串的首地址赋予指向字符类型的指针变量。

例如：

```
char *cp;
cp="c language";
```

这里应说明的是，并不是把整个字符串装入指针变量，而是把存放该字符串的字符数组的首地址装入指针变量。

5. 指针变量的加减算术运算

对于指向数组的指针变量，可以加上或减去一个整数 n。指针变量加或减一个整数 n 的意义是，把指针指向的当前位置（指向某数组元素）向前或向后移动 n 个位置。应该注意，数组指针变量向前或向后移动一个位置和地址加 1 或减 1 在概念上是不同的。因为数组可以有不同的类型，各种类型的数组元素所占的字节长度是不同的。如指针变量加 1，即向后移动 1 个位置，表示指针变量指向下一个数据元素的地址，而不是在原地址基础上加 1。

例如：

```
int a[5],*ap;
ap=a;    //ap 指向数组 a，也是指向 a[0]
ap=ap+1; //ap 指向 a[1]，即 ap 的值为&a[1]
```

指针变量的加减运算只能对数组指针变量进行，对指向其他类型变量的指针变量作加减运算是毫无意义的。

重点提示：若先使指针变量 ap 指向数组 a[]的首地址，即 ap=a 或 ap=&a[0]，则(*ap)++ 与*ap++含义是不同的。

(*ap)++其作用是取指针变量 ap 所指的存储单元中的值加 1 后再放入 ap 所指向的存储单元中，即使得 a[0]中的值增 1（若 a[0]中原来为 100，则增 1 后变为 101）。

对于*ap++，由于++与*运算符优先级相同，而结合方向为自右向左，故*ap++等价于 *(ap++)。其作用是先得到 ap 指向的变量的值（即*ap），然后再执行 ap 自加运算，使 ap 指向下一元素（并不使 ap 所指的存储单元中的值增 1）。应该注意的是，*(ap++)中，ap 与++先结合，这个"先"的含义是运算符谁跟谁结合在一起的意思，而不是时间上的先后，++因为在 ap 之后，在时间上来说，仍然是*ap 完成之后才进行的自加运算。

6. 指针变量作为函数参数

函数的参数可以是整型、实型、字符型等一般变量，函数采用一般变量进行数据传递时，称为"传值方式"，也就是说，将实参数据传递给形参，采用传值方式时，形参数据发生变化，不会影响实参。

除此之外，函数的参数可以是指针变量，函数采用指针变量进行数据传递时，将实参数据的地址传输到函数形参中去，这种参数传递方式称为"传址方式"。另外，用数组名（数组名就是数组元素的首地址）作为函数参数时，也是"传址方式"。函数采用"传址方式"时，形参和实参共用同一段内存单元，形参的值若发生变化，会使实参的值也发生变化。表 3-12 列出了以变量名、数组名和指针变量作为函数参数时的比较情况。

表 3-12　　　　　以变量名、数组名和指针变量作为函数参数时的比较情况

实参的类型	变量名作为实参	数组名作为实参	指针变量作为实参
要求形参的类型	变量名	数组名或指针变量	指针变量
传递的信息	变量的值	实参数组元素的首地址	
通过函数调用能否改变函数的值	不能	能	能

3.4.2　一般指针和基于存储器的指针

C51 编译器支持两种类型的指针：一般指针和基于存储器的指针。

1. 一般指针

一般指针就是我们前面介绍的一些内容。

例如：

```
char *p;              //字符型一般指针
int *ap;              //整型一般指针
```

一般指针在内存中占用 3 字节：2 字节偏移和 1 字节存储器类型，即：

地址	+0	+1	+2
内容	存储器类型	偏移量高位	偏移量低位

其中，第一个字节代表了指针的存储器类型，存储器类型编码如下：

存储器类型	idata/data/bdata	xdata	pdata	code
值	0x00	0x01	0xfe	0xff

例如，以 xdata 类型的 0x1234 地址作为指针可以表示如下：

地址	+0	+1	+2
内容	0x01	0x12	0x34

一般指针可用于存取任何变量而不必考虑变量在 51 单片机存储空间中的位置。因此，很多 C51 库的程序都使用一般指针。函数可通过使用一般指针存取位于任何存储空间的数据。

重点提示：由于一般指针所指对象的存储空间位置只有在运行期间才能确定，编译器在编译期间无法优化存储器的访问方式，必须生成通用代码以保证能对任意空间的对象进行存取，因此，一般指针产生的代码的执行速度较慢。如果系统优先考虑运行速度，那么设计中就要尽可能地用基于存储器的指针代替一般指针。

另外，也可以使用存储类型说明符为这些一般指针指定具体的存放位置。

例如：

```
char * xdata p;      //一般指针存在 xdata
int * data ap;       //一般指针存在 data
```

上面例子中的变量可以存放在 51 的任何一个存储区内，而指针分别存储在 xdata，data 空间内。

2. 基于存储器的指针

基于存储器的指针在声明中包括存储类型说明，表示指针指向特定的存储区。

例如：

```
char data *p;      //指针指向 data 中的字符串
int xdata *ap      //指针指向 xdata 中的整型数
int code *bp;      //指针指向 code 中整型数
```

由于基于存储器的指针在编译期间即可确定存储类型，因此不必像一般指针那样需要一个存储类型字节。基于存储器的指针在存储时占用 1 字节（idata，data，bdata 和 pdata 指针）或 2 字节（xdata 和 code 指针）。

重点提示：由于基于存储器的指针所指对象的存储空间位置在编译期间即可确定存储类型，因此基于存储器的指针所产生的代码的执行速度快。编译器可以用此信息优化存储器访问。如果系统优先考虑运行速度，那么设计中就要尽可能地用基于存储器的指针代替一般指针。

像一般指针一样，也可以为基于存储器的指针指定存放的位置。其做法是在指针声明前面加上存储类型说明符。

例如：

```
char data * xdata  p;     //声明指针存放在 xdata 空间内并指向 data char 变量
int xdata * data ap;      //声明指针存放在 data 空间内并指向 xdata int 变量
int code *idata bp;       //声明指针存放在 idata 空间内并指向 code int 变量
```

3.4.3 绝对地址的访问

可以采用以下两种方法访问存储器的绝对地址。

1. 绝对宏

在程序中，用"# include absacc.h"即可使用其中定义的宏来访问绝对地址，包括：CBYTE（code 区）、XBYTE（xdata 区）、DBYTE（data 区）、PBYTE（分页寻址 xdata 区），具体使用参考头文件 absacc.h 中的内容。

例如：

```
#define  XBYTE ((char *)0x10000L)
XBYTE[0x8000]=0x41;//将常数值 0x41 写入地址为 0x8000 的外部数据存储器
```

这里，XBYTE 被定义为(char *)0x10000L，其中，0x10000L 是一个一般指针，将其分成三个字节：0x01，0x00，0x00。可以看到，第 1 个字节 0x01 表示存储器类型为 xdata 型，而地址则是 0x0000，这样，XBYTE 成为指向 xdata 零地址的指针，而 XBYTE[0x8000]则是外部数据存储器 0x8000 绝对地址。

2. _at_关键字

在 C51 程序中，使用关键字_at_就可以将变量存放到指定的绝对存储器位置，一般形式如下。

```
变量类型 [存储类型] 变量名 _at_ 常量
```

其中，存储类型表示变量的存储空间，若声明中省略该项，则使用默认的存储空间。

_at_后的常量用于定位变量的绝对地址，绝对地址必须是位于物理空间范围内，C51 编译器会检查非法的地址指定。

例如：

```
unsigned char xdata dis_buff[16]  _at_  0x6020;//定位外部 RAM,将 dis_buff[16]定位在 0x6020
开始的 16 个字节
```

3.5　C51 结构、共同体与枚举

3.5.1　结构

1. 结构的定义

定义一个结构的一般形式为：

```
struct 结构名
{
  结构成员说明
};
```

结构成员由若干个成员组成，每个成员都是该结构的一个组成部分。对每个成员也必须作类型说明，结构成员说明的格式为：

```
类型说明符 成员名；
```

成员名的命名应符合标识符的书写规定。

例如：

```
struct stu
{
  int num;
  char name[20];
  char sex;
  float score;
};
```

在这个结构定义中，结构名为 stu，该结构由 4 个成员组成。第一个成员为 num，整型变量；第二个成员为 name，字符数组；第三个成员为 sex，字符变量；第四个成员为 score，实型变量。应注意在括号后的分号是必不可少的。

结构定义之后，即可进行变量说明。凡说明为结构 stu 的变量都由上述 4 个成员组成。由此可见，结构是一种复杂的数据类型，是数目固定、类型不同的若干有序变量的集合。

2. 结构类型变量的说明

说明结构变量有以下三种方法。以上面定义的 stu 为例来加以说明。

（1）先定义结构，再说明结构变量。

例如：

```
struct stu
```

```
{
  int num;
  char name[20];
  char sex;
  float score;
};
struct stu boy1,boy2;
```

说明了两个变量 boy1 和 boy2 为 stu 结构类型。

（2）在定义结构类型的同时说明结构变量。

例如：

```
struct stu
{
  int num;
  char name[20];
  char sex;
  float score;
}boy1,boy2;
```

（3）直接说明结构变量。

例如：

```
struct
{
  int num;
  char name[20];
  char sex;
  float score;
}boy1,boy2;
```

在上述 stu 结构定义中，所有的成员都是基本数据类型或数组类型。成员也可以又是一个结构，即构成了嵌套的结构。

例如：

```
struct date{
  int month;
  int day;
  int year;
}
struct{
  int num;
  char name[20];
  char sex;
  struct date birthday;
  float score;
}boy1,boy2;
```

首先定义一个结构 date，由 month（月）、day（日）、year（年）三个成员组成。在定义并说明变量 boy1 和 boy2 时，其中的成员 birthday 被说明为 data 结构类型。

3. 结构变量的引用

在 C51 中，除了允许具有相同类型的结构变量相互赋值以外，一般对结构变量的使用，都是通过结构变量的成员来实现的。

表示结构变量成员的一般形式是：

```
结构变量名.成员名
```

例如：boy1.num，即第一个人的学号；boy2.sex，即第二个人的性别。

如果成员本身又是一个结构，则必须逐级找到最低级的成员才能使用。

例如：boy1.birthday.month，即第一个人出生的月份，成员可以在程序中单独使用，与普通变量完全相同。

4.　结构数组

结构数组的每一个元素都是具有相同结构类型的下标结构变量。结构数组的定义方法和结构变量相似，只需说明它为数组类型即可。

例如：

```
struct stu
{
  int num;
  char *name;
  char sex;
  float score;
}boy[5];
```

定义了一个结构数组 boy，共有 5 个元素，boy[0]～boy[4]。每个数组元素都具有 struct stu 的结构形式。对外部结构数组或静态结构数组可以作初始化赋值。

例如：

```
struct stu
{
  int num;
  char *name;
  char sex;
  float score;
}boy[5]={
            {101,"Li ping","M",45},
            {102,"Zhang ping","M",62.5},
            {103,"He fang","F",92.5},
            {104,"Cheng ling","F",87},
            {105,"Wang ming","M",58};
    }
```

当对全部元素作初始化赋值时，也可不给出数组长度。

5.　结构指针变量

当一个指针变量用来指向一个结构变量时，称之为结构指针变量。结构指针变量中的值是所指向的结构变量的首地址。通过结构指针即可访问该结构变量。结构指针变量说明的一般形式为：

```
struct 结构名 *结构指针变量名
```

例如，在前面定义了 stu 这个结构，如要说明一个指向 stu 的指针变量 pstu，可写为：

struct stu *pstu;

有了结构指针变量，就能更方便地访问结构变量的各个成员，其访问的一般形式为：

```
(*结构指针变量).成员名或结构指针变量->成员名
```

例如：(*pstu).num 或 pstu->num

应该注意（*pstu）两侧的括号不可少，因为成员符"."的优先级高于"*"。如去掉括号写作*pstu.num 则等效于*(pstu.num)，意义就完全不对了。

3.5.2　共同体

无论任何数据，在使用前必须定义其数据类型，只有这样，在编译时，C51 编译器才会根据其数据类型，在内存中指定相应长度的内存单元供其使用。不同类型的数据占据各自拥有的内存空间，彼此互不"侵犯"。那么是否存在某种数据类型，使 C51 编译器在编译时为其指定一块内存空间，并允许各种类型的数据共同使用呢?回答是肯定的。这种数据类型就是共用体或称联合（union）。

共用体是 C51 的构造类型数据结构之一，它与数组、结构等一样，也是一种比较复杂的构造数据类型。

共用体与结构类似，也可以包含多个不同数据类型的元素，但其变量所占有的内存空间不是各成员所需存储空间的总和，而是在任何时候，其变量最多只能存放该类型所包含的一个成员，即它所包含的各个成员只能分时共享同一存储空间。这是共用体与结构的区别所在。

1．共同体的定义

定义一个共同体类型的一般形式为：

```
union 共同体名
{
    类型说明符 变量名
};
```

例如：

```
union perdata
{
    int class;
    char office[10];
};
```

定义了一个名为 perdata 的共同体，它含有两个成员，一个为整型，成员名为 class；另一个为字符数组，数组名为 office。

2．共同体变量的说明

共同体变量的说明和结构变量的说明方式相同，也有三种形式。即先定义，再说明；定义同时说明和直接说明，这里不再介绍。

3.5.3　枚举

生活中很多信息，在计算机中都适于用数值来表示，比如，从星期一到星期天，我们可以用数字来表示。在西方，洋人认为星期天是一周的开始，按照这种说法，我们定星期天为0，而星期一到六分别用 1 到 6 表示。

现在，有一行代码，它表达今天是周 3：

int today = 3;

很多时候，我们可以认为这已经是比较直观的代码了，不过可能在 6 个月以后，我们初看到这行代码，心里会在想：是说今天是周 3 呢，还是说今天是 3 号？其实我们可以做到更直观，并且方法很多。

第一种是使用宏定义：

```
#define SUNDAY 0
#define MONDAY 1
#define TUESDAY 2
#define WEDNESDAY 3
#define THURSDAY 4
#define FRIDAY 5
#define SATURDAY 6
int today = WEDNESDAY;
```

第二种是使用常量定义：

```
const int SUNDAY = 0;
const int MONDAY  = 1;
const int TUESDAY = 2;
const int WEDNESDAY = 3;
const int THURSDAY = 4;
const int FRIDAY = 5;
const int SATURDAY = 6;
int today = WEDNESDAY;
```

第三种方法就是使用枚举。

枚举类型的定义一般格式为：

```
enum 枚举类型名 {枚举值 1，枚举值 2，…… };
```

enum：是定义枚举类型的关键字。

枚举类型名：我们要自定义的新的数据类型的名字。

枚举值：可能的个值。

例如：

```
enum Week {SUNDAY,MONDAY,TUESDAY,WEDNESDAY,THURSDAY,FRIDAY,SATURDAY};
```

这就定义了一个新的数据类型：Week。

Week 数据类型来源于 int 类型（默认）。

Week 类型的数据只能有 7 种取值，它们是：SUNDAY，MONDAY，TUESDAY……SATURDAY。

其中 SUNDAY = 0，MONDAY = 1……SATURDAY = 6。也就是说，第 1 个枚举值代表 0，第 2 个枚举值代表 1，这样依次递增 1。

不过，也可以在定义时，直接指定某个或某些枚举值的数值。比如，中国人可能对于用 0 表示星期日不是很好接受，不如用 7 来表示星期天。这样我们需要的个值就是 1，2，3，4，5，6，7。可以这样定义：

```
enum Week {MONDAY = 1,TUESDAY,WEDNESDAY,THURSDAY,FRIDAY,SATURDAY,SUNDAY};
```

我们希望星期一仍然从 1 开始，枚举类型默认枚举值从 0 开始，所以我们直接指定 MONDAY 等于 1，这样，TUESDAY 就将等于 2，直至 SUNDAY 等于 7。

第4章
中断系统实例演练

中断就是打断正在执行的工作，转去做另外一件事，单片机利用中断功能，不但可提高 CPU 的效率，实现实时控制，还可以对一些难以预料的情况进行及时处理。那么中断是怎么回事？它是如何工作的？如何编写单片机 C 语言中断程序呢？

|4.1 中断系统基本知识|

4.1.1 51 单片机的中断源

什么可引起中断，生活中很多事件都可以引起中断，如有人按了门铃、电话铃响了、你的闹钟响了、你烧的水开了等诸如此类的事件，我们把可以引起中断的事件称之为中断源。单片机中也有一些可以引起中断的事件（比如：断电、运算溢出、报警等），51 单片机中一般有 3 类共 5 个最基本的中断源（STC 系列单片机的中断源还要多一些)，即 2 个外中断 INT0 和 INT1（由 P3.2 和 P3.3 引入）、2 个定时中断（定时器 T0、定时器 T1）和 1 个串行中断，其中，定时中断和串行中断属于内中断。

1. 外中断

外中断是由外部信号引起的，共有 2 个中断源，即外部中断"0"和外部中断"1"。它们的中断请求信号分别由引脚 INT0(P3.2)和 INT1 (P3.3)引入。

外部中断请求有两种信号方式，即电平方式和脉冲方式。可通过设置有关控制位进行定义。电平方式的中断请求是低电平有效。只要单片机在中断请求引入端（1NT0 或 INT1）上采样到有效的低电平时，就激活外部中断。

而脉冲方式的中断请求则是脉冲的后沿负跳有效。这种方式下，CPU 在两个相邻机器周期对中断请求引入端进行的采样中，如前一次为高电平，后一次为低电平，即为有效中断请求。

2. 内中断

内中断包括定时中断和串行中断两种。

（1）定时中断

定时中断是为满足定时或计数的需要而设置的。在单片机内部，有两个定时/计数器，通过对其中的计数结构进行计数，来实现定时或计数功能。当计数结构发生计数溢出时，即表明定时时间到或计数值已满，这时就以计数溢出信号作为中断请求，去置位一个溢出标志位，作为单片机接受中断请求的标志。由于这种中断请求是在单片机芯片内部发生的，因此无需在芯片上设置引入端。

（2）串行中断

串行中断是为串行数据传输的需要而设置的。每当串行，接收或发送完一组串行数据时，就产生一个中断请求。因为串行中断请求也是在单片机芯片内部自动发生的，所以同样不需要在芯片上设置引入端。

4.1.2　中断的控制

51 单片机中，有 4 个寄存器是供用户对中断进行控制的，这 4 个寄存器分别是定时器控制寄存器 TCON、串行口控制寄存器 SCON、中断允许控制寄存器 IE 以及中断优先控制寄存器 IP。这 4 个控制寄存器可完成中断请求标志寄存、中断允许管理和中断优先级的设定，由它们所构成的中断系统的结构如图 4-1 所示。

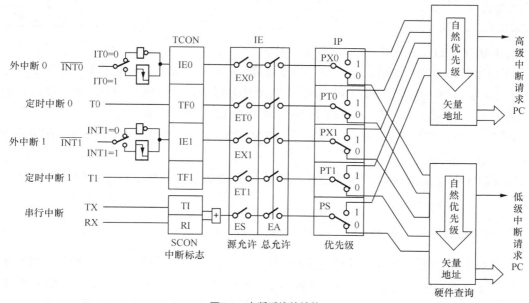

图4-1　中断系统的结构

1. 定时器控制寄存器 TCON

定时器控制寄存器 TCON 用于保存外部中断请求以及定时器的计数溢出。寄存器地址88H，位地址 8FH～88H。寄存器的内容及位地址表示如下。

位地址	8FH	8EH	8DH	8CH	8BH	8AH	89H	88H
位名称	TF1	TR1	TF0	TR0	IE1	IT1	IE0	IT0

TCON 寄存器既有定时/计数器的控制功能，又有中断控制功能，其中，与中断有关的控制位共六位。

（1）IE0(IE1)——外中断 0（外中断 1）请求标志位

当 CPU 采样到 $\overline{INT0}$（或 $\overline{INT1}$）端出现的有效中断请求信号时，此位由硬件置 1，在中断响应完成后转向中断服务子程序时，再由硬件自动清零。

（2）IT0(IT1)——外中断 0（外中断 1）触发方式控制位

IT0(IT1)＝1，脉冲触发方式，下降沿触发有效。

IT0(IT1)=0，电平触发方式，低电平有效。

此位由软件置位或清除。

（3）TF0（TF1）——定时/计数器 0（定时/计数器 1）溢出标志位

当定时/计数器 0（定时/计数器 1）产生计数溢出时，TF0（TF1）由硬件置 1。当转向中断服务时，再由硬件自动清零。

TCON 还有 2 位：TR0 和 TR1，在介绍定时/计数器时再作介绍。

2. 串行口控制寄存器 SCON

串行口控制寄存器 SCON 地址 98H，位地址 9FH～98H，具体格式如下。

位地址	9FH	9EH	9DH	9CH	9BH	9AH	99H	98H
位名称	SM0	SM1	SM2	REN	TB8	RB8	TI	RI

与中断有关的控制位共两位，即 TI 和 RI。

TI 是串行口发送中断请求标志位，当发送完一帧串行数据后，由硬件置 1；表示串行口发送器正在向 CPU 申请中断，CPU 响应发送器中断请求，转向执行中断服务程序时，不会自动清零 TI，必须由用户在中断服务程序中用 CLR TI 等指令清零。

RI 是串行口接收中断请求标志位。当接收完一帧串行数据后，由硬件置 1；在转向中断服务程序后，用软件清零。

TI 和 RI 由逻辑或得到，也就是说，无论是发送标志还是接收标志，都产生串行中断请求。

3. 中断允许控制寄存器 IE

计算机中断系统中有两种不同类型的中断：一类称为非屏蔽中断；另一类称为可屏蔽中断。所谓非屏蔽中断，是指用户不能用软件方法加以禁止，一旦有中断申请，CPU 必须予以响应。对于可屏蔽中断，用户则可以通过软件方法来控制是否允许某中断源的中断。

从前面的图 4-1 中可以看出，51 单片机的 5 个中断源都是可屏蔽中断，CPU 对中断源的中断开放（允许）或中断屏蔽（禁止）是通过中断允许寄存器 IE 设置的。IE 既可按字节地址寻址，其字节地址为 A8H，又可按位寻址，位地址 AFH～A8H，具体格式如下。

位地址	0AFH	0AEH	0ADH	0ACH	0ABH	0AAH	0A9H	0A8H
位名称	EA	/	/	ES	ET1	EX1	ET0	EX0

（1）EA——中断允许总控制位

EA＝0，中断总禁止，关闭所有中断，由软件设置。

EA＝1，中断总允许，总允许后，各中断的禁止或允许由各中断源的中断允许控制位进行设置。

（2）EX0(EX1)——外部中断允许控制位

EX0(EX1)＝0，禁止外中断 0（外中断 1）。

EX0(EX1)＝1，允许外中断 0（外中断 1）。

（3）ET0(ET1)——定时中断允许控制位

ET0(ET1)＝0，禁止定时中断 0（定时中断 1）。

ET0(ET1)＝1，允许定时中断 0（定时中断 1）。

（4）ES——串行中断允许控制位

ES＝0，禁止串行中断。

ES＝1，允许串行中断。

可见，51 单片机通过中断允许控制寄存器对中断的允许实行两级控制。以 EA 位作为总控制位，以各中断源的中断允许位作为分控制位。当总控制位为禁止时，不管分控制位状态如何，整个中断系统为禁止状态；当总控制位为允许时，才能由各中断源的分控制位设置各自的中断允许与禁止。单片机复位后，(IE)＝00H，因此，整个系统处于禁止状态。

需要说明的是，单片机在中断响应后不会自动关闭中断。因此，在转向中断服务程序后，应使用有关指令禁止中断，即用软件方式关闭中断。

4. 中断优先级控制寄存器 IP

51 单片机的中断优先级控制比较简单，只有高低两个优先级。当多个中断源同时申请中断时，CPU 首先响应优先级最高的中断请求，在优先级最高的中断处理完了之后，再响应级别较低的中断。51 单片机各中断源的优先级由优先级控制寄存器 IP 进行设定（软件设置）。

IP 寄存器地址 B8H，位地址 BFH～B8H，具体格式如下。

位地址	0BFH	0BEH	0BDH	0BCH	0BBH	0BAH	0B9H	0B8H
位名称	—	—	—	PS	PT1	PX1	PT0	PX0

PX0（PX1）是外中断 0（外中断 1）优先级设定位。

PT0（PT1）是定时中断 0（定时中断 1）优先级设定位。

PS：串行中断优先级设定位。

各位为 0 时，为低优先级；各位为 1 时，为高优先级。

51 单片机中断优先级的控制原则是。

（1）低优先级中断请求不能打断高优先级的中断服务；反之，则可以，从而实现中断嵌套。

（2）如果一个中断请求已被响应，则同级的其他中断响应被禁止。

（3）如果同级的多个中断请求同时出现，则按 CPU 查询次序确定哪个中断请求被响应。从高到低依次为：外部中断 0→定时中断 0→外部中断 1→定时中断 1→串行中断。如果查询到有标志位为"1"，则表明有中断请求发生，开始进行中断响应。由于中断请求是随机发生的，CPU 无法预先得知，因此在程序执行过程中，中断查询要不停地重复进行。如果换成人来说，就相当于你在看书的时候，每一秒钟都会抬起头来听一听，看一看，是不是有人按门铃，是否有电话，烧的开水是否开了……

重点提示：上面所讲的 4 个寄存器都是为用户需要而设置的，因此在采用中断方式时，要在程序初始化时进行设置。外中断初始化主要有中断总允许、外中断允许、中断方式和中断优先级设定等。

例如，假定要开放外中断 1，采用脉冲触发方式，则需要做如下工作。

设置中断允许位：	EA=1;	//中断总允许
	EX1=1;	//外中断 1 允许
设置中断请求信号方式：	IT1=1;	//脉冲触发方式
设置优先级：	PX1=1;	//外中断 1 优先级最高

4.1.3 中断的响应

中断响应就是对中断源提出的中断请求的接受，是在中断查询之后进行的，当查询到有效的中断请求时，紧接着就进行中断响应。中断响应时，根据寄存器 TCON、SCON 中的中断标记，转到程序存储器的中断入口地址。51 单片机的 5 个独立中断源所对应的入口地址如下。

外中断 0：　　　　　0003H
定时器中断 0：　　　000BH
外中断 1：　　　　　0013H
定时器中断 1：　　　001BH
串口中断 ：　　　　 0023H

从中断源所对应的入口地址中可以看出，一个中断向量入口地址到下一个中断向量入口地址之间（如 0003H～000BH）只有 8 个单元。也就是说，中断服务程序的长度如果超过了 8 个字节，就会占用下一个中断的入口地址，导致出错。但一般情况下，很少有一段中断服务程序只占用少于 8 个字节的情况，为此，在采用汇编语言进行编程时，可以在中断入口处写一条"LJMP XXXX"或"AJMP XXXX"指令，这样可以把实际处理中断的程序放到程序存储器的任何一个位置。而使用 C51 编程时，则不需要考虑这个问题，C51 编译器会自行处理，看来，采用 C51 编程的确方便不少。

4.1.4 中断的撤除

中断响应后，TCON 或 SCON 中的中断请求标志应及时清除。否则就意味着中断请求仍然存在，可能就会造成中断的重复查询和响应，因此就存在一个中断请求的撤除问题。

1. 外中断的撤除

外部中断标志位 IE0（或 IE1）的清零是在中断响应后由硬件电路自动完成的。

2．定时中断的撤除

定时中断响应后，硬件自动把标志位 TF0（或 TF1)清零，因此定时中断的中断请求是自动撤除的，不需要用户干预。

3．串行中断撤除

对于串行中断，CPU 响应中断后，没有用硬件清除它们的中断标志 RI、TI，必须在中断服务程序中用软件清除，以撤除其中断请求。

4.1.5　C51 中断函数的写法

使用 C51 编写中断服务程序，实际上就是编写中断函数，中断函数定义语法如下。

```
void 函数名（） [interrupt n][using n]
```

中断函数不能返回任何值，所以最前面用 void，后面紧跟函数名，名字可以随便起，但不要与 C51 的关键点相同，中断函数不带任何参数，所以函数名后面的小括号内为空。

关键字 interrupt 后面的 n 对应中断源的编号，其值为 0～4，分别对应 51 单片机的外中断 0、定时器中断 0、外中断 1、定时器中断 1 和串口中断。

51 系列单片机可以在片内 RAM 中使用 4 个不同的工作寄存器组，每个寄存器组中包含 8 个工作寄存器（R0～R7）。C51 编译器扩展了一个关键字 using，专门用来选择 51 单片机中不同的工作寄存器组。using 后面的 n 是一个 0～3 的常整数，分别选中 4 个不同的工作寄存器组。在定义中断函数时，using 是一个选项，如果不用该选项，则由编译器自动选择一个寄存器组作绝对寄存器组访问。

|4.2　中断系统实例解析|

下面开始实验，主要进行外中断的演练，有关定时器中断、串行中断将在学习定时/计数器、串行通信时进行介绍。

4.2.1　实例解析 1——外中断练习 1

1．实现功能

在"低成本开发板 2"（参见本书第 2 章）上进行外部 0 和外部中断 1 实验。通电后，P2口的 8 只 LED 灯全亮，按下 P3.2 脚上的按键 K3（模拟外部中断 0）时，P2 口外接的 LED灯循环左移 8 位后恢复为全亮；按下 P3.3 脚上的按键 K4（模拟外部中断 1）时，P2 口外接的 LED 灯循环右移 8 位后恢复为全亮。LED 灯电路参见本书第 2 章图 2-1 所示。

2．源程序

据上述要求，设计的源程序如下。

```
#include<reg52.h>
#include<intrins.h>
#define uint unsigned int
#define uchar unsigned char
/********以下是延时函数********/
void Delay_ms(uint xms)              //延时程序，xms 是形式参数
{
  uint i, j;
  for(i=xms;i>0;i--)                 //i=xms,即延时 xms,xms 由实际参数传入一个值
          for(j=115;j>0;j--);        //此处分号不可少
}
/********以下是主函数********/
void main()
{
  P2=0;
  EA=1;                              //开总中断
  EX0=1;                             //开外中断 0
  EX1=1;                             //开外中断 1
  IT0=0;                             //外中断 0 低电平触发方式
  IT1=0;                             //外中断 1 低电平触发方式
  while(1);                          //等待
}
/********以下是外中断 0 函数********/
void   int0()  interrupt  0
  {
        uchar led_data=0xfe;         //给 led_data 赋初值 0xfe,点亮最右侧第一个 LED 灯
        uchar i;
        for(i=0;i<8;i++)
        {
                P2= led_data;
                Delay_ms(500);
                led_data=_crol_( led_data,1);//将 led_data 循环左移 1 位再赋值给 led_data
        }
        P2=0;
  }
/********以下是外中断 1 函数********/
void   int1()  interrupt  2
  {
        uchar led_data=0x7f;             //给 led_data 赋初值 0x7f,点亮最左侧第一个 LED 灯
        uchar i;
        for(i=0;i<8;i++)
        {
                P2= led_data;
                Delay_ms(500);
                led_data=_cror_( led_data,1);//将 led_data 循环左移 1 位再赋值给 led_data
        }
        P2=0;
  }
```

3. 源程序解析

为实现中断而设计的有关程序称为中断程序。中断程序由中断初始化程序和中断函数两部分组成。

（1）中断初始化程序

中断初始化程序也称中断控制程序，设置中断初始化程序的目的是，让 CPU 在执行主程

序的过程中能够响应中断。主函数中的以下语句即为中断初始化程序。

```
EA=1;                    //开总中断
EX0=1;                   //开外中断 0
EX1=1;                   //开外中断 1
IT0=0;                   //外中断 0 低电平触发方式
IT1=0;                   //外中断 1 低电平触发方式
```

中断初始化程序主要包括：开总中断、开外中断、选择外中断的触发方式。另外，还可以对中断优先级进行设置等。

（2）中断函数

源程序中的 int0()、int1() 为外中断 0 和外中断 1 的中断函数。

当按下 K3 键后，可进入外中断函数 0，在外中断函数 0 中，可实现流水灯的左移位；当按下 K4 键后，可进入外中断函数 1，在外中断函数 1 中，可实现流水灯的右移位。

该实验程序在下载资料的 ch4\ch4_1 文件夹中。

4.2.2　实例解析 2——外中断练习 2

1. 实现功能

在"低成本开发板 2"（参见本书第 2 章）上进行外中断 0 实验。通电后，第 6、7、8 只数码管显示循环 000~999，按下 P3.2 脚的 K3 键（模拟外中断 0），循环暂停，再按下 K3 键，继续循环。有关 LED 数码管电路，参见本书第 8 章图 8-6。

2. 源程序

```
#include <reg52.h>
#define uchar unsigned char
#define uint unsigned int
uchar code seg_data[]={0x3f,0x06,0x5b,0x4f,0x66,0x6d,0x7d,0x07,0x7f,0x6f,0x77,0x7c,
0x39,0x5e,0x79,0x71,0x00};
//0~F 和熄灭符的显示码(字形码);
uint  count=0;
bit  flag=1 ;
sbit  P22=P2^2;          //数码管位选端
sbit  P23=P2^3;          //数码管位选端
sbit  P24=P2^4;          //数码管位选端
/********以下是延时函数********/
void Delay_ms(uint xms)       //延时程序, xms 是形式参数
{
  uint i, j;
  for(i=xms;i>0;i--)          //i=xms,即延时 xms,xms 由实际参数传入一个值
        for(j=115;j>0;j--);    //此处分号不可少
  }
/********以下是主函数********/
void main()
{
  EA=1;                     //开总中断
  EX0=1;                    //开外中断 0
```

```
    IT0=0;                                       //外中断 0 低电平触发方式
    do
    {
        uchar  i ;
        if(flag==1)  count++;                    //如果标志位 flag 为 1 则 count 加 1
        if(count>999)  count=0;                  //如果计数值达到 999,则 count 清零
        for(i=0;i<50;i++)                        //每个数码管显示时间为 50×3=150ms
        {
                P0= seg_data[count/100];         //取出数码管百位数
                P24=1;
                P23=1;
                P22=1;                           //打开第 8 只数码管(用来显示百位数)
                Delay_ms(1);                     //延时 1ms
                P0=seg_data[(count%100)/10];     //取出数码管十位数
                P24=1;
                P23=1;
                P22=0;                           //打开第 7 只数码管(用来显示十位数)
                Delay_ms(1);
                P0= seg_data[count%10];          //取出数码管个位数
                P24=1;
                P23=0;
                P22=1;                           //打开第 6 只数码管(用来显示个位数)
                Delay_ms(1);
        }
    }while(1);
}
/*********以下是外中断 0 函数********/
void   int0()  interrupt  0
  {
        flag=~flag;              //标志位取位
  }
```

3. 源程序释疑

在源程序中，建立了一个标志位 flag 和一个计数器 count。若标志位 flag 为 1，则使计数器 count 送到第 6、7、8 三只数码管进行显示；若标志位 flag 为 0，则计数器 count 的内容不变。每当按下 P3.2 脚的 K3 键时（相当于外中断 0 发生时），将标志位 flag 取反，经主程序检测后，可使数码管的计数值暂停或继续。

下面再介绍一下程序中段位显示的方法。假设显示的计数值 count 为 456，当执行 P0= seg_data[count/100]语句后，P0= seg_data[4]，通过查表，可知此时的段位值为 0x66，因此，在数码管的百位数（第 6 只数码管）上可显示出 4；当执行 P0= seg_data[(count%100)/10]语句后，P0= seg_data[5]，通过查表，可知此时的段位值为 0x6d，因此，在数码管的十位数（第 7 只数码管）上可显示出 5；当执行 P0= seg_data[(count%10]语句后，P0= seg_data[6]，通过查表，可知此时的段位值为 0x7d，因此，在数码管的个位数（第 8 只数码管）上可显示出 6。

该实验程序在下载资料的 ch4\ch4_2 文件夹中。

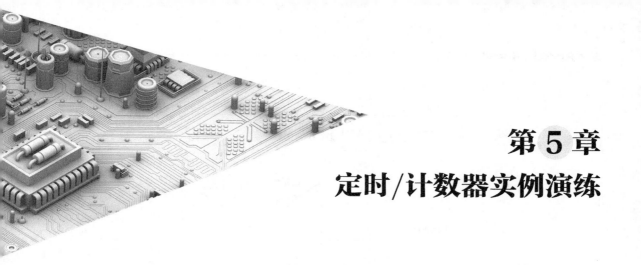

第 5 章
定时/计数器实例演练

　　51 单片机有两个 16 位可编程定时/计数器，分别是定时/计数器 0 和定时/计数器 1。它们都具有定时和计数的功能，既可以工作于定时方式，实现对控制系统的定时或延时控制，又可以工作于计数方式，用于对外部事件的计数。在本章中，我们通过几个典型实例，详细介绍 51 单片机定时/计数器的编程方法和技巧。

|5.1　定时/计数器基本知识|

5.1.1　什么是计数和定时

1．计数

　　所谓计数是指对外部事件进行计数。外部事件的发生以输入脉冲表示，因此计数功能的实质就是对外来脉冲进行计数。51 单片机有 T0（P3.4）和 T1（P3.5）两个信号引脚，分别是这两个计数器的计数输入端。外部输入的脉冲在负跳变时有效，计数器进行加 1（加法计数）。

2．定时

　　定时是通过计数器的计数来实现的，不过此时的计数脉冲来自单片机的内部，即每个机器周期产生一个计数脉冲，也就是每个机器周期计数器加 1。定时和计数的脉冲来源如图 5-1 所示。

　　由于一个机器周期等于 12 个振荡脉冲周期，因此计数频率为振荡频率的 1/12。如果单片机采用 12MHz 晶体，则计数频率为 1MHz，即每微秒计数器加 1。这样不但可以根据计数值计算出定时时间，也可以反过来按定时时间计算出计数器的预置值。

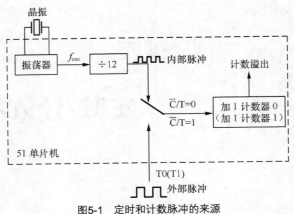

图5-1 定时和计数脉冲的来源

5.1.2 定时/计数器的组成

图 5-2 所示的是 51 单片机内部定时/计数器的结构图。

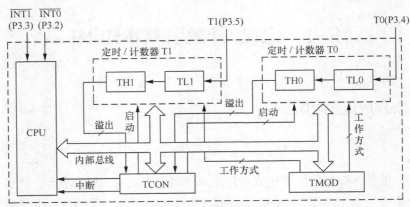

图5-2 定时/计数器的结构

从图中可以看出，定时/计数器主要由几个特殊功能寄存器 TH0、TL0、TH1、TL1 以及 TMOD、TCON 组成。TH0（高 8 位）、TL0（低 8 位）构成 16 位定时/计数器 T0，TH1（高 8 位）、TL1（低 8 位）构成 16 位定时/计数器 T1；TMOD 用来控制两个定时/计数器的工作方式，TCON 用作中断溢出标志并控制定时/计数器的启停。

两个定时/计数器都可由软件设置为定时或计数的工作方式，其中 T1 还可作为串行口的波特率发生器。不论 T0 或 T1 是工作于定时方式还是计数方式，它们在对内部时钟或外部事件进行计数时，都不占用 CPU 时间，直到定时/计数器产生溢出。如果满足条件，CPU 才会停下当前的操作，去处理"时间到"或者"计数溢出"这样的事件。因此，定时/计数器是与 CPU"并行"工作的，不会影响 CPU 的其他工作。

5.1.3 定时/计数器的寄存器

与两个定时/计数器 T0 和 T1 有关的控制寄存器是 TMOD 和 TCON，它们主要用来设置各个定时/计数器的工作方式、选择定时或计数功能、控制启动运行以及作为运行状态的标志等。

1. 工作方式控制寄存器 TMOD

TMOD 寄存器是一个特殊功能寄存器，字节地址为 89H，不能位寻址。各位定义如下。

位号	D7	D6	D5	D4	D3	D2	D1	D0
符号	GATE	C/$\overline{\text{T}}$	M1	M0	GATE	C/$\overline{\text{T}}$	M1	M0

TMOD 的低半字节用来定义定时/计数器 0，高半字节定义定时/计数器 1。复位时 TMOD 为 00H。

（1）M1、M0——工作方式选择位

M1、M0 用来选择工作方式，对应关系如表 5-1 所示。

表 5-1　　　　　　　　　　　定时/计数器的方式选择

M1 M0	工作方式	功能
00	工作方式 0	13 位计数器
01	工作方式 1	16 位计数器
10	工作方式 2	自动再装入 8 位计数器
11	工作方式 3	定时器 0：分成两个 8 位计数器 定时器 1：停止计数

（2）C/$\overline{\text{T}}$——定时/计数功能选择位

C/$\overline{\text{T}}$=0 为定时方式，在定时方式中，以振荡输出时钟脉冲的 12 分频信号作为计数信号，如果单片机采用 12 MHz 晶体，则计数频率为 1 MHz，则计数脉冲周期为 1μs，即每微秒计数器加 1。

C/$\overline{\text{T}}$=1 为计数方式，在计数方式中，单片机在每个机器周期对外部计数脉冲进行采样。如果前一个机器周期采样为高电平，后一个机器周期采样为低电平，即为一个有效的计数脉冲。

（3）GATE——门控位

GATE=1，定时/计数器的运行受外部引脚输入电平的控制，即 $\overline{\text{INT}}$ 0 控制 T0 运行，$\overline{\text{INT}}$ 1 控制 T1 运行。

GATE=0，定时/计数器的运行不受外部输入引脚的控制。

2. 定时器控制寄存器 TCON

TCON 寄存器既参与中断控制又参与定时控制。寄存器地址 88H，位地址 8FH～88H。寄存器的内容及位地址表示如下。

位地址	8FH	8EH	8DH	8CH	8BH	8AH	89H	88H
位名称	TF1	TR1	TF0	TR0	IE1	IT1	IE0	IT0

在前面章节介绍中断时，已对 TCON 寄存器进行了简要介绍，下面再对与定时控制有关的功能加以说明。

（1）TF0 和 TF1——计数溢出标志位

当计数器计数溢出（计满）时，该位置1；使用查询方式时，此位做状态位供查询，但应注意查询有效后应用软件方法及时将该位清零；使用中断方式时，此位做中断标志位，在转向中断服务程序时由硬件自动清零。

（2）TR0 和 TR1——定时器运行控制位

TR0(TR1)=0，停止定时/计数器工作。

TR0(TR1)=1，启动定时/计数器工作。

该位根据需要靠软件来置 1 或清零，以控制定时器的启动或停止。

5.1.4　定时/计数器的工作方式

51 单片机的定时/计数器共有 4 种工作方式，由寄存器 TMOD 的 M1M0 位进行控制，现以定时/计数器 0 为例进行介绍，定时/计数器 1 与定时/计数器 0 完全相同。

1.　工作方式 0

（1）逻辑电路结构

工作方式 0 是 13 位计数结构的工作方式，其计数器由 TH0 全部 8 位和 TL0 的低 5 位构成。TL0 的高 3 位未用，图 5-3 所示的为工作方式 0 的逻辑电路结构图。

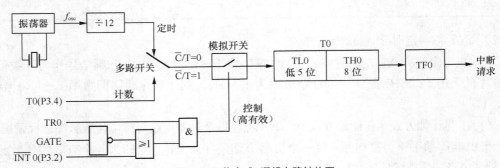

图5-3　工作方式0逻辑电路结构图

当 $C/\overline{T}=0$ 时，多路开关接通振荡脉冲的 12 分频输出，13 位计数器以此进行计数，这就是定时方式。

当 $C/\overline{T}=1$ 时，多路开关接通计数引脚 P3.4（T0），外部计数脉冲由引脚 P3.4 输入。当计数脉冲发生负跳变时，计数器加 1，这就是计数方式。

不管是定时方式还是计数方式，当 TL0 的低 5 位计数溢出时，向 TH0 进位，而全部 13 位计数溢出时，则向计数溢出标志位 TF0 进位。在满足中断条件时，向 CPU 申请中断，若需继续进行定时或计数，则应用指令对 TL0、TH0 重新置数，否则，下一次计数将会从 0 开始，造成计数或定时时间不准确。

这里要特别说明的是，T0 能否启动，取决于 TR0、GATE 和引脚 $\overline{INT}0$ 的状态。

当 GATE=0 时，GATE 信号封锁了"或"门，使引脚 $\overline{INT}0$ 信号无效。而"或"门输出端的高电平状态却打开了"与"门。这时如果 TR0=1，则"与"门输出为 1，模拟开关接通，定时/计数器 0 工作。如果 TR0＝0，则模拟开关断开，定时/计数器 0 不能工作。

当 GATE＝1，同时 TR0＝1 时，模拟开关是否接通由 $\overline{\text{INT}}0$ 控制，当 $\overline{\text{INT}}0$＝1 时，"与"门输出高电平，模拟开关接通，定时/计数器 0 工作；当 $\overline{\text{INT}}0$＝0 时，"与"门输出低电平，模拟开关断开，定时/计数器 0 停止工作。这种情况可用于测量外信号的脉冲宽度。

（2）计数初值的计算

工作方式 0 是 13 位计数结构，其最大计数为 2^{13}＝8192，也就是说，每次计数到 8192 都会产生溢出，去置位 TF0。但在实际应用中，经常会有少于 8192 个计数值的要求，例如，要求计数到 1000 就产生溢出，怎么办呢？其实，仔细想一想，这个问题很好解决，在计数时，不从 0 开始，而是从一个固定值开始，这个固定的值的大小，取决于被计数的大小。如要计数 1000，预先在计数器里放进 7192，再来 1000 个脉冲，就到了 8192，这个 7192 计数初值，也称作预置值。

定时也有同样的问题，并且也可采用同样的方法来解决。假设单片机的晶振是 12 MHz，那么每个计时脉冲是 1μs，计满 8192 个脉冲需要 8.192ms，如果只需定时 1ms，可以做这样的处理：1ms 即 1000μs，也就是计数 1000 时满。因此，计数之前预先在计数器里面放进 8192－1000＝7192，开始计数后，计满 1000 个脉冲到 8192 即产生溢出。如果计数初值为 X，则可按以下公式计算定时时间：

$$定时时间 = (2^{13} - X) \times 机器周期$$

因为机器周期＝12×晶振周期，而晶振周期＝$\dfrac{1}{晶振频率}$

所以，定时时间＝$(2^{13} - X) \times \dfrac{12}{晶振频率}$

例如，如果需要定时 3ms（3000μs），晶振为 12MHz，设计数初值为 X，则根据上述公式可得：

$$3000 = (2^{13} - X) \times \dfrac{12}{12}$$

由此得 X＝5192。

重点提示：单片机中的定时器通常要求不断重复定时，一次定时时间到之后，紧接着进行第二次的定时操作。一旦产生溢出，计数器中的值就回到 0，下一次计数从 0 开始，定时时间将不正确。为使下一次的定时时间不变，需要在定时溢出后马上把计数初值送到计数器。

2. 工作方式 1

（1）逻辑电路结构

工作方式 1 是 16 位计数结构的工作方式，计数器由 TH0 全部 8 位和 TL0 全部 8 位构成。其逻辑电路和工作情况与方式 0 基本相同，如图 5-4 所示（以定时/计数器 0 为例）。所不同的只是组成计数器的位数，它比工作方式 0 有更宽的计数范围，因此，在实际应用中，工作方式 1 可以代替工作方式 0。

（2）计数初值的计算

由于工作方式 1 是 16 位计数结构，因此，其最大计数为 2^{16}＝65536，也就是说，每次计数到 65536 都会产生溢出，去置位 TF0。如果计数初值为 X，则可按以下公式计算定时时间：

$$定时时间 = (2^{16} - X) \times 机器周期 = (2^{16} - X) \times \frac{12}{晶振频率}$$

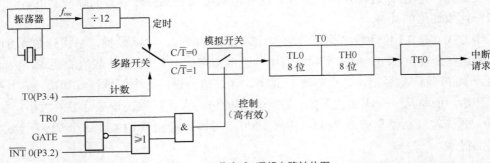

图5-4　工作方式1逻辑电路结构图

3. 工作方式 2

（1）逻辑电路结构

工作方式 0 和工作方式 1 若用于循环重复定时或计数时，每次计满溢出后，计数器回到 0，要进行新一轮的计数，就得重新装入计数初值。因此，循环定时或循环计数应用时就存在反复设置计数初值的问题，这项工作是由软件来完成的，需要花费一定时间，这样就会造成每次计数或定时产生误差。如果用于一般的定时，则是无关紧要的。但是有些工作，对时间的要求非常严格，不允许定时时间不断变化，用工作方式 0 和工作方式 1 就不行了，所以引入了工作方式 2。图 5-5 所示的是定时/计数器 0 在工作方式 2 的逻辑电路结构图。

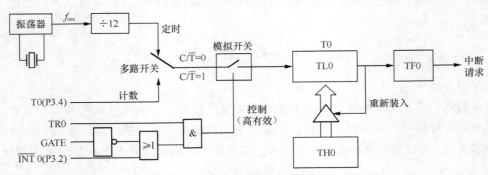

图5-5　工作方式2逻辑电路结构图

在工作方式 2 下，把 16 位计数器分为两部分，即以 TL0 做计数器，以 TH0 做预置寄存器，初始化时把计数初值分别装入 TL0 和 TH0 中。当计数溢出后，不是像前两种工作方式那样通过软件方法，而是由预置寄存器 TH0 以硬件方法自动给计数器 TL0 重新加载。变软件加载为硬件加载，这不但省去了用户程序中的重装指令，而且也有利于提高定时精度。

（2）计数初值的计算

由于工作方式 2 是 8 位计数结构，因此，其最大计数值为 $2^8 = 256$，计数值十分有限。如果计数初值为 X，则可按以下公式计算定时时间：

$$定时时间=(2^8-X)\times 机器周期=(2^8-X)\times \frac{12}{晶振频率}$$

4. 工作方式 3

（1）逻辑电路结构

工作方式 3 的作用比较特殊，只适用于定时器 T0。如果将定时器 T1 置为方式 3，它将停止计数，其效果与置 TR1=0 相同，即关闭定时器 T1。

当 T0 工作在方式 3 时，它被拆成两个独立的 8 位计数器 TL0 和 TH0，其逻辑电路结构如图 5-6 所示。

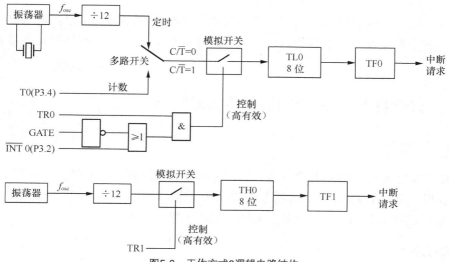

图5-6　工作方式3逻辑电路结构

图 5-6 中，上方的 8 位计数器 TL0 使用原定时器 T0 的控制位 C/$\overline{T}$、GATE、TR0 和 $\overline{INT}$ 0，TL0 既可以做计数使用，又可以做定时使用，其功能和操作与前面介绍的工作方式 0 或方式 1 完全相同。

下方的 TH0 只能作为简单的定时器使用。而且由于定时/计数器 0 的控制位被 TL0 独占，因此只好借用定时/计数器 1 的控制位 TR1 和 TF1。即以计数溢出去置位 TF1，而定时的启动和停止则受 TR1 的状态控制。

由于 TL0 既能做定时器也能做计数器使用，而 TH0 只能做定时器却不能做计数器使用，因此在工作方式 3 下，定时/计数器 0 可以构成两个定时器或一个定时器加一个计数器。

需要说明的是，如果定时/计数器 0 已在工作方式 3 工作，则定时/计数器 1 只能在方式 0、方式 1 或方式 2 下工作，因为它的运行控制位 TR1 及计数溢出标志位 TF1 已被定时/计数器 0 占用。

通常情况下，定时/计数器 1 一般作为串行口的波特率发生器使用，以确定串行通信的速率，由于已没有计数溢出标志位 TF1 可供使用，因此只能把计数溢出直接送给串行口。当作为波特率发生器使用时，只需设置好工作方式，便可自动运行。如果要停止工作，只需送入一个把它设置为方式 3 的方式控制字符就可以了。因为定时/计数器 1 不能在方式 3 下使用，如果把它设置为方式 3，就停止工作。

（2）计数初值的计算

由于工作方式 3 是 8 位计数结构，因此，其最大计数值为 $2^8=256$，如果计数初值为 X，则可按以下公式计算定时/计数器 0 的定时时间：

$$定时时间=(2^8-X)×机器周期=(2^8-X)×\frac{12}{晶振频率}$$

|5.2 定时/计数器实例演练|

我们在进行单片机实验时，经常会遇到实验结果与程序不符的现象，遇到这种情况，我们就需要善于观察细节，反复检查和查找程序中存在的问题。只有这样，才能在编程时游刃有余。

5.2.1 实例解析 1——定时器中断方式实验

1. 实现功能

在"低成本开发板 2"（参见第 2 章）上进行实验：使用定时器 0 的工作方式 1，以中断方式进行编程，定时由 P2 口输出周期为 2s 的等宽方波（频率为 0.5Hz），驱动 P2 口的 LED 灯闪亮（亮 1s、灭 1s）。相关 LED 灯电路图参见本书第 2 章图 2-1。

2. 源程序

根据以上要求，采用中断方式设计的源程序如下所述。

```
#include<reg52.h>
#define uchar unsigned char
/********以下是主函数********/
void main()
{
  TMOD=0x01;                //设定定时器 0 为工作方式 1
  TH0=0x4c;TL0=0x00;        //定时时间为 50ms 的计数初值
  TR0=1;                    //启动定时器 0
  EA=1;ET0=1;               //开总中断和定时器 T0 中断
  while(1);                 //等待
}
/********以下是定时器 T0 中断函数********/
void timer0() interrupt 1 using 0
{
  static uchar count=0;     //定义静态变量 count
  count++;                  //计数值加 1
  if(count==20)             //若 count 为 20,说明 1s 到(20×50ms=1000ms)
  {
        count=0;            //count 清零
        P2=~P2;             //P2 口取反
  }
```

```
      TH0=0x4c;TL0=0x00;              //重装 50ms 定时初值
   }
```

3. 源程序释疑

　　要使 P2 输出 2s 的等宽方波，只需使 P2 每隔 1s 取反一次即可，为此，定时时间应为 1s。在时钟为 11.0592MHz 的情况下，即使采用定时器 0 工作方式 1（16 位计数器），这个值也超过了方式 1 可能提供的最大定时值（约 71ms）。此时可采取以下方法：让定时器 T0 工作在方式 1，定时时间为 50ms，另设一个静态变量 count，初始值为 0，当每隔 50ms 的定时时间到，产生溢出中断，在中断函数中使 count 计数器加 1，这样，当计数器 count 加到 20 时，就获得 1s 定时。

　　应该注意的是，在中断函数中，count 一定要设置成静态变量，这样，反复进入和退出中断过程中，count 的值不会被重新分配存储单元，而一直使用目前单元，以便起到连续计数的作用。

　　编写定时/计数器程序时，要通过软件对有关寄存器进行初始化，初始化主要包括以下几个方面。

　　（1）对寄存器 TMOD 赋值，确定工作方式

　　本程序要求使用定时器 0 的方式 1，应使 M1M0＝01；为实现定时功能，应使 C/$\overline{\text{T}}$＝0；为实现定时/计数器 0 的运行控制，则 GATE＝0。定时/计数器 1 不用，有关位设定为 0。因此 TMOD 寄存器初始化为 0x01。

　　（2）计算计数初值

　　开发板上安装 11.0592MHz 晶振，定时器 T0 定时时间为 50ms，设计数初值为 X，使用工作方式 1，根据：

$$定时时间=(2^{16}-X)\times\frac{12}{晶振频率}，可得：$$

$$50000=(65536-X)\times\frac{12}{11.0592}$$

所以 X=19456（十进制）。

　　将 19456 转换为十六进制后为 0x4c00。其中，高 8 位为 0x4c，放入 TH0，低 8 位为 0x00，放入 TL0。

　　课外阅读：51 初值设定软件介绍

　　上面的计数初值在计算时比较麻烦，如果读者手头上有 "51 初值设定软件"（可从相关网站下载），计算计数初值则十分方便，该软件运行界面如图 5-7 所示。只要选择好定时器方式、晶振频率和定时时间后，单击【确定】按钮，即可计算出计数初值。

　　（3）对 IE 赋初值

　　根据需要，对中断允许控制寄存器 IE 赋初值。对于

图5-7　51初值设定软件运行界面

本例，由于不需要定时器 0 中断，因此，此项可不设置，因为默认状态下定时器中断是关闭的。

（4）启动定时器

对于本例，需要使定时器 0 工作，因此，设置 TR0 为 1。

该实验程序在下载资料的 ch5\ch5_1 文件夹中。

5.2.2 实例解析 2——定时器查询方式实验

1. 实现功能

在"低成本开发板 2"（参见第 2 章）上进行实验。使用定时器 0 的工作方式 1，以查询方式进行编程，由 P2 口输出周期为 2s 的等宽方波（频率为 0.5Hz），驱动 P2 口的 LED 灯闪亮。LED 灯电路图参见本书第 2 章图 2-1。

2. 源程序

根据以上要求，采用查询方式设计的源程序如下。

```
#include<reg52.h>
#define uint unsigned int
/********以下是延时函数********/
void delay_ms(uint xms)            //延时程序,xms 是形式参数
{
  while(xms!=0)                     //执行 xms 次循环
  {
      TMOD=0x01;                    //设定定时器 0 为工作方式 1
      TR0=1;                        //启动定时器 0
      TH0=0xfc; TL0=0x66;           //定时时间为 1ms 的计数初值
      while(TF0!=1) ;               //计时时间不到,等待;计时时间到,TF0=1
      TF0=0;                        //计时时间到,将 TF0 清零
      xms--;                        //循环次数减 1
  }
TR0=0;                             //关闭定时器 0
}
/********以下是主程序********/
void main()
{
  for(;;)
  {
      P2=0x00;                      //P2 口的 LED 点亮
      delay_ms(1000);               //延时 1s
      P2=0xff;                      //P2 口的 LED 熄灭
      delay_ms(1000);               //延时 1s
  }
}
```

3. 源程序释疑

该程序中，设置了一定延时函数，在延时函数中，延时时间为形参 xms 的值与定时时间（1ms）的乘积，通过传递不同的参数，可获得不同的延时时间，因此，该延时函数具有一定的通用性。

另外，在程序中，TF0 是定时/计数器 0 的溢出标记位，当产生溢出后，该 TF0 由 0 变 1，所以查询该位就可以知道定时时间是否已到。该位为 1 后，不会自动清零，必须用软件将标记位清零；否则，在下一次查询时即便时间未到，这一位仍是 1，会出现错误的执行结果。

该程序在下载资料的 ch5\ch5_2 文件夹中。

5.2.3　实例解析 3——实时显示计数值

1. 实现功能

在"低成本开发板 2"（参见第 2 章）上进行实验。用定时/计数器 T0 方式 2 计数，外部计数信号由单片机的 T0（P3.4）引脚输入，每出现一次负跳变，计数器加 1，并将计数值实时显示在第 7、8 两只数码管上，计满 100 次后，再从头开始计数。LED 数码管电路图参见第 8 章图 8-6。

2. 源程序

根据以上要求，设计的源程序如下。

```c
#include <reg52.h>
#define uchar unsigned char
#define uint  unsigned int
uint num;
uchar code seg_data[] = {0x3f,0x06,0x5b,0x4f,0x66,0x6d,0x7d,0x07,0x7f,0x6f,0x77,0x7c,
0x39,0x5e,0x79,0x71,0x00}; //0~F 和熄灭符的显示码(字形码)
uchar data disp_buf[2] = {0x00,0x00};//显示缓冲区
/********以下是延时函数********/
void Delay_ms(uint xms)          //延时程序，xms 是形式参数
{
  uint i, j;
  for(i=xms;i>0;i--)             //i=xms,即延时 xms,xms 由实际参数传入一个值
        for(j=115;j>0;j--);      //此处分号不可少
  }
/********以下是显示函数********/
display()
{
  disp_buf[0]=num/10;            //取出计数值的十位
  disp_buf[1]=num%10;            //取出计数值的个位
  P0=seg_data[disp_buf[1]];      //显示个位
  P2=0xfb;                       //开个位显示(开第 7 只数码管)
  Delay_ms(5);                   //延时 5ms
  P0=seg_data[disp_buf[0]];      //显示十位
  P2=0xff;                       //开十位显示(开第 8 只数码管)
  Delay_ms(5);                   //延时 5ms
  P0=0x00;                       //关闭显示
}
/********以下是计数值读取函数********/
uint read()
{
  uchar tl,th1,th2;
  uint val;
  while(1)
```

```
       {
              th1=TH0;              //第 1 次读取 TH0
              tl=TL0;
              th2=TH0;              //第 2 次读取 TH0
              if(th1==th2)  break;  //若两次读取的相同，则跳出循环，开始计算计数值；若两次读取的不
同则继续循环
       }
       val=th1*256+tl;            //计算计数值
       return val;                //返回计数值
}
/********以下是主函数********/
void main()
{
       TMOD=0x05;                 //设置定时器 T0 为工作方式 1 计数方式
       TH0=0;TL0=0;               //将计数器寄存器初值清零
       TR0=1;
       while(1)
       {
              num=read();         //调计数值读取函数
              if(num>=100)
              {
                     num=0;       //若计数值大于 100，则 num 清零
                     TH0=0;       //将计数器寄存器值清零
                     TL0=0;
              }
              display();          //调显示函数
       }
}
```

3. 源程序释疑

（1）源程序中的 read 函数用来读取运行中计数器寄存器中的值，由于该寄存器的值会随时变化，若只读一次，当发生进位时，很有可能会读错数据，因此 TH0 寄存器的值需要读两次，以确保读取的时候没有发生进位。操作时，先读取 TH0 一次，再读取 TL0 一次，然后再读取 TH0 一次，如果两次读取 TH0 的值相同，说明 TL0 没有向 TH0 进位。

（2）本例程没有使用中断法，而是不停地读取计数器寄存器中的值，当然我们也可以用中断法来实现同样的功能，此时可先向 TL0 的 TH0 中预装初值 0xff，每当出现一个计数脉冲，则会产生溢出中断，然后，在定时器 T0 中断函数中，对计值器 count 进行加 1 处理即可。具体源程序如下。

```
#include <reg51.h>
#define uchar unsigned char
#define uint  unsigned int
uint num;
uchar code seg_data[] = {0x3f,0x06,0x5b,0x4f,0x66,0x6d,0x7d,0x07,0x7f,0x6f,0x77,0x7c,
0x39,0x5e,0x79,0x71,0x00}; //0~F 和熄灭符的显示码(字形码)
uchar data disp_buf[2] = {0x00,0x00};//显示缓冲区
/********以下是延时函数********/
与以上相同（略）
/********以下是显示函数********/
与以上相同（略）
/********以下是主函数********/
void main()
```

```
{
    TMOD=0x05;                        //设置定时器 T0 为工作方式 1 计数方式
    TH0=0xff;TL0=0xff;                //将计数器寄存器初值清零
    TR0=1;
    EA=1;ET0=1;                       //开总中断和定时器 T0 中断
    while(1)
    {
        display();                    //调显示函数
    }
}
/********以下是定时器 T0 中断函数********/
void   timer0()  interrupt  1
    {
        TH0=0xff; TL0=0xff;           //设置计数初值
        num++;                        //计数器加 1
        if(num>=100)
        {
        num=0;                        //若计数值大于 100,则 num 清零
        }
    }
```

另外,读者还可以使用定时器 T0 的工作方式 2。使用工作方式 2 时,需要将主函数中的"TMOD=0x05;"语句改为"TMOD=0x06;"。由于在方式 2 下具有自动加载功能,因此中断函数中"TH0=0xff; TL0=0xff;"两条语句可取消。

实验时,读者可以用一导线将单片机的 P3.4 脚和 GND、V_{CC} 短接一下,模拟计数脉冲。不过,在实验时读者会发现,起初数码管显示的数值是 0,当 P3.4 用导线接触 GND 或 V_{CC} 引脚时,数码管数值在瞬间变化了很多,而不是我们期待中的增加一个值,造成此现象的原因是导线在接触单片机引脚瞬间会产生抖动,一下子输入了好几个脉冲,但这并不影响我们对程序的理解。

该实验程序在下载资料的 ch5\ch5_3 文件夹中。

5.2.4　实例解析 4——单片机唱歌

1. 实现功能

如图 5-8 所示是乐曲《八月桂花遍地开》的片段,编写程序,在"低成本开发板 2"(参见第 2 章)蜂鸣器上演奏出来,蜂鸣器电路如图 5-9 所示。

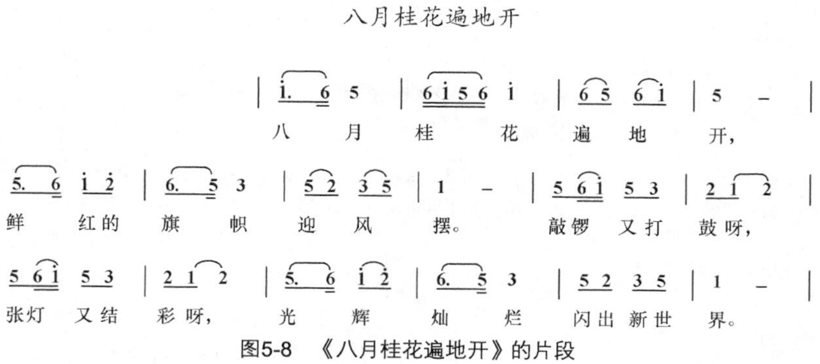

图5-8　《八月桂花遍地开》的片段

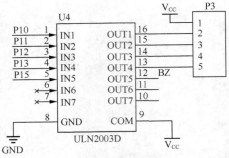

图5-9　蜂鸣器电路

蜂鸣器电路以 ULN2003 为核心构成，电路中，单片机的 P15 脚接 ULN2003 的输入端 5 脚，经 ULN2003 驱动后，从 12 脚输出蜂鸣器驱动信号 BZ，驱动蜂鸣器发声。

2. 源程序

根据要求，编写的源程序如下。

```c
#include <reg52.h>
#include <intrins.h>
sbit  BEEP=P1^5;
unsigned char n=0;                  //n 为节拍常数变量,全局变量
unsigned char code music[] =
{0x18,0x30,0x1c,0x10,0x20,0x40,0x1c,0x10,0x18,0x10,0x20,0x10,0x1c,0x10,0x18,0x40,
0x1c,0x20,0x20,0x20,0x1c,0x20,0x18,0x20,0x20,0x80,0xff,0x20,0x30,0x1c,0x10,0x18,
0x20,0x15,0x20,0x1c,0x20,0x20,0x20,0x26,0x40,0x20,0x20,0x2b,0x20,0x26,0x20,0x20,
0x20,0x30,0x80,0xff,0x20,0x20,0x1c,0x10,0x18,0x10,0x20,0x20,0x26,0x20,0x2b,0x20,
0x30,0x20,0x2b,0x40,0x20,0x20,0x1c,0x10,0x18,0x10,0x20,0x20,0x26,0x20,0x2b,0x20,
0x30,0x20,0x2b,0x40,0x20,0x30,0x1c,0x10,0x18,0x20,0x15,0x20,0x1c,0x20,0x20,0x20,
0x26,0x40,0x20,0x20,0x2b,0x20,0x26,0x20,0x20,0x20,0x30,0x80,
0x00};//格式为:频率常数、节拍常数交替排列,最后的 0x00 为结束符
/*********以下是定时器 T0 中断*********/
void timer0()  interrupt 1          //采用定时中断 0,产生 10ms 定时,以控制节拍
{
 TH0=0xdc;                          //重装 10ms 定时初值
 TL0=0x00;                          //重装 10ms 定时初值
 n--;
}
/*********以下是延时函数,延时时间为 3×m×6.7µs*********/
void delay (unsigned char m)        //控制频率的延时程序
{
 unsigned int a=3*m;
 while(--a);
}
/*********以下是延时函数, 延时时间为 xms×1ms*********/
void Delay_ms(unsigned int  xms)    //被调函数定义,xms 是形式参数
{
 unsigned int  i, j;
 for(i=xms;i>0;i--)                 //i=xms,即延时 xms,xms 由实际参数传入一个值
        for(j=115;j>0;j--);         //此处分号不可少
 }
/*********以下是主函数*********/
void main()
{
 unsigned char p,m;                 //m 为延时变量,用来控制音调的频率
```

```
        unsigned char i=0;
        TMOD=0x01;                         //定时器 T0 工作方式 1
        TH0=0xdc;TL0=0x00;                 //10ms 计数初值
        EA=1;    ET0=1;                    //开总中断和定时器 T0 中断
play:       while(1)                       //大循环,play 是标号
            {
next:       p=music[i];                    //读取下一字符,next 是标号
            if(p==0x00)
                { i=0, Delay_ms(1000);goto play;}   //如果碰到结束符,延时 1 秒,回到 play 再来一遍
            else if(p==0xff)
                { i=i+1; Delay_ms(10),TR0=0; goto next;}//若碰到休止符,延时 10ms,跳转到
next 继续取下一音符
            else
            {
                        m=music[i];        //取频率常数 m
                        i++;               //指向下一数据
                        n=music[i];        //取节拍常数 n
                        i++;               //指向下一数据
            }
            TR0=1;                         //开定时器 1
            while(n!=0)                    //等待节拍完成(n 为节拍数),
            { BEEP =~ BEEP;delay(m);}      //通过 P1 口输出音频
            TR0=0;                         //关定时器 1
            }
}
```

3. 源程序释疑

乐曲演奏的原理是：组成乐曲的每个音符的频率值（音调）及其持续的时间（音长）是乐曲能连续演奏所需的两个基本数据，因此只要控制输出到扬声器的激励信号的频率的高低和持续的时间，就可以使扬声器发出连续的乐曲声。

（1）音调的控制

首先来看一下怎样控制音调的高低变化。乐曲是由不同音符编制而成的。音符中有 7 个音名：C、D、E、F、G、A、B。它们的唱名分别是：do、re、mi、fa、sol、la、si。声音是由空气振动产生的，每个音名，都有一个固定的振动频率，频率的高低决定了音调的高低。音乐的十二平均率规定：每两个八度音（如简谱中的中音 1 与高音 1）之间的频率相差一倍。在两个八度音之间又可分为 12 个半音，每两个半音的频率比为 $\sqrt[12]{2}$。另外，音名 A（简谱中的低音 6）的频率为 440Hz，音名 B（简谱中的音 7）到 C（简谱中的音 1）之间、E（简谱中的音 3）到 F（简谱中的音 4）之间为半音，其余为全音。由此可以计算出简谱中从低音 1 至高音 1 之间每个音名对应的频率，具体关系参如表 5-2 所示。

表 5-2　　　　　　　　　简谱中的音名与频率的关系

音名	频率/Hz	音名	频率/Hz	音名	频率/Hz
低音 1	262	中音 1	523	高音 1	1047
低音 2	294	中音 2	587	高音 2	1175
低音 3	330	中音 3	659	高音 3	1319
低音 4	349	中音 4	699	高音 4	1397
低音 5	392	中音 5	784	高音 5	1569

音名	频率/Hz	音名	频率/Hz	音名	频率/Hz
低音 6	440	中音 6	880	高音 6	1760
低音 7	494	中音 7	988	高音 7	1976

在实验开发板上，P3.7 引脚经过三极管驱动一个无源蜂鸣器，构成一个简单的音响电路，因此，只要有了某个音的频率数，就能产生出这个音来。现以《八月桂花遍地开》第一个音"高音 1"为例来进行分析。高音 1 的频率为 1047Hz，其周期为：

$$T = \frac{1}{f} = \frac{1}{1047Hz} \approx 0.96ms$$

即要求 P3.7 输出周期为 0.96ms 的等宽方波，也就是说，P3.7 每 0.48ms 高低电平要转换一次。如果调用 6.7μs 的延时程序（如程序中的 delay() 延时程序），则延时 0.48ms 需要调用 72 次，由于在程序中加了一条 unsigned int a=3*m 语句，因此，调用的次数 m 为 72/3=24（十进制），将其转换为十六进制为 0x18。即"高音 1"的频率常数为 0x18。用同样的方法可算出其他音的频率常数。

（2）音长的控制

乐曲中的音符不单有音调的高低，还有音的长短，如有的音要唱 1/4 拍，有的音要唱 2 拍等。在节拍符号中，如用×代表某个音的唱名，×下面无短线为四分音符，有一条短横线代表八分音符，有两条横线代表十六分音符，×右边有一条短横线代表二分音符，有"."的音符为附点音符。节拍控制可以通过定时器 0 中断产生，若定时时间为 10ms，以每拍 640ms 的节拍时间为例，那么，1 拍需要循环调用延时子程序 64 次（64×10ms），转换成十六进制为 0x40，即节拍常数为 0x40。同理，半拍需要调用延时子程序 32 次（32×10ms），转换成十六进制为 0x20，具体节拍与调用延时子程序的关系如表 5-3 所示。

表 5-3　　　　　　　　　　节拍与调用延时子程序的关系

节拍符号	×̲̲	×̲	×̲·	×	×·	×-	×---
名称	十六分音符	八分音符	八分附点音符	四分音符	四分附点音符	二分音符	全音符
拍数	1/4 拍	半拍	3/4 拍	1 拍	1 又 1/2 拍	2 拍	4 拍
节拍常数	0x10	0x20	0x30	0x40	0x60	0x80	0x100

乐曲中，每一音符对应着确定的频率，我们将每一音符的计数初值和其相应的节拍常数（调用延时程序的次数）作为一组，按顺序将乐曲中的所有常数排列成一个表，然后由查表程序依次取出，产生音符并控制节奏，就可以实现演奏效果。

此外，结束符和休止符可以分别用代码 0x00 和 0xff 来表示，若查表结果为 0x00，则表示曲子终了；若查表结果为 0xff，则产生相应的停顿效果。

该实验程序在下载资料的 ch5\ch5_4 文件夹中。

5.2.5　实例解析 5——秒表

1．实现功能

在"低成本开发板 2"（参见本书第 2 章）上做一个 00～59 不断循环运行的秒表，并通过第 7、8 只数管码显示出来；即每 1s 到，数码管显示的秒计数加 1，加到 59s 后，回到 00，从 0 再开始循环加 1。LED 数码管电路图参见第 8 章图 8-6。

2. 源程序

根据要求，编写的秒表源程序如下。

```
#include <reg52.h>
#include <intrins.h>
#define uchar unsigned char
#define uint  unsigned int
uchar timecount=0, count=0;        // timecount 为 50ms 计数器,count 为 1s 计数器,均为全局变量
 uchar code seg_data[]={0x3f,0x06,0x5b,0x4f,0x66,0x6d,0x7d,0x07,0x7f,0x6f,0x77,0x7c,
0x39,0x5e,0x79,0x71,0x00}; //0~F 和熄灭符的显示码(字形码)
uchar data disp_buf[2] = {0x00,0x00};//显示缓冲区
/********以下是延时函数********/
void Delay_ms(uint xms)             //延时程序, xms 是形式参数
{
  uint i, j;
  for(i=xms;i>0;i--)                //i=xms,即延时 xms,xms 由实际参数传入一个值
          for(j=115;j>0;j--);       //此处分号不可少
}
/********以下是显示函数********/
display()
{
  disp_buf[0]=count/10;             //取出计数值的十位
  disp_buf[1]=count%10;             //取出计数值的个位
  P0=seg_data[disp_buf[1]];         //显示个位
  P2=0xfb;                          //开个位显示(开第 7 只数码管)
  Delay_ms(5);                      //延时 5ms
  P0=seg_data[disp_buf[0]];         //显示十位
  P2=0xff ;                         //开十位显示(开第 8 只数码管)
  Delay_ms(5);                      //延时 5ms
  P0=0x00;                          //关闭显示
/********以下是主函数********/
main()
{
  P0=0x00;
  P2=0xff;
  TMOD=0x01;                        //定时器 T0 方式 1
  TH0=0x4c; TL0=0x00;               //50ms 定时初值
  EA=1; ET0=1; TR0=1;               //开总中断,开定时器 T0 中断,启动定时器 T0
  while(1)
  {display();}                      //调显示函数
}
/********以下是定时器 T0 中断函数********/
void timer0() interrupt 1 using 0
{
  TH0=0x4c;TL0=0x00;                //重装 50ms 定时初值
  timecount++;                      //计数值加 1
  if(timecount==20)                 //若 timecount 为 20,说明 1s 到(20×50ms=1000ms)
  {
          timecount=0;              //timecount 清零
```

```
        count++;                    //秒计数器加 1
    }
    if(count==60)                   //如果秒计数器 count 为 60,则清零
    {
        count=0;
    }
}
```

3. 源程序释疑

下面简要解读以上源程序。

（1）关于程序的模块化设计

当编写一个比较复杂的程序时，常常把这个复杂的程序分解为若干个功能函数（子程序），分解后的每个功能函数一般只完成一项简单的功能，然后，由主函数（主程序）调用各功能函数或各功能函数之间相互调用，从而完成一项比较复杂的工作。我们称这样的程序设计方法为模块化设计方法。

采用模块化设计方法编写程序，各模块（主函数、功能函数）相对独立，功能单一，结构清晰，降低了程序设计的复杂性，避免程序开发的重复劳动。另外也易于维护和功能扩充，十分方便移植。因此，单片机程序员必须掌握这种高效的设计方法。

例如，以上编写的秒表源程序就是由主函数、显示函数、延时函数、定时器 T0 中断函数组成。应该说明的是，中断函数不受主函数或其他功能函数的控制，它是一个自动运行的程序，也就是说，当定时时间到（本例定时器 T0 中断服务程序设定为 50ms），主函数停止运行，自动执行定进器 T0 中断函数内的程序，中断函数程序执行完毕后，再返回到主函数的断点处继续执行。

（2）显示函数解读

显示函数比较简单，工作过程是：先将显示缓冲区 disp_buf[1]中的内容送到数码管的个位进行显示，显示时间为 5ms（通过调用延时函数完成），再将显示缓冲区 disp_buf[0]中的内容送到数码管的十位进行显示，显示时间也为 5ms。

（3）定时器 T0 中断函数解读

定时器 T0 中断函数的主要作用是形成秒信号。由于开发板中单片机外接晶振是 11.0592MHz，即使定时器工作于方式 1（16 位的定时/计数模式），最长定时时间也只有 71ms 左右，因此，不能直接利用定时器来实现秒定时。为此，这里采用了两个计数器 timecount 和 count，并置初值为 0，把定时器 T0 的定时时间设定为 50ms，每次定时时间一到，timecount 单元中的值加 1。这样，当 timecount 加到 20，说明已有 20 次 50ms 的中断，也就是 1s 时间到了。在 1s 时间到后，使秒计数器 count 加 1，当 count 的值达到 60 时，将 count 清零。

该实验程序在下载资料的 ch5\ch5_5 文件夹中。

第6章
串行通信实例演练

单片机真是太好玩了，不但独立工作时十分有趣，而且还可以和其他单片机、PC 进行数据通信。你只需盯着 PC 的屏幕，就可以监测单片机的工作，操作鼠标和键盘，还可以对单片机发号施令……这些神奇的功能看似复杂，其实实现起来十分容易，这正是单片机的魅力所在。

|6.1　串行通信基本知识|

6.1.1　串行通信基本概念

1. 什么是并行通信和串行通信

并行通信是将组成数据的各位同时传输。并通过并行口（如 P1 口等）来实现，图 6-1（a）所示的为 51 单片机与外部设备之间 8 位数据并行通信的连接方式。在并行通信中，数据传输线的根数与传输的数据位数相等，传输数据速度快，但所占用的传输线位数多。因此，并行通信适合于短距离通信。

串行通信是指数据一位一位地按顺序传输。串行通信通过串行口来实现。在全双工的串行通信中，仅需一根发送线和一根接收线，图 6-1（b）所示的为 51 单片机与外部设备之间串行通信的连接方式，串行通信可大大节省传输线路的成本，但数据传输速度慢。因此，串行通信适合于远距离通信。

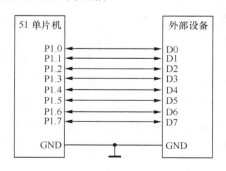
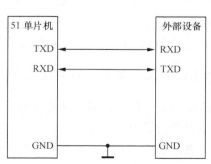

（a）并行通信的连接方式　　　　　　　　　（b）串行通信的连接方式

图6-1　51单片机的并行通信与串行通信连接方式

2. 什么是同步通信和异步通信

串行通信根据数据传输时的编码格式不同，可分为同步通信和异步通信两种方式。

在串行同步通信中，数据是连续传输的，即数据以数据块为单位传输。在数据开始传输前用同步字符来指示（常约定 1 个或 2 个字符），并由时钟来实现发送端和接收端同步，即检测到规定的同步字符后，下面就连续按顺序传输或接收数据，直到数据传输结束为止。串行同步通信数据格式如图 6-2（a）所示。

在串行异步通信中，数据是不连续传输的。它以字符为单位进行传输，各个字符可以是连续传输也可以是间断传输。每个被传输字符数据由四部分组成：起始位、数据位、校验位和停止位。这四部分在通信中称为一帧。首先是一个起始位（0），它占用 1 位，用低电平表示；数据位 8 位（规定低位在前，高位在后）；奇偶检验位只占 1 位（可省略）；最后是停止位（1），停止位表示一个被传输字符传输的结束，它一定是高电平。接收端不断检测传输线的状态，若连续为 1 后，下一位测到一个 0，就知道发送出一个新字符，应准备接收。由此可见，字符的起始位还被用作同步接收端的时钟，以保证以后的接收能正确进行。图 6-2（b）所示的为串行异步通信数据格式。

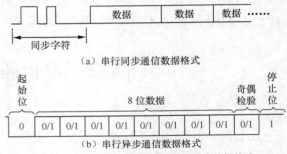

（a）串行同步通信数据格式

（b）串行异步通信数据格式

图6-2　串行同步通信与串行异步通信数据格式

为了确保传输的数据准确无误，在串行异步通信中，常在传输过程中进行相应的检测，避免不正确数据被误用。奇偶校验是常用的检测方法，其工作原理如下：P 是特殊功能寄存器 PSW 的最低位，它的值根据累加器 A 中的运算结果而变化。如果 A 中"1"的个数为偶数，则 P=0；如果为奇数，则 P=1。如果在进行串行通信时，把 A 的值（数据）和 P 的值（代表所传输数据的奇偶性）同时传输，那么接收到数据后，也对数据进行一次奇偶校验。如果校验的结果相符（校验后 P=0，而传输过来的数据位也等于 0；或者校验后 P=1，而接收到的检验位也等于 1），就认为接收到的数据是正确的。反之，如果对数据校验的结果是 P=0，而接收到的校验位等于 1，或者相反，那么就认为接收到的数据是错误的。

重点提示：串行通信的传输速率用波特率表示。波特率在单片机串行通信叶等于每秒发送二进制数码元的位数，记作"波特（baud）"这里 1 波特=1 位/秒（bit/s）。例如，在同步通信中传输数据速度为 450 字符/秒，每个字符又包含 10 位，则波特率为 450 字符/秒×10 位/字符=4500 位/秒=4500 波特，一般串行通信的波特率在 50～9600 波特。

3. 什么是单工、半双工和全双工通信

在通信线路上按数据传输方向划分有单工、半双工和双工通信方式。

单工通信指传输的信息始终是同一方向，而不能进行反向传输，设备无发送权。

半双工通信是指信息流可在两个方向上传输，但同一时刻只能有一方发送，两个方向上的数据传输不能同时进行。

全双工通信是指同时可以双向通信，双方既可同时发送、接收，又可同时接收、发送。

单工通信、半双工通信和全双工通信示意图如图 6-3 所示。

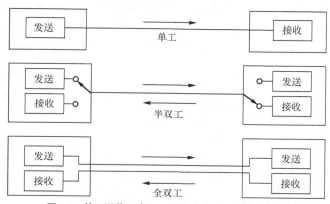

图6-3　单工通信、半双工通信和全双工通信示意图

4. 什么是 RS232 和 RS485

RS232 和 RS485 是串行异步通信中应用最广泛的两个接口标准，采用标准接口后，能很方便地把各种计算机、外部设备、单片机等有机地连接起来，进行串行通信。

（1）RS232 接口

RS232 中的 RS 是英文"推荐标准"的缩写，232 为标识号。RS232 总线标准规定了 21 个信号和 25 个引脚，包括一个主通道和一个辅助通道，在多数情况下主要使用主通道。对于一般双工通信，仅需 3 条信号线就可实现，包括一条发送线、一条接收线和一条地线。

RS232 接口属单端信号传输，存在共地噪声和不能抑制共模干扰等问题，因此，通信距离较短，最大传输距离约 15m。

图6-4　RS232接口（9芯母插孔）引脚排列图

在很多单片机开发板上（如第 2 章介绍的 DD-900），会设计一个 RS232 接口（9 芯母插孔），其引脚排列如图 6-4 所示，引脚信号功能如表 6-1 所示。

表 6-1　　　　　　　　　　　　　9 芯串口引脚功能

脚号	信号名称	方向	信号功能
1	DCD	PC←单片机	PC 收到远程信号（未用）
2	RXD	PC←单片机	PC 接收数据
3	TXD	PC→单片机	PC 发送数据
4	DTR	PC→单片机	PC 准备就绪（未用）
5	GND		信号地
6	DSR	PC←单片机	单片机准备就绪（未用）
7	RTS	PC→单片机	PC 请求接收数据（未用）
8	CTS	PC←单片机	双方已切换到接收状态（未用）
9	RI	PC←单片机	通知 PC，线路正常（未用）

由于 RS232 是早期（1969 年）为促进公用电话网络进行数据通信而制定的标准，其逻辑电平对地是对称的，逻辑高电平是+12V，逻辑低电平是–12V；而单片机遵循 TTL 标准（逻辑高电平是 5V，逻辑低电平是 0V），这样，如果把它们直接连在一起不但不能实现通信，而

且还有可能把一些硬件烧坏。所以，在 RS232 与 TTL 电平连接时必须经过电平转换，目前，比较常用的方法是直接选用 MAX232 芯片，在 DD-900 实验开发板上就设有 MAX232 串行接口电路，如图 6-5 所示。

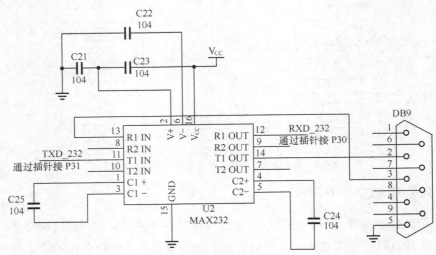

图6-5　MAX232接口电路

（2）RS485 接口

RS232 接口标准实行几十年来虽然得到了极为广泛的应用，但随着通信要求的不断提高，RS232 标准在很多方面已经不能满足实际通信应用的需要。因此，EIA（美国电子工业协会）相继公布了 RS449、RS423、RS422、RS485 等替代标准，其中 RS485 接口应用最为广泛。

在 DD-900 实验开发板上，设计有一个 RS485 接口，接口芯片为 MAX485，电路如图 6-6 所示。

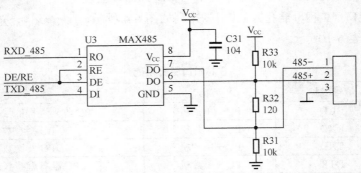

图6-6　MAX485接口电路

一般情况下，PC 上大都设有 RS232 接口而没有 RS485 接口，因此，当 PC 中 RS232 串口与 RS485 接口连接时，需要购买 RS232/RS485 转换接口，其实物如图 6-7 所示。

使用 RS485 接口进行串行通信时，一台 PC 既可以接一台单片机，也可以同时接多台单片机，其连接示意图如图 6-8 所示。

图6-7　RS232/RS485转换接口实物图

（a）PC 通过 RS232/RS485 转换接口与一台单片机连接

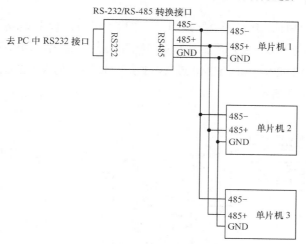

（b）PC 通过 RS232/RS485 转换接口与多台单片机连接

图6-8 PC通信RS485接口与单片机连接

　　根据采用的接口芯片不同，RS485 接口可工作于半双工或全双工等不同的工作状态。当采用 MAX481/483/485/487、SN75176/75276 等接口芯片时，RS485 接口工作于半双工状态，如图 6-9（a）所示。当采用 MAX489/491、SN75179/75180 等接口芯片时，RS485 接口工作于全双工状态，如图 6-9（b）所示。

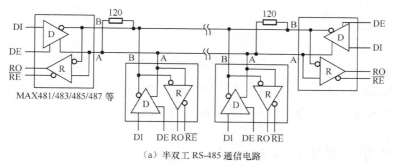

（a）半双工 RS-485 通信电路

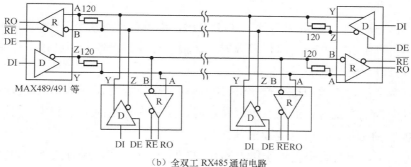

（b）全双工 RX485 通信电路

图6-9 半双工和全双工RS485通信电路

RS485 接口采用的是差分传输方式，具有一定的抗共模干扰的能力，允许使用比 RS232 更高的波特率且可传输的距离更远（一般大于 1km）。另外，采用 RS485 接口，一台 PC 可接多台单片机，因此，RS485 接口在工业控制中得到了广泛的应用。

5. CH340 是何方神圣

在第 2 章介绍的"低成本开发板 2"采用的是 USB 接口，板上集成了 USB 总线转换芯片 CH340，CH340 可以实现 USB 转串口、USB 转 IrDA 红外或者 USB 转打印口。

单片机串行信号 RXD/TXD 和 CH340 连接，经 CH340 处理，通过 USB 接口连接到 PC，CH340 接口电路如图 6-10 所示。

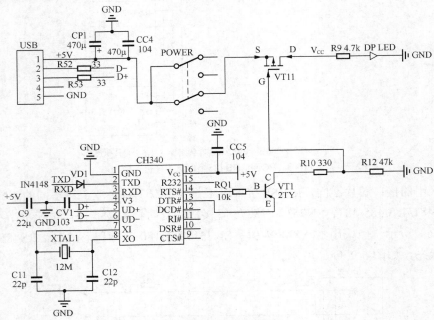

图6-10　CH340接口电路

在计算机端的 Windows 操作系统下，CH340 的驱动程序能够仿真标准串口，所以绝大部分原串口应用程序完全兼容，通常不需要做任何修改。

6.1.2　51 单片机串行口的结构

51 单片机集成了一个全双工串行口（UART），串行口通过引脚 RXD（P3.0，串行口数据接收端）和引脚 TXD（P3.1，串行口数据发送端）与外部设备之间进行串行通信。图 6-11 为 51 单片机内部串行口结构示意图。

图中共有两个串行口缓冲寄存器（SBUF），一个是发送寄存器，一个是接收寄存器，以便单片机能以全双工方式进行通信。串行发送时，从片内总线向发送 SBUF 写入数据；串行接收时，从接收 SBUF 向片内总线读出数据。

在接收方式下，串行数据通过引脚 RXD（P3.0）进入，在发送方式下，串行数据通过引脚 TXD（P3.1）发出。

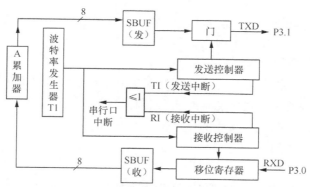

图6-11　单片机内部串行口结构示意图

6.1.3　串行通信控制寄存器

串行口的通信由两个特殊功能寄存器对数据的接收和发送进行控制。它们分别是串行口控制寄存器 SCON 和电源控制寄存器 PCON。

1. 串行口控制寄存器 SCON

串行口控制寄存器 SCON 地址 98H，位地址 9FH～98H，具体格式如下。

位地址	9FH	9EH	9DH	9CH	9BH	9AH	99H	98H
位名称	SM0	SM1	SM2	REN	TB8	RB8	TI	RI

（1）SM0、SM1——串行口工作方式选择位

SM0、SM1 对应的 4 种通信方式如表 6-2 所示（表中，f_{osc} 为晶振频率）。

表 6-2　　　　　　　　　串行口工作方式

SM0 SM1	工 作 方 式	功　　能	波　特　率
00	方式 0	8 位同步移位方式	$f_{osc}/12$
01	方式 1	10 位 UART	可变
10	方式 2	11 位 UART	$f_{osc}/32$ 或 $f_{osc}/64$
11	方式 3	11 位 UART	可变

（2）SM2——多机通信控制位

该位为多机通信控制位，主要用于方式 2 和方式 3。在方式 0 时，SM2 必须为 0。

（3）REN——允许接收位

REN 相当于串行接收的开关，由软件置位或清零；当 REN=1 时，允许接收；当 REN=0 时，则禁止接收。

在串行通信过程中，如果满足 REN=1 且 RI=1，则启动一次接收过程，一帧数据就装入接收缓冲器 SBUF 中。

（4）TB8——发送数据位 8

在方式 2 和方式 3 时，TB8 的内容是要发送的第 9 位数据，其值由用户通过软件设置，在双机通信时，TB8 一般作为奇偶校验位使用；在多机通信中，常以 TB8 位的状态表示主机

发送的是地址帧还是数据帧。

在方式 0 和方式 1 中，该位未用。

（5）RB8——接收数据位 8

RB8 是接收数据的第 9 位，在方式 2 和方式 3 中，接收数据的第 9 位数据放在 RB8 中，它可能是约定的奇偶校验位，也可能是地址/数据标志等。

在方式 1 中，RB8 存放的是接收的停止位。

在方式 0 中，该位未用。

（6）TI——发送中断标志

当方式 0 时，发送完第 8 位数据后，该位由硬件置 1；在其他方式下，于发送停止位之前，由硬件置 1。因此 TI=1，表示帧发送结束，其状态既可供软件查询使用，也可请求中断。TI 位必须由软件清零。

（7）RI——接收中断标志

当方式 0 时，接收完第 8 位数据后，该位由硬件置 1；在其他方式下，当接收到停止位时，该位由硬件置 1。因此 RI=1，表示帧接收结束。其状态既可供软件查询使用，也可以请求中断。RI 位也必须由软件清零。

2. 电源控制寄存器 PCON

PCON 单元地址为 87H，不能位寻址，其格式如下。

位号	D7	D6	D5	D4	D3	D2	D1	D0
位符号	SMOD	—	—	—	GF1	GF0	PD	ID

电源控制寄存器 PCON 中，与串行口工作有关的仅有它的最高位 SMOD，SMOD 称为串行口的波特率倍增位。当 SMOD=1 时，波特率加倍；系统复位时，SMOD=0。

6.1.4 串行口工作方式

51 单片机串行口有 4 种工作方式，分别为方式 0、方式 1、方式 2 和方式 3，可通过设置 SCON 的 SM0、SM1 来选择。

1. 方式 0

方式 0 以 8 位数据为一帧进行传输，不设起始位和停止位，先发送或接收最低位。其一帧数据格式如下。

…	D0	D1	D2	D3	D4	D5	D6	D7	…

使用方式 0 实现数据的移位输入/输出时，实际上是把串行口变成为并行口使用。

串行口作为并行输出口使用时，要有"串入并出"的移位寄存器（例如 CD4094、74LS164 等）配合。另外，如果把能实现"并入串出"功能的移位寄存器（例如 CD4014、74LS165 等）与串行口配合使用，还可以把串行口变为并行输入口使用。

总之，在方式 0 下，串行口为 8 位同步移位寄存器输入/输出方式，这种方式不适合用于两个 51 单片机芯片之间的直接数据通信，但可以通过外接移位寄存器来实现单片机的接口扩展。

有关方式 0 的使用，本书不展开讨论，感兴趣的读者可参考相关书籍。

2. 方式 1

方式 1 以 10 位数据为一帧进行传输，设有 1 个起始位（0）、8 个数据位，1 个停止位（1）。其一帧数据格式如下。

起始	D0	D1	D2	D3	D4	D5	D6	D7	停止

（1）发送与接收

方式 1 为 10 位异步通信接口，TXD 和 RXD 分别用于发送与接收数据。收发一帧数据为 10 位，数据位是先低位，后高位。

发送时，数据从 TXD（P3.0）端输出，当 TI=0，将数据写入发送缓冲器 SBUF 时，就启动了串行口数据的发送操作。启动发送后，串行口自动在起始位清零，而后是 8 位数据和一位停止位 1，一帧数据为 10 位。一帧数据发送完毕，TXD 输出线维持在 1 状态下（停止位），并将 SCON 寄存器的 TI 置 1，以便查询数据是否发送完毕或作为发送中断申请信号。

接收时，数据从 RXD（P3.0）端输入，SCON 的 REN 位应处于允许接收状态（REN=1）。在此前提下，串行口采样 RXD 端，当采样到从 1 向 0 的状态跳变时，就认定是接收到起始位。随后在移位脉冲的控制下，把接收到的数据位移入接收寄存器中。直到停止位到来之后把停止位送入 SCON 的 RB8 中，并置位中断标志位 RI，通知 CPU 从 SBUF 取走接收到的一个字符。

（2）波特率的设定

方式 1 的波特率是可变的，且以定时器 T1 作波特率发生器，一般选用定时器 T1 工作方式 2，之所以这样，是因为定时器 T1 方式 2 具有自动加载功能，可避免通过程序反复装入初值所引起的定时误差，使波特率更加稳定。

当选定为定时器 T1 工作方式 2 时，波特率计算公式为：

$$波特率 = \frac{2^{\text{SMOD}} \times f_{\text{osc}}}{384 \times (256 - X)} \quad (X \text{ 为计数初值，} f_{\text{osc}} \text{ 为晶振频率})$$

从上式可以求出定时器 T1 方式 2 的计数初值 X：

$$X = 256 - \frac{2^{\text{SMOD}} \times f_{\text{osc}}}{384 \times 波特率}$$

例如，设两机通信的波特率为 2400 波特，若 f_{osc}=11.0592MHz，串行口工作在方式 1，用定时器 T1 做波特率发生器，工作在方式 2。

若 SMOD=1，则计数初值 X 为：

$$X = 256 - \frac{2^{\text{SMOD}} \times f_{\text{osc}}}{384 \times 波特率} = 256 - \frac{2 \times 11.0592 \times 10^6}{384 \times 2400} = 232 = 0\text{xe8}$$

若 SMOD=0，则计数初值 X 为：

$$X = 256 - \frac{2^{\text{SMOD}} \times f_{\text{osc}}}{384 \times 波特率} = 256 - \frac{1 \times 11.0592 \times 10^6}{384 \times 2400} = 244 = 0\text{xf4}$$

课外阅读：51 波特率初值计算软件

以上计算计数初值的方法比较麻烦，如果读者手头上有"51 波特率初值计算软件"（可从相关网站下载），则计算十分方便，该软件运行界面如图 6-12 所示。只要选择好定时器方式、晶振频率、波特率和 SMOD 后，单击【确定】按钮，即可计算出计数初值。

图6-12 51波特率初值计算软件运行界面

3. 方式 2

方式 2 是 11 位为一帧的串行通信方式，即 1 个起始位、9 个数据位和 1 个停止位。其帧格式如下。

起始	D0	D1	D2	D3	D4	D5	D6	D7	D8	停止

（1）发送和接收

方式 2 的接收过程也与方式 1 基本类似，所不同的只在第 9 数据位上，串行口把接收到的前 8 个数据位送入 SBUF，而把第 9 数据位送入 RB8。在发送数据时，应预先在 SCON 的 TB8 位中把第 9 个数据位的内容准备好。可使用如下语句完成：

```
TB8=1;        //TB8 位置 1
TB8=0;        //TB8 位清零
```

方式 2 多用于单片机多机通信，下面简要归纳一下方式 2 发送与接收的过程。

① 数据发送

发送前先根据通信协议设置好 SCON 中的 TB8，一般规定 TB8 为 1 时发送地址，TB8 为 0 时发送数据。然后将要发送的数据（D0～D7）写入 SBUF 中，而 D8 位的内容则由硬件电路从 TB8 中直接送到发送移位寄存器的第 9 位，并以此来启动串行发送。一帧发送完毕，硬件将 TI 置"1"。

② 数据接收

接收时，串行口把接收到的前 8 位数据送入 SBUF，而把第 9 位数据送入 RB8。然后根据 SM2 的状态和接收到的 RB8 的状态决定串行口在数据到来后是否使 RI 置"1"。

当 SM2 为 0 时，则接收到的第 9 位数据（RB8）无论是 0 还是 1，都将接收到的数据装入 SBUF 中，在接收完当前帧后，产生中断申请。

当 SM2 为 1 时，则只有当接收到的第 9 位数据 RB8 为 1，才将接收到的数据装入 SBUF 中，在接收完当前帧后，产生中断申请。若接收到的第 9 位数据 RB8 为 0，则接收到的前 8 位数据丢弃，且不产生中断申请。

（2）波特率的设定

方式 2 的波特率与 PCON 寄存器中 SMOD 位的值有关。当 SMOD=0 时，波特率为 f_{osc} 的 1/64；当 SMOD=1 时，波特率等于 f_{osc} 的 1/32。

4. 方式 3

方式 3 是 11 位为一帧的串行通信方式，其通信过程与方式 2 完全相同，所不同的仅在于波特率，方式 2 的波特率只有固定的两种，而方式 3 的波特率则可由用户根据需要设定，其设定方法与方式 1 相同，即通过设置定时器 T1 的初值来设置波特率。

|6.2 串行通信实例演练|

6.2.1 实例解析 1——单片机向 PC 送字符串

1. 实现功能

在"低成本单片机开发板 2"（参见本书第 2 章介绍）上进行实验：每按一次 K3 键（P3.2 脚），单片机向 PC 发送字符串"DD-900"，并在 PC 的串口调试助手软件上显示出来。通信波特率设置为 9600。独立按键电路参见本书第 7 章图 7-2。

需要说明的是，如果开发板上的晶振是 12MHz，请更换为 11.0592MHz。

2. 源程序

这里采用查询方式进行编程，源程序如下。

```
#include "reg51.h"
#define uchar unsigned char
#define uint unsigned int
sbit K1=P3^2;
uchar SendBuf[]="DD-900";          //定义数组 SendBuf[]并进行初始化
/********以下是字符串发送函数********/
void send_string(uchar *str)
{
  while(*str != '\0')              //发送至字符串结尾则停止
  {
      SBUF = *str;
      while(!TI);                  //等待数据发送完成
      TI = 0;                      //清零发送标志位
      str++;                       //发送下一数据
  }
}
/********以下是延时函数********/
void Delay_ms(uint xms)            //延时程序，xms 是形式参数
{
  uint i, j;
  for(i=xms;i>0;i--)               //i=xms,即延时 xms，xms 由实际参数传入一个值
      for(j=115;j>0;j--);          //此处分号不可少
}
/********以下是串行口初始化函数********/
void series_init()
{
  SCON=0x50;                       //串口工作方式 1，允许接收
  TMOD=0x20;                       //定时器 T1 工作方式 2
  TH1=0xfd;TL1=0xfd;               //定时初值
  PCON&=0x00;                      //SMOD=0
```

```
    TR1=1;                          //开启定时器 1
}
/********以下是主函数********/
void main()
{
    series_init();                  //调串行口初始化函数
    while(1)
    {
        if(K1==1) continue;         //若 K1 键未按下,则继续等待,continue 不要用 break 替换
        Delay_ms(10);               //若 K1 键按下,延时 10ms
        if(K1==1) continue;         //若是键抖动,则继续等待,continue 不要用 break 替换
        while(!K1);                 //等待 K1 键释放
        send_string(SendBuf);       //若 K1 键释放,调字符串发送函数
    }
}
```

3. 源程序释疑

源程序主要由主函数、串口初始化函数、字符串发送函数、延时函数等组成。

（1）串口初始化函数

串口初始化子程序用于设置串口和定时器，编写串口初始化子程序时，需要注意以下两项工作。

① 设置串口工作模式

程序中，将串口设置为工作方式 1。另外，还需将串口设置为接收允许状态，因此，应使 SCON 设置为 0x50。

② 计算定时器 T1 方式 2 计数初值

单片机的晶振为 11.0592MHz，选用定时器 T1 工作方式 2（TMOD=0x20），SMOD 设置为 0，通信波特率为 9600 波特。根据这些条件，可计算出定时器 T1 方式 2 的计数初值为：

$$X = 256 - \frac{2^{SMOD} \times f_{osc}}{384 \times 波特率} = 256 - \frac{1 \times 11.0592 \times 10^6}{384 \times 9600} = 253 = 0xfd$$

当然，计数初值也可以用 "51 波特率初值计算软件" 进行计算。

（2）字符串发送函数

字符串发送函数用来发送字符串 "DD-900"，编程时，可以使用查询方式，也可以使用中断方式。这里采用的是查询方式。

所谓查询方式，是指通过查看中断标志位 RI 和 TI 来接收和发送数据。使用查询方式编程时，只要串口发送完数据或接收到数据，就会自动置位 TI 或 RI 标志位，主程序查询到 TI 或 RI 发生状态改变后，从而做出相应的处理。注意在查询方式中，TI 或 RI 的置位由硬件完成，而 TI 或 RI 的清除需要软件进行处理。

重点提示：字符串发送函数 send_string 进行参数传递时，采用的是 "传址方式"，也就是说，send_string 函数的实参是 SendBuf，而 SendBuf 是数组 SendBuf[]的数组名，数组名即是数组元件的首地址；send_string 函数的形参是指针变量 str，因此，当调用字符串发送函数 send_string 将实参传给形参时，就使指针变量 str 指向了数组 SendBuf[]元素的首地址。这样，通过改变 str 的指向，就可以对数组 SendBuf[]进行操作了。

（3）为了能够在 PC 上看到单片机发出的数据，需要串口助手，这里采用 STC-ISP 下载

软件本身自带的串口助手，运行后，将串口设置为"COM3"（USB 转串口芯片 CH340 的虚拟串口号）、波特率设置为"9600"、校验位选"无校验"、停止位选"1"，同时，单击"打开串口"按钮，注意不要勾选"HEX 模式"（十六进制），按下开发板上的 K3 键（接单片机 P32 脚），会发现，每按一次，串口助手的接收窗中接收到一个"DD-900"字符串，如图 6-13 所示。

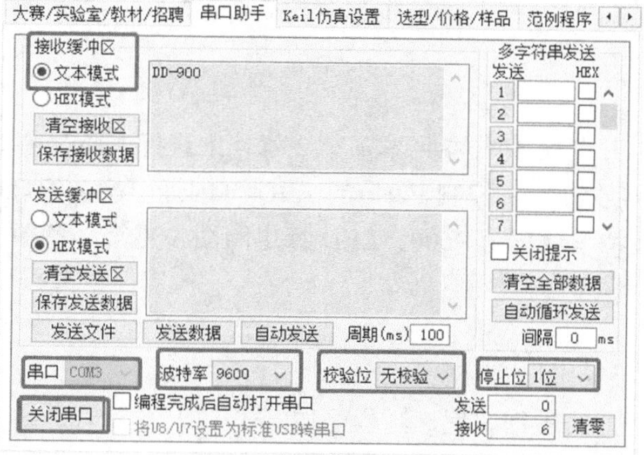

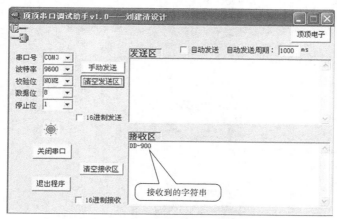

图6-13　串口助手接收到的字符串

注意事项：串口调试助手的设置一定要正确，以便和单片机的串口通信方式保持一致，否则，PC 将不能收到信息或收到的信息出错。读者可以试着将波特率设置为 4800，再按压 K3 键，观察一下串口调试助手接收了什么数据，可以告诉你的是，肯定不是 DD-900！另外，也不要勾选串口调试助手的"HEX 模式"（十六进制），若勾选，接收窗口中显示的将是"DD-900"的 ASCII 码值（44　44　2D　39　30　30）。

课外阅读：顶顶串口调试助手

串口助手网上很多，笔者在前几年，也设计了一款，支持 Windows XP/Windows 7 等系统，但不支持 Windows 10，界面比较简捷，使用也非常方便。软件运行后，将串口设置为"COM3"、波特率设置为"9600"、校验位选"NONE"、数据位选"8"、停止位选"1"，同时，单击"打开串口"按钮，注意不要勾选"十六进制接收"，按下开发板上的 K3 键，会发现，每按一次，串口调试助手的接收窗中接收到一个"DD-900"字符串，如图 6-14 所示。

图6-14　顶顶串口调试助手接收到的字符串

该实验程序在下载资料的 ch6\ch6_1 文件夹中。顶顶串口调试助手在下载资料中。

调试时，读者既可以使用顶顶串口调试助手，也可使用 STC-ISP 下载软件本身自带的串口助手，都非常方便。

6.2.2　实例解析 2——PC 向单片机发号施令

1．实现功能

在"低成本单片机开发板 2"（参见本书第 2 章）上进行实验。由 PC 的串口向单片机发送数据 0x55，单片机接收到后，控制 P2 口的 LED 灯闪烁一次（闪烁时间为 0.5s），同时，蜂鸣器响 0.5s。通信波特率设置为 9600。LED 灯电路图参见第 2 章图 2-1。蜂鸣器电路参见第 5 章图 5-9。

2．源程序

这里采用串行中断方式进行编程，源程序如下。

```c
#include "reg52.h"
#define uchar unsigned char
#define uint unsigned int
sbit BEEP=P1^5;
uchar ReceiveBuf;                    //定义接收缓冲区
/********以下是延时函数********/
void Delay_ms(uint xms)              //延时程序，xms 是形式参数
{
  uint i, j;
  for(i=xms;i>0;i--)                 //i=xms,即延时 xms,xms 由实际参数传入一个值
        for(j=115;j>0;j--);          //此处分号不可少
}
/********以下是串行口初始化函数********/
void series_init()
{
  SCON=0x50;                         //串口工作方式 1,允许接收
  TMOD=0x20;                         //定时器 T1 工作方式 2
  TH1=0xfd;TL1=0xfd;                 //定时初值
  PCON&=0x00;                        //SMOD=0
  TR1=1;                             //开启定时器 1
  EA=1,ES=1;                         //开总中断和串行中断
}
/********以下是主函数********/
void main()
{
  series_init();                     //调串行口初始化函数
  while(1);                          //等待中断
}
/********以下是串行中断函数********/
void series() interrupt 4
{
  RI= 0;                             //清接收中断
  ReceiveBuf = SBUF;                 //保存接收到的数据
  if(ReceiveBuf==0x55)
```

```
        {
            P2=0x00;
            Delay_ms(500);
            P2=0xff;
            BEEP=0;
            Delay_ms(500);
            BEEP=1;
        }
    }
```

3．源程序释疑

该源程序采用了中断方式，主要由主函数、串行中断初始化函数、延时函数和串行中断函数组成。

主函数是一个无限循环，主要作用是调用串口初始化函数，对串口进行初始化，并打开总中断和串行中断。

在中断函数中，首先对接收的数据进行判断，若是 0x55，则控制 P2 口的 LED 灯闪烁一次，蜂鸣器响一声，若接收的不是 0x55，则退出，重新接收。

为了能够在 PC 上看到单片机发出的数据，这里采用前面介绍的串口助手，软件运行后，将串口设置为"COM3"、波特率设置为"9600"、校验位选"NONE"、停止位选"1"、勾选接收和发送缓冲区的"HEX 模式"。

在串口助手的发送窗口中输入 55，然后单击"发送数据"按钮，会发现，单片机 P2 口的 LED 灯闪烁一次，然后蜂鸣器响一声。

该实验程序在下载资料的 ch6\ch6_2 文件夹中。

6.2.3　实例解析 3——PC 和单片机进行串行通信（不进行奇偶校验）

1．实现功能

在"低成本单片机开发板 2"（参见本书第 2 章）上进行实验。PC 通过串口向单片机先发送数据 0x55 时，控制单片机 P2 口的 LED 亮，P1.5 引脚的蜂鸣器响 0.5s，同时，单片机向 PC 返回数据 0xaa，表示已到收。当 PC 向单片机发送数据 0xff 时，控制单片机 P2 口的 LED 熄灭，P1.5 引脚的蜂鸣器响 0.5s，同时再向 PC 返回一个数据 0xbb。要求通信波特率为 9600bit/s，不进行奇偶校验。LED 灯电路参见第 2 章图 2-1。蜂鸣器电路参见第 5 章图 5-9。

2．源程序

根据要求，编写的源程序如下。

```
#include "reg52.h"
#define uchar unsigned char
#define uint unsigned int
sbit BEEP=P1^5;
uchar ReceiveBuf;                //定义接收缓冲区
uchar SendBuf[]={0xaa,0xbb};     //将发送的数组放在数组 SendBuf[]中
/********以下是延时函数********/
```

```c
void Delay_ms(uint xms)                    //延时程序，xms 是形式参数
{
  uint i, j;
  for(i=xms;i>0;i--)                       //i=xms,即延时 xms,xms 由实际参数传入一个值
          for(j=115;j>0;j--);              //此处分号不可少
}
/********以下是串行口初始化函数********/
void series_init()
{
  SCON=0x50;                               //串口工作方式1,允许接收
  TMOD=0x20;                               //定时器 T1 工作方式 2
  TH1=0xfd;TL1=0xfd;                       //定时初值
  PCON&=0x00;                              //SMOD=0
  TR1=1;                                   //开启定时器 1
  EA=1,ES=1;                               //开总中断和串行中断
}
/********以下是主函数********/
void main()
{
  series_init();                           //调串行口初始化函数
  while(1);                                //等待中断
}
/********以下是串行中断函数********/
void series() interrupt 4
{
  RI= 0;                                   //清接收中断
  ES=0;                                    //暂时关闭串口中断
  ReceiveBuf = SBUF;                       //将接收到的数据保存到 ReceiveBuf 中
  if(ReceiveBuf==0x55)
      {
          SBUF= SendBuf[0];                //若接收到的是 0x55,则将 SendBuf[0]中的 0xaa 发送出去
          while(!TI);                      //等待发送
          TI=0;                            //若发送完毕,将 TI 清零
          P2=0x00;
          BEEP=0;
          Delay_ms(500);
          BEEP=1;
      }
  if(ReceiveBuf==0xff)
      {
          SBUF= SendBuf[1];                //若接收到的是 0xff,则将 SendBuf[1]中的 0xbb 发送出去
          while(!TI);                      //等待发送
          TI=0;                            //若发送完毕,将 TI 清零
          P2=0xff;
          BEEP=0;
          Delay_ms(500);
          BEEP=1;
      }
  ES=1;                                    //打开串口中断
}
```

3. 源程序释疑

　　数据的接收与发送采用中断函数完成，在中断函数中，首先对接收到的数据进行判断，若接收的是 0x55，则返回给 PC 数据 0xaa；若接收的是 0xff，则返回给 PC 数据 0xbb。

需要说明的是，单片机无论是接收到的数据，还是发送给 PC 的数据，都是十六进制数，而不是字符或字符串。因此，PC 在发送和接收时，也要采用十六进制的形式，否则，若数据格式不统一，就不会看到我们想要的结果。

为了对单片机进行控制，这里采用串口助手，软件运行后，将串口设置为"COM3"、波特率设置为"9600"、校验位选"NONE"、停止位选"1"、勾选接收和发送缓冲区的"HEX模式"，单击"打开串口"按钮。

设置完成后，在发送框中输入 55，单击"手动发送"按钮，会发现开发板上 P2 口的 8只 LED 灯点亮，同时，串口调试助手的接收窗口中收到了单片机回复的 AA（告诉 PC，我已点亮了！）；再在发送框中输入 FF，单击"手动发送"按钮，会发现 DD-900 实验开发板上的 8 只 LED 灯熄灭，同时，串口调试助手的接收窗口中收到了单片机回复的 BB（告诉 PC，我已熄灭了！）。

该实验程序在下载资料的 ch6\ch6_3 文件夹中。

6.2.4　实例解析 4——PC 和单片机进行串行通信（进行奇偶校验）

1．实现功能

在"低成本单片机开发板 2"（参见本书第 2 章）上进行实验。 PC 通过串口向单片机先发送数据，并存储在单片机 RAM 存储器中。同时，单片机将每次接收到的数据通过 P2 口的LED 灯显示出来，并将接收到的数据再返回到 PC，若数据出错，LED 灯全亮，同时，向PC 返回数据 BB。要求通信波特率为 9600 波特，进行奇偶校验。LED 灯电路图参见第 2章图 2-1。

2．源程序

根据要求，编写的源程序如下。

```
#include "reg52.h"
#define uchar unsigned char
uchar data Buf=0;             //定义数据缓冲区
/********以下是串行口初始化函数********/
void series_init()
{
    SCON=0xd0;                //串口工作方式 3,允许接收
    TMOD=0x20;                //定时器 T1 工作方式 2
    TH1=0xfd;TL1=0xfd;        //定时初值
    PCON&=0x00;               //SMOD=0
    TR1=1;                    //开启定时器 1
}
/********以下是主函数********/
void main()
{
    series_init();           //调串行口初始化函数
    while(1)
    {
        while(!RI);          //等待接收中断
        RI= 0;               //清零接收中断
```

```
            Buf = SBUF;            //将接收到的数据保存到 Buf 中
            ACC=Buf;               //将接收的数据送累加器 ACC,加入此语句后,会使 PSW 寄存器中的 P 位发生
变化
            if(((RB8==1) && (P==0))||((RB8==0) &&(P==1)))
            {
                  TB8=RB8;
                  SBUF= Buf;        //将接收的数据发送回 PC
                  while(!TI);       //等待发送中断
                  TI=0;             //若发送完毕,将 TI 清零
                  P2=Buf;           //将接收的数据送 P2 口显示
            }
            else
            {
                  TB8=RB8;
                  SBUF=0xbb;
                  while(!TI);       //等待发送
                  TI=0;             //若发送完毕,将 TI 清零
                  P2=0x00;
            }
      }
}
```

3. 源程序释疑

奇偶校验是对数据传输正确性的一种校验方法。在数据传输时附加一位奇校验位或偶校验位,用来表示传输的数据中"1"的个数是奇数还是偶数。例如,PC 把数据"1100 1111"传输给单片机,数据中含 6 个"1",为偶数;如果采用奇校验,则奇校验位为"1",这样,数位中 1 的个数加上奇校验位 1 的个数总数为奇数。在单片机端,将接收到的奇偶校验位 1 放在 SCON 寄存器的 RB8(接收数据的第 9 位数据),同时计算接收数据"1100 1111"的奇偶性(检测 PSW 寄存器的奇偶校验位 P 的值为 1,说明数据为奇数,值为 0,说明数据为偶数),若 P 与 RB8 的值不相同,说明接收正确,若 P 与 RB8 的值相同,说明接收数据不正确。

如果在 PC 端采用偶校验,当传输数据"1100 1111"时,偶校验位为"0",这样,数位中 1 的个数加上偶校验位 1 的个数总数为偶数。在单片机端,将接收到的奇偶校验位 0 放在 SCON 寄存器的 RB8(接收数据的第 9 位数据),同时计算接收数据"1100 1110"的奇偶性(检测 PSW 寄存器的奇偶校验位 P 的值为 1,说明数据为奇数,值为 0,说明数据为偶数),若 P 与 RB8 的值相同,说明接收正确,若 P 与 RB8 的值不同,说明接收数据不正确。

由于要求进行奇校验,因此,应使用单片机串口方式 2 或方式 3,在本例中,使用了串口方式 3,因为串口方式 3 波特率可变,可方便地对波特率进行设置。

需要说明的是,源程序中加入了"ACC=Buf;"语句,这条语句非常重要,若不加此语句,就达不到奇偶校验的目的,因为,PSW 寄存器的 P 位只受累加器 ACC 的数据影响,而不受 SBUF 寄存器中数据的影响。

为了对单片机进行控制,这里采用串口助手,软件运行后,将串口设置为"COM3"、波特率设置为"9600"、校验位选"ODD(奇校验)"、停止位选"1"、勾选接收和发送缓冲区的"HEX 模式",单击"打开串口"按钮。

设置完成后,在发送框中输入十六进制数,单击"手动发送"按钮,会发现开发板上的

8 只 LED 灯会随着 PC 发送数据的不同而发生变化。例如，PC 发送数据 01 时，第 1 只 LED 灯灭，其余全亮；PC 发送数据 02 时，第 2 只 LED 灯灭，其余全亮；同时，在串口助手接收区中，会显示单片机返回来的数据。

　　该实验程序在下载资料的 ch6\ch6_4 文件夹中。

　　在本章中，我们简要介绍了 PC 与单片机通信的基本知识和几个实例。实际上，PC 的本领很大，通过编写 PC 端的上位机程序，可以实现更多的功能。另外，一台 PC 还可以控制多台单片机进行工作，即所谓的 "多机通信"，这些知识在实际开发中具有重要的意义。

第 **7** 章
键盘接口实例演练

键盘是单片机十分重要的输入设备，是实现人机对话的纽带。键盘是由一组规则排列的按键组成，一个按键实际上就是一个开关元件，即键盘是一组规则排列的开关。根据按键与单片机的连接方式不同，按键主要分为独立式按键和矩阵式按键，有了这些按键，对单片机控制就方便多了。

|7.1　键盘接口电路基本知识|

7.1.1　键盘的工作原理

1. 键盘的特性

键盘是由一组按键开关组成的。通常，按键所用开关为机械弹性开关，这种开关一般为常开型。平时（按键不按下时），按键的触点是断开状态；按键被按下时，它们才闭合。由于机械触点的弹性作用，一个按键开关从开始接上至接触稳定要经过一定的弹跳时间，即在这段时间里连续产生多个脉冲，在断开时也不会一下子断开，存在同样的问题，按键抖动信号波形如图 7-1 所示。

从波形图中可以看出，按键开关在闭合及断开的瞬间，均伴随有一连串的抖动。抖动时间的长短由按键的机械特性决定，一般为 5～10ms，而按键的稳定闭合期的长短则是由操作人员的按键动作决定的，一般为零点几秒的时间。

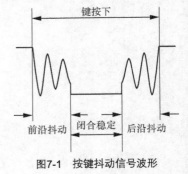

图7-1　按键抖动信号波形

2. 按键的确认

按键的确认就是判别按键是否闭合，反映在电压上就是和按键相连的引脚呈现出高电平或低电平。如果高电平表示断开的话，那么低电平则表示闭合，所以通过检测电平的高低状态，便可确认按键是否按下。

3. 按键抖动的消除

因为机械开关存在抖动问题，为了确保 CPU 对一次按键动作只确认一次按键，必须消除抖动的影响。消除按键的抖动，通常有硬件、软件两种消除方法。一般情况下，常用软件方法来消除抖动，其基本编程思路是：检测出键闭合后，再执行一个 10ms 左右的延时程序，以避开按键按下去的抖动时间，待信号稳定之后再进行键查询，如果仍保持闭合状态电平，则确认为真正有按键被按下。一般情况下，不对按键释放的后沿进行处理。

7.1.2　键盘与单片机的连接形式

单片机中的键盘与单片机的连接形式较多，其中应用最为广泛的是独立式和矩阵式，下面对这两种连接方式简要进行介绍。

1. 独立式按键

独立式按键就是各按键相互独立、每个按键各接一根输入线，一根输入线上的按键是否按下不会影响其他输入线上的工作状态。因此，通过检测输入线的电平状态可以很容易判断哪个按键被按下了。独立式按键电路配置灵活，软件结构简单。但每个按键需占用一根输入口线，在按键数量较多时，输入口浪费大，电路结构显得很繁杂，故此种键盘适用于按键较少或操作速度较高的场合。在"低成本开发板 2"（参见本书第 2 章）上，采用了 4 个独立按键，分别接在单片机的 P3.0～P3.3 引脚上，独立按键电路如图 7-2 所示。

2. 矩阵式按键

独立式按键每个 I/O 口线只能接一个按键，如果按键较多，则应采用矩阵式按键，以节省 I/O 口线。"低成本开发板 2"（参见本书第 2 章）上设有按键电路，其矩阵电路如图 7-3 所示。从图中可以看出，利用矩阵式按键，只需 4 条行线和 4 条列线，即可组成具有 4×4 个按键的键盘。

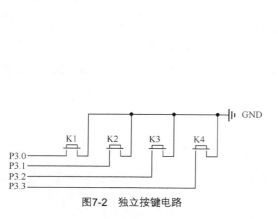

图7-2　独立按键电路

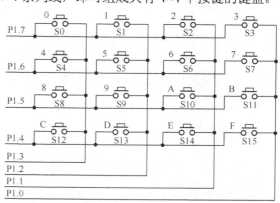

图7-3　矩阵电路

7.1.3　键盘的扫描方式

键盘的扫描方式有三种，即程序控制扫描、定时扫描和中断扫描方式。

1. 程序控制扫描方式

程序控制扫描方式是指单片机在空闲时，才调用键盘扫描函数，而在执行键入命令或处理键入数据过程中，CPU 将不再响应键入要求，直到 CPU 重新扫描键盘为止。

2. 定时扫描方式

定时扫描方式就是每隔一定时间对键盘扫描一次，它利用单片机内部的定时器产生一定时间（如 10ms）的定时，当定时时间到就产生定时器溢出中断，CPU 响应中断后对键盘进行扫描，并在有键按下时识别出该键执行响应的键功能程序。

3. 外中断扫描方式

键盘工作在程序控制扫描方式时，当无键按下时 CPU 要不间断地扫描键盘，直到有键按下为止。如果 CPU 要处理的事情很多，这种工作方式将不能适应。定时扫描方式只要定时时间到，CPU 就去扫描键盘，工作效率有了进一步的提高。由此可见，这两种方式常使 CPU处于空扫状态，而外中断扫描方式下，CPU 可以一直处理自己的工作，直到有键闭合时发出中断申请，CPU 响应中断，执行相应的中断服务程序，才对键盘进行处理，从而提高了 CPU的工作效率。

|7.2 键盘接口电路实例演练|

7.2.1 实例解析 1——按键扫描方式练习

1. 实现功能

在"低成本开发板 2"（参见本书第 2 章）上进行实验：打开电源，P2 口的 LED 灯每 3s闪烁一次，按下 K3 键（P3.2 脚），蜂鸣器（接在 P1.5 脚）响 0.5s，然后 P2 口的 LED 灯继续闪烁。要求使用程序控制扫描方式进行键盘扫描。独立按键电路参见图 7-2，蜂鸣器电路参见第 5 章图 5-9。

2. 源程序

根据要求，使用程序控制扫描方式扫描键盘，源程序如下。

```
#include<reg52.h>
sbit K3=P3^2;
sbit BEEP=P1^5;
/*********以下是延时函数*********/
void Delay_ms(unsigned int  xms)        //延时函数,xms 是形式参数
{
  unsigned int  i, j;
  for(i=xms;i>0;i--)                     // i=xms,即延时 xms, xms 由实际参数传入一个值
```

```
            for(j=115;j>0;j--);              //此处分号不可少
    }
/********以下是主函数********/
void main()
{
  while(1)
  {
        P2=0xff;
        Delay_ms(3000);                //延时 3s
        P2=0x00;                       //P2 口的 LED 灯亮
        Delay_ms(3000);
        if(K3==0)
        while(!K3);                    //等待 K3 键松开
        {
              Delay_ms(10);            //若 K3 按下，延时 10ms 消除键抖动
              if(K3==0)
              {
                   BEEP=0;             //若 K3 确实按下，控制蜂鸣器响
                   Delay_ms(500);      //延时 0.5s
                   BEEP=1;             //关闭蜂鸣器
              }
        }
  }
}
```

3. 源程序释疑

源程序比较简单，主要由主函数和延时函数组成。

在主函数中，先点亮 P2 口的 LED 灯，并延时 3s，然后调用判断是否按下了 K3 键，若按下了 K3 键，则控制蜂鸣器响 0.5s；若 K3 键未按下，则继续循环。

实验时，会发现，如果仅仅短暂地按压一下 K3 键，蜂鸣器并不响，需要连续按压 K3 键且等待 P2 口的 LED 灯亮 3s 后，在亮、灭转换期间，蜂鸣器有时才响一声（如果按压时抖动，蜂鸣器也可能不响），也就是说，K3 键反应十分迟钝。

为什么会出现这种情况呢？分析认为，该源程序的键盘处理采用了程序控制扫描方式，在单片机控制 P2 口灯亮或灭期间，不能响应键盘的输入，只有当单片机空闲时（亮、灭转换期间），才能扫描键盘，加之 P2 口的 LED 亮、灭时间均较长（3s），因此，按下 K3 键时，并不能立即控制蜂鸣器发声。

该实验程序在下载资料的 ch7\ch7_1 文件夹中。

4. 总结提高

上面的实例中，键盘扫描采用了程序控制扫描方式，由于源程序中采用的延时函数延时时间较长（3s），导致了键盘反应迟钝。那么，如何解决这一问题呢？解决的方法很简单，键盘采用定时扫描方式或外中断扫描方式，均可使这一问题得以解决，下面分别进行说明。

（1）采用定时扫描方式进行键盘扫描

采用定时扫描方式的源程序如下。

```
#include<reg52.h>
sbit K3=P3^2;
sbit BEEP=P1^5;
/********以下是延时函数********/
void Delay_ms(unsigned int  xms)       //延时函数,xms 是形式参数
{
  unsigned int  i, j;
  for(i=xms;i>0;i--)                   //i=xms,即延时 xms,xms 由实际参数传入一个值
        for(j=115;j>0;j--);            //此处分号不可少
  }


/********以下是定时器 T0 初始化函数********/
void timer0_init()
{
  TMOD=0x01;                           //将定时器 T0 设置为工作方式 1
  TH0=0x4c ;TL0=0x00;                  //置计数初值
  EA=1;                                //开总中断
  ET0=1;                               //开定时器 0 中断
  TR0=1;                               //启动定时器 0
}
/********以下是主函数********/
void main()
{
  timer0_init();
  while(1)
  {
        P2=0xff;                       //P2 口的 LED 灯灭
        Delay_ms(3000);                //延时 3s
        P2=0x00;                       //P2 口的 LED 灯亮
        Delay_ms(3000);
  }
}
//********以下是定时器 T0 中断函数********/
void timer0() interrupt 1 using 1  //注意此处不要使用 using 0，否则会导致通用寄存器发生使用
冲突
  {
        ET0=0;                         //关闭定时器 T0 中断
  TH0=0x4c;TL0=0x00;                   //重装 50ms 定时初值
   if(K3==0)
        {
                Delay_ms(10);          //若 K3 按下，延时 10ms 消除键抖动
                if(K3==0)
                while(!K3);            //等待 K3 键松开
                {
                        BEEP=0;        //若 K3 确实按下，控制蜂鸣器响
                        Delay_ms(500); //延时 0.5s
                        BEEP=1;        //关闭蜂鸣器
                }
        }
  ET0=1;                               //打开定时器 T0 中断
  }
```

该实验程序在下载资料的 ch7\ch7_1_T0 文件夹中。

以上源程序主要由主函数、定时器 T0 初始化函数、定时器 T0 中断函数、延时函数等组成。

在主函数中，先调用定时器 T0 初始化函数，对定时器 T0 进行初始化（定时器选用 T0 方式 1，设定时间为 50ms，启动定时器 T0），打开总中断和定时器 T0 中断，然后点亮 P2 口的 LED 灯，延时 3s，熄灭 P2 口的 LED 灯，再延时 3s，不断循环。

在定时器 T0 中断函数中，先加载定时器 T0 计数初值，然后判断是否按下了 K3 键，若按下了 K3 键，则控制蜂鸣器响 0.5s，若 K3 键未按下，则直接返回。

键盘采用定时中断扫描方式后，CPU 就会按设定的定时时间去扫描键盘，只要定时时间足够短（一般为几十毫秒），就不会因为 CPU 忙于处理其他事情而延误对键盘输入的反应。

重点提示：在定时器中断函数中，对寄存器组选择时，不要使用 using 0 选择第 0 组通用寄存器，这样会使定时器 T0 中断函数和主函数在使用通用寄存器时发生冲突，表现的故障现象为：按下 K3 键后，P2 口的 LED 灯须等待较长时间才能继续闪烁。为了避免这种现象，可以采用 using 1 或其他方式，也可以不用，让编译器自动进行安排。

（2）采用外中断方式进行键盘扫描

采用外中断扫描方式的源程序如下。

```
#include<reg52.h>
sbit K3=P3^2;
sbit BEEP=P1^5;
/********以下是延时函数********/
void Delay_ms(unsigned int  xms)        //延时函数,xms 是形式参数
{
  unsigned int  i, j;
  for(i=xms;i>0;i--)                    //i=xms,即延时 xms,xms 由实际参数传入一个值
        for(j=115;j>0;j--);            //此处分号不可少
  }
/********以下是主函数********/
void main()
{
  EA=1;                                //开总中断
  EX0=1;                               //开外中断 0
  while(1)
  {
        P2=0xff;                       //P2 口的 LED 灯灭
        Delay_ms(3000);                //延时 3s
        P2=0x00;                       //P2 口的 LED 灯亮
        Delay_ms(3000);
  }
}
//********以下是外中断 0 中断函数********/
void  int0 () interrupt 0
{
  EX0=0;           //关闭外中断
  BEEP=0;          //若 K3 确实按下,控制蜂鸣器响
  Delay_ms(500);  //延时 0.5s
  BEEP=1;          //关闭蜂鸣器
```

```
    EX0=1;                    //打开外中断
    }
```

该实验程序在下载资料的 ch7\ch7_1_int 文件夹中。

在"低成本开发板 2"（参见本书第 2 章）上，K3 按键接在单片机的 P3.2 脚，因此，可方便地使用外中断扫描方式进行键盘扫描。

键盘采用外中断扫描方式后，CPU 平时不必扫描键盘，只要 K3 键按下，就产生外中断 0 申请，CPU 响应外中断 0 申请后，立即对键盘进行扫描，识别出闭合键，并对键进行相应处理。

读者可自行在开发板上进行实验，实验时你会发现，只要按下 K3 键，蜂鸣器立即鸣叫 0.5s，也就是说，K3 键反应十分灵敏。

通过以上几个实验，可以得出以下结论：如果你编写的程序有延时函数，且延时时间较长（超过 0.5s），最好不要采用程序控制扫描方式扫描键盘，否则，键盘迟钝的反应会让你无法忍受。

7.2.2 实例解析 2——可控流水灯

1. 实现功能

在"低成本开发板 2"（参见本书第 2 章）上进行实验。按 K1 键（P3.1 脚），P2 口的 LED 灯全亮，表示流水灯开始；按 K2 键（P3.0 脚），P2 口的 LED 灯全灭，表示流水灯结束；按 K3 键（P3.2 脚）1 次，P2 口的 LED 灯从右向左移动 1 位；按 K4 键（P3.3 脚）1 次，P2 口的 LED 灯从左向右移动 1 位。LED 灯电路图参见第 2 章图 2-1。

2. 源程序

键盘采用程序控制扫描方式，编写的源程序如下。

```
#include<reg52.h>
#include<intrins.h>
#define uchar  unsigned char
#define uint  unsigned int
sbit K1=P3^1;
sbit K2=P3^0;
sbit K3=P3^2;
sbit K4=P3^3;
uchar flag=0;                         //按键按下标志位
uchar led_data=0xfe;                  //流水灯数据变量
/********以下是延时函数********/
void Delay_ms(uint  xms)              //延时函数,xms 是形式参数
{
  unsigned int  i, j;
  for(i=xms;i>0;i--)                  //i=xms,即延时 xms,xms 由实际参数传入一个值
        for(j=115;j>0;j--);           //此处分号不可少
  }
/********以下是按键扫描函数********/
uchar  ScanKey()                      //函数返回值为 uchar 类型
{
    if(K1==0)
```

```
    {
            Delay_ms(10);                 //延时 10ms 消除键抖动
            if(K1==0)
            {
                    while(!K1);           //若 K1 确实按下,等待 K1 释放
                    flag=1;               //将标志位 flag 置 1
                    return flag;          //返回 flag 值
            }
    }
    if(K2==0)
    {
            Delay_ms(10);                 //延时 10ms 消除键抖动
            if(K2==0)
            {
                    while(!K2);           //若 K2 确实按下,等待 K2 释放
                    flag=2;               //将标志位 flag 置 2
                    return flag;          //返回 flag 值
            }
    }
    if(K3==0)
    {
            Delay_ms(10);                 //延时 10ms 消除键抖动
            if(K3==0)
            {
                    while(!K3);           //若 K3 确实按下,等待 K3 释放
                    flag=3;               //将标志位 flag 置 3
                    return flag;          //返回 flag 值
            }
    }
    if(K4==0)
    {
            Delay_ms(10);                 //延时 10ms 消除键抖动
            if(K4==0)
            {
                    while(!K4);           //若 K4 确实按下,等待 K4 释放
                    flag=4;               //将标志位 flag 置 4
                    return flag;          //返回 flag 值
            }
    }
return 0;                                 //若无任何键按下,返回 0
}
/********以下是键值处理函数********/
void  KeyProcess()                        //这是一个无返回值,无参数的函数
{
  switch(flag)
  {
          case 1:P2=0x00; flag=0;break;   //若 flag 为 1,P2 口灯全亮,并将标志位清零
          case 2:P2=0xff; flag=0;break;   //若 flag 为 2,P2 口灯全灭,并将标志位清零
          case 3:
                  led_data=_crol_(led_data,1);//若 flag 为 3,将流水灯数据循环左移 1 位
                  P2=led_data;            //送 P2 口显示
                  flag=0;                 //显示完后将标志位清零,若不加此语句,流水灯会反复循环流动
                  break;
          case 4:
                  led_data =_cror_(led_data,1); //若 flag 为 4,将流水灯数据循环右移 1 位
```

```
                    P2=led_data;
                    flag=0;
                    break;
            default:break;
    }
}
/********以下是主函数********/
void main()
{
    while(1)                      //大循环
    {
            ScanKey();            //调按键扫描函数,得到按键标志位 flag 的返回值
            KeyProcess() ;        //调键值处理函数,根据按键的不同进行不同的操作
    }
}
```

3. 源程序释疑

该源程序主要由主函数、按键扫描函数、键值处理函数和延时函数等组成。

主函数中,首先调用按键扫描函数 ScanKey,判断是否有按键按下,如果有键按下,则根据按键的不同,去设置标志位 flag 的值,然后调用键值处理函数 KeyProcess,根据按键的不同,去执行相应的按键操作。

以上程序本身很简单,也不是很实用,却演示了一个键盘处理的基本思路,特别是其中的按键判断函数,可方便地移植到其他程序中。

该实验程序在下载资料的 ch7\ch7_2 文件夹中。

7.2.3 实例解析 3——用数码管显示矩阵按键的键号

1. 实现功能

在"低成本开发板 2"(参见本书第 2 章)上进行实验。按下矩阵按键的相应键,在 LED 数码管(最后 1 个)上显示出相应键号,同时,当按下按键时,蜂鸣器响一声。蜂鸣器电路图参见第 5 章图 5-9。

2. 源程序

根据要求,编写的源程序如下。

```
#include <reg52.h>
#define uchar unsigned char
#define uint  unsigned int
uchar   table[17]={0x3f,0x06,0x5b,0x4f,0x66,0x6d,0x7d,0x07,0x7f,0x6f,0x77,0x7c,0x39,
0x5e,0x79,0x71,0x00}; //0~F 和熄灭符的显示码(字形码)
sbit BEEP = P1^5;           //蜂鸣器驱动线
uchar disp_buf;             //显示缓存
uchar  temp;                //暂存器
uchar  key;                 //键顺序码
/********以下是延时函数********/
void Delay_ms(uint xms)
```

```
    uint i,j;
    for(i=xms;i>0;i--)                    //i=xms 即延时 x 毫秒
        for(j=110;j>0;j--);
}
/*********以下是蜂鸣器响一声函数********/
void  beep()
{
    BEEP=0;                                //蜂鸣器响
    Delay_ms(100);
    BEEP=1;                                //关闭蜂鸣器
    Delay_ms(100);
}
/*********以下是矩阵按键扫描函数********/
void  MatrixKey()
{
    P1=0xff;
    P1=0x7f;                               //置第 1 行 P1.7 为低电平，开始扫描第 1 行
    temp=P1;                               //读 P1 口按键
    temp=temp & 0x0f;                      //判断低 4 位是否有 0，即判断列线（P1.0~P1.3）是否有 0
    if (temp!=0x0f)                        //若 temp 不等于 0x0f，说明有键按下
    {
        Delay_ms(10);                      //延时 10ms 去抖
        temp=P1;                           //再读取 P1 口按键
        temp=temp & 0x0f;                  //再判断列线（P1.0~P1.3）是否有 0
        if (temp!=0x0f)                    //若 temp 不等于 0x0f，说明确实有键按下
        {
            temp=P1;                       //读取 P1 口按键，开始判断键值
            switch(temp)
            {
                case 0x77:key=0;break;
                case 0x7b:key=1;break;
                case 0x7d:key=2;break;
                case 0x7e:key=3;break;
            }
            temp=P1;                       //将读取的键值送 temp
            beep();                        //蜂鸣器响一声
            disp_buf =table[key];//查表求出键值对应的数码管显示码，送显示缓冲区 disp_buf
            temp=temp & 0x0f;              //取出列线值（P1.0~P1.3）
            while(temp!=0x0f)              //若 temp 不等于 0x0f,说明按键还没有释放,继续等待
            {
                temp=P1;                   //若按键释放,再读取 P1 口
                temp=temp & 0x0f;          //判断列线（P1.0~P1.3）是否有 0
            }
        }
    }
    P1=0xff;
    P1=0xbf;                               //置第 2 行 P1.6 为低电平，开始扫描第 2 行
    temp=P1;
    temp=temp & 0x0f;
    if (temp!=0x0f)
    {
        Delay_ms(10);
        temp=P1;
        temp=temp & 0x0f;
        if (temp!=0x0f)
        {
```

```
                temp=P1;
                switch(temp)
        {
                case 0xb7:key=4;break;
                case 0xbb:key=5;break;
                case 0xbd:key=6;break;
                case 0xbe:key=7;break;
        }
        temp=P1;
        beep();
        disp_buf =table[key];
        temp=temp & 0x0f;
        while(temp!=0x0f)
        {
                temp=P1;
                temp=temp & 0x0f;
        }
        }
}
P1=0xff;
P1=0xdf;                        //置第 3 行 P1.5 为低电平，开始扫描第 3 行
temp=P1;
temp=temp & 0x0f;
if (temp!=0x0f)
{
        Delay_ms(10);
        temp=P1;
        temp=temp & 0x0f;
        if (temp!=0x0f)
        {
                temp=P1;
                switch(temp)
                {
                        case 0xd7:key=8;break;
                        case 0xdb:key=9;break;
                        case 0xdd:key=10;break;
                        case 0xde:key=11;break;
                }
                temp=P1;
                beep();
                disp_buf=table[key];
                temp=temp & 0x0f;
                while(temp!=0x0f)
                {
                        temp=P1;
                        temp=temp & 0x0f;
                }
        }
}
P1=0xff;
P1=0xef;                        //置第 4 行 P1.5 为低电平，开始扫描第 4 行
temp=P1;
temp=temp & 0x0f;
if (temp!=0x0f)
{
        Delay_ms(10);
        temp=P1;
        temp=temp & 0x0f;
```

```
            if (temp!=0x0f)
            {
                    temp=P1;
                    switch(temp)
                    {
                            case 0xe7:key=12;break;
                            case 0xeb:key=13;break;
                            case 0xed:key=14;break;
                            case 0xee:key=15;break;
                    }
                    temp=P1;
                    beep();
                    disp_buf =table[key];
                    temp=temp & 0x0f;
                    while(temp!=0x0f)
                    {
                            temp=P1;
                            temp=temp & 0x0f;
                    }
            }
    }
}
/********以下是主函数********/
main()
{
  P0=0x00;                   //置 P0 口
  //P2=0xff;                 //置 P2 口
  disp_buf=0x40;             //开机显示 "-" 符号
  while(1)
  {
        MatrixKey();         //调矩阵按键扫描函数
        P0 = disp_buf;       //键值送 P0 口显示
        Delay_ms(2);         //延时 2ms
        P2 = 0xff;           //打开第 8 只数码管
  }
}
```

该实验程序在下载资料的 ch7\ch7_3 文件夹中。

3. 源程序释疑

（1）矩阵按键（以图 7-3 所示的 4×4 矩阵键盘为例）的识别方法主要有行扫描法、反转法、特征编码法等。在本例中，采用的是行扫描法。行扫描法又称为逐行（或列）扫描查询法，具体判断方法如下。

① 判断键盘中有无键被按下

分别将 4 根行线（P1.7～P1.4）置低电平，然后检测各列线（P1.3～P1.0）的状态。只要有一列的电平为低，则表示键盘中有键被按下。若所有列线均为高电平，则键盘中无键被按下。

② 判断按键是否真的被按下

当判断出有键被按下之后，用软件延时的方法延时 10ms，再判断键盘的状态，如果仍为有键被按键，则认为确实有键被按下，否则当作键抖动处理。

③ 判断闭合键所在的位置

在确认有键被按下后，即可进入确定具体闭合键的过程。其方法是：分别将 4 根行线

（P1.7~P1.4）置为低电平，逐列检测各列线（P1.3~P1.0）的电平状态。若某列为低，则该列线与置为低电平的行线交叉处的按键就是闭合的按键。

下面以图中 7 号键（第 2 行、第 4 列）被按下为例，来说明此键是如何被识别出来的。

先让第 1 行线（P1.7）处于低电平（P1.7=0），其余各行线为高电平，此时检测各列（P1.3~P1.0），发现各列均为高电平，说明第 1 行无键被按下；再让第 2 行线（P1.6）处于低电平（P1.6=0），其余各行线为高电平，此时检测各列（P1.3~P1.0），发现第 4 列（P1.0）列为低电平，说明第 2 行（P1.6）、第 4 列（P1.0）的键被按下。由于此时 P1.6、P1.0 脚为低电平，其余各脚为高电平，因此，此时 P1 的值为 0xbe，这就是程序中将 P1 的值为 0xbe 定义为 7 号键的原因。采用同样的方法可以识别出其他各按键。

④ 等待键释放

键释放之后，可以根据键码值进行相应的按键处理。

（2）在矩阵按键扫描函数中，有这样几条语句：

```
P1=0x7f;                        //置第 1 行 P1.7 为低电平，开始扫描第 1 行
temp=P1;                        //读 P1 口按键
temp=temp & 0x0f;               //判断低 4 位是否有 0，即判断列线（P1.0~P1.3）是否有 0
if (temp!=0x0f)                 //若 temp 不等于 0x0f，说明有键按下
{
        Delay_ms(10);           //延时 10ms 去抖
        temp=P1;                //再读取 P1 口按键
        temp=temp & 0x0f;       //再判断列线（P1.0~P1.3）是否有 0
        if (temp!=0x0f)         //若 temp 不等于 0x0f，说明确实有键按下
        {
                temp=P1;        //读取 P1 口按键，开始判断键值
                switch(temp)

                ……
```

上面这几句扫描的是第 1 行按键，搞明白这几句后，其他的都一样，在程序中已对每句做了简单的解释，简要说明如下。

"temp=temp&0x0f;"语句是将 temp 与 0x0f 进行"与"运算，然后再将结果赋给 temp，主要目的是判断 temp 的低 4 位是否有 0，如果 temp 的低 4 位有 0，那么与 0x0f"与"运算后结果必然不等于 0x0f；如果 temp 的低 4 位没有 0，那么它与 0x0f"与"运算后的结果仍然等于 0xf0。temp 的低 4 位数据实际上就是矩阵键盘的 4 个列线，从而我们可通过判断 temp 与 0x0f"与"运算后的结果是否为 0x0f，来了解第 1 行按键是否有键被按下。

"if(temp!=0x0f)"的 temp 是上面 P1 口数据与 0x0f"与"运算后的结果，如果 temp 不等于 0x0f，说明有键被按下。

（3）在判断完按键序号后，我们还需要等待按键被释放，检测释放语句如下。

```
while(temp!=0x0f)              //若 temp 不等于 0x0f,说明按键还没有释放,继续等待
    {
        temp=P1;              //若按键释放,再读取 P1 口
        temp=temp & 0x0f;     //判断列线（P1.3~P1.0）是否有 0
    }
```

这几条语句的作用是不断地读取 P1 口数据，然后和 0x0f"与"运算，只要结果不等于 0x0f，则说明按键没有被释放，直到释放按键，程序才退出该 while 语句。

7.2.4　实例解析4——单片机电子琴

1. 实现功能

在"低成本开发板2"（参见本书第2章）上进行实验。用矩阵按键的16个按键模拟电子琴的16个音符，具体音符为：按压 S0、S1、S2、S3、S4 键，发出低音3、4、5、6、7；按压 S5、S6、S7、S8、S9、S10、S11 键，发出中音1、2、3、4、5、6、7；按压 S12、S13、S14、S15 键，发出高音1、2、3、4。矩阵按键与各音符的对应关系如图7-4所示。蜂鸣器电路图参见第5章图5-9。

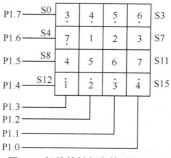

图7-4　矩阵按键与音符对应关系

2. 源程序

根据要求，编写源程序如下。

```
#include <reg52.h>
#define uchar unsigned char
#define uint  unsigned int
uchar
table[17]={0x3f,0x06,0x5b,0x4f,0x66,0x6d,0x7d,0x07,0x7f,0x6f,0x77,0x7c,0x39,0x5e,0x79,0
x71,0x00};     //0~F 和熄灭符的显示码(字形码)
    uint code tab[]={64026,64106,64256,64396,64526,64586,64686,64776,64816,64896,64966,
65026,65066,65116,65156,65176};
                            //低音3,4,5,6,7,中音1,2,3,4,5,6,7,高音1,2,3,4 的计数初值表
    uchar STH0;
    uchar STL0;
    sbit BEEP = P1^5;                //蜂鸣器驱动线
    uchar disp_buf;                  //显示缓存
    uchar temp;                      //暂存器
    uchar key;                       //键顺序码
/********以下是延时函数********/
void Delay_ms(uint xms)
{
  uint i,j;
  for(i=xms;i>0;i--)               //i=xms 即延时 x 毫秒
        for(j=110;j>0;j--);
}
/********以下是矩阵按键扫描函数********/
void  MatrixKey()
{
  P1=0xff;
  P1=0x7f;                         //置第1行P1.7为低电平，开始扫描第1行
  temp=P1;                         //读P1口按键
  temp=temp & 0x0f;                //判断低4位是否有0，即判断列线（P1.0~P1.3）是否有0
  if (temp!=0x0f)                  //若temp不等于0x0f，说明有键按下
  {
        Delay_ms(10);              //延时10ms去抖
        temp=P1;                   //再读取P1口按键
        temp=temp & 0x0f;          //再判断列线（P1.0~P1.3）是否有0
        if (temp!=0x0f)            //若temp不等于0x0f，说明确实有键按下
```

```
            {
                temp=P1;                          //读取 P1 口按键，开始判断键值
                switch(temp)
                {
                        case 0x77:key=0;break;
                        case 0x7b:key=1;break;
                        case 0x7d:key=2;break;
                        case 0x7e:key=3;break;
                }
                temp=P1;                          //将读取的键值送 temp
                disp_buf =table[key];             //查表求出键值对应的数码管显示码，送显示缓冲区 disp_buf
                STH0=tab[key]/256;                //取出音符计数初值表的高 8 位
                STL0=tab[key]%256;                //取出音符计数初值的低 8 位
                TR0=1;                            //启动定时器 T0 工作
                temp=temp & 0x0f;                 //取出列线值（P1.0~P1.3）
                while(temp!=0x0f)                 //若 temp 不等于 0x0f，说明按键还没有释放，继续等待
                {
                        temp=P1;                  //若按键释放，再读取 P1 口
                        temp=temp & 0x0f;         //判断列线（P1.0~P1.3）是否有 0
                }
                TR0=0;                            //关闭定时器 T0
                BEEP=1;                           //蜂鸣器停止发声，加入此句非常必要，否则会在按键时发出噪声
        }
    }
    P1=0xff;
P1=0xbf;                                          //置第 2 行 P1.6 为低电平，开始扫描第 2 行
    temp=P1;
    temp=temp & 0x0f;
    if (temp!=0x0f)
    {
            Delay_ms(10);
            temp=P1;
            temp=temp & 0x0f;
            if (temp!=0x0f)
            {
                    temp=P1;
                    switch(temp)
                    {
                            case 0xb7:key=4;break;
                            case 0xbb:key=5;break;
                            case 0xbd:key=6;break;
                            case 0xbe:key=7;break;
                    }
                    temp=P1;
                    disp_buf =table[key];//查表求出键值对应的数码管显示码，送显示缓冲区 disp_buf
                    STH0=tab[key]/256;            //取出音符计数初值表的高 8 位
                    STL0=tab[key]%256;            //取出音符计数初值的低 8 位
                    TR0=1;
                    temp=temp & 0x0f;
                    while(temp!=0x0f)
                    {
                            temp=P1;
                            temp=temp & 0x0f;
                    }
                    TR0=0;
                    BEEP=1;
```

```
                }
        }
        P1=0xff;
        P1=0xdf;                                    //置第 3 行 P1.5 为低电平，开始扫描第 3 行
        temp=P1;
        temp=temp & 0x0f;
        if (temp!=0x0f)
        {
                Delay_ms(10);
                temp=P1;
                temp=temp & 0x0f;
                if (temp!=0x0f)
                {
                        temp=P1;
                        switch(temp)
                        {
                                case 0xd7:key=8;break;
                                case 0xdb:key=9;break;
                                case 0xdd:key=10;break;
                                case 0xde:key=11;break;
                        }
                        temp=P1;
                        disp_buf =table[key];//查表求出键值对应的数码管显示码，送显示缓冲区 disp_buf
                        STH0=tab[key]/256;          //取出音符计数初值表的高 8 位
                        STL0=tab[key]%256;          //取出音符计数初值的低 8 位
                        TR0=1;
                        temp=temp & 0x0f;
                        while(temp!=0x0f)
                        {
                                temp=P1;
                                 temp=temp & 0x0f;
                        }
                        TR0=0;
                        BEEP=1;
                }
        }
        P1=0xff;
        P1=0xef;                                    //置第 4 行 P1.5 为低电平，开始扫描第 4 行
        temp=P1;
        temp=temp & 0x0f;
        if (temp!=0x0f)
        {
                Delay_ms(10);
                temp=P1;
                temp=temp & 0x0f;
                if (temp!=0x0f)
                {
                        temp=P1;
                        switch(temp)
                        {
                                case 0xe7:key=12;break;
                                case 0xeb:key=13;break;
                                case 0xed:key=14;break;
                                case 0xee:key=15;break;
                        }
                        temp=P1;
                        disp_buf =table[key];//查表求出键值对应的数码管显示码，送显示缓冲区 disp_buf
                        STH0=tab[key]/256;  //取出音符计数初值表的高 8 位
```

```
                STL0=tab[key]%256;        //取出音符计数初值的低 8 位
                TR0=1;
                temp=temp & 0x0f;
                while(temp!=0x0f)
                {
                        temp=P1;
                        temp=temp & 0x0f;
                }
                TR0=0;
                BEEP=1;
        }
    }
}


/********以下是定时器 T0 中断函数********/
void timer0(void) interrupt 1
{
  TH0=STH0;
  TL0=STL0;
  BEEP=~BEEP;
}
/********以下是主函数********/
main()
{
  P0=0x00;                     //置位 P0 口
  //P2=0xff;                   //置位 P2 口
  TMOD=0x01;                   //定时器 T0 设为模式 1
  EA=1;ET0=1;                  //开总中断，开定时器 T0 中断
  disp_buf=0x40;               //开机显示"-"符号
  while(1)
  {
        MatrixKey();           //调矩阵按键扫描函数
        P0 = disp_buf;         //键值送 P0 口显示
        Delay_ms(2);           //延时 2ms
        P2 = 0xff;             //打开第 8 只数码管
  }
}
```

3. 源程序释疑

（1）音乐产生原理

乐曲是由不同音符编制而成的，每个音符（音名）都有一个固定的振动频率，频率的高低决定了音调的高低。简谱中从低音 1 至高音 1 之间每个音名对应的频率参见第 5 章表 5-2。

现以低音 6 这个音名为例来进行分析。低音 6 的频率数为 440Hz，其周期为：

$$T = \frac{1}{f} = \frac{1}{440\text{Hz}} \approx 0.00228\text{s} = 2.28\text{ms}$$

如果用定时器 1 方式 1 作定时，要 P3.7 输出周期为 2.28ms 的等宽方波，则定时值为 1.14ms，设计数初值为 X，根据定时值$=(2^{16}-X)\times\dfrac{12}{\text{晶振频率}}$ 求出计数初值为：

$$X=64396（为计算方便，设晶振频率为 12\text{MHz}）$$

计算出计数初值后，只要将计数初值装入 TH0、TL0，就能使 DD-900 实验开发板 P3.7 的高电平或低电平的持续时间为 1.14ms，从而发出 440Hz 的音调（音乐的音长由按键控制，

按键按下时发声，按键释放时停止发声）。表 7-1 所示的是采用定时器 1 的方式 1 时，各音名与计数初值的对照表。

表 7-1　　　　　　　　　　　　各音名与计数初值对照表

音　　名	计数初值	音　　名	计数初值	音　　名	计数初值
低音 1	63636	中音 1	64586	高音 1	65066
低音 2	63836	中音 2	64686	高音 2	65116
低音 3	64026	中音 3	64776	高音 3	65156
低音 4	64106	中音 4	64816	高音 4	65176
低音 5	64256	中音 5	64896	高音 5	65216
低音 6	64396	中音 6	64966	高音 6	65256
低音 7	64526	中音 7	65026	高音 7	65286

（2）流程图

该例是在上例源程序的基础上增加了部分语句整合而成，为便于理解，图 7-5 给出了源程序的流程图。

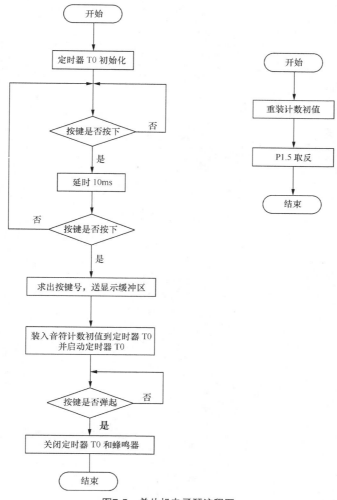

图7-5　单片机电子琴流程图

（3）源程序分析

本例源程序主要由主函数、矩阵按键扫描函数、延时函数、定时器 0 中断函数等组成。

主函数是一个无限循环，用来组织和调用各函数。工作时首先对定时器 T0 进行初始化，暂时不开启定时器。然后调用矩阵按键扫描函数，判断按键是否按下，若未按下，继续扫描；若按下，则求出按键号，送入显示缓冲区 disp_buf。同时，将对应的计数初值装入定时器 T0，并开启定时器 T0。最后等待按键释放，在等待按键释放的过程中，若定时时间到，则进入定时器 T0 中断函数。

在定时器 T0 函数中，重装计数初值，并将 P1.5 不断取反，这样就可以驱动蜂鸣器发出与按键相对应的按键音符音。

需要说明的是，"低成本开发板 2"的蜂鸣器驱动脚是单片机的 P1.5 脚，这与矩阵键盘的 S8～S11 键产生了冲突，因此，本程序在实验时，当按下 S8～S11 键时，音调会产生变调现象，这不是程序的错误，而是与蜂鸣器驱动脚 P1.5 发生冲突造成的。如果要真实再现本实验，需要改变线路，将蜂鸣器的驱动脚 P1.5 改为其他端口引脚，例如 P3.7 等。

该实验程序在下载资料的 ch7\ch7_4 文件夹中。

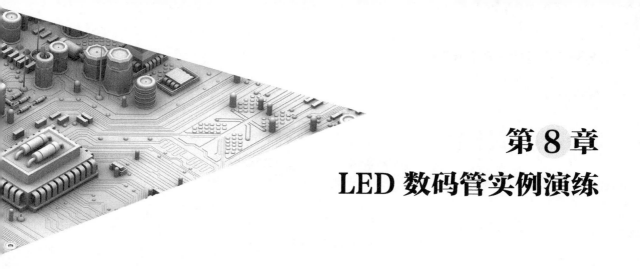

第8章
LED 数码管实例演练

单片机系统中常用 LED 数码管来显示各种数字或符号，由于这种显示器显示清晰、亮度高，并且接口方便、价格便宜，因此被广泛应用于各种控制系统中。在本章中，我们将通过几个重要实例，演示数码管显示的编程方法和技巧。

|8.1　LED 数码管基本知识|

8.1.1　LED 数码管的结构

LED 是发光二极管的简称，其 PN 结是用某些特殊的半导体材料（如磷砷化镓）做成的，当外加正向电压时，可以将电能转换成光能，从而发出清晰的光线。如果将多个 LED 管排列好并封装在一起，就成为 LED 数码管。LED 数码管的结构示意如图 8-1 所示。

图中，LED 数码管内部是 8 只发光二极管，a、b、c、d、e、f、g、dp 是发光二极管的显示段位，除 dp 制成圆形用以表示小数点外，其余 7 只全部制成条形，并排列成如图所示的"8"字形状。每只发光二极管都有一根电极引到外部引脚上，而另外一根电极全部连接在一起引到外引脚，称为公共极（COM）。

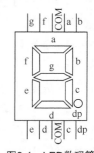

图8-1　LED数码管
的结构示意图

LED 数码管分为共阳型和共阴型两种，共阳型 LED 数码管是把各个发光二极管的阳极都连在一起，从 COM 端引出，阴极分别从其他 8 根引脚引出，如图 8-2（a）所示。使用时，公共阳极接+5V，这样阴极端输入低电平的发光二极管就导通点亮，而输入高电平的段则不能点亮。共阴型 LED 数码管是把各个发光二极管的阴极都接在一起，从 COM 端引出，阳极分别从其他 8 根引脚引出，如图 8-2（b）所示。使用时，公共阴极接地，这样，阳极端输入高电平的发光二极管就导通点亮，而输入低电平的段则不能点亮。在购买和使用 LED 数码管时，必须说明是共阴还是共阳结构。

在本书第 2 章介绍的 DD-900 实验开发板中，采用的两组共阳型 LED 数码管，其中，每组都集成有 4 个 LED 数码管，每组数码管结构如图 8-3 所示。这样，2 组共可显示 8 位数字

（或符号）。

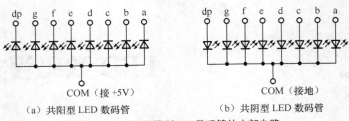

（a）共阳型 LED 数码管　　　　　　（b）共阴型 LED 数码管

图8-2　共阳和共阴型LED数码管的内部电路

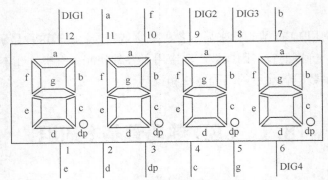

图8-3　4位一体共阳LED数码管结构示意图

　　图中，a、b、c、d、e、f、g、dp 是显示段位，接单片机的 P0 口，DIG1、DIG2、DIG3、DIG4（4 位一体数码管的 12、9、8、6 脚）是公共极，也称位控制端口。由于该数码管为共阳型，当 DIG1 接+5V 电源时，第 1 个 LED 数码管工作；当 DIG2 接+5V 电源时，第 2 个 LED 数码管工作；当 DIG3 接+5V 电源时，第 3 个 LED 数码管工作；当 DIG4 接+5V 电源时，第 4 个 LED 数码管工作。

　　数码管是否正常，可方便地使用数字万用表进行检测。以图 8-3 所示的数码管为例，判断的方法是：用数字万用表的红表笔接 12 脚，黑表笔接 a（11 脚）、b（7 脚）、c（4 脚）、d（2 脚）、e（1 脚）、f（10 脚）、g（5 脚）、dp（3 脚），最左边的数码管的相应段位应点亮。同理，将数字万用表的红表笔分别接 9 脚、8 脚、6 脚，黑表笔接段位脚，其他 3 只数码管的相应段位也应点亮。若检测中发现哪个段位不亮，说明该段位损坏。

　　需要说明的是，LED 数码管的工作电流为 3～10mA，当电流超过 30mA 后，有可能把数码管烧坏，因此，使用数码管时，应在每个显示段位脚串联一只限流电阻，电阻大小一般为 470Ω～1kΩ。

　　在本书第 2 章介绍的低价格单片机开发板 2 中，采用的两组共阴型 LED 数码管，每组集成有 4 个 LED 共阴数码管，每组共阴数码管结构和图 8-3 排列的完全一致。即 a、b、c、d、e、f、g、dp 是显示段位，DIG1、DIG2、DIG3、DIG4（4 位一体数码管的 12、9、8、6 脚）是公共极。对于共阴型数码管，当 DIG1 接低电平时，第 1 个 LED 数码管工作；当 DIG2 接低电平时，第 2 个 LED 数码管工作；当 DIG3 接低电平时，第 3 个 LED 数码管工作；当 DIG4 接低电平时，第 4 个 LED 数码管工作。

8.1.2　LED 数码管的显示码

根据 LED 数码管结构可知，如果希望显示"8"字，那么除了"dp"管不要点亮以外，其余管全部点亮。同理，如果要显示"1"，只需 b、c 两个发光二极管点亮，其余均不必点亮。对于共阳结构，就是要把公共端 COM 接到电源正极，而 b、c 两个负极分别经过一个限流电阻后接低电平；对于共阴结构，就是要把公共端 COM 接低电平（电源负极），而 b、c 两个正极分别经一个限流电阻后接到高电平。按照同样的方法分析其他显示数和字形码，8 段 LED 数码管位与显示字形码的关系如表 8-1 所示。

表 8-1　　　　　　　　　　8 段 LED 数码管段位与显示字形码的关系

显示	共阳									共阴								
	dp	g	f	e	d	c	b	a	十六进制数	dp	g	f	e	d	c	b	a	十六进制数
0	1	1	0	0	0	0	0	0	0xc0	0	0	1	1	1	1	1	1	0x3f
1	1	1	1	1	1	0	0	1	0xf9	0	0	0	0	0	1	1	0	0x06
2	1	0	1	0	0	1	0	0	0xa4	0	1	0	1	1	0	1	1	0x5b
3	1	0	1	1	0	0	0	0	0xb0	0	1	0	0	1	1	1	1	0x4f
4	1	0	0	1	1	0	0	1	0x99	0	1	1	0	0	1	1	0	0x66
5	1	0	0	1	0	0	1	0	0x92	0	1	1	0	1	1	0	1	0x6d
6	1	0	0	0	0	0	1	0	0x82	0	1	1	1	1	1	0	1	0x7d
7	1	1	1	1	1	0	0	0	0xf8	0	0	0	0	0	1	1	1	0x07
8	1	0	0	0	0	0	0	0	0x80	0	1	1	1	1	1	1	1	0x7f
9	1	0	0	1	0	0	0	0	0x90	0	1	1	0	1	1	1	1	0x6f
a	1	0	0	0	1	0	0	0	0x88	0	1	1	1	0	1	1	1	0x77
b	1	0	0	0	0	0	1	1	0x83	0	1	1	1	1	1	0	0	0x7c
c	1	1	0	0	0	1	1	0	0xc6	0	0	1	1	1	0	0	1	0x39
d	1	0	1	0	0	0	0	1	0xa1	0	1	0	1	1	1	1	0	0x5e
e	1	0	0	0	0	1	1	0	0x86	0	1	1	1	1	0	0	1	0x79
f	1	0	0	0	1	1	1	0	0x8e	0	1	1	1	0	0	0	1	0x71
h	1	0	0	0	1	0	0	1	0x89	0	1	1	1	0	1	1	0	0x76
l	1	1	0	0	0	1	1	1	0xc7	0	0	1	1	1	0	0	0	0x38
p	1	0	0	0	1	1	0	0	0x8c	0	1	1	1	0	0	1	1	0x73
u	1	1	0	0	0	0	0	1	0xc1	0	0	1	1	1	1	1	0	0x3e
y	1	0	0	1	0	0	0	1	0x91	0	1	1	0	1	1	1	0	0x6e
灭	1	1	1	1	1	1	1	1	0xff	0	0	0	0	0	0	0	0	0x00

重点提示：以上显示码是将 a、b、c、d、e、f、g、dp 接到单片机的 P0.0、P0.1、P0.2、P0.3、P0.4、P0.5、P0.6、P0.7 上得到的（这是最为广泛的一种接法，第 2 章介绍的低价格单片机开发板 2 和 DD-900 实验开发板也采用这种接法），这种规定和定义并非是一成不变的。在实际应用中，为了减少走线交叉便于电路板布线，设计者可能会打乱以上接法。例如，将 a 接 P0.7 脚、将 b 接到 P0.4 脚等，此时，得到的显示码会与上表不一致，设计者必须根据线路的具体接法，编制出相应的"显示码表"，否则，会引起显示混乱。

8.1.3　LED 数码管的显示方式

LED 数码管有静态和动态两种显示方式，下面分别进行介绍。

1. 静态显示方式

所谓静态显示，就是当显示某一个数字时，代表相应笔画的发光二极管恒定发光。例如，8 段数码管的 a、b、c、d、e、f 笔段亮时显示数字 "0"；b、c 亮时显示 "1"；a、b、d、e、g 亮时显示 "2" 等。

图 8-4 所示的是 LED 数码管静态显示电路。对于共阳型，每位数码管的公共端 COM 连在一起接高电平，对于共阴型，每位数码管的公共端 COM 连在一起接低电平。段选线分别通过限流电阻与段驱动电路连接，限流电阻的阻值根据驱动电压和 LED 的额定电流确定。

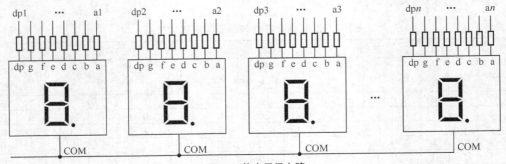

图8-4　静态显示电路

静态显示的优点是显示稳定，在驱动电流一定的情况下显示的亮度高，缺点是使用元器件较多（每一位都需要一个驱动器，每一段都需要一个限流电阻），连接线多。

2. 动态显示方式

静态显示方法的最大缺点是使用元件多、引线多、电路复杂，而动态显示使用的元件少、引线少、电路简单。仅从引线角度考，静态显示从显示器到控制电路的基本引线数为 "段数×位数"，而动态显示从显示器到控制电路的基本引线数为 "段数+位数"。以 8 位显示为例，动态显示时的基本引线数为 7+8=15（无小数点）或 8+8=16（有小数点）；而静态显示的基本引线数为 7×8=56（无小数点）或 8×8=64（有小数点），这么多的引线数，会给实际安装、加工工艺带来困难，因此，实际中一般采用动态显示方式，下面介绍两种常见的动态显示。

（1）直接驱动的动态显示方式

直接驱动的动态显示，是把所有 LED 数码管的 8 个显示段位 a、b、c、d、e、f、g、dp 的各同名段端互相并接在一起，并把它们接到单片机的段输出口上。为了防止各数码管同时显示相同的数字，各数码管的公共端 COM 还要受到另一组信号控制，即把它们接到单片机的位输出口上。图 8-5 所示的是 DD-900 实验开发板（详细介绍参见本书第 2 章）8 位 LED 数码管采用动态显示方法的接线图。

从图中可以看出，8 只数码管由两组信号来控制。一组是段输出口（P0 口），输出显示码（段码），用来控制显示的字形；另一组是位输出口（P2 口），输出位控制信号，用来选择第几位数码管工作，称为位码。当 P2.0 为低电平时，三极管 Q20 导通，+5V 电源经 Q20 的 ec 结加到第 1 位数码管的公共端 DIG1，第 1 位数码管工作。同时，当 P2.1 为低电平时，第 2 位数码管工作……当 P2.7 为低电平时，第 8 位数码管工作。

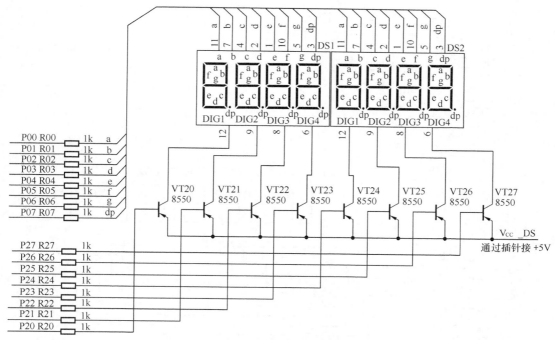

图8-5　8位直接驱动LED数码管动态显示电路

当数码管的 P0 段口加上显示码后，如果使 P2 各位轮流输出低电平，则可以使 8 位数码管一位一位地轮流点亮，显示各自的数码，从而实现动态扫描显示。在轮流点亮一遍的过程中，每位显示器点亮的时间是极为短暂的（几毫秒）。由于 LED 具有余辉特性以及人眼的"视觉暂留"现象，尽管各位数码管实际上是分时断续地显示，但只要适当选取扫描频率，给人眼的视觉印象就会是在连续稳定地显示，察觉不到有闪烁现象。

对于图 8-5 所示的动态显示电路，当定时扫描时间选择为 2ms 时，则扫描 1 只数码管需要 2ms，扫描完 8 只数码管需要 16ms，这样，1s 可扫描 8 只数码管 1000/16≈63 次，由于扫描速度足够快，加之人眼的"视觉暂留"现象，因此，感觉不到数码管的闪动。

如果将定时扫描时间改为 5ms，则扫描 8 个数码管需要 5×8=40ms，这样，1s 只扫描 1000/50≈20 次，由于扫描速度不够快，因此，人眼会感觉到数码管的闪动。

实际编程时，我们应根据显示的位数和扫描频率来设定定时扫描时间，一般而言，只要扫描频率在 40 次以上，基本看不出显示数字的闪动。

（2）采用译码器的动态显示方式

上面介绍的直接驱动动态显示方式，仍然占用了较多的单片机 I/O 引脚，在我们设计单片机电路的时候，单片机的 IO 口数量是有限的，有时满足不了我们的设计需求，比如我们的 STC89C52 一共是 32 个 IO 口，但是我们为了控制更多的器件，就要使用一些外围的数字芯片来扩展 IO 口，比如 74HC138 这个三八译码器。图 8-6 所示的是 74HC138 在低价格单片机开发板 2（详细介绍参见本书第 2 章）LED 动态显示电路的一个应用。

从这个名字来分析，三八译码器，就是把 3 种输入状态翻译成 8 种输出状态。输入端 A、B、C 接受二进制编码，输出端 $\overline{Y_0}$ ~ $\overline{Y_7}$ 共 8 线。译码器工作时，对应于 A、B、C 端的每一种二进制代码，输出端只有一根线为低电平（反码输出）。

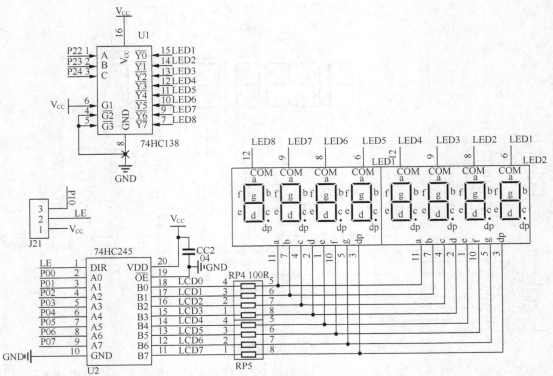

图8-6 采用译码器的8位LED数码管动态显示电路

74HC138 另有 3 个控制端 G1、$\overline{G2}$、$\overline{G3}$，器件能工作的必要条件是 S1=1 且 $\overline{G2}=\overline{G3}=0$；而在其他任何情况下器件均不工作，$\overline{Y_0} \sim \overline{Y_7}$ 输出全为 1。74SL138 译码器真值表如表 8-2 所示。一般情况下，将 $\overline{G2}$、$\overline{G3}$ 连在一起当作一根控制线使用。

表 8-2   74LS138 译码器真值表

输入						输出								备注
G1	$\overline{G}2$	$\overline{G}3$	C	B	A	$\overline{Y}_7$	$\overline{Y}_6$	$\overline{Y}_5$	$\overline{Y}_4$	$\overline{Y}_3$	$\overline{Y}_2$	$\overline{Y}_1$	$\overline{Y}_0$	
0	×	×	×	×	×	1	1	1	1	1	1	1	1	不工作
1	0	1	×	×	×	1	1	1	1	1	1	1	1	
1	1	0	×	×	×	1	1	1	1	1	1	1	1	
1	0	0	0	0	0	1	1	1	1	1	1	1	0	
1	0	0	0	0	1	1	1	1	1	1	1	0	1	
1	0	0	0	1	0	1	1	1	1	1	0	1	1	
1	0	0	0	1	1	1	1	1	1	0	1	1	1	
1	0	0	1	0	0	1	1	1	0	1	1	1	1	
1	0	0	1	0	1	1	1	0	1	1	1	1	1	
1	0	0	1	1	0	1	0	1	1	1	1	1	1	
1	0	0	1	1	1	0	1	1	1	1	1	1	1	

利用 3 个输入控制端，可以将译码器作为数据分配器使用，令 $\overline{G}2=\overline{G}3=0$（接地），输出由 A、B、C 三个输入端的状态来控制，如当 A=0，B=C=1 时，$\overline{Y_6}$ 输出低电平，即图 8-6 中的 LED7 为低电平，第 7 个共阴数码管被选中，可以显示。

图 8-6 中，数码管的段位由 8 位双向三态缓冲器 74HC245 驱动。74HC245 内含 8 对（16

只）三态缓冲器，每一对构成了一位（1Bit）的双向数据缓冲器（又称数据收发器），因此该器件又称三态数据总线收发器。输出允许由 $\overline{OE}$ 端控制，当 $\overline{OE}=0$ 时，若 DIR=1 时，则数据通路为（A0～A7）→（B0～B7）；若 DIR=0，则通路为（B0～B7）→（A0～A7）；而当 $\overline{OE}=1$ 时，无论 DIR 为何值，A、B 之间均呈阻断状态。三态缓冲器 74HC245 常用于单片机系统中作为数据总线的增强体，使数据总线能够挂接更多的输入/输出器件。

与 74HC245 功能类似的还有 74HC573，74HC573 是具有 8 个输入/输出端的 8D 锁存器，其管脚排列图如图 8-7 所示。1 脚 $\overline{OE}$ 为输出使能端，低电平有效；11 脚 LE 为锁存允许；D0～D7 为信号输入端；Q0～Q7 为信号输出端。表 8-3 所示的是 74HC573 的真值表。

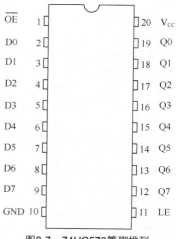

图8-7 74HC573管脚排列

表 8-3   74HC573 真值表

控　　　制		输　　入	输　　出
$\overline{OE}$	LE	D0 ~ D7	Q0 ~ Q7
L	H	H	H
L	H	L	L
L	L	X	保持
H	X	X	Z

注：表中 H 表示高电平，L 表示低电平，X 表示任意，Z 表示高阻

当 74HC573 的 $\overline{OE}$ 端为高电平时，无论 LE 和 D0～D7 为何种电平状态，其输出 Q0～Q7 都为高阻态，此时芯片处于不可控状态，因此，使用时一般将 $\overline{OE}$ 接地，使输出状态有效。

当 74HC573 的 $\overline{OE}$ 端为低电平时，我们再看 LE，当 LE 为高电平时，D0～D7 与 Q0～Q7 同时为高为低；而当 LE 为低电平时，无论 D0～D7 为何种电平状态，Q0～Q7 都保持上一次的电平状态。也就是说，当 LE 为高电平时，Q0～Q7 的状态紧随 D0～D7 的状态变化；当 LE 为低电平时，Q0～Q7 端数据将保持在 LE 端为低电平之前的数据。

|8.2   LED 数码管实例演练|

8.2.1   实例解析 1——程序控制动态显示

1. 实现功能

在低价格单片机开发板 2（参见第 2 章）进行实验，在 LED 数码管上显示 1～8，同时，蜂鸣器不停地鸣叫。蜂鸣器电路图参见第 5 章图 5-9，LED 显示电路图参见第 8 章图 8-6。

2. 源程序

根据要求，编写的源程序如下。

```c
#include <reg52.h>
#define uchar unsigned char
#define uint  unsigned int
sbit  BEEP=P1^5;            //定义蜂鸣器
uchar code bit_tab[]={0xe3,0xe7,0xeb,0xef,0xf3,0xf7,0xfb,0xff};
//位选表,用来选择哪一只数码管进行显示
uchar code seg_data[]={0x3f,0x06,0x5b,0x4f,0x66,0x6d,0x7d,0x07,0x7f,0x6f,0x77,0x7c,
0x39,0x5e,0x79,0x71,0x00};//0~F 和熄灭符的显示码(字形码)
uchar disp_buf[]={1,2,3,4,5,6,7,8};        //定义显示缓冲单元,并赋值
/*********以下是延时函数********/
void Delay_ms(uint xms)
{
  uint i,j;
  for(i=xms;i>0;i--)              //i=xms 即延时 x 毫秒
        for(j=110;j>0;j--);
}
/*********以下是蜂鸣器响一声函数********/
void  beep()
{
  BEEP=0;                    //打开蜂鸣器
  Delay_ms(100);
  BEEP=1;                    //关闭蜂鸣器
  Delay_ms(100);
}
/*********以下是显示函数********/
void Display()
{
  uchar i;
  uchar tmp;                //定义显示暂存
  static uchar disp_sel=0; //显示位选计数器,显示程序通过它得知现正显示哪个数码管,初始值为 0
  for(i=0;i<8;i++)              //扫描 8 次,将 8 只数码管扫描一遍
    {
        tmp=bit_tab[disp_sel];    //根据当前的位选计数值决定显示哪只数码管
        P2=tmp;                   //送 P2 控制被选取的数码管点亮
        tmp=disp_buf[disp_sel];   //根据当前的位选计数值查的数字的显示码
        tmp=seg_data[tmp];        //取显示码
        P0=tmp;                   //送到 P0 口显示出相应的数字
        Delay_ms(2);              //延时 2ms
        P0=0x00;                  //关显示,每扫描一位数码管后都要关断一次
        disp_sel++;               //位选计数值加 1,指向下一个数码管
        if(disp_sel==8)
        disp_sel=0;               //如果 8 个数码管显示了一遍,则让其归 0,重新再扫描
    }
}
/*********以下是主函数********/
void main()
{
  while(1)
    {
        beep();          //调蜂鸣器响一声函数
        Display();       //调显示函数
```

```
    }
}
```

3. 源程序释疑

该源程序比较简单，主函数中，首先初始化各显示缓冲区，然后控制蜂鸣器不断地鸣叫，最后调用显示函数，将显示缓冲单元 disp_buf 中的数字 1～8 通过 8 只数码管显示出来。

该例显示函数采用程序控制动态显示方式，也就是说，显示函数由主函数不断地进行调用来实现显示。显示函数流程图如图 8-8 所示。该显示函数具有较强的通用性，稍加修改甚至不用修改，即可用到其他产品中。

为便于读者对动态显示有一个深入的了解，下面再简要说明以下几点。

（1）在显示函数 Display 中，将位选计数器 disp_sel 定义为静态局部变量，其初始值为 0，每次调用显示函数结束时，disp_sel 所占用的存储单元不释放，在下次调用显示函数，disp_sel 就是上一次显示函数调用结束时的值。因此，disp_sel 的值能够在 0～7 变化，从而能够将 8 只数码管全部扫描到。若将 disp_sel 定义为自动局部变量（即取消 disp_sel 前面的 static），则 disp_sel 的值始终是 0，这样，只能扫描第一位数码管，其他 7 只数码管不能扫描到。这是因为，对于自动局部变量，当调用函数结束时，其存储单元被释放，下次再调用函数时，再重新分配单元，因此，自动局部变量的值不能被保留。

（2）主函数一个无限循环中，扫描一遍数码管（扫描 1 只数码管需 2ms，扫描 8 只数码管需要 2ms×8＝16ms），控制蜂鸣器响一声（100ms×2＝200ms），共需

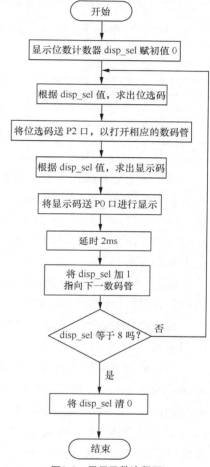

图8-8　显示函数流程图

16ms＋200ms＝216ms，扫描频率为 1000/216≈5 次，由于扫描频率太低，数码管显示时会有严重的闪烁现象。

要使数码管不出现闪烁现象，则在两次调用显示函数 Display 之间所用的时间必须很短。为了验证一下，我们将主函数中的"beep();"语句删除，此时，主函数一个循环中需要的时间则为 16ms，扫描频率为 1000/16≈63 次，这个扫描频率足够高，数码管显示时未出现闪烁现象。

实际工作中，CPU 要做的事情很多，在两次调用显示函数 Display() 之间的时间间隔很难确定，也很难保证所有工作都能在很短时间内完成，因此，采用程序控制动态显示方式时，一定要考虑 CPU 做其他事情的用时情况，若用时过长，就会引起数码管的闪烁。

（3）程序中，bit_tab[]＝{0xe3,0xe7,0xeb,0xef,0xf3,0xf7,0xfb,0xff} 是位选表，用来选择哪一只数码管进行显示，那么，这个位选表是如何计算出来的呢？它是根据表 8-2 计算出来的，

具体计算方法如表 8-4 所示：

表 8-4　　　　　　　　　　　位选表的计算方法

P2 口输出（其中 P24、P23、P22 为位选输出）								十六进制	74HC138 的输出							
P27	P26	P25	P24（138 的3 脚）	P23（138 的2 脚）	P22（138 的1 脚）	P21	P20		$\overline{Y}_7$	$\overline{Y}_6$	$\overline{Y}_5$	$\overline{Y}_4$	$\overline{Y}_3$	$\overline{Y}_2$	$\overline{Y}_1$	$\overline{Y}_0$
1	1	1	0	0	0	1	1	0xe3	1	1	1	1	1	1	1	0
1	1	1	0	0	1	1	1	0xe7	1	1	1	1	1	1	0	1
1	1	1	0	1	0	1	1	0xeb	1	1	1	1	1	0	1	1
1	1	1	0	1	1	1	1	0xef	1	1	1	1	0	1	1	1
1	1	1	1	0	0	1	1	0xf3	1	1	1	0	1	1	1	1
1	1	1	1	0	1	1	1	0xf7	1	1	0	1	1	1	1	1
1	1	1	1	1	0	1	1	0xfb	1	0	1	1	1	1	1	1
1	1	1	1	1	1	1	1	0xff	0	1	1	1	1	1	1	1

（4）这个显示函数比较"浪费"时间，每位数码管的显示时都要占用 CPU 的 2ms 时间，显示 8 个数码管，就要占用 16ms，也就是说，在这 16ms 之内，CPU 必须"耐心"地进行等待，16ms 过后才能处理其他事情，处理完后，还要再不断地等待 16ms……对于我们来说，16ms 是那么的短暂，以至于我们无法感觉出来，但对于以 μs 来计算的 CPU 来说，16ms 无疑是十分漫长的！

总之，程序控制动态显示方式应当应用在 CPU 处理事情占用时间较少的情况下，若主函数中含有延时较长的延时函数，不易采用这种显示方式。

若主函数中含有延时较长的延时函数时，如何进行显示呢？我们将在下一实例中进行讲解和演练。

（5）请读者将以上源程序改动以下两点：一是将主函数中的"beep();"语句删除；二是将显示函数 Display 中的延时时间由 2ms 改为 500ms，即将"Delay_ms(2);"改为"Delay_ms(500);"。改动以上两点后，重新编译，生成.hex 文件，下载到单片机中，实验时就会发现，LED 数码管会从左到右依次逐位显示"1→2→3→4→5→6→7→8"，时间间隔为 500ms。从这个实验可以看清楚动态扫描的"慢动作"，在延时时间为 2ms 时，LED 数码管也是这样逐位扫描的，只是由于延时时间很短，看起来是 8 只数码管同时显示，实际上，你的眼睛被它"欺骗"了。

（6）把目标文件下载到单片机中，观察数码管的显示情况。

正常情况下，若蜂鸣器使用"Delay_ms(10);"延时时（两条延时语句共延时 20ms），数码管会出现闪烁现象；当蜂鸣器使用"Delay_ms(2);"延时时（两条延时语句共延时 4ms），数码管不会出现闪烁现象。读者可按以上要求修改源程序，分别进行调试，同时观察数码管的显示情况。

该实验程序在下载资料的 ch8\ch8_1 文件夹中。

8.2.2　实例解析 2——定时中断动态显示

1. 实现功能

在低价格单片机开发板 2（参见第 2 章）进行实验，实现功能与上例一样，即在 LED 数码管上显示 1～8，同时，蜂鸣器不停地鸣叫。蜂鸣器电路图参见第 5 章图 5-9，LED 显示电路图参见图 8-6。

2.　源程序

根据要求，编写的源程序如下。

```
#include <reg52.h>
#define uchar unsigned char
#define uint  unsigned int
sbit  BEEP=P1^5;          //定义蜂鸣器
uchar code bit_tab[]={0xe3,0xe7,0xeb,0xef,0xf3,0xf7,0xfb,0xff};
//位选表,用来选择哪一只数码管进行显示
uchar code seg_data[]={0x3f,0x06,0x5b,0x4f,0x66,0x6d,0x7d,0x07,0x7f,0x6f,0x77,0x7c,
0x39,0x5e,0x79,0x71,0x00}; //0~F 和熄灭符的显示码(字形码)
uchar disp_buf[]={1,2,3,4,5,6,7,8};        //定义显示缓冲单元,并赋值
/********以下是延时函数********/
void Delay_ms(uint xms)
{
  uint i,j;
  for(i=xms;i>0;i--)               //i=xms 即延时 x 毫秒
          for(j=110;j>0;j--);
}
/********以下是蜂鸣器响一声函数********/
void beep()
{
  BEEP=0;                          //打开蜂鸣器
  Delay_ms(100);
  BEEP=1;                          //关闭蜂鸣器
  Delay_ms(100);
}
/********以下是显示函数********/
void Display()
{
  uchar tmp;                       //定义显示暂存
  static uchar disp_sel=0;         //显示位选计数器,显示程序通过它得知现正显示哪个数码管,初始值为 0
  tmp=bit_tab[disp_sel];           //根据当前的位选计数值决定显示哪只数码管
  P2=tmp;                          //送 P2 控制被选取的数码管点亮
  tmp=disp_buf[disp_sel];          //根据当前的位选计数值查的数字的显示码
  tmp=seg_data[tmp];               //取显示码
  P0=tmp;                          //送到 P0 口显示出相应的数字
  disp_sel++;                      //位选计数值加 1,指向下一个数码管
  if(disp_sel==8)
  disp_sel=0;                      //如果 8 个数码管显示了一遍,则让其回 0,重新再扫描
}
/*********以下是定时器 T0 初始化函数********/
void  timer0_init()
{
  TMOD=0x01;                       //工作方式 1
  TH0=0xf8;TL0=0xcc;               //定时时间为 2ms 计数初值
  EA=1;ET0=1;                      //开总中断和定时器 T0 中断
  TR0=1;                           //T0 开始运行
}
/*********以下是主函数********/
void main()
```

```
{
    timer0_init();              //调定时器 T0 初始化函数
    while(1)
    {
        beep();                 //调蜂鸣器响一声函数
    }
}
/********以下是定时器 T0 中断函数********/
void timer0() interrupt 1
{
    TH0=0xf8;    TL0=0xcc;      //重置计数初值,定时时间为 2ms
    Display();                  //调显示函数
}
```

3. 源程序释疑

该源程序采用定时中断动态显示方式,Display()显示函数与上例相比,主要少了以下几条语句:一是 2ms 的延时语句"Delay_ms(2)";二是 for 循环语句;三是"P0=0x00;"语句。其他部分完成相同。

重点提示:实例解析 1 和实例解析 2 虽然显示函数十分相似,但 CPU 的工作方式却有着较大的不同。

对于程序控制动态显示方式(实例解析 1),CPU 的工作方式为:CPU 干自己的活(控制蜂鸣器响一声)→调显示函数→显示第 1 位,延时 2ms→显示第 2 位,延时 2ms……→显示第 8 位,延时 2ms→扫描完毕,CPU 接着干自己的活(继续控制蜂鸣器响一声)→再接着调显示函数……可以看出,这种显示方式的特点是:CPU 干完自己的活后,再显示 8 位数码管,显示完 8 位后,再接着干自己的活,循环往复。

对于定时中断动态显示方式(实例解析 2),CPU 的工作方式为:CPU 干自己的活(控制蜂鸣器响)→2ms 后,定时中断发生,CPU 转入定时中断服务程序→调显示子程序,显示第 1 位,退出中断→CPU 继续干自己的活(继续控制蜂鸣器响)→2ms 后,定时中断又发生,CPU 转入定时中断服务程序,显示第 2 位,退出中断→CPU 继续干自己的活……→中断 8 次后,CPU 扫描完 8 位数码管,再重新从第 1 位开始扫描……可以看出,这种显示方式的特点是:CPU 先干 2ms 自己的活(有可能干不完),再显示 1 位数码管,显示完 1 位后,再接着干 2ms 自己的活,再显示第 2 位……

本程序中,采用了定时器 T0 方式 1 进行定时,并将定时时间设置为 2ms(计数初值为 0xf8cc),即每位数码管的扫描时间为 2ms,扫描 8 个数码管需要 2ms×8=16ms,这样,1s 可扫描 1000/16≈63 次,由于扫描速度足够快,数码管的显示是稳定的。另外,CPU 只有定时中断时才进行扫描,平时忙于自己的工作(如本例控制蜂鸣器发声),可谓"工作"、"显示"两不误。

采用定时中断是实现快速稳定显示最为有效的方法。那么,只要采用定时中断,是不是都可以使数码管显示稳定呢?不一定。读者可试着将定时时间改为 5ms(将计数初值改为 0xee00),也就是让 CPU 每 5ms"看一眼"数码管,你会发现,数码管就会变得"不听话"了,显示的数字开始不停地闪动。为什么改动一下定时时间会引起数码管闪动呢?这是因为,定时时间设为 5ms 时,扫描 8 个数码管需要 5ms×8=40ms,这样,1s 只能扫描 1000/50=20 次,由于扫描速度不够快,人眼可以感觉到数码管的闪动。因此,采用定时中断方式扫描数码管时，一定要合理设置定时时间。

该实验程序在下载资料的 ch8\ch8_2 文件夹中。

8.2.3　实例解析 3——简易数码管电子钟

1．实现功能

在低价格单片机开发板 2（参见第 2 章）进行实验，实现数码管电子钟功能。开机后，数码管显示"23-59-45"并开始走时；按 K1 键（设置键）走时停止，蜂鸣器响一声，此时，按 K2 键（小时加 1 键），小时加 1，按 K3 键（分钟加 1 键），分钟加 1；调整完成后按 K4 键（运行键），蜂鸣器响一声后继续走时。

LED 数码管电路图参见图 8-6，蜂鸣器电路图参见第 5 章图 5-9，独立按键电路图参见第 7 章图 7-2。

2．源程序

时钟一般是由走时、显示和调整时间三项基本功能组成，这些功能在单片机时钟里主要由软件设计体现出来。

走时部分可利用定时器 T1 来完成。例如，设置定时器 T1 工作在模式 1 状态下，设置每隔 10ms 中断一次，中断 100 次正好是 1s。中断服务程序里记载着中断的次数，中断 100 次为 1 秒，60 秒为 1 分，60 分为 1 小时，24 小时为 1 天。

时钟的显示使用 8 位 LED 数码管，可显示出"××—××—××"格式的时间，其软件设计原理是将转换函数得到的数码管显示数据输入到显示缓冲区，再加到数码管 P0 口（段口）。同时，由定时器 T0 产生 2ms 的定时，即每隔 2ms 中断一次，对 8 位 LED 数码管不断进行扫描，即可在 LED 数码管上显示出时钟的走时时间。

调整时钟时间是利用了单片机的输入功能，把按键开关作为单片机的输入信号，通过检测被按下的开关，从而执行赋予该开关调整时间功能。

因此，在设计程序时把单片机时钟功能分解为走时、显示和调整时间三个主要部分，每一部分的功能通过编写相应的功能函数或中断函数来完成，然后再通过主函数或中断函数的调用，使这三部分有机地连在一起，从而完成 LED 数码管电子钟的设计。

这里要再次提醒读者的是，主函数没有办法调用中断函数，中断函数是一种和主函数交叉运行的程序。也就是说，在主函数运行时若有中断发生，开始运行中断函数，中断函数运行完毕，再回头运行主函数。无论是主函数，还是中断函数，它们都可以根据需要调用相应的功能函数。

根据以上设计思路，编写的源程序如下。

```
#include <reg52.h>
#define uchar unsigned char
#define uint  unsigned int
uchar hour=23,min=59,sec=45;    //定义小时、分钟和秒变量
uchar count_10ms;               //定义 10ms 计数器
sbit K1 = P3^1;                 //定义 K1 键
sbit K2 = P3^0;                 //定义 K2 键
sbit K3 = P3^2;                 //定义 K3 键
```

```
    sbit K4 = P3^3;                    //定义 K4 键
    sbit  BEEP=P1^5;                   //定义蜂鸣器
    bit K1_FLAG=0;                     //定义按键标志位,当按下 K1 键时,该位置 1,K1 键未按下时,该位为 0。
    uchar code bit_tab[]={0xe3,0xe7,0xeb,0xef,0xf3,0xf7,0xfb,0xff};
    //位选表,用来选择哪一只数码管进行显示
    uchar code seg_data[]={0x3f,0x06,0x5b,0x4f,0x66,0x6d,0x7d,0x07,0x7f,0x6f,0x77,0x7c,
0x39,0x5e,0x79,0x71,0x00,0x40};
                                       //0~F、熄灭符和字符"-"的显示码(字形码)
    uchar disp_buf[8];                 //定义显示缓冲单元
    /********以下是延时函数********/
    void Delay_ms(uint xms)
    {
      uint i,j;
      for(i=xms;i>0;i--)               //i=xms 即延时 x 毫秒
            for(j=110;j>0;j--);
    }
    /*********以下是蜂鸣器响一声函数********/
    void beep()
    {
      BEEP=0;                          //蜂鸣器响
      Delay_ms(100);
      BEEP=1;                          //关闭蜂鸣器
      Delay_ms(100);
    }
    /********以下是走时转换函数,负责将走时数据转换为适合数码管显示的数据********/
    void conv(uchar in1,in2,in3)       //形参 in1、in2、in3 接收实参 hour、min、sec 传来的数据
    {
      disp_buf[7] =in1/10;             //小时十位
      disp_buf[6] = in1%10;            //小时个位
      disp_buf[4] = in2/10;            //分钟十位
      disp_buf[3] = in2%10;            //分钟个位
      disp_buf[1] = in3/10;            //秒十位
      disp_buf[0] = in3%10;            //秒个位
      disp_buf[2] = 17;                //第 3 只数码管显示"-"(在 seg_data 表的第 17 位)
      disp_buf[5] = 17;                //第 6 只数码管显示"-"
    }
    /********以下是显示函数********/
    void Display()
    {
      uchar tmp;                       //定义显示暂存
      static uchar disp_sel=0;         //显示位选计数器,显示程序通过它得知现正显示哪个数码管,初始值为 0
      tmp=bit_tab[disp_sel];           //根据当前的位选计数值决定显示哪只数码管
      P2=tmp;                          //送 P2 控制被选取的数码管点亮
      tmp=disp_buf[disp_sel];          //根据当前的位选计数值查的数字的显示码
      tmp=seg_data[tmp];               //取显示码
      P0=tmp;                          //送到 P0 口显示出相应的数字
      disp_sel++;                      //位选计数值加 1,指向下一个数码管
      if(disp_sel==8)
      disp_sel=0;                      //如果 8 个数码管显示了一遍,则让其回 0,重新再扫描
    }
    /********以下是定时器 T0 中断函数,用于数码管的动态扫描********/
    void timer0() interrupt 1
    {
      TH0 = 0xf8;TL0 = 0xcc;           //重装计数初值,定时时间为 2ms
      Display();                       //调显示函数
```

```
}
/********以下是定时器 T1 中断函数,用于产生秒、分钟和小时信号********/
void timer1() interrupt 3
{
  TH1 = 0xdc;TL0 = 0x00;         //重装计数初值,定时时间为 10ms
  count_10ms++;                  //10ms 计数器加 1
  if(count_10ms >= 100)
  {
        count_10ms = 0;          //计数 100 次后恰好为 1s,此时 10ms 计数器清零
        sec++;                   //秒加 1
        if(sec == 60)
        {
              sec = 0;
              min++;             //若到 60 秒, 分钟加 1
              if(min ==60)
              {
                    min = 0;
                    hour++;      //若到 60 分钟, 小时加 1
                    if(hour ==24)
                    {
                          hour = 0;min=0;sec=0; //若到 24 小时, 小时、分钟和秒单元清零
                    }
              }
        }
  }
}
/********以下是按键处理函数,用来对按键进行处理********/
void  KeyProcess()
{
  TR1=0;                        //若按下 K1 键, 则定时器 T1 关闭, 时钟暂停
  if(K2==0)                     //若按下 K2 键
  {
        Delay_ms(10);           //延时去抖
        if(K2==0)
        {
              while(!K2);        //等待 K2 键释放
              beep();
              hour++;            //小时调整
              if(hour==24)
              {
                    hour = 0;
              }
        }
  }
  if(K3==0)                      //若按下 K3 键
  {
        Delay_ms(10);
        if(K3==0)
        {
              while(!K3);        //等待 K3 键释放
              beep();
              min++;             //分钟调整
              if(min==60)
              {
                    min = 0;
              }
        }
  }
}
```

```
    if(K4==0)                               //若按下 K4 键
    {
          Delay_ms(10);
          if(K4==0)
          {
                while(!K4);                 //等待 K4 键释放
                beep();
                TR1=1;                      //调整完毕后，时钟恢复走时
                K1_FLAG=0;                  //将 K1 键按下标志位清零
          }
    }
}
/*********以下是定时器 T0/T1 初始化函数********/
void timer_init()
{
    TMOD = 0x11;                            //定时器 0,1 工作模式 1,16 位定时方式
    TH0 = 0xf8;TL0 = 0xcc;                  //装定时器 T0 计数初值,定时时间为 2ms
    TH1 = 0xdc;TL1 = 0x00;                  //装定时器 T1 计数初值,定时时间为 10ms
    EA=1;ET0=1;ET1=1;                       //开总中断和定时器 T0、T1 中断
    TR0 = 1;TR1 = 1;                        //启动定时器 T0、T1
}
/********以下是主函数********/
void main(void)
{
    P0 = 0x00;
    P2 = 0xff;
    timer_init();                          //调定时器 T0、T1 初始化函数
    while(1)
    {
          if(K1==0)                        //若 K1 键按下
          {
                Delay_ms(10);              //延时 10ms 去抖
                if(K1==0)
                {
                      while(!K1);          //等待 K1 键释放
                      beep();              //蜂鸣器响一声
                      K1_FLAG=1;           //K1 键标志位置 1,以便进行时钟调整
                }
          }
          if(K1_FLAG==1)KeyProcess();      //若 K1_FLAG 为 1,则进行走时调整
          conv(hour,min,sec);              //调走时转换函数
    }
}
```

3. 源程序释疑

该源程序主要由主函数、定时器 T0/T1 初始化函数、定时器 T0 中断函数、定时器 T1 中断函数、显示函数、按键处理函数、走时转换函数、蜂鸣器函数、延时函数等组成。这些小程序功能基本独立，像一块块积木，将它们有序地组合到一起，就可以完成电子钟的显示、走时及调整功能。因此，这个源程序虽然稍复杂，但十分容易分析和理解。

（1）主函数

主函数首先是初始化定时器 T0/T1，然后判断 K1 键是否按下，若按下，将 K1 键标志位 K1-FALG 置 1，并调用按键处理函数 KeyProcess()，对走时进行调整；在主函数最后，调用转换函数，将小时单元 hour、分钟单元 min、秒单元 sec 中的数值转换为适合数码管显示的

十位数和个位数，使开机时显示"23-59-45"。

（2）定时器 T0/T1 初始化函数

定时器 T0/T1 初始化函数的作用是设置定时器 T0 的定时时间为 2ms（计数初值为 0xf8cc），设置定时器 T1 的定时时间为 10ms（计数初值为 0xdc00），并打开总中断、T0/T1 中断以及开启 T0/T1 定时器。

（3）定时器 T0 中断函数

在定时器 T0 中断函数中，首先重装计数初值（0xf8cc），然后调用显示函数对数码管进行动态扫描。由于定时器 T0 的定时时间为 2ms，因此，每隔 2ms 就会进入一次定时器 T0 中断函数，扫描 1 位数码管。这样，进入 8 次中断函数就可以将 8 只数码管扫描一遍，需要的时间为 2×8=16ms，扫描频率为 1000/16≈63，这个频率足够快，不会出现闪烁现象。

（4）走时转换函数

走时转换子程序 conv() 的作用是将定时器 T1 中断函数中产生的小时（hour）、分（min）、秒（sec）数据，转换成适应 LED 数码管显示的数据，将装入显示缓冲数组 disp_buf 中。

（5）显示函数

显示函数的作用是将存入数组 disp_buf 中的小时、分、秒数据以及"-"符号显示出来。

显示函数 Display() 与实例解析 2 所使用的显示函数完全一致，这里不再分析。

需要说明的是，显示函数 Display() 由定时器 T0 中断函数调用，在主函数和其他功能函数中，不必再调用 Display()。

（6）定时器 T1 中断函数

定时器 T1 可产生 10ms 的定时（计数初值为 0xdc00），因此每隔 10ms 就会进入一次定时器 T1 中断函数，在中断函数中，可记录中断次数（存放在 count_10ms），记满 100 次（10ms×100=1000ms）后，秒加 1，秒计满 60 次后，分加 1，分计满 60 次后，小时加 1，小时计满 24 次后，秒单元、分单元和小时单元清零。定时器 T1 中断函数流程图如图 8-9 所示。

（7）按键处理函数

按键处理函数用来进行时间设置，当单片机时钟每次重新启用时，都需要重新设置目前时钟的时间，其设置流程图如图 8-10 所示。

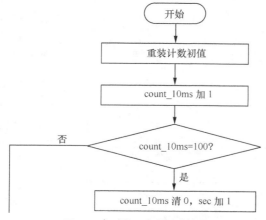

图8-9　定时器T1中断函数流程图

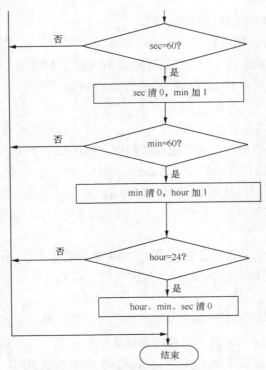

图8-9 定时器T1中断函数流程图（续）

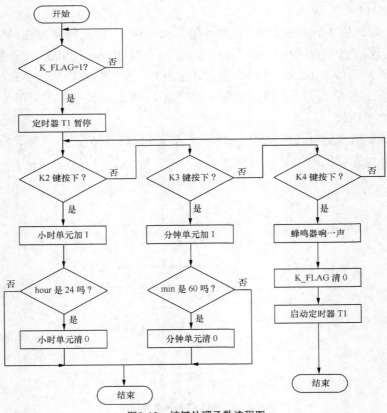

图8-10 按键处理函数流程图

该实验程序在下载资料的 ch8\ch8_3 文件夹中。

8.2.4　实例解析 4——具有闹铃功能的数码管电子钟

1. 实现功能

在低价格单片机开发板 2（参见第 2 章）进行实验，实现带闹铃功能的 LED 数码管电子钟，主要功能如下。

（1）开机后，数码管显示"23-59-45"并开始走时，如实例解析 3 一致。

（2）按 K1 键（设置键）走时停止，蜂鸣器响一声，此时，按 K2 键（小时加 1 键），小时加 1，按 K3 键（分钟加 1 键），分钟加 1，调整完成后按 K4 键（运行键），蜂鸣器响一声后继续走时。与实例解析 3 一致。

（3）走时设置完成并进入正常走时状态后，再按一下 K2 键，此时 K2 键为设置闹铃功能键，闹铃显示的初始值为"11-59-00"。

（4）进入闹铃设置状态后，再按 K2 键为小时调整，按 K3 键为分钟调整。

（5）闹铃设置完成后，按 K4 键可打开和关闭闹铃功能，若打开闹铃，蜂鸣器响三声；若关闭闹铃，蜂鸣器响一声。

（6）闹铃时间到后，蜂鸣器连续鸣响，按 K4 键，则蜂鸣器关闭。

LED 数码管电路图参见图 8-6，蜂鸣器电路图参见第 5 章图 5-9，独立按键电路图参见第 7 章图 7-2。

2. 源程序

在实例解析 3 的基础上，加装闹铃控制功能即可，具体源程序如下。

```c
#include <reg52.h>
#define uchar unsigned char
#define uint  unsigned int
uchar hour=23,min=59,sec=45;    //定义小时、分钟和秒变量
uchar count_10ms;              //定义 10ms 计数器
sbit     K1 = P3^1;            //定义 K1 键
sbit     K2 = P3^0;            //定义 K2 键
sbit     K3 = P3^2;            //定义 K3 键
sbit     K4 = P3^3;            //定义 K4 键
sbit  BEEP=P1^5;               //定义蜂鸣器
bit K1_FLAG=0;                 //定义按键标志位，当按下 K1 键时，该位置 1，K1 键未按下时，该位为 0。
bit K2_FLAG=0;                 //定义按键标志位，当按下 K2 键时，该位置 1，K2 键未按下时，该位为 0。
uchar code bit_tab[]={0xe3,0xe7,0xeb,0xef,0xf3,0xf7,0xfb,0xff};
//位选表，用来选择哪一只数码管进行显示
uchar code seg_data[]={0x3f,0x06,0x5b,0x4f,0x66,0x6d,0x7d,0x07,0x7f,0x6f,0x77,0x7c,
0x39,0x5e,0x79,0x71,0x00,0x40};    //0~F、熄灭符和字符"-"的显示码(字形码)
uchar disp_buf[8];             //定义显示缓冲单元
bit  alarm=0;                  //设置闹铃标志位，为 1，闹铃功能打开；为 0，闹铃功能关闭
uchar  hour_a=11,min_a=59;     //闹铃小时、分钟缓冲区
/********以下是延时函数********/
void Delay_ms(uint xms)
{
  uint i,j;
```

```
    for(i=xms;i>0;i--)                    //i=xms 即延时 x 毫秒
         for(j=110;j>0;j--);
}
/*********以下是蜂鸣器响一声函数********/
void  beep()
{
  BEEP=0;                 //蜂鸣器鸣响
  Delay_ms(100);
  BEEP=1;                 //关闭蜂鸣器
  Delay_ms(100);
}
/*********以下是闹铃转换函数，负责将闹铃数据转换为适合数码管显示的数据********/
void conv_a(uchar  in1,in2)    //形参 in1、in2 接收实参 hour_a、min_a 传来的数据
{
  disp_buf[7] = in1 /10;        //闹铃小时十位
  disp_buf[6] = in1 %10;        //闹铃小时个位
  disp_buf[4] = in2 /10;        //闹铃分钟十位
  disp_buf[3] = in2 %10;        //闹铃分钟个位
  disp_buf[1] = 0;              //闹铃秒十位
  disp_buf[0] = 0;              //闹铃秒个位
  disp_buf[2] = 17;             //第 3 只数码管显示"-"(在 seg_data 表的第 17 位)
  disp_buf[5] = 17;             //第 6 只数码管显示"-"
}
/*********以下是走时转换函数，负责将走时数据转换为适合数码管显示的数据********/
void conv(uchar in1,in2,in3)           //形参 in1、in2、in3 接收实参 hour、min、sec 传来的数据
{
  disp_buf[7] =in1/10;          //小时十位
  disp_buf[6] = in1%10;         //小时个位
  disp_buf[4] = in2/10;         //分钟十位
  disp_buf[3] = in2%10;         //分钟个位
  disp_buf[1] = in3/10;         //秒十位
  disp_buf[0] = in3%10;         //秒个位
  disp_buf[2] = 17;             //第 3 只数码管显示"-"(在 seg_data 表的第 17 位)
  disp_buf[5] = 17;             //第 6 只数码管显示"-"
}


/*********以下是闹铃检查函数********/
void  AlarmCheck()
{
  if(alarm)                     //若闹铃标志位为 1
  {
        if((hour==hour_a)&&(min==min_a))//若走时的小时、分钟与闹铃的小时、分钟相等，则执行
        {
               while(K4){beep();}      //未按下 K4 键，闹铃始终响
               while(!K4);             //等待 K4 键释放
               alarm=0;                //闹铃标志位清 0
        }
  }
}
/*********以下是闹铃设置函数********/
void  AlarmSet()
{
  conv_a(hour_a,min_a);                 //调闹铃转换函数
  if((K2==0)&&(K2_FLAG==1))             //若 K2 键按下后（K2_FLAG 为 1），再按下 K2 键
```

```
    {
            Delay_ms(10);                   //延时去抖
            if((K2==0)&&(K2_FLAG==1))
            {
                  while(!K2);               //等待 K2 键释放
                  beep();
                  hour_a++;                 //小时调整
                  if(hour_a==24){hour_a = 0;}
            }
    }
    if((K3==0)&&(K2_FLAG==1))                //若按下 K2 键后（K2_FLAG 为 1），再按下 K3 键
    {
            Delay_ms(10);
            if((K3==0)&&(K2_FLAG==1))
            {
                  while(!K3);               //等待 K3 键释放
                  beep();
                  min_a++;                  //分钟调整
                  if(min_a==60){min_a = 0;}
            }
    }
    if((K4==0)&&(K2_FLAG==1))                //若按下 K2 键后（K2_FLAG 为 1），再按下 K4 键
    {
            Delay_ms(10);
            if((K4==0)&&(K2_FLAG==1))
            {
                  while(!K4);               //等待 K4 键释放
                  alarm=~ alarm;            //闹铃标志位取反，使 K4 键具有打开和关闭闹铃的功能
                  K2_FLAG=0;                //闹铃调整后将 K2_FLAG 清 0
                  if(alarm==1){beep();beep();beep();}//若闹铃开启（闹铃标志位为 1），则响三声
                  else beep();             //否则，若闹铃关闭（闹铃标志位为 0），则响一声
                  conv(hour,min,sec);       //闹铃设置完成后，调走时转换函数，显示走时时钟
            }
    }
}
/********以下是显示函数********/
void Display()
{
  uchar tmp;                              //定义显示暂存
  static uchar disp_sel=0;                //显示位选计数器,显示程序通过它得知现正显示哪个数码管, 初始值为 0
  tmp=bit_tab[disp_sel];                  //根据当前的位选计数值决定显示哪只数码管
  P2=tmp;                                 //送 P2 控制被选取的数码管点亮
  tmp=disp_buf[disp_sel];                 //根据当前的位选计数值查的数字的显示码
  tmp=seg_data[tmp];                      //取显示码
  P0=tmp;                                 //送到 P0 口显示出相应的数字
  disp_sel++;                             //位选计数值加 1,指向下一个数码管
  if(disp_sel==8)
  disp_sel=0;                             //如果 8 个数码管显示了一遍,则让其回 0,重新再扫描
}
/********以下是定时器 T0 中断函数, 用于数码管的动态扫描********/
void timer0() interrupt 1
{
  TH0 = 0xf8;TL0 = 0xcc;                  //重装计数初值,定时时间为 2ms
  Display();                             //调显示函数
}
```

```
/********以下是定时器 T1 中断函数,用于产生秒、分钟和小时信号********/
void timer1() interrupt 3
{
  TH1 = 0xdc;TL0 = 0x00;              //重装计数初值,定时时间为 10ms
  count_10ms++;                       //10ms 计数器加 1
  if(count_10ms >= 100)
  {
        count_10ms = 0;               //计数 100 次后恰好为 1s,此时 10ms 计数器清 0
        sec++;                        //秒加 1
        if(sec == 60)
        {
                sec = 0;
                min++;                //若到 60s,分钟加 1
                if(min ==60)
                {
                        min = 0;
                        hour++; //若到 60min, 小时加 1
                        if(hour ==24)
                        {
                                hour = 0;min=0;sec=0;  //若到 24h, 小时、分钟和秒单元清 0
                        }
                }
        }
  }
}
/********以下是按键处理函数,用来对按键进行处理********/
void  KeyProcess()
{
  TR1=0;                              //若按下 K1 键,则定时器 T1 关闭, 时钟暂停
  if(K2==0)                           //若按下 K2 键
  {
        Delay_ms(10);                 //延时去抖
        if(K2==0)
        {
                while(!K2);           //等待 K2 键释放
                beep();
                hour++;               //小时调整
                if(hour==24)
                {
                        hour = 0;
                }
        }
  }
  if(K3==0)                           //若按下 K3 键
  {
        Delay_ms(10);
        if(K3==0)
        {
                while(!K3);           //等待 K3 键释放
                beep();
                min++;                //分钟调整
                if(min==60)
                {
                        min = 0;
                }
        }
```

```
    }
    if(K4==0)                                //若按下 K4 键
     {
          Delay_ms(10);
          if(K4==0)
          {
               while(!K4);                   //等待 K4 键释放
               beep();
               TR1=1;                        //调整完毕后，时钟恢复走时
               K1_FLAG=0;                    //将 K1 键按下标志位清 0
          }
     }
}
/*********以下是定时器 T0/T1 初始化函数********/
void  timer_init()
{  TMOD = 0x11;                              //定时器 0,1 工作模式 1,16 位定时方式
   TH0 = 0xf8;TL0 = 0xcc;                    //装定时器 T0 计数初值,定时时间为 2ms
   TH1 = 0xdc;TL1 = 0x00;                    //装定时器 T1 计数初值,定时时间为 10ms
   EA=1;ET0=1;ET1=1;                         //开总中断和定时器 T0、T1 中断
   TR0 = 1;TR1 = 1;                          //启动定时器 T0、T1
}
/*********以下是主函数********/
void main(void)
{
   P0 = 0x00;
   P2 = 0xff;
   timer_init();                            //调定时器 T0、T1 初始化函数
   while(1)
   {
        if((K1==0)&&(K2_FLAG==0))            //若 K1 键按下时,只进行时钟调整,使闹铃设置功能失效
        {
             Delay_ms(10);                   //延时 10ms 去抖
             if((K1==0)&&(K2_FLAG==0))
             {
                  while(!K1);                //等待 K1 键释放
                  beep();                    //蜂鸣器响一声
                  K1_FLAG=1;                 //K1 键标志位置 1,以便进行时钟调整
             }
        }
        if((K2==0)&&(K1_FLAG==0))            //若按下 K2 时,只进行闹铃调整,使走时调整失效
        {
             Delay_ms(10);
             if((K2==0)&&(K1_FLAG==0))
             {
                  while(!K2);                //等待 K2 键释放
                  beep();
                  K2_FLAG=1;                 //K2 键标志位置 1,以便进行闹铃调整
             }
        }
        if(K1_FLAG==1)KeyProcess();          //若 K1_FLAG 为 1,则进行走时调整
        if(K2_FLAG==1){AlarmSet(); continue;}            //若 K2_FLAG 为 1,则进行闹铃调整
        AlarmCheck();                        //调闹铃检查函数
        conv(hour,min,sec);                  //调走时转换函数
   }
}
```

3. 源程序释疑

闹铃的基本原理是，先设置好闹铃时间的小时和分钟，然后将走时时间（小时与分钟）与设置的闹铃时间（小时与分钟）不断进行比较，当走时时间与闹铃时间一致时，说明定时时间到，闹铃响起。

本例与源程序是与实例解析 3 相比，增加了闹铃检查函数、闹铃设置函数和闹铃转换函数。另外，主函数与实例解析 3 也有所不同。

（1）闹铃检查函数

闹铃检查函数 AlarmCheck 的作用是检查闹铃标志位 alarm 是否为 1，若 alarm 不为 1，表示闹铃功能关闭，则退出函数；若 alarm 为 1，表示闹铃功能打开，此时，再比较走时小时 hour、分钟 min 与闹铃小时 hour_a、分钟 min_a 是否一致，若一致，说明闹铃时间到，控制蜂鸣器不断鸣响。

（2）闹铃设置函数

闹铃设置函数 AlarmSet 与前面的按键处理函数 KeyProcess 基本相同。主要区别是，AlarmSet 函数用来设置闹铃时间，并将闹铃小时数据存放在 hour_a 中，将闹铃分钟数据存放在 min-a 中；而 KeyProcess 函数用来调整走时时间，并将走时小时数据存放在 hour 中，将走时分钟数据存放在 min 中。

（3）闹铃时间转换函数

闹铃时间转换函数 conv_a 与前面介绍的走时转换函数 conv 在结构上基本相同。connv_a 的主要作用是，将闹铃小时 hour_a 和闹铃分钟 min_a 数据转换成适应 LED 数码管显示的数据，并加载到显示缓冲数组 disp_buf 中。

（4）主函数

本例主函数比实例解析 3 的主函数稍复杂，主要是增加了闹铃的检查与处理功能。其中，按下 K1 键后，设置 K1_FLAG 标志位为 1，以便进行走时调整；按下 K2 键后，设置 K2_FLAG 标志位为 1，以便进行闹铃调整。需要说明的是，在进行走时调整和闹铃调整时都用到了 K2、K3、K4 键，这很容易引起调整混乱，因此，在程序中加入了一些约束条件。

我们在进行实际产品开发时，所接手的产品不可能功能十分简单和单一，加之编程时我们需要全方位进行考虑，以避免程序 Bug，这些原因都会导致源程序十分烦琐和复杂。一些初学者看到这些复杂的源程序，感觉编程太难了，进而产生了畏难情绪，丧失了学习单片机的积极性。实际上，复杂程序看似复杂，其实也并不复杂，它们都是由一个个模块化的程序组合而成的，搞懂了每个模块化的程序的编程方法和技巧，我们就可以轻而易举地看懂和编写复杂的程序了。

该实验程序在下载资料的 ch8\ch8_4 文件夹中。

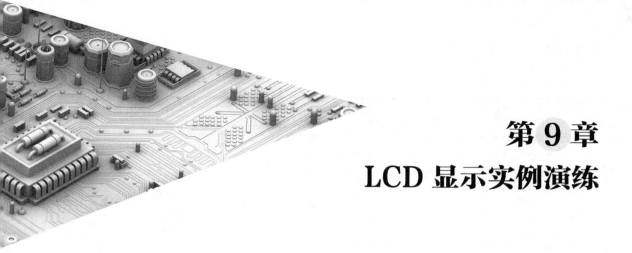

第9章
LCD 显示实例演练

LCD（液晶显示器）具有体积小、重量轻、功耗低、信息显示丰富等优点，应用十分广泛，如电子表、电话机、传真机、手机、PDA 等，都使用了 LCD。从 LCD 的显示内容来分，主要分为字符型（代表产品为 1602 LCD）和点阵型（代表产品为 12864 LCD）两种。其中，字符型 LCD 以显示字符为主；点阵式 LCD 不但可以显示字符，还可以显示汉字、图形等内容。LCD 入门比较容易，深入也不困难，下面就开始本章内容的学习。

|9.1 字符型 LCD 基本知识|

9.1.1 字符型 LCD 引脚功能

字符型 LCD 专门用于显示数字、字母及自定义符号、图形等。这类显示器均把液晶显示控制器、驱动器、字符存储器等做在一块板上，再与液晶屏（LCD）一起组成一个显示模块，称为 LCM。但习惯上，我们仍称其为 LCD。

字符型 LCD 是由若干个 5×7 或 5×11 等点阵符位组成。每一个点阵字符位都可以显示一个字符，点阵字符位之间有一空点距的间隔起到了字符间距和行距的作用。目前市面上常用的有 16 字×1 行、16 字×2 行、20 字×2 行和 40 字×2 行等的字符模块组。这些 LCD 虽然显示字数各不相同，但输入输出接口都相同。

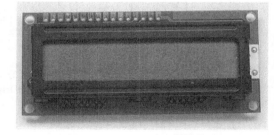

图9-1 1602 LCD显示模块外形

图 9-1 所示的是 16 字×2 行（下称 1602）LCD 显示模块的外形，其接口引脚有 16 只。字符型 LCD 显示模块接口功能如表 9-1 所示。

表 9-1   字符型 LCD 显示模块接口功能

脚 号	符 号	功 能
1	GND	电源地
2	V_{CC}	电源正极

续表

脚　　号	符　　号	功　　能
3	VO	液晶显示偏压信号
4	RS	数据/命令选择
5	R/W	读/写选择
6	E	使能信号
7～14	DB0～DB7	数据 0～数据 7
15	BG V$_{CC}$	背光源正极
16	BG GND	背光源负极

上表中，VO 为液晶显示器对比度调整端，接电源正极时对比度最弱，接地时对比度最高，对比度过高时会产生"鬼影"，使用时，一般在该脚与地之间接一固定电阻或电位器。RS 为寄存器选择，高电平时选择数据寄存器，低电平时选择指令寄存器。R/W 为读写信号线，高电平时进行读操作，低电平时进行写操作。E 端为使能端，当 E 端由高电平跳变成低电平时，液晶模块执行命令。DB0～DB7 为 8 位双向数据线。BG V$_{CC}$、BG GND 用于带背光的模块，不带背光的模块这两个管脚悬空不接。

9.1.2　字符型 LCD 内部结构

目前大多数字符显示模块的控制器都采用型号为 HDB44780 的集成电路。其内部电路如图 9-2 所示。

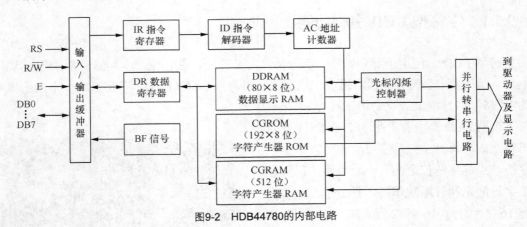

图9-2　HDB44780的内部电路

1. 数据显示存储器 DDRAM

DDRAM 用来存放 LCD 要显示的数据，只要将标准的 ASCII 码送入 DDRAM，内部控制电路会自动将数据传输到显示器上，如 LCD 要显示字符 A，则只需将 ASCII 码 41H 存入 DDRAM 即可。DDRAM 有 80 字节空间，共可显示 80 个字（每个字为 1 个字节）。

2. 字符产生器 CGROM

字符产生器 CGROM 存储了 160 个不同的点阵字符图形，如表 9-2 所示。这些字符有阿拉伯数字、英文字母的大小写、常用的符号和日文假名等。每一个字符都有一个固定的代码，如字符码 41H 为 A 字符，我们要在 LCD 中显示 A，就是将 A 的代码 41H 写入 DDRAM 中，同时电路到 CGROM 中将 A 的字形点阵数据找出来，显示在 LCD 上，我们就能看到字母 A。

表 9-2　　　　　　　　　　字符产生器 CGROM 存储的字符

高4位 / 低4位	0000	0010	0011	0100	0101	0110	0111	1010	1011	1100	1101	1110	1111
×××0000	CG RAM (1)		0	@	P	`	p		―	タ	ミ	α	p
×××0001	(2)	!	1	A	Q	a	q	。	ア	チ	ム	ä	q
×××0010	(3)	"	2	B	R	b	r	「	イ	ツ	メ	β	θ
×××0011	(4)	#	3	C	S	c	s	」	ウ	テ	モ	ε	∞
×××0100	(5)	$	4	D	T	d	t	、	エ	ト	ヤ	μ	Ω
×××0101	(6)	%	5	E	U	e	u	・	オ	ナ	ユ	σ	ü
×××0110	(7)	&	6	F	V	f	v	ヲ	カ	ニ	ヨ	ρ	Σ
×××0111	(8)	'	7	G	W	g	w	ア	キ	ヌ	ラ	g	π
×××1000	(1)	(	8	H	X	h	x	イ	ク	ネ	リ	√	x̄
×××1001	(2)	)	9	I	Y	i	y	ゥ	ケ	ノ	ル	⁻¹	y
×××1010	(3)	*	:	J	Z	j	z	エ	コ	ハ	レ	j	千
×××1011	(4)	+	;	K	[	k	{	オ	サ	ヒ	ロ	×	万
×××1100	(5)	,	<	L	¥	l			ャ	シ	フ	ワ	¢	円
×××1101	(6)	─	=	M	]	m	}	ュ	ス	ヘ	ン	£	÷
×××1110	(7)	.	>	N	^	n	→	ョ	セ	ホ	゙	ñ	
×××1111	(8)	/	?	O	_	o	←	ッ	ソ	マ	゚	ö	■

3.　字符产生器 CGRAM

字符产生器 CGRAM 是供使用者储存自行设计的特殊造型的造型码 RAM，CGRAM 共有 512bit（64 字节）。一个 5×7 点矩阵字形占用 8×8bit，所以 CGRAM 最多可存 8 个造型。

4. 指令寄存器 IR

IR 指令寄存器负责储存单片机要写给 LCD 的指令码。当单片机要发送一个命令到 IR 指令寄存器时，必须要控制 LCD 的 RS、R/W 及 E 这三个引脚，当 RS 及 R/W 引脚信号为 0，E 引脚信号由 1 变为 0 时，就会把在 DB0～DB7 引脚上的数据送入 IR 指令寄存器。

5. 数据寄存器 DR

数据寄存器 DR 负责储存单片机要写到 CGRAM 或 DDRAM 的数据，或储存单片机要从 CGRAM 或 DDRAM 读出的数据，因此 DR 寄存器可视为一个数据缓冲区，它也是由 LCD 的 RS、R/W 及 E 三个引脚来控制。当 RS 及 R/W 引脚信号为 1，E 脚信号为 1 时，LCD 会将 DR 寄存器内的数据由 DB0～DB7 输出，以供单片机读取；当 RS 脚信号为 1，R/W 接脚信号为 0，E 脚信号由 1 变为 0 时，就会把在 DB0～DB7 引脚上的数据存入 DR 寄存器。

6. 忙碌标志信号 BF

BF 的功能是告诉单片机，LCD 内部是否正忙着处理数据。当 BF=1 时，表示 LCD 内部正在处理数据，不能接受单片机送来的指令或数据。LCD 设置 BF 的原因为单片机处理一个指令的时间很短，只需几微秒左右，而 LCD 得花上 40μs～1.64ms 的时间，所以单片要机要写数据或指令到 LCD 之前，必须先查看 BF 是否为 0。

7. 地址计数器 AC

AC 的工作是负责计数写到 CGRAM、DORAM 数据的地址，或从 DDRAM、CGRAM 读出数据的地址。使用地址设定指令写到 IR 寄存器后，则地址数据会经过指令解码器，再存入 AC。当单片机从 DDRAM 或 CGRAM 存取资料时，AC 依照单片机对 LCD 的操作而自动修改它的地址计数值。

9.1.3　字符型 LCD 控制指令

LCD 控制指令共有 11 组，具体介绍如下。

1. 清屏

清屏指令格式如下。

控制信号			控制代码							
RS	R/W	E	DB7	DB6	DB5	DB4	DB3	DB2	DB1	DB0
0	0	1	0	0	0	0	0	0	0	1

指令代码为 01H，将 DDRAM 数据全部填入"空白"的 ASCII 代码 20H，执行此指令将清除显示器的内容，同时光标移到左上角。

2. 光标归位

光标归位指令格式如下。

控制信号			控制代码							
RS	R/W	E	DB7	DB6	DB5	DB4	DB3	DB2	DB1	DB0
0	0	1	0	0	0	0	0	0	1	×

指令代码为 02H，地址计数器 AC 被清零，DDRAM 数据不变，光标移到左上角。×表示可以为 0 或 1。

3. 输入方式设置

输入方式设置指令格式如下。

控制信号			控制代码							
RS	R/W	E	DB7	DB6	DB5	DB4	DB3	DB2	DB1	DB0
0	0	1	0	0	0	0	0	1	I/D	S

该指令用来设置光标、字符移动的方式，具体设置情况如下。

状态位		指令代码	功能
I/D	S		
0	0	04H	光标左移 1 格，AC 值减 1，字符全部不动
0	1	05H	光标不动，AC 值减 1，字符全部右移 1 格
1	0	06H	光标右移 1 格，AC 值加 1，字符全部不动
1	1	07H	光标不动，AC 值加 1，字符全部左移 1 格

4. 显示开关控制

显示开关控制指令格式如下。

控制信号			控制代码							
RS	R/W	E	DB7	DB6	DB5	DB4	DB3	DB2	DB1	DB0
0	0	1	0	0	0	0	1	D	C	B

指令代码为 08H～0FH。该指令控制字符、光标及闪烁的开与关，有三个状态位 D、C、B，这三个状态位分别控制着字符、光标和闪烁的显示状态。

D 是字符显示状态位。当 D=1 时，为开显示；当 D=0 时，为关显示。注意关显示仅是字符不出现，而 DDRAM 内容不变。这与清屏指令不同。

C 是光标显示状态位。当 C=1 时，为光标显示；当 C=0 时，为光标消失。光标为底线形式（5×1 点阵），光标的位置由地址指针计数器 AC 确定，并随其变动而移动。当 AC 值超出了字符的显示范围，光标将随之消失。

B 是光标是闪烁显示状态位。当 B=1 时，光标闪烁；当 B=0 时，光标不闪烁。

5. 光标、字符位移

光标、字符位移指令的格式如下。

控制信号			控制代码							
RS	R/W	E	DB7	DB6	DB5	DB4	DB3	DB2	DB1	DB0
0	0	1	0	0	0	1	S/C	R/L	×	×

执行该指令将产生字符或光标向左或向右滚动一个字符位。如果定时间隔地执行该指令，将产生字符或光标的平滑滚动。光标、字符位移的具体设置情况如下。

状态位		指令代码	功能
S/C	R/L		
0	0	10H	光标左移
0	1	14H	光标右移
1	0	18H	字符左移
1	1	1CH	字符右移

6. 功能设置

功能设置指令格式如下。

控制信号			控制代码							
RS	R/W	E	DB7	DB6	DB5	DB4	DB3	DB2	DB1	DB0
0	0	1	0	0	1	DL	N	F	0	0

该指令用于设置控制器的工作方式，有三个参数 DL、N 和 F。它们的作用如下所述。

DL 用于设置控制器与计算机的接口形式。接口形式体现在数据总线长度上。DL=1 设置数据总线为 8 位长度，即 DB7～DB0 有效。DL=0 设置数据总线为 4 位长度，即 DB7～DB4 有效。在该方式下 8 位指令代码和数据将按先高 4 位后低 4 位的顺序分两次传输。

N 用于设置显示的字符行数。N=0 为一行字符行。N=1 为两行字符行。

F 用于设置显示字符的字体。F=0 为 5×7 点阵字符体。F=1 为 5×10 点阵字符体。

7. CGRAM 地址设置

CGRAM 地址设置指令格式如下。

控制信号			控制代码							
RS	R/W	E	DB7	DB6	DB5	DB4	DB3	DB2	DB1	DB0
0	0	1	0	1	A5	A4	A3	A2	A1	A0

该指令将 6 位的 CGRAM 地址写入地址指针计数器 AC 内，单片机对数据的操作是对 CGRAM 的读/写操作。

8. DDRAM 地址设置

DDRAM 地址设置指令格式如下。

控制信号			控制代码							
RS	R/W	E	DB7	DB6	DB5	DB4	DB3	DB2	DB1	DB0
0	0	1	1	A6	A5	A4	A3	A2	A1	A0

该指令将 7 位的 DDRAM 地址写入地址指针计数器 AC 内，单片机对数据的操作是对 DDRAM 的读/写操作。

重点提示：A6 为 0 表示第 1 行显示，为 1 表示第 2 行显示，A5A4A3A2A1A0 中的数据表示显示的列数。

例如，若 DB7～DB0 中的数据为 10000100B，因为 A6 为 0，所以第 1 行显示；因为 A5A4 A3A2A1A0 为 000100B，十六进制为 04H，10 进制为 4，所以第 4 列显示。

再如，若 DB7～DB0 中的数据为 11010000B，因为 A6 为 1，所以第 2 行显示；因为 A5A4 A3A2A1A0 为 010000B，十六进制为 10H，10 进制为 16，所以第 16 列显示。由于 LCD 起始列为 0，最后 1 列为 15，此时将超出 LCD 的显示范围，这种情况多用于移动显示，即先让显示列位于 LCD 之外，再通过编程，使待显示列数逐步减小，此时，我们将会看到字符由屏外逐步移到屏内的显示效果。

9. 读 BF 及 AC 值

读 BF 及 AC 指令的格式如下。

控制信号			控制代码							
RS	R/W	E	DB7	DB6	DB5	DB4	DB3	DB2	DB1	DB0
0	1	1	BF	AC6	AC5	AC4	AC3	AC2	AC1	AC0

LCD 的忙碌标志 BF 用以指示 LCD 目前的工作情况，当 BF=1 时，表示正在做内部数据的处理，不接受单片机送来的指令或数据。当 BF=0 时，则表示已准备接收命令或数据。当程序读取此数据的内容时，DB7 表示忙碌标志，另外，DB6～DB0 的值表示 CGRAM 或 DDRAM 中的地址，至于是指向哪一地址则根据最后写入的地址设定指令而定。

10. 写数据到 CGRAM 或 DDRAM

写数据到 CGRAM 或 DDRAM 的指令格式如下。

控制信号			控制代码							
RS	R/W	E	DB7	DB6	DB5	DB4	DB3	DB2	DB1	DB0
1	0	1								

先设定 CGRAM 或 DDRAM 地址，再将数据写入 DB7～DB0 中，以使 LCD 显示出字形。也可将使用者自创的图形存入 CGRAM。

11. 从 CGRAM 或 DDRAM 读取数据

从 CGRAM 或 DDRAM 读取数据的指令格式如下。

控制信号			控制代码							
RS	R/W	E	DB7	DB6	DB5	DB4	DB3	DB2	DB1	DB0
1	1	1								

先设定 CGRAM 或 DDRAM 地址，再读取其中的数据。

9.1.4 字符型 LCD 与单片机的连接

字符型 LCD 与单片机的连接比较简单，图 9-3 所示的是低价格单片机开发板 2（参见本书第 2 章）中 1602 LCD 与单片机的连接电路。

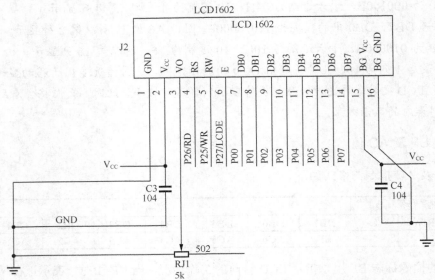

图9-3 低价格单片机开发板2中1602 LCD与单片机的连接电路

9.1.5 字符型 LCD 驱动程序软件包的制作

很多人学习 LCD 编程时，总会花费大量的时间来编写驱动程序，实际上，这完全没有必要，因为单片机工程师们早已把 LCD 驱动程序为我们编好了，我们要做的工作只是如何利用驱动程序编写应用程序而已。我们要善于"站在巨人的肩膀上"工作，善于取人之长，补己之短，只有这样才能快速提高自己的编程水平。

1. 字符型 LCD 通用函数

在通用函数前，加入以下自定义部分（根据图 9-3 所示电路定义）。

```
#include <reg51.h>
#include <intrins.h>
#define uchar unsigned char
#define uint  unsigned int
sbit  LCD_RS=P2^6
sbit  LCD_RW=P2^5
sbit  LCD_EN=P2^7
```

（1）LCD 忙碌检查函数

```
bit lcd_busy()
{
    bit result;
    LCD_RS = 0;
    LCD_RW = 1;
```

```
        LCD_EN = 1;
        _nop_();
        _nop_();
        _nop_();
        _nop_();
        result = (bit)(P0&0x80);
        LCD_EN = 0;
        return result;
}
```

（2）LCD 清屏函数

```
void lcd_clr()
{
    lcd_wcmd(0x01);             //清除 LCD 的显示内容
    Delay_ms(5);
}
```

（3）写指令寄存器 IR 函数

```
void lcd_wcmd(uchar cmd)
{
   while(lcd_busy());
    LCD_RS = 0;
    LCD_RW = 0;
    LCD_EN = 0;
    _nop_();
    _nop_();
    P0 = cmd;
    _nop_();
    _nop_();
    _nop_();
    _nop_();
    LCD_EN = 1;
    _nop_();
    _nop_();
    _nop_();
    _nop_();
    LCD_EN = 0;
}
```

（4）写数据寄存器 DR 函数

```
void lcd_wdat(uchar dat)
{
   while(lcd_busy());
    LCD_RS = 1;
    LCD_RW = 0;
    LCD_EN = 0;
    P0 = dat;
    _nop_();
    _nop_();
    _nop_();
    _nop_();
    LCD_EN = 1;
    _nop_();
    _nop_();
    _nop_();
    _nop_();
    LCD_EN = 0;
}
```

（5）LCD 初始化函数

当打开电源，加在 LCD 上的电压必须满足一定的时序变化，LCD 才能正常启动，若 LCD 上的电压时序不正常，则必须执行以下热启动子程序。启动流程是：

开始→电源稳定 15ms→功能设定（不检查忙信号）→等待 5ms→功能设定（不检查忙信号）→等待 5ms→功能设定（不检查忙信号）→等待 5ms→关显示→清显示→开显示→进入正常启动状态。

根据以上流程，编写的 LCD 初始化函数如下。

```c
void lcd_init()
{
    Delay_ms(15);              //等待 LCD 电源稳定
    lcd_wcmd(0x38);            //16*2 显示，5*7 点阵，8 位数据
    Delay_ms(5);
    lcd_wcmd(0x38);
    Delay_ms(5);
    lcd_wcmd(0x38);
    Delay_ms(5);
    lcd_wcmd(0x0c);           //显示开，关光标
    Delay_ms(5);
    lcd_wcmd(0x06);           //移动光标
    Delay_ms(5);
    lcd_wcmd(0x01);           //清除 LCD 的显示内容
    Delay_ms_ms(5);
}
```

（6）延时函数

```c
void Delay_ms(uint xms)
{
  uint i,j;
  for(i=xms;i>0;i--)                //i=xms 即延时 x 毫秒
        for(j=110;j>0;j--);
}
```

2. 字符型 LCD 驱动程序软件包的制作

将 LCD 通用子程序组合在一起，就构成了 LCD 的驱动程序软件包。软件包具体内容如下。

```c
#include <reg51.h>
#include <intrins.h>
#define uchar unsigned char
#define uint  unsigned int
sbit  LCD_RS=P2^0;
sbit  LCD_RW=P2^1 ;
sbit  LCD_EN=P2^2;
void Delay_ms(uint xms);          //延时函数声明
bit lcd_busy();                   //忙检查函数声明
void lcd_wcmd(uchar cmd);         //写指令寄存器 IR 函数声明
void lcd_wdat(uchar dat) ;        //写数据寄存器 DR 函数声明
void lcd_clr() ;                  //清屏函数声明
void lcd_init() ;                 //LCD 初始化函数声明
/********以下是延时函数********/
略
/********以下是 LCD 忙碌检查函数********/
略
```

```
/********以下是写指令寄存器 IR 函数********/
略
/********以下是写寄存器 DR 函数********/
略
/********以下是 LCD 清屏函数********/
略
/********以下是 LCD 初始化函数********/
略
```

该软件包制作好后，起名为 LCD_drive.h 并保存起来，注意，一定要保存为后缀为.h 的库文件。以后我们在编写 LCD 应用程序时，就可以直接在应用程序文件中加入以下语句。

```
#include  "LCD_drive.h"或#include  <LCD_drive.h>
```

预处理命令进行调用，有一点需要说明，如果将 LCD_drive.h 放在<>内，系统就到存放 C 库函数的目录中寻找要包含的文件；如果将 LCD_drive.h 放在" "内，则系统先到当前目录中查找要包含的文件，若查找不到，再到存放 C 库函数的目录中查找。本书中，我们采用的是将 LCD_drive.h 放在" "内的形式。

|9.2　字符型 LCD 实例解析|

9.2.1　实例解析 1——1602 LCD 显示字符串

1. 实现功能

在低价格单片机开发板 2（参见第 2 章）上进行实验。在 LCD 第 1 行第 4 列显示字符串"Ding-Ding"，在第 2 行第 1 列显示字符串"Welcome to you!"。1602 LCD 电路图参见图 9-3 所示。

2. 源程序

根据要求，编写的源程序如下。

```
#include <reg52.h>
#include "LCD_drive.h"            //包含 LCD 驱动程序文件包
#define uchar unsigned char
#define uint unsigned int
uchar code line1_data[] = {"  Ding-Ding   "};   //定义第 1 行显示的字符
uchar code line2_data[] = {"Welcome To You! "}; //定义第 2 行显示的字符
/********以下是主函数********/
void  main()
{
  uchar i;
  Delay_ms(10);
  lcd_init();                     //调 LCD 初始化函数（在 LCD 驱动程序软件包中）
  lcd_clr();                      //调清屏函数（在 LCD 驱动程序软件包中）
  lcd_wcmd(0x00|0x80);            //设置显示位置为第 1 行第 0 列
  i = 0;
  while(line1_data[i] != '\0') //若没有到达第 1 行字符串尾部
  {
```

```
        lcd_wdat(line1_data[i]);        //显示第 1 行字符
        i++;                            //指向下一字符
        }
    lcd_wcmd(0x40|0x80);                //设置显示位置为第 2 行第 0 列
    i = 0;
    while(line2_data[i] != '\0')        //若没有到达第 2 行字符串尾部
    {
            lcd_wdat(line2_data[i]);    //显示第 2 行字符
            i++;                        //指向下一字符
    }
    while(1);                           //等待
    }
```

3. 源程序释疑

程序中，首先调 LCD 驱动程序软件包 LCD_drive.h 中的 LCD_init、LCD_clr 函数，对 LCD 进行初始化和清屏，然后定位字符显示位置，将第 1 行和第 2 行字符串显示在 LCD 的相应位置上。

实验时，打开 Keil 软件，建立工程项目，再建立一个名为 ch9_1.c 的源程序文件，输入上面源程序。在工程项目中，再将前面制作的驱动程序软件包 LCD_drive.h 添加进来，这样，在工程项目中就有两个文件，如图 9-4 所示。

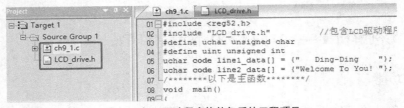

图9-4　加入驱动程序软件包后的工程项目

单击"重新编译按钮"按钮，对源程序 ch9_1.c 和 LCD_drive.h 进行编译和链接，产生 ch9_1.hex 目标文件。把 ch9_1.hex 文件下载到低价格单片机开发板 2 上的单片机中，观察 LCD 显示是否正常。

该实验源程序和 LCD 驱动程序软件包在下载资料的 ch9\ch9_1 文件夹中。

9.2.2　实例解析 2——1602 LCD 移动显示字符串

1. 实现功能

在低价格单片机开发板 2 上进行实验。在 LCD 第 1 行从右向左不断移动的字符串 "Ding-Ding"，在第 2 行显示从右向左不断移动的字符串 "Welcome to you!"。移动到屏幕中间后，字符串闪烁 3 次，然后，再循环移动、闪烁……1602 LCD 电路图参见图 9-3 所示。

2. 源程序

根据要求，编写的源程序如下。

```
#include <reg52.h>
#include "LCD_drive.h"              //包含 LCD 驱动程序文件包
```

```
#define uchar unsigned char
#define uint unsigned int
uchar code line1_data[] = {"   Ding-Ding    "};    //定义第 1 行显示的字符
uchar code line2_data[] = {"Welcome To You! "};   //定义第 2 行显示的字符
/********以下是闪烁 3 次函数********/
void flash()
{
  Delay_ms(1000);            //控制停留时间
  lcd_wcmd(0x08);            //关闭显示
  Delay_ms(500);            //延时 0.5s
  lcd_wcmd(0x0c);            //开显示
  Delay_ms(500);            //延时 0.5s
  lcd_wcmd(0x08);            //关闭显示
  Delay_ms(500);            //延时 0.5s
  lcd_wcmd(0x0c);            //开显示
  Delay_ms(500);            //延时 0.5s
  lcd_wcmd(0x08);            //关闭显示
  Delay_ms(500);            //延时 0.5s
  lcd_wcmd(0x0c);            //开显示
  Delay_ms(500);            //延时 0.5s
}
/********以下是主函数********/
void  main()
{
  uchar i,j;
  Delay_ms(10);
  lcd_init();                    //初始化 LCD
  for(;;)                        //大循环
  {
      lcd_clr();                 //清屏
      lcd_wcmd(0x10|0x80);       //设置显示位置为第 1 行第 16 列
      i = 0;
      while(line1_data[i] != '\0')//加载第 1 行字符串
      {
            lcd_wdat(line1_data[i]);
            i++;
      }
      lcd_wcmd(0x50|0x80);       //设置显示位置为第 2 行第 16 列
      i = 0;
      while(line2_data[i] != '\0')//加载第 2 行字符串
      {
            lcd_wdat(line2_data[i]);
            i++;
      }
      for(j=0;j<16;j++)          //向左移动 16 格
      {
            lcd_wcmd(0x18);      //字符同时左移 1 格
            Delay_ms(500);       //移动时间为 0.5s
      }
      flash();                   //调闪烁函数,闪动 3 次
  }
}
```

3. 源程序释疑

程序中，首先调用驱动程序软件包中的 LCD_init、LCD_clr 函数，对 LCD 进行初始化和

清屏，然后将字符位置定位在第 1 行和第 2 行的第 16 列，即 LCD 显示屏最右端外的第 1 个字符，这样，让字符循环移动 16 个格，就可以将字符串从 LCD 屏外逐步移到屏内，移到屏内后，再调用闪烁函数 flash，控制字符串每隔 0.5s 闪烁 1 次，共闪烁 3 次。

该实验源程序和 LCD-drive 软件包在下载资料的 ch9\ch9_2 文件夹中。

9.2.3　实例解析 3——1602 LCD 滚动显示字符串

1．实现功能

在低价格单片机开发板 2 上进行实验。在第 1 行显示"Ding-Ding"，第 2 行显示"Welcome to you!"。显示时，先从左到右逐字显示，产生类似"打字"的效果，闪烁 3 次后，再从右到左逐字显示，再闪烁 3 次，然后，不断重复上述显示方式。1602 LCD 电路图参见图 9-3 所示。

2．源程序

根据要求，编写的源程序如下。

```
#include <reg52.h>
#include "LCD_drive.h"                         //包含 LCD 驱动程序文件包
#define uchar unsigned char
#define uint unsigned int
uchar code line1_R[] = {"   Ding-Ding    "};   //定义第 1 行右滚动显示的字符
uchar code line2_R[] = {"Welcome To You! "};   //定义第 2 行右滚动显示的字符
uchar code line1_L[] = {"    gniD-gniD   "};   //定义第 1 行左滚动显示的字符
uchar code line2_L[] = {"!uoy ot emocleW "};   //定义第 2 行左滚动显示的字符
/********以下是闪烁 3 次函数********/
与实例解析 2 完全相同(略)
/********以下是主函数********/
void  main()
{
  uchar i;
  lcd_init();                                  //初始化 LCD
  while(1)
  {
        lcd_clr();                             //清屏
        Delay_ms(10);
        lcd_wcmd(0x06);                        //向右移动光标
        lcd_wcmd(0x00|0x80);                   //设置显示位置为第 1 行的第 0 个字符
        i = 0;
        while(line1_R[ i ] != '\0')            //加载字符串
        {
                lcd_wdat(line1_R[ i ]);
                i++;
                Delay_ms(200);                 //200ms 显示一个字符
        }
        lcd_wcmd(0x40|0x80);                   //设置显示位置为第 2 行第 0 个字符
        i = 0;
        while(line2_R[ i ] != '\0')            //加载字符串
        {
                lcd_wdat(line2_R[ i ]);
                i++;
```

```
            Delay_ms(200);                  //200ms 显示一个字符
    }
    Delay_ms(1000);                         //停留 1s
    flash();                                //闪烁 3 次
    lcd_clr();                              //清屏
    Delay_ms(10);
    lcd_wcmd(0x04);                         //向左移动光标
    lcd_wcmd(0x0f|0x80);                    //设置显示位置为第 1 行的第 15 个字符
    i = 0;
    while(line1_L[ i ] != '\0')             //加载字符串
    {
            lcd_wdat(line1_L[ i ]);
            i++;
            Delay_ms(200);                  //200ms 显示一个字符
    }
    lcd_wcmd(0x4f|0x80);                    //设置显示位置为第 2 行第 15 个字符
    i = 0;
    while(line2_L[ i ] != '\0')             //加载字符串
    {
            lcd_wdat(line2_L[ i ]);
            i++;
            Delay_ms(200);                  //200ms 显示一个字符
    }
    Delay_ms(1000);                         //停留 1s
    flash();                                //闪烁 3 次
    }
}
```

3．源程序释疑

字符向右滚动显示的基本方法：先定位字符显示位置为第 1 行第 0 列、第 2 行的第 0 列，写入命令字 0x06，控制向右移动光标（字符不动），然后开始显示字符，延时一段时间后（本例中延时时间为 200ms），再显示下一字符。这样就可以达到字符右滚动显示的效果。

字符向左滚动显示的基本方法与以上类似，这里不再重复。

该实验源程序和 LCD 驱动程序在下载资料的 ch9\ch9_3 文件夹中。

9.2.4　实例解析 4——1602 LCD 电子钟

1．实现功能

在低价格单片机开发板 2 上实现 LCD 电子钟功能，开机后，LCD 上显示以下内容并开始走时。

"---LCD　Clock---"

"****23：59：45****"

按 K1 键（设置键）走时停止，蜂鸣器响一声，此时，按 K2 键（小时加 1 键），小时加 1，按 K3 键（分钟加 1 键），分钟加 1，调整完成后按 K4 键（运行键），蜂鸣器响一声后继续走时。1602 LCD 电路图参见图 9-3 所示。蜂鸣器电路图参见第 5 章图 5-9 所示，独立按键电路图参见第 7 章图 7-2 所示。

2. 源程序

根据要求，编写的源程序如下。

```c
#include <reg52.h>
#include "LCD_drive.h"
#define uchar unsigned char
#define uint  unsigned int
uchar hour=23,min=59,sec=45;        //定义小时、分钟和秒变量
uchar count_10ms;                   //定义10ms计数器
sbit K1 = P3^1;                     //定义K1键
sbit K2 = P3^0;                     //定义K2键
sbit K3 = P3^2;                     //定义K3键
sbit K4 = P3^3;                     //定义K4键
sbit  BEEP=P1^5;                    //定义蜂鸣器
bit K1_FLAG=0;                      //定义按键标志位，当按下K1键时，该位置1，K1键未按下时，该位为0。
uchar code line1_data[] = {"---LCD  Clock---"};   //定义第1行显示的字符
uchar code line2_data[] = {"*****"};              //定义第2行显示的字符
uchar disp_buf[6]={0x00, 0x00, 0x00, 0x00, 0x00, 0x00};  //定义显示缓冲单元
/*********以下是蜂鸣器响一声函数*********/
void  beep()
{
  BEEP=0;                          //蜂鸣器响
  Delay_ms(100);
  BEEP=1;                          //关闭蜂鸣器
  Delay_ms(100);
}
/*********以下是转换函数,负责将走时数据转换为适合LCD显示的数据*********/
void  LCD_conv (uchar  in1,in2,in3 )  //形参in1、in2、in3接收实参hour、min、sec传来的数据
{
  disp_buf[0]=in1/10+0x30;         //小时十位数据
  disp_buf[1]=in1%10+0x30;         //小时个位数据
  disp_buf[2]=in2/10+0x30;         //分钟十位数据
  disp_buf[3]=in2%10+0x30;         //分钟个位数据
  disp_buf[4]=in3/10+0x30;         //秒十位数据
  disp_buf[5]=in3%10+0x30;         //秒个位数据
}
/*********以下是LCD显示函数，负责将函数LCD_conv转换后的数据显示在LCD上*********/
void  LCD_disp ()
{
  lcd_wcmd(0x44 | 0x80);           //从第2行第4列开始显示
  lcd_wdat(disp_buf[0]);           //显示小时十位
  lcd_wdat(disp_buf[1]);           //显示小时个位
  lcd_wdat(0x3a);                  //显示':'
  lcd_wdat(disp_buf[2]);           //显示分钟十位
  lcd_wdat(disp_buf[3]);           //显示分钟个位
  lcd_wdat(0x3a);                  //显示':'
  lcd_wdat(disp_buf[4]);           //显示秒十位
  lcd_wdat(disp_buf[5]);           //显示秒个位
}
/*********以下是定时器T1中断函数，用于产生用于产生秒、分钟和小时信号*********/
void  timer1() interrupt 3
{
```

```
        TH1 = 0xdc;TL0 = 0x00;              //重装计数初值,定时时间为 10ms
        count_10ms++;                        //10ms 计数器加 1
        if(count_10ms >= 100)
        {
               count_10ms = 0;               //计数 100 次后恰好为 1s,此时 10ms 计数器清零
               sec++;                         //秒加 1
               if(sec == 60)
               {
                       sec = 0;
                       min++;        //若到 60 秒, 分钟加 1
                       if(min ==60)
                       {
                               min = 0;
                               hour++;         //若到 60 分钟, 小时加 1
                               if(hour ==24)
                               {
                                       hour = 0;min=0;sec=0;  //若到 24 小时, 小时、分钟和秒单元清零
                               }
                       }
               }
        }
}
/********以下是按键处理函数,用来对按键进行处理********/
void  KeyProcess()
{
   TR1=0;                               //若按下 K1 键, 则定时器 T1 关闭, 时钟暂停
   if(K2==0)                            //若按下 K2 键
    {
        Delay_ms(10);                   //延时去抖
        if(K2==0)
        {
               while(!K2);              //等待 K2 键释放
               beep();
               hour++;                   //小时调整
               if(hour==24)
               {
                       hour = 0;
               }
        }
    }
   if(K3==0)                            //若按下 K3 键
    {
        Delay_ms(10);
        if(K3==0)
        {
               while(!K3);              //等待 K3 键释放
               beep();
               min++;                    //分钟调整
               if(min==60)
               {
                       min = 0;
               }
        }
    }
   if(K4==0)                            //若按下 K4 键
    {
```

```
        Delay_ms(10);
        if(K4==0)
        {
                while(!K4);              //等待 K4 键释放
                beep();
                TR1=1;                   //调整完毕后,时钟恢复走时
                K1_FLAG=0;               //将 K1 键按下标志位清零
        }
    }
}
/**********以下是定时器 T1 初始化函数********/
void  timer1_init()
{
    TMOD = 0x10;                         //定时器 T1 工作模式 1, 16 位定时方式
    TH1 = 0xdc;TL1 = 0x00;               //装定时器 T1 计数初值,定时时间为 10ms
    EA=1;ET1=1;                          //开总中断和定时器 T1 中断
    TR1 = 1;                             //启动定时器 T1
}
/********以下是主函数********/
void main(void)
{
    uchar i;
    P0 = 0xff;
    P2 = 0xff;
    timer1_init();                       //调定时器 T1 初始化函数
    lcd_init();                          //LCD 初始化函数(在 LCD 驱动程序软件包中)
    lcd_clr();                           //清屏函数(在 LCD 驱动程序软件包中)
    lcd_wcmd(0x00|0x80);                 //设置显示位置为第 1 行第 0 列
    i = 0;
    while(line1_data[i] != '\0')         //在第 1 行显示 "---LCD  Clock---"
    {
    lcd_wdat(line1_data[i]);             //显示第 1 行字符
    i++;                                 //指向下一字符
    }
    lcd_wcmd(0x40|0x80);                 //设置显示位置为第 2 行第 0 列
    i = 0;
    while(line2_data[i] != '\0')         //在第 2 行 0~3 列显示 "****"
    {
        lcd_wdat(line2_data[i]);         //显示第 2 行字符
        i++;                             //指向下一字符
    }
    lcd_wcmd(0x4c|0x80);                 //设置显示位置为第 2 行第 12 列
    i = 0;
    while(line2_data[i] != '\0')         //在第 2 行 12 列之后显示 "****"
    {
        lcd_wdat(line2_data[i]);         //显示第 2 行字符
        i++;                             //指向下一字符
    }
    while(1)
    {
        if(K1==0)                        //若 K1 键按下
        {
                Delay_ms(10);            //延时 10ms 去抖
                if(K1==0)
                {
```

```
                while(!K1);              //等待 K1 键释放
                beep();                  //蜂鸣器响一声
                K1_FLAG=1;               //K1 键标志位置 1, 以便进行时钟调整
            }
        }
        if(K1_FLAG==1)KeyProcess();      //若 K1_FLAG 为 1, 则进行走时调整
        LCD_conv(hour,min,sec);          //调走时转换函数
        LCD_disp();                      //调 LCD 显示函数,显示小时、分和秒
    }
}
```

3. 源程序释疑

该源程序主要由主函数、定时器 T1 初始化函数、定时器 T1 中断函数、按键处理函数、LCD 转换函数、显示函数、蜂鸣器响一声函数等组成。

LCD 电子钟与第 8 章介绍的数码管电子钟的很多功能函数是相同的，读者阅读本例源程序时，再回过头去，熟悉一下第 8 章数码管电子钟中的有关内容。下面，对本例的源程序简要进行说明。

（1）主函数

主函数首先对定时器 T1 和 LCD 进行初始化，并在 LCD 的第 1 行、第 2 行相应位置显示固定不动的字符串。然后，对按键进行判断，并调用按键处理函数对按键进行处理。最后，调用 LCD 转换函数和 LCD 显示函数，将走时时间在 LCD 的第 2 行相应位置显示出来。

（2）定时器 T1 初始化函数

定时器 T1 初始化函数的作用是设置定时器 T1 的定时时间为 10ms（计数初值为 0xdc00），并打开总中断、T1 中断以及开启 T1 定时器。

（3）定时器 T1 中断函数

此部分与第 8 章数码管电子钟的定时器 T1 中断函数完全相同，这里不再说明。

（4）LCD 转换函数

LCD 转换函数 LCD_conv 的作用是将定时器 T1 中断函数中产生的小时（hour）、分（min）、秒（sec）数据，分离出十位和个位。然后，再将分离的数据加 0x30 后，转换为 ASCII 码，并写入 DDRAM 寄存器，从 LCD 上显示出来。

（5）按键处理函数

此部分与第 8 章数码管电子钟的按键处理子程序 KeyProcess 完全相同，这里不再说明。

该实验源程序和 LCD 驱动程序 LCD_drive.h 在下载资料的 ch9\ch9_4 文件夹中。

|9.3　12864 点阵型 LCD 介绍与实例演练|

前面介绍的字符型 1602 LCD 一般用来显示数字及字母，虽然也可以显示一些简单的汉字及图形，但是编程比较麻烦，要显示更多的汉字及复杂图形，一般采用点阵型 LCD。目前，常用的点阵型 LCD 有 122×32、128×64、240×320 等多种，其中，以 128×64（一般简称12864）LCD 比较常见，其外形如图 9-5 所示。

市场上的 12864 LCD 主要分为两种，一种是采用 KS0108 及其兼容控制器，它不带任何字库；另一种是采用 ST7920 控制器的，它带有中文字库（8000 多汉字）。

需要提醒读者的是，带字库的 12864 LCD 一般都集成有 –10V 负压电路，可直接使用。而很多不带字库的 12864 LCD 不带 –10V 负压电路，使用时比较麻烦，需要自己组装负压电路。读者在选购 12864 LCD 时应特别注意！

图9-5　12864点阵型LCD的外形

由于带字库的 LCD 使用比较方便，而且与不带字库 12864 LCD 价格相差不多，因此应用较为广泛。带字库的 12864 LCD 型号较多，其模块内部结构及使用略有差别，下面主要以型号为 TS12864-3 的带字库 LCD 为例进行介绍。

9.3.1　12864 点阵型 LCD 介绍

1. 12864 点阵型 LCD 的管脚功能

带字库的 12864 LCD 显示分辨率为 128×64，内置有 8192 个 16×16 点汉字和 128 个 16×8 点 ASCII 字符集，可构成全中文人机交互图形界面。带字库 12864 LCD 的管脚功能如表 9-3 所示。

表 9-3　　　　　　　　　　　　　　　12864 点阵型 LCD 管脚功能

脚 号	符 号	功 能
1	VSS	逻辑电源地
2	VDD	+5V 逻辑电源
3	V0	对比度调整端
4	RS（CS）	数据/指令选择。高电平，表示数据 DB0~DB7 为显示数据；低电平，表示数据 DB0-DB7 为指令数据
5	R/W（SID）	在并口模式下，该脚为读\写选择端 在串口模式下，该脚为串行数据输入端
6	E（SCLK）	在并口模式下，该脚为读写使能端，E 的下降沿锁定数据 在串口模式下，该脚为串行时钟端
7~14	DB0~DB7	在并口模式下，为 8 位数据输入输出引脚 在串口模式下，未用
15	PSB	并口/串口选择端。高电平时为 8 位或 4 位并口模式；低电平时为串口模式
16	NC	空
17	REST	复位信号，低电平有效
18	VOUT	LCD 驱动电压输出端
19	BLA	背光电源正极
20	BLK	背光电源负极

从表中可以看出，12864 LCD 可分为串口和并口两种数据传输方式，当 15 脚为高电平时

为并口方式，数据通过 7~14 脚与单片机进行并行传输；当 15 脚为低电平时为串口方式，数据通过 5、6 脚与单片机进行串行传输。

2. 12864 点阵型 LCD 的内部结构

12864 点阵型 LCD 主要由 1 片行列驱动控制器 ST7920、3 个列驱动器 ST7921 和 12864 点阵液晶显示屏组成，其结构示意图如图 9-6 所示。

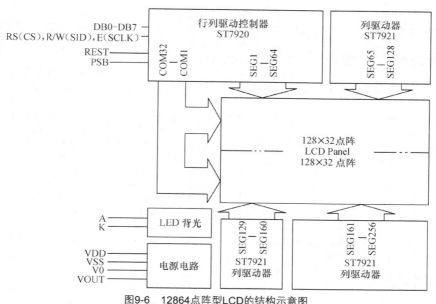

图9-6　12864点阵型LCD的结构示意图

行列驱动控制器 ST7920 主要含有以下功能器件，了解这些器件的功能，有助于 12864 LCD 模块的编程。

（1）中文字形产生 ROM（CGROM）及半宽字形 ROM（HCGROM）

ST7920 的字形产生 ROM 通过 8192 个 16×16 点阵的中文字形，以及 126 个 16×8 点阵的西文字符，用两个字节来提供编码选择，将要显示的字符的编码写到 DDRAM 上，硬件将依照编码自动从 CGROM 中选择将要显示的字形显示到屏幕上。

（2）字形产生 RAM（CGRAM）

ST7920 的字形产生 RAM 提供用户自定义字符生成（造字）功能，可提供 4 组 16×16 点阵的空间，用户可以将 CGROM 中没有的字符定义到 CGRAM 中。

（3）显示 RAM（DDRAM）

DDRAM 提供 64×2 字节的空间，最多可以控制 4 行 16 字的中文字形显示。当写入显示资料 RAM 时，可以分别显示 CGROM，HCGROM 及 CGRAM 的字形。

（4）忙标志 BF

BF 标志提供内部工作情况，BF=1 表示模块在进行内部操作，此时模块不接受外部指令和数据；BF=0 时，模块为准备状态，随时可接受外部指令和数据。

（5）地址计数器 AC

地址计数器是用来贮存 DDRAM/CGRAM 之一的地址，它可由设定指令暂存器来改变，之后只要读取或是写入 DDRAM/CGRAM 的值时，地址计数器的值就会自动加 1。

3. 12864 点阵型 LCD 的指令

带字库 12864 点阵型 LCD 的指令稍多，主要分为基本指令集和扩展指令集两大类，如表 9-4 和表 9-5 所示。当"功能设置指令"的第 2 位 RE 为 0 时，可使用基本指令集；当 RE 为 1 时，可使用扩展指令集。

表 9-4　　　　　　　　　　　　　　　　基本指令集

指令	指令码										说明	执行时间（540kHz）
	RS	RW	DB7	DB6	DB5	DB4	DB3	DB2	DB1	DB0		
清除显示	0	0	0	0	0	0	0	0	0	1	将 DDRAM 填满"20H"并且设定 DDRAM 的地址计数器（AC）到"00H"	4.6ms
地址归位	0	0	0	0	0	0	0	0	1	X	设定 DDRAM 的地址计数器（AC）到"00H"，并且将游标移到开头原点位置：这个指令并不改变 DDRAM 的内容	4.6ms
进入点设定	0	0	0	0	0	0	0	1	I/D	S	I/D=1 光标右移，I/D=0 光标左移 S=1 整体显示移动，S=0 整体显示不移动	72μs
显示状态开/关	0	0	0	0	0	0	1	D	C	B	D=1：整体显示 ON C=1：游标 ON B=1：游标位置 ON	72μs
游标或显示移位控制	0	0	0	0	0	1	S/C	R/L	X	X	10H/14H，光标左右移动 18H/1CH，整体显示左右移动	72μs
功能设定	0	0	0	0	1	DL	X	0RE	X	X	DL=1（必须设为 1） RE=1：扩充指令集动作 RE=0：基本指令集动作	72μs
设定 CGRAM 地址	0	0	0	1	AC5	AC4	AC3	AC2	AC1	AC0	设定 CGRAM 地址到地址计数器（AC）	72μs
设定 DDRAM 地址	0	0	1	AC6	AC5	AC4	AC3	AC2	AC1	AC0	设定 DDRAM 地址到地址计数器（AC）	72μs
读取忙碌标志（BF）和地址	0	1	BF	AC6	AC5	AC4	AC3	AC2	AC1	AC0	读取忙碌标志（BF）可以确认内部动作是否完成，同时可以读出地址计数器（AC）的值	0μs
写资料到 RAM	1	0	D7	D6	D5	D4	D3	D2	D1	D0	写入资料到内部的 RAM（DDRAM/ CGRAM/IRAM/ GDRAM）	72μs
读出 RAM 的值	1	1	D7	D6	D5	D4	D3	D2	D1	D0	从内部 RAM 读取资料（DDRAM/ CGRAM/IRAM/ GDRAM）	72μs

表 9-5   扩展指令集

指令	指令码										说明	执行时间（540kHz）
	RS	RW	DB7	DB6	DB5	DB4	DB3	DB2	DB1	DB0		
待命模式	0	0	0	0	0	0	0	0	0	1	将 DDRAM 填满 "20H" 并且设定 DDRAM 的地址计数器（AC）到 "00H"	72μs
卷动地址或 IRAM 地址选择	0	0	0	0	0	0	0	0	1	SR	SR=1：允许输入垂直卷动地址 SR=0：允许输入 IRAM 地址	72μs
反白选择	0	0	0	0	0	0	0	1	R1	R0	选择 4 行中的任一行作反白显示，并可决定反白与否	72μs
睡眠模式	0	0	0	0	0	1	SL	X	X		SR=1：脱离睡眠模式 SR=0：进入睡眠模式	72μs
扩充功能设定	0	0	0	0	1	1	X	1RE	G	0	RE=1：扩充指令集动作 RE=0：基本指令集动作 G=1：绘图显示 ON G=0：绘图显示 OFF	72μs
设定 IRAM 地址或卷动地址	0	0	0	1	AC5	AC4	AC3	AC2	AC1	AC0	SR=1：AC5～AC0 为垂直卷动地址 SR=0：AC3～AC0 为 ICON IRAM 地址	72μs
设定绘图 RAM 地址	0	0	1	AC6	AC5	AC4	AC3	AC2	AC1	AC0	设定 CGRAM 地址到地址计数器（AC）	72μs

4. 12864 点阵型 LCD 与单片机的连接

12864 点阵型 LCD 与单片机的连接分为串口连接和并口连接两种。图 9-7 所示的是 DD-900 实验开发板中 12864 点阵型 LCD 与单片机的连接电路。

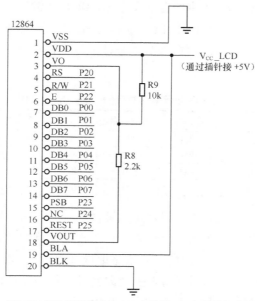

图9-7   DD-900实验开发板中12864点阵型LCD与单片机的连接电路

从图中可以看出，12864 LCD 和单片机采用的并口连接方式，实际上，这种连接方式也同样可以进行串口编程和实验，编程时，只需在程序中将 15 脚（PSB）设置为低电平即可。

5. 12864 点阵型 LCD 的使用

用带字库 12864 LCD 时应注意以下几点。

（1）在某一个位置显示中文字符时，应先设定显示字符位置，即先设定显示地址，再写入中文字符编码。

（2）显示 ASCII 字符过程与显示中文字符过程相同。在显示连续字符时，只需设定一次显示地址即可，由模块自动对地址加 1，指向下一个字符位置。

（3）当字符编码为两个字节时（汉字的编码为两个字节，ASCII 字符的编码为 1 个字节），应先写入高位字节，再写入低位字节。

（4）模块在接收指令前，必须先确认模块内部处于非忙状态，即读取 BF 标志时 BF 需为"0"，方可接受新的指令。如果在送出一个指令前不检查 BF 标志，则在前一个指令和这个指令中间必须延迟一段较长的时间，即等待前一个指令确定执行完成。指令执行的时间请参考指令表中的指令执行时间说明。

（5）"RE"为基本指令集与扩充指令集的选择控制位。当变更"RE"后，指令集将维持在最后的状态，除非再次变更"RE"位，否则使用相同指令集时，无须每次重设"RE"位。

（6）12864 LCD 可分为上下两屏，最多可实现 32 个中文字符或 64 个 ASCII 码字符的显示。12864 LCD 内部提供 64×2 字节的 RAM 缓冲区（DDRAM）。字符显示是通过将字符编码写入 DDRAM 实现的。根据写入内容的不同，可分别在液晶屏上显示 CGROM（中文字库）、HCGROM（ASCII 码字库）及 CGRAM（自定义字形）三种不同的字符和字形。

三种不同字符/字形的选择编码范围为：编码为 0000～0006H（其代码分别是 0000、0002、0004、0006 共 4 个）显示 CGROM 中的自定义字形；编码为 02H～7FH 显示 HCGROM 中的半宽 ASCII 码字符；编码为 A1A0H～F7FFH 显示 CGROM 中的 8192 个中文汉字字形。

模块 DDRAM 的地址与 LCD 屏幕上的 32 个显示区域有着一一对应的关系，其对应关系如表 9-6 所示。

表 9-6　　　　　　　　　　汉字显示时各行坐标对应的 DDRAM 地址值

行	X 坐标							
LINE1	80H	81H	82H	83H	84H	85H	86H	87H
LINE2	90H	91H	92H	93H	94H	95H	96H	97H
LINE3	88H	89H	8AH	8BH	8CH	8DH	8EH	8FH
LINE4	98H	99H	9AH	9BH	9CH	9DH	9EH	9FH

（7）图形显示时，先设垂直地址再设水平地址（连续写入两个字节的资料来完成垂直与水平的坐标地址），垂直地址范围为 AC5～AC0；水平地址范围为 AC3～AC0。地址计数器（AC）只会对水平地址（X 轴）自动加 1，当水平地址=0FH 时，会重新设为 00H，但并不会对垂直地址做进位自动加 1，故当连续写入多个数据时，程序需自行判断垂直地址是否需重新设定。水平坐标与垂直坐标的排列顺序如图 9-8 所示。

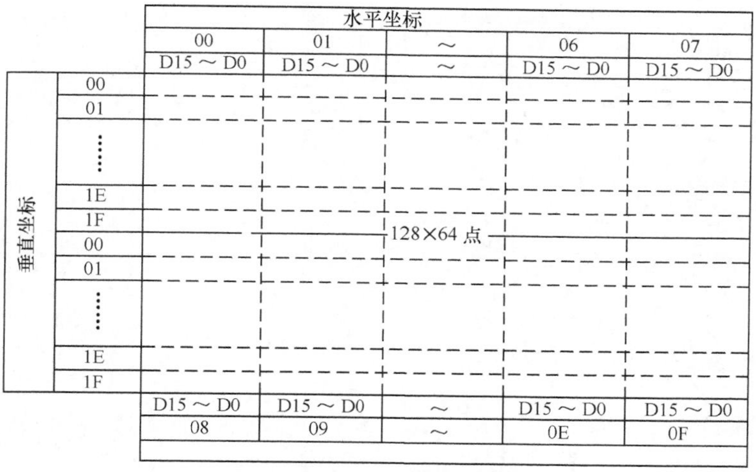

图9-8　水平坐标与垂直坐标的排列顺序

6. 12864 点阵型 LCD 驱动程序的制作

和 1602 LCD 一样，我们也可以为 12864 LCD 制作驱动程序软件包。驱动程序软件包（文件名为 Drive_Parallel.h）具体内容如下。

```
#include <reg51.h>
#include <intrins.h>
#define uchar unsigned char
#define uint  unsigned int
/******** 12864LCD 引脚定义 ********/
#define LCD_data  P0              //数据口
sbit LCD_RS  = P2^0;             //寄存器选择输入
sbit LCD_RW  = P2^1;             //液晶读/写控制
sbit LCD_EN  = P2^2;             //液晶使能控制
sbit LCD_PSB = P2^3;             //串/并方式控制,高电平为并行方式,低电平为串行方式
sbit LCD_RST = P2^5;             //液晶复位端口
/********以下是函数声明********/
void Delay_ms(uint xms);         //延时函数声明
void delayNOP();                 //短延时函数声明
bit lcd_busy();                  //忙检查函数声明
void lcd_wcmd(uchar cmd);        //写命令函数声明
void lcd_wdat(uchar dat);        //写数据函数声明
void lcd_init();                 //LCD 并行初始化函数
void lcd_clr();                  //清屏函数声明
/********以下是延时函数********/
void Delay_ms(uint xms)
{
  uint i,j;
  for(i=xms;i>0;i--)             //i=xms 即延时 x 毫秒
        for(j=110;j>0;j--);
}
/********以下是短延时函数********/
void  delayNOP()
{_nop_();_nop_();_nop_();_nop_();}
/********以下是 LCD 忙碌检查函数, lcd_busy 为 1 时, 忙, lcd-busy 为 0 时,闲, 可写指令与数据********/
bit lcd_busy()
 {
```

```
    bit result;
    LCD_RS = 0;
    LCD_RW = 1;
    LCD_EN = 1;
    delayNOP();
    result = (bit)(P0&0x80);
    LCD_EN = 0;
    return(result);
}
/********以下是写指令函数********/
void lcd_wcmd(uchar cmd)
{
    while(lcd_busy());
    LCD_RS = 0;
    LCD_RW = 0;
    LCD_EN = 0;
    _nop_();
    _nop_();
    P0 = cmd;
    delayNOP();
    LCD_EN = 1;
    delayNOP();
    LCD_EN = 0;
}
/********以下是写数据函数********/
void lcd_wdat(uchar dat)
{
    while(lcd_busy());
    LCD_RS = 1;
    LCD_RW = 0;
    LCD_EN = 0;
    P0 = dat;
    delayNOP();
    LCD_EN = 1;
    delayNOP();
    LCD_EN = 0;
}
/********以下是 LCD 并行初始化函数********/
void lcd_init()
{
LCD_PSB = 1;            //设置为并口方式
LCD_RST = 0;           //液晶复位
    Delay_ms(3);
    LCD_RST = 1;
    Delay_ms(3);
    lcd_wcmd(0x34);        //扩充指令操作
    Delay_ms(5);
    lcd_wcmd(0x30);        //基本指令操作
    Delay_ms(5);
    lcd_wcmd(0x0C);        //显示开，关光标
    Delay_ms(5);
    lcd_wcmd(0x01);        //清除 LCD 的显示内容
    Delay_ms(5);
}
/********以下是 LCD 清屏函数********/
void  lcd_clr()
{
```

```
    lcd_wcmd(0x01);          //清除 LCD 的显示内容
    Delay_ms(5);
}
```

9.3.2 实例解析 5——12864 LCD 显示汉字

1. 实现功能

在 DD-900 实验开发板上进行实验。在 12864 LCD（带字库）的第一行滚动显示"顶顶电子欢迎你!"；第二行滚动显示"DD-900 实验开发板"；第三滚动显示"abcdmcuabcd"；第四行滚动显示"12345012345"；闪烁三次后，再循环显示。

重点提示：笔者在"低成本开发板 2"（参见第 2 章）进行 12864 LCD 实验时，没有实验成功，后在笔者早期开发的 DD-900 实验板上实验，取得了成功，如果你手头上没有 DD-900 开发板，也可按图 9-7 所示的电路进行制作，这个电路非常简单，只需外接两只电阻即可。

2. 源程序

根据要求，编写的源程序如下。

```c
#include <reg51.h>
#include <intrins.h>
#include "Drive_Parallel.h"
#define uchar unsigned char
#define uint  unsigned int
uchar code  line1_data[] = {"顶顶电子欢迎你!"};
uchar code  line2_data[] = {"  abcddmcuabcd  "};
uchar code  line3_data[] = {"DD-900 实验开发板"};
uchar code  line4_data[] = {"12345012345  "};
/********以下是设定显示位置函数********/
void  lcd_pos(uchar X,uchar Y)
{
  uchar  pos;
  if (X==1) {X=0x80;}
  else if (X==2) {X=0x90;}
  else if (X==3) {X=0x88;}
  else if (X==4) {X=0x98;}
  pos = X+Y ;
  lcd_wcmd(pos);              //显示地址
}
/********以下是闪烁三次函数********/
void flash()
{
  Delay_ms(1000);            //控制停留时间
  lcd_wcmd(0x08);            //关闭显示
  Delay_ms(500);            //延时 0.5s
  lcd_wcmd(0x0c);            //开显示
  Delay_ms(500);            //延时 0.5s
  lcd_wcmd(0x08);            //关闭显示
  Delay_ms(500);            //延时 0.5s
  lcd_wcmd(0x0c);            //开显示
  Delay_ms(500);            //延时 0.5s
    lcd_wcmd(0x08);          //关闭显示
```

```
  Delay_ms(500);                //延时 0.5s
  lcd_wcmd(0x0c);               //开显示
  Delay_ms(500);                //延时 0.5s
}
/********以下是主函数********/
void  main()
{
uchar i;
  Delay_ms(100);                //上电，等待稳定
  lcd_init();                   //初始化 LCD
  while(1)
  {
  lcd_pos(1,0);                 //设置显示位置为第 1 行
  for(i=0;i<16;i++)
  {
        lcd_wdat(line1_data[i]);
        Delay_ms(100);          //每个字符停留的时间为 100ms
  }
  lcd_pos(2,0);                 //设置显示位置为第 2 行
  for(i=0;i<16;i++)
  {
        lcd_wdat(line2_data[i]);
        Delay_ms(100);
  }
  lcd_pos(3,0);                 //设置显示位置为第 3 行
  for(i=0;i<16;i++)
  {
        lcd_wdat(line3_data[i]);
        Delay_ms(100);
  }
  lcd_pos(4,0);                 //设置显示位置为第 4 行
  for(i=0;i<16;i++)
  {
        lcd_wdat(line4_data[i]);
        Delay_ms(100);
  }
  Delay_ms(1000);               //停留 1s
  flash();                      //闪烁三次
  lcd_clr();                    //清屏
  Delay_ms(2000);
  }
}
```

3. 源程序释疑

源程序比较简单，在主函数中，首先对 LCD 进行初始化，然后定位字符显示的位置，使显示屏依次显示第 1 行、第 2 行、第 3 行、第 4 行的字符和汉字，最后，调用闪烁函数，使 LCD 闪烁三次后再重复显示第 1 行至第 4 行的内容。

该实验源程序和 LCD 驱动程序软件包 Drive_Parallel.h 在下载资料的 ch9\ch9_5 文件夹中。

9.3.3 实例解析 6——12864 LCD 显示图形

1. 实现功能

在 DD-900 实验开发板上进行实验，使 12864 LCD 显示出一头可爱的小胖猪的图片。有

关电路图参见图 9-7。

2．源程序

根据要求，编写的源程序如下。

```c
#include <reg51.h>
#include <intrins.h>
#include "Drive_Parallel.h"
#define uchar unsigned char
#define uint  unsigned int
/*********以下是小猪的图片数据*********/
uchar code bmp_map[] ={详细数据参见下载资料,略}
/*********以下是图片显示函数*********/
void DispMap(uchar *bmp)
{
uchar i,j;
  lcd_wcmd(0x34);                 //写数据时,关闭图形显示
  for(i=0;i<32;i++)               //每屏两行,共 32 个数据
  {
        lcd_wcmd(0x80+i);         //先写入水平坐标值
        lcd_wcmd(0x80);           //写入第 1 行首地址(第一屏的首地址)
        for(j=0;j<16;j++)         //再写入两个 8 位元的数据
        lcd_wdat(*bmp++);         //写入数据,并指向下一数据
        Delay_ms(1);              //延时 1ms
  }
  for(i=0;i<32;i++)               //每屏两行,共 32 个数据
  {
        lcd_wcmd(0x80+i);         //写入水平坐标值
        lcd_wcmd(0x88);           //写入第 3 行的首地址(第二屏的首地址)
        for(j=0;j<16;j++)
        lcd_wdat(*bmp++);
        Delay_ms(1);
  }
  lcd_wcmd(0x36);                 //写完数据,开图形显示
}
/*********以下是主函数*********/
void main()
{
  Delay_ms(100);                  //上电,等待稳定
  lcd_init();                     //初始化 LCD
  lcd_clr();                      //清屏
  DispMap(bmp_map);               //显示图片
  while(1);                       //等待
}
```

3．源程序释疑

图形显示由图片显示函数 DispMap 完成，由于显示屏分为两屏，故写入图片数据时应分开进行写入。下面重点介绍一下图片数据的制作方法。

制作图片数据时，需要采用 LCD 字模软件，图 9-9 所示的是 LCD 字模软件的运行界面。

单击软件工具栏上的"打开"按钮，在出现的界面打开对话框图，选择事先制作好的"小猪"图片（该图片在下载资料的 ch9\ 文件夹中，图片要做成 bmp 格式的位图，分辨率为 128

×64），此时在软件预览区中出现小猪的预览图，如图 9-10 所示。

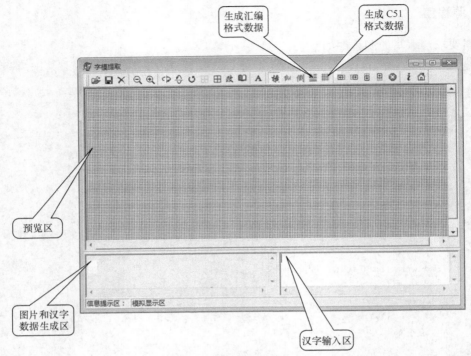

图9-9　LCD字模软件运行界面

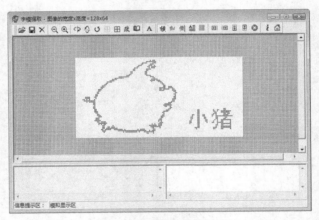

图9-10　图片的预览图

再单击软件工具栏上的"生成 C51 格式数据"按钮，在"图片和汉字数据生成区"就产生了小猪图片的数据，将此数据复制到源程序上即可。

另外，该软件还可以制作汉字数据，制作时，只需在"汉字输入区"输入汉字，按"Ctrl+回车键"，汉字将发送到预览区，再单击软件工具栏上的"生成 C51 格式数据"按钮，即可生成相应汉字的数据。顺便说一下，该软件不但可制作 LCD 数据，而且还可制作 LED 点阵屏数据。

有关 LCD 字模制作软件较多，读者可到相关网站去下载。

该实验源程序和驱动程序软件包 Drive_Parallel.h 在下载资料的 ch9\ch9_6 文件夹中。

第 10 章
时钟芯片 DS1302 实例演练

时钟芯片的主要功能是完成年、月、周、日、时、分、秒的计时，通过外部接口为单片机系统提供时钟和日历。时钟芯片大都使用 32.768kHz 的晶振作为振荡源，本身误差很小。另外，很多时钟芯片还内置有温度补偿电路，因此，走时十分准确。目前，常用的时钟芯片主要有 DS12887、DS1302、DS3231、PCF8563 等，其中，DS1302 应用最为广泛。这也是本章重点要学习的内容。

|10.1 时钟芯片 DS1302 基本知识|

10.1.1 DS1302 介绍

DS1302 是 DALLAS 公司推出的涓流充电时钟芯片，内含有一个实时时钟/日历和 31 字节静态 RAM，通过简单的串行接口与单片机进行通信。DS1302 电路提供秒、分、时、日、月、年的信息，每月的天数和闰年的天数可自动调整，时钟操作可通过 AM/PM 指示决定采用 24 或 12 小时格式。另外，DS1302 内部有一个 31×8 的用于临时性存放数据的 RAM 寄存器。DS1302 与单片机之间能简单地采用同步串行的方式进行通信，仅需用三个端口，即 RST 复位端、IO 数据端、SCLK 时钟端。DS1302 工作时功耗很低，保持数据和时钟信息时功率小于 1mW。

DS1302 为 8 脚集成电路，其管脚功能如表 10-1 所示，图 10-1 所示的是 DS1302 在"低成本开发板 2"上的应用电路。

表 10-1　　　　　　　　　　　　　　DS1302 管脚功能

脚号	符号	功能
1	V_{CC2}	主电源输入
2	X1	外接 32.768kHz 晶振
3	X2	外接 32.768kHz 晶振
4	GND	地
5	RST	复位端，RST=1 允许通信，RST=0 禁止通信
6	I/O	数据输入/输出端
7	SCLK	串行时钟输入端
8	V_{CC1}	备用电源输入

需要特别说明的是，备用电源可以用电池或者超级电容器（0.1F 以上）。虽然 DS1302 在主电源掉电后的耗电很小，但是要长时间保证时钟正常，最好选用小型充电电池。如果断电时间较短（几小时或几天），也可以用漏电较小的普通电解电容器代替，100μF 就可以保证 1 小时的正常走时。

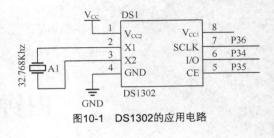

图10-1 DS1302的应用电路

10.1.2 DS1302 的控制命令字

数据传输是以单片机为主控芯片进行的，每次传输时，由单片机向 DA1302 写入一个控制命令字开始，控制命令字的格式如下。

D7	D6	D5	D4	D3	D2	D1	D0
1	RAM/CK	A4	A3	A2	A1	A0	RD/W

控制命令字的最高位（D7）必须是 1，如果它为 0，则不能把数据写入 DS1302 中。

RAM/CK 位为 DS1302 片内 RAM/时钟选择位，RAM/CK=1 时选择 RAM 操作，RAM/CK=0 时选择时钟操作。

RD/W 是读写控制位，RD/W=1 时为读操作，表示 DS1302 接收完命令字后，按指定的选择对象及寄存器（或 RAM）地址读取数据，并通过 I/O 线传输给单片机；RD/W=0 时为写操作，表示 DS1302 接收完命令字后，紧跟着再接受来自单片机的数据字节，并写入到 DS1302 的相应寄存器或 RAM 单元中。

A0～A4 为片内日历时钟寄存器或 RAM 地址选择位。

10.1.3 DS1302 的寄存器

DS1302 内部寄存器地址及寄存器内容如图 10-2 所示。

1. 寄存器的地址

寄存器的地址也就是前面所说的寄存器控制命令字。每个寄存器有两个地址，例如，对于秒寄存器读操作时，RD/W=1，读地址为 81H，写操作时，RD/W=0，写地址为 80H。

DS1302 与 RAM 相关的寄存器分为两类：一类是单个 RAM 单元，共 31 个，每个单元组态为一个 8 位的字节，其命令控制字为 C0H～FDH，其中奇数为读操作，偶数为写操作；另一类为突发方式下的 RAM 多字节寄存器，此方式可一次性读写所有的 RAM 的 31 个字节，命令控制字为 FEH（写）、FFH（读）。

2. 寄存器的内容

在 DS1302 内部的寄存器中，有 7 个寄存器与日历、时钟相关，存放的数据位为 BCD 码形式。

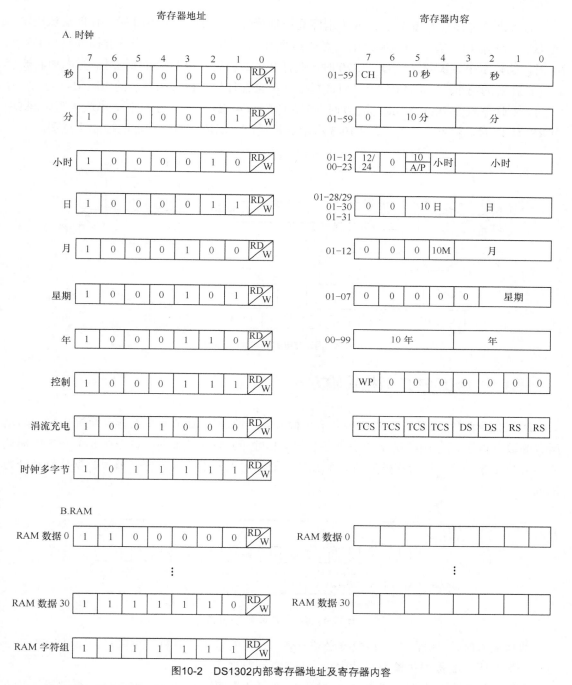

图10-2 DS1302内部寄存器地址及寄存器内容

秒寄存器存放的内容中，最高位 CH 位为时钟停止位，当 CH=1 时，振荡器停止；CH=0 时，振荡器工作。小时寄存器存放的内容中，最高位 12/24 为 12/24 小时标志位，该位为 1 时，为 12 小时模式；该位为 0 时，为 24 小时模式。第 5 位 A/P 为上午/下午标志位，该位为 1 时，为下午模式；该位为 0 时，为上午模式。

控制寄存器的最高位 WP 为写保护位，WP=0 时，能够对日历时钟寄存器或 RAM 进行写操作；当 WP=1 时，禁止写操作。

涓流充电寄存器的高 4 位 TCS 为涓流充电选择位，当 TCS 为 1010 时，使能涓流充电；当 TCS 为其他时，充电功能被禁止。寄存器的第 3、2 位的 DS 为二极管选择位，当 DS 为 01 时，选择 1 个二极管；当 DS 为 10 时，选择 2 个二极管；当 DS 为其他时，充电功能被禁止。寄存器的第 1、0 位的 RS 为电阻选择位，用来选择与二极管相串联的电阻值，当 RS 为 01 时，串联电阻为 2kΩ；当 RS 为 10 时，串联电阻为 4kΩ；当 RS 为 11 时，串联电阻为 8kΩ；当 RS 为 00 时，将不允许充电。图 10-3 所示的是给出了涓流充电寄存器的控制示意图。

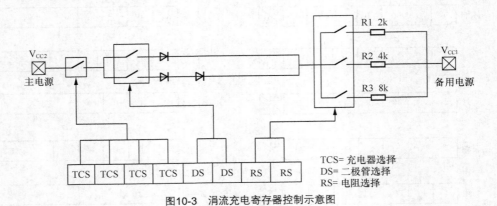

图10-3 涓流充电寄存器控制示意图

10.1.4 DS1302 的数据传输方式

DS1302 有单字节传输方式和多字节传输方式。通过把 RST 复位线驱动至高电平，启动所有的数据传输。图 10-4 所示的是单字节数据传输示意图。传输时，首先在 8 个 SCLK 周期内传输写命令字节，然后在随后的 8 个 SCLK 周期的上升沿输入数据字节，数据从位 0 开始输入。

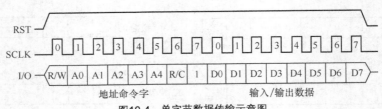

图10-4 单字节数据传输示意图

数据输入时，时钟的上升沿数据必须有效，数据的输出在时钟的下降沿。如果 RST 为低电平，那么所有的数据传输都将被中止，且 I/O 引脚变为高阻状态。

上电时，在电源电压大于 2.5V 之前，RST 必须为逻辑 0。当把 RST 驱动至逻辑 1 状态时，SCLK 必须为逻辑 0。

10.1.5 DS1302 驱动程序软件包的制作

为方便编程，我们制作一个 DS1302 的驱动程序软件包，软件包文件名为 ds1302.h 和 ds1302.c。驱动程序文件包详细内容参见下载资料中的实例部分。

|10.2 DS1302 读写实例演练|

10.2.1 实例解析 1——DS1302 数码管电子钟

1. 实现功能

在"低成本开发板 2"（参见本书第 2 章）上实现数码管电子钟功能。开机后，数码管开始走时，调整好时间后断电，开机仍能正常走时（断电时间不要太长）；按 K1 键（设置键）走时停止，蜂鸣器响一声，此时，按 K2 键（小时加 1 键），小时加 1，按 K3 键（分钟加 1 键），分钟加 1，调整完成后按 K4 键（运行键），蜂鸣器响一声后继续走时。数码管电路图参见第 8 章图 8-6，按键电路图参见第 7 章图 7-2，蜂鸣器电路图参见第 5 章图 5-9。DS1302 电路图参见图 10-1。

2. 源程序

根据要求，编写的源程序如下。

```
#include <reg52.h>
#include"ds1302.h"
#define uchar unsigned char
#define uint  unsigned int
sbit K1 = P3^1;                   //定义 K1 键
sbit K2 = P3^0;                   //定义 K2 键
sbit K3 = P3^2;                   //定义 K3 键
sbit K4 = P3^3;                   //定义 K4 键
sbit  BEEP=P1^5;                  //定义蜂鸣器
bit K1_FLAG=0;                    //定义按键标志位，当按下 K1 键时，该位置 1，K1 键未按下时，该位为 0。
uchar code bit_tab[]={0xe3,0xe7,0xeb,0xef,0xf3,0xf7,0xfb,0xff};//位选表，用来选择哪一只
数码管进行显示
uchar code seg_data[]={0x3f,0x06,0x5b,0x4f,0x66,0x6d,0x7d,0x07,0x7f,0x6f,0x77,0x7c,
0x39,0x5e,0x79,0x71,0x00,0x40};
                                  //0~F、熄灭符和字符"-"的显示码(字形码)
uchar disp_buf[8] ={0x00};        //定义显示缓冲区
uchar time_buf[7] ={0,0,0x12,0,0,0,0};  //DS1302 时间缓冲区，存放秒、分、时、日、月、星期、年
uchar  temp [2]={0};              //用来存放设置时的小时、分钟的中间值
/********以下是延时函数********/
void Delay_ms(uint xms)
{
  uint i,j;
  for(i=xms;i>0;i--)              //i=xms 即延时 x 毫秒
        for(j=110;j>0;j--);
}
/*********以下是蜂鸣器响一声函数********/
void  beep()
{
  BEEP=0;           //蜂鸣器响
  Delay_ms(100);
  BEEP=1;           //关闭蜂鸣器
```

```
     Delay_ms(100);
   }
/********以下是走时转换函数，负责将走时数据转换为适合数码管显示的数据********/
   void conv(uchar in1,in2,in3)      //形参 in1、in2、in3 接收实参 time_buf[2]、time_buf[1]、
time_buf[0]传来的时/分/秒数据
   {
      disp_buf[7] =in1/10;           //小时十位
      disp_buf[6] = in1%10;          //小时个位
      disp_buf[4] = in2/10;          //分钟十位
      disp_buf[3] = in2%10;          //分钟个位
      disp_buf[1] = in3/10;          //秒十位
      disp_buf[0] = in3%10;          //秒个位
      disp_buf[2] = 17;              //第 3 只数码管显示"-"(在 seg_data 表的第 17 位)
      disp_buf[5] = 17;              //第 6 只数码管显示"-"

   }
/********以下是显示函数********/
void Display()
{
   uchar tmp;                        //定义显示暂存
   static uchar disp_sel=0;          //显示位选计数器,显示程序通过它得知现正显示哪个数码管,初始值为 0
   tmp=bit_tab[disp_sel];            //根据当前的位选计数值决定显示哪只数码管
   P2=tmp;                           //送 P2 控制被选取的数码管点亮
   tmp=disp_buf[disp_sel];           //根据当前的位选计数值查的数字的显示码
   tmp=seg_data[tmp];                //取显示码
   P0=tmp;                           //送到 P0 口显示出相应的数字
   disp_sel++;                       //位选计数值加 1,指向下一个数码管
   if(disp_sel==8)                   //如果 8 个数码管显示了一遍,则让其回 0,重新再扫描
   disp_sel=0;
}
/********以下是定时器 T0 中断函数,用于数码管的动态扫描********/
void timer0() interrupt 1
{
   TH0 = 0xf8;TL0 = 0xcc;            //重装计数初值,定时时间为 2ms
   Display();                        //调显示函数

}
/********以下是按键处理函数********/
void KeyProcess()
{
   uchar min16,hour16;               //定义十六进制的分钟和小时变量
   Ds1302Write(0x8e,0x00);           //DS1302 写保护控制字,允许写
   Ds1302Write(0x80,0x80);           //时钟停止运行
   if(K2==0)                         //K2 键用来对小时进行加 1 调整
   {
        Delay_ms(10);                //延时去抖
        if(K2==0)
        {
             while(!K2);             //等待 K2 键释放
             beep();
             time_buf[2]=time_buf[2]+1;                    //小时加 1
             if(time_buf[2]==24) time_buf[2]=0;            //当变成 24 时初始化为 0
             hour16=time_buf[2]/10*16+time_buf[2]%10;//将所得的小时数据转变成十六进制数据
             Ds1302Write(0x84,hour16);                 //将调整后的小时数据写入 DS1302

        }
```

```
        }
    if(K3==0)                                      //K3 键用来对分钟进行加 1 调整
    {
        Delay_ms(10);                              //延时去抖
        if(K3==0)
        {
            while(!K3);                            //等待 K3 键释放
            beep();
            time_buf[1]=time_buf[1]+1;             //分钟加 1
            if(time_buf[1]==60) time_buf[1]=0;     //当分钟加到 60 时初始化为 0
            min16=time_buf[1]/10*16+time_buf[1]%10;//将所得的分钟数据转变成十六进制数据
            Ds1302Write(0x82,min16);               //将调整后的分钟数据写入 DS1302
        }
    }
    if(K4==0)                                      //K4 键是确认键
    {
        Delay_ms(10);                              //延时去抖
        if(K4==0)
        {
            while(!K4);                            //等待 K4 键释放
            beep();
            Ds1302Write(0x80,0x00);                //调整完毕后，启动时钟运行
            Ds1302Write(0x8e,0x80);                //写保护控制字，禁止写
            K1_FLAG=0;                             //将 K1 键按下标志位清零
        }
    }
}
/*********以下是读取时间函数,负责读取当前的时间,并将读取到的时间转换为 10 进制数*********/
void get_time()
{
    uchar sec,min,hour;                           //定义秒、分和小时变量
    Ds1302Write(0x8e,0x00);                       //控制命令,WP=0,允许写操作
    Ds1302Write(0x90,0xab);                       //涓流充电控制
    sec=Ds1302Read(0x81);                         //读取秒
    min=Ds1302Read(0x83);                         //读取分
    hour=Ds1302Read(0x85);                        //读取时
    time_buf[0]=sec/16*10+sec%16;                 //将读取到的十六进制数转化为 10 进制
    time_buf[1]=min/16*10+min%16;                 //将读取到的十六进制数转化为 10 进制
    time_buf[2]=hour/16*10+hour%16;               //将读取到的十六进制数转化为 10 进制
}
/*********以下是定时器 T0 初始化函数*********/
void  timer0_init()
{
    TMOD = 0x01;                                  //定时器 0 工作模式 1，16 位定时方式
    TH0 = 0xf8;TL0 = 0xcc;                        //装定时器 T0 计数初值，定时时间为 2ms
    EA=1;ET0=1;                                   //开总中断和定时器 T0 中断
    TR0 = 1;                                      //启动定时器 T0
}
/*********以下是主函数*********/
void main(void)
{
    P0 = 0x00;
    P2 = 0xff;
    timer0_init();                                //调定时器 T0、T1 初始化函数
    Ds1302Init();                                 //DS1302 初始化
```

```
    while(1)
    {
        get_time();                          //读取当前时间
        if(K1==0)                            //若 K1 键按下
        {
            Delay_ms(10);                    //延时 10ms 去抖
            if(K1==0)
            {
                while(!K1);                  //等待 K1 键释放
                beep();                      //蜂鸣器响一声
                K1_FLAG=1;                   //K1 键标志位置 1，以便进行时钟调整
            }
        }
        if(K1_FLAG==1)KeyProcess();          //若 K1_FLAG 为 1，则进行走时调整
        conv(time_buf[2],time_buf[1],time_buf[0]);//将 DS1302 的小时/分/秒传输到转换函数
    }
}
```

3. 源程序释疑

该源程序与第 8 章实例解析 3 介绍的简易数码管电子钟的源程序有很多相同和相似的地方，主要区别有以下几点。

第一，简易数码管电子钟的走时功能由定时器 T1 完成，而本例源程序的走时功能由 DS1302 完成。

第二，两者的按键处理函数 KeyProcess 有所不同，本例的 KeyProcess 函数增加了对 DS1302 的控制功能（如振荡器的关闭与启动，调整数据的写入等）。

另外，需要说明的是，本例中 DS1302 不但可以显示时间，而且还可以显示年、月、日和星期等数据，读者可在本例的基础上进行功能扩充。

该实验源程序和 D1302 驱动程序软件包在下载资料的 ch10\ch10_1 文件夹中。

10.2.2 实例解析 2——DS1302 LCD 电子钟

1. 实现功能

在 "低成本开发板 2"（参见本书第 2 章）上实现 LCD 电子钟功能。开机后，LCD 上显示以下内容并开始走时，并且断电后再开机走时依然准确。

" ---LCD   Clock---"

"****XX：XX：XX****"

按 K1 键（设置键）走时停止，蜂鸣器响一声，此时按 K2 键（小时加 1 键），小时加 1，按 K3 键（分钟加 1 键），分钟加 1，调整完成后按 K4 键（运行键），蜂鸣器响一声后继续走时。

LCD 电路图参见第 9 章图 9-3，按键电路图，参见第 7 章图 7-2，蜂鸣器电路图参见第 5 章图 5-9，DS1302 电路图参见图 10-1。

2. 源程序

根据要求，编写的源程序如下。

```c
#include <reg52.h>
#include "LCD_drive.h"
#include "ds1302.h"
#define uchar unsigned char
#define uint  unsigned int
uchar count_10ms;              //定义 10ms 计数器
sbit K1 = P3^1;                //定义 K1 键
sbit K2 = P3^0;                //定义 K2 键
sbit K3 = P3^2;                //定义 K3 键
sbit K4 = P3^3;                //定义 K4 键
sbit  BEEP=P1^5;               //定义蜂鸣器

bit K1_FLAG=0;                 //定义按键标志位，当按下 K1 键时，该位置 1，K1 键未按下时，该位为 0。
uchar code line1_data[] = {"---LCD  Clock---"};    //定义第 1 行显示的字符
uchar code line2_data[] = {"*****"};               //定义第 2 行显示的字符
uchar disp_buf[8] ={0x00};                         //定义显示缓冲区
uchar time_buf[7] ={0,0,0x12,0,0,0,0}; //DS1302 时间缓冲区，存放秒、分、时、日、月、星期、年
uchar  temp [2]={0};                               //用来存放设置时的小时、分钟的中间值
/********以下是蜂鸣器响一声函数********/
void  beep()
{
  BEEP=0;                                 //蜂鸣器响
  Delay_ms(100);
  BEEP=1;                                 //关闭蜂鸣器
  Delay_ms(100);
}
/********以下是转换函数，负责将走时数据转换为适合 LCD 显示的数据********/
void  LCD_conv (uchar in1,in2,in3 )
//形参 in1、in2、in3 接收实参 time_buf[2]、time_buf[1]、time_buf[0]传来的小时、分钟、秒数据
{
  disp_buf[0]=in1/10+0x30;                //小时十位数据
  disp_buf[1]=in1%10+0x30;                //小时个位数据
  disp_buf[2]=in2/10+0x30;                //分钟十位数据
  disp_buf[3]=in2%10+0x30;                //分钟个位数据
  disp_buf[4]=in3/10+0x30;                //秒十位数据
  disp_buf[5]=in3%10+0x30;                //秒个位数据
}
/********以下是 LCD 显示函数，负责将函数 LCD_conv 转换后的数据显示在 LCD 上********/
void  LCD_disp ()
{
  lcd_wcmd(0x44 | 0x80);                   //从第 2 行第 4 列开始显示
  lcd_wdat(disp_buf[0]);                   //显示小时十位
  lcd_wdat(disp_buf[1]);                   //显示小时个位
  lcd_wdat(0x3a);                          //显示':'
  lcd_wdat(disp_buf[2]);                   //显示分钟十位
  lcd_wdat(disp_buf[3]);                   //显示分钟个位
  lcd_wdat(0x3a);                          //显示':'
  lcd_wdat(disp_buf[4]);                   //显示秒十位
  lcd_wdat(disp_buf[5]);                   //显示秒个位
}
/********以下是按键处理函数********/
void KeyProcess()
{
  uchar min16,hour16;                      //定义十六进制的分钟和小时变量
  Ds1302Write(0x8e,0x00);                  //DS1302 写保护控制字，允许写
```

```
        Ds1302Write(0x80,0x80);                    //时钟停止运行
        if(K2==0)                                   //K2 键用来对小时进行加 1 调整
        {
                Delay_ms(10);                       //延时去抖
                if(K2==0)
                {
                        while(!K2);                             //等待 K2 键释放
                        beep();
                        time_buf[2]=time_buf[2]+1;             //小时加 1
                        if(time_buf[2]==24) time_buf[2]=0;     //当变成 24 时初始化为 0
                        hour16=time_buf[2]/10*16+time_buf[2]%10;//将所得的小时数据转变成十六进制数据
                        Ds1302Write(0x84,hour16);              //将调整后的小时数据写入 DS1302
                }
        }
        if(K3==0)                                   // K3 键用来对分钟进行加 1 调整
        {
                Delay_ms(10);                       //延时去抖
                if(K3==0)
                {
                        while(!K3);                 //等待 K3 键释放
                        beep();
                        time_buf[1]=time_buf[1]+1;                 //分钟加 1
                        if(time_buf[1]==60) time_buf[1]=0;  //当分钟加到 60 时初始化为 0
                        min16=time_buf[1]/10*16+time_buf[1]%10;   //将所得的分钟数据转变成
十六进制数据
                        Ds1302Write(0x82,min16);    //将调整后的分钟数据写入 DS1302
                }
        }
        if(K4==0)                   //K4 键是确认键
        {
                Delay_ms(10);               //延时去抖
                if(K4==0)
                {
                        while(!K4);             //等待 K4 键释放
                        beep();
                        Ds1302Write(0x80,0x00);     //调整完毕后,启动时钟运行
                        Ds1302Write(0x8e,0x80);     //写保护控制字,禁止写
                        K1_FLAG=0;                  //将 K1 键按下标志位清 0
                }
        }
    }
}

/********以下是读取时间函数,负责读取当前的时间,并将读取到的时间转换为 10 进制数********/
void get_time()
{
  uchar sec,min,hour;                        //定义秒、分和小时变量
  Ds1302Write(0x8e,0x00);                    //控制命令,WP=0,允许写操作
  Ds1302Write(0x90,0xab);                    //涓流充电控制
  sec=Ds1302Read(0x81);                      //读取秒
  min=Ds1302Read(0x83);                      //读取分
  hour=Ds1302Read(0x85);                     //读取时
  time_buf[0]=sec/16*10+sec%16;              //将读取到的十六进制数转化为 10 进制
  time_buf[1]=min/16*10+min%16;              //将读取到的十六进制数转化为 10 进制
  time_buf[2]=hour/16*10+hour%16;            //将读取到的十六进制数转化为 10 进制
}
```

```
/*********以下是主函数*********/
void main(void)
{
  uchar i;
  P0 = 0x00;
//P2 = 0xff;
  lcd_init();                              //LCD 初始化函数（在 LCD 驱动程序软件包中）
  lcd_clr();                               //清屏函数（在 LCD 驱动程序软件包中）
  lcd_wcmd(0x00|0x80);                     //设置显示位置为第 1 行第 0 列
  i = 0;
  while(line1_data[i] != '\0')  //在第 1 行显示"---LCD  Clock---"
  {
  lcd_wdat(line1_data[i]);                 //显示第 1 行字符
  i++;                                     //指向下一字符
  }
  lcd_wcmd(0x40|0x80);                     //设置显示位置为第 2 行第 0 列
  i = 0;
  while(line2_data[i] != '\0')             //在第 2 行 0~3 列显示"****"
  {
      lcd_wdat(line2_data[i]);             //显示第 2 行字符
      i++;                                 //指向下一字符
  }
  lcd_wcmd(0x4c|0x80);                     //设置显示位置为第 2 行第 12 列
  i = 0;
  while(line2_data[i] != '\0')             //在第 2 行 12 列之后显示"****"
  {
      lcd_wdat(line2_data[i]);             //显示第 2 行字符
      i++;                                 //指向下一字符
  }
  Ds1302Init();                            //DS1302 初始化
  while(1)
  {
  get_time();                              //读取当前时间
  if(K1==0)                                //若 K1 键按下
      {
          Delay_ms(10);                    //延时 10ms 去抖
          if(K1==0)
          {
              while(!K1);                  //等待 K1 键释放
              beep();                      //蜂鸣器响一声
              K1_FLAG=1;                   //K1 键标志位置 1，以便进行时钟调整
          }
      }
      if(K1_FLAG==1)KeyProcess();          //若 K1_FLAG 为 1，则进行走时调整
      LCD_conv(time_buf[2],time_buf[1],time_buf[0]);//将 DS1302 的小时/分/秒传输到转换函数
      LCD_disp();                          //调 LCD 显示函数,显示小时、分和秒
  }
}
```

3. 源程序释疑

该源程序与上一个实例有许多相同或相似的地方，主要区别是将 LED 显示改为 LCD 显示，在源程序中已进行了详细的说明，这里不再分析。

该实验源程序 ch12_2.c，D1302 驱动程序软件包 ds1302.h、ds1302.c，LCD 驱动程序软件包 LCD_drive.h，在下载资料的 ch10\ch10_2 文件夹中。

第 11 章
EEPROM 存储器实例演练

一个单片机系统中,存储器起着非常重要的作用。单片机内部的存储器主要分为数据存储器 RAM 和程序存储器 Flash ROM,我们所编写的程序一般写入到 Flash ROM 中,程序运行时产生的中间数据一般存放在 RAM 中。RAM 虽然使用比较方便,但也有自身的缺陷,即系统掉电后保存在数据存储区 RAM 内部的数据会丢失,对于某些对数据要求严格的系统而言,这个问题往往是致命的。为了解决这一问题,近年来出现了 EEPROM(电可编程只读存储器)数据存储芯片,比较典型的有基于 I²C 总线接口的 24CXX 系列存储器。芯片掉电后数据不会丢失,数据可以保存几年甚至几十年,并且数据可以反复擦写。本章主要介绍 24CXX 的编程方法,并对 STC89C 系列单片机内部 EEPROM 进行简要说明。

|11.1 24CXX 实例解析|

11.1.1 24CXX 数据存储器介绍

1. 24CXX 概述

24CXX 系列是最为常见的 I²C 总线串行 EEPROM 数据存储器,该系列芯片除具有一般串行 EEPROM 的体积小、功耗低、工作电压允许范围宽等特点外,还具有型号多、容量大、读写操作简单等特点。

目前,24CXX 串行 EEPROM 有 24C01/02/04/08/16 以及 24C32/64/128/256 等几种,其存储容量分别为 1Kbit(128×8bit,128 字节)、2Kbit(256×8bit,256 字节)、4Kbit(512×8bit。512 字节)、8Kbit(1024×8bit,1K 字节)、16Kbit(2048×8bit,2K 字节)以及 32Kbit(4096 ×8bit,4K 字节)、64Kbit(8192×8bit,8K 字节)、128Kbit(16384×8bit,16K 字节)、256Kbit(32768×8bit,32K 字节),这些芯片主要由 ATMEL、Microchip、XICOR 等几家公司提供。图 11-1 所示的为 24CXX 系列芯片管脚排列图。

图中 A0、A1、A2 为器件地址选择线,SDA 为 I²C 串行数据线,SCL 为 I²C 时钟线,WP 为写保护端,当该端为低电平时,可对存储器写操作;当该端为高电平时,不能对存储器写操作。Vcc 为 1.8~5.5V 正电压,GND 为地。

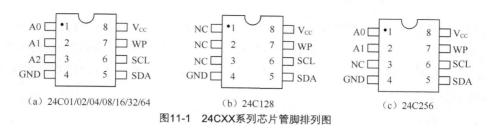

（a）24C01/02/04/08/16/32/64　　　（b）24C128　　　　　（c）24C256

图11-1　24CXX系列芯片管脚排列图

24CXX 串行存储器一般具有两种写入方式：一种是字节写入方式；另一种是页写入方式。24CXX 芯片允许在一个写周期内同时对 1 个字节到 1 页的若干字节的编程写入，1 页的大小取决于芯片内页寄存器的大小，其中，24C01 具有 8 字节数据的页面写能力，24C02/04/08/16 具有 16 字节数据的页面写能力，24C32/64 具有 32 字节数据的页面写能力，24Cl28/256 具有 64 字节数据的页面写能力。

2．I²C 总线介绍

前已述及，24CXX 系列芯片采用 I²C 总线接口与单片机连接，那么，什么是 I²C 总线呢？

I²C 总线是 Philips 公司推出的芯片间串行传输总线。它由两根线组成，一根是串行时钟线（SCL），一根是串行数据线（SDA）。主控器（单片机）利用串行时钟线发出时钟信号，利用串行数据线发送或接收数据。凡具有 I²C 接口的受控器（如 24CXX）都可以挂接在 I²C 总线上，主控器通过 I²C 总线对受控器进行控制。

（1）I²C 总线数据的传输规则

① 在 I²C 总线上的数据线 SDA 和时钟线 SCL 都是双向传输线，它们的接口各自通过一个上拉电阻接到电源正端。当总线空闲时，SDA 和 SCL 必须保持高电平。

② 进行数据传输时，在时钟信号高电平期间，数据线上的数据必须保持稳定；只有时钟线上的信号为低电平期间，数据线上的高电平或低电平才允许变化，如图 11-2 所示。

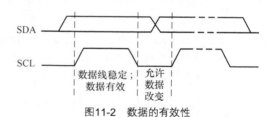

图11-2　数据的有效性

③ 在 I²C 总线的工作过程中，当时钟线保持高电平期间，数据线由高电平向低电平变化定义为起始信号（S），而数据线由低电平向高电平的变化定义为一个终止信号（P），如图 11-3 所示，起始信号和终止信号均由主控器产生。

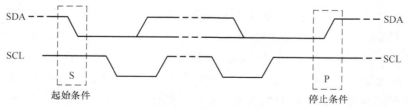

图11-3　起始和停止条件

④ I²C 总线传输的每一字节均为 8 位，每启动一次总线，传输的字节数没有限制。由主控器发送时钟脉冲及起始信号、寻址字节和停止信号，受控器件必须在收到每个数据字节后做出响应，在传输一个字节后的第 9 个时钟脉冲位，受控器输出低电平作为应答信号，此时，

要求发送器在第 9 个时钟脉冲位上释放 SDA 线，以便受控器送出应答信号，将 SDA 线拉成低电平，表示对接收数据的认可，应答信号用 ACK 或 A 表示，非应答信号用 $\overline{\text{ACK}}$ 或 $\overline{\text{A}}$ 表示，当确认后，主控器可通过产生一个停止信号来终止总线数据传输。I²C 总线数据传输示意图如图 11-4 所示。

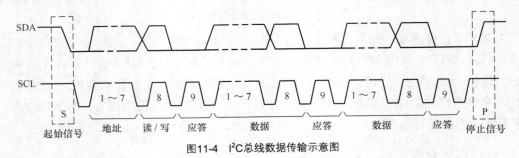

图11-4　I²C总线数据传输示意图

需要说明的是，当主控器接收数据时，在最后一个数据字节，必须发送一个非应答位，使受控器释放 SDA 线，以便主控器产生一个停止信号来终止总线数据传输。

（2）I²C 总线数据的读写格式

总线上传输数据的格式是指为被传输的各项有用数据安排的先后顺序，这种格式是人们根据串行通信的特点，传输数据的有效性、准确性和可靠性而制定的。另外，总线上数据的传输还是双向的，也就是说主控器在指令操纵下，既能向受控器发送数据（写入），也能接收受控器中某寄存器中存放的数据（读取），所以传输数据的格式有"写格式"与"读格式"之分。

① 写格式

I²C 总线数据的写格式如图 11-5 所示。

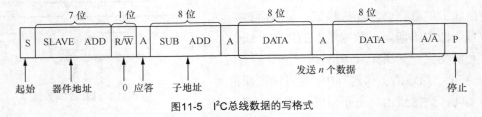

图11-5　I²C总线数据的写格式

"写格式"是指主控器向受控器发送数据，工作过程是先由主控器发出启动信号（S），随后传输一个带读/写（R/$\overline{\text{W}}$）标记的器件地址（SLAVE ADD）字节，器件地址只有 7bit 长，第 8 位是读/写位（R/$\overline{\text{W}}$），用来确定数据传输的方向，对于"写格式"，R/$\overline{\text{W}}$ 应为"0"，表示主控器将发送数据给受控器，接着传输第二个字节，即器件地址的子地址（SUB ADD），若受控器有多字节的控制项目，该子地址是指首（第一个）地址。子地址在受控器中都是按顺序编制的，这就便于某受控器的数据一次传输完毕，接着才是若干字节的控制数据的传输，每传输一个字节的地址或数据后的第 9 位是受控器的应答信号，数据传输的顺序要靠主控器中程序的支持才能实现，数据发送完毕后，由主控器发出停止信号（P）。

② 读格式

"读格式"如图 11-6 所示。与"写格式"不同，"读格式"首先要找到读取数据的受控器的地址，包括器件地址和子地址，所以在启动读之前，用"写格式"发送受控器，再启动"读格式"。

图11-6　受控器向主控器发送数据（读格式）

重点提示：在设置众多受控器中，为了将控制数据可靠地传输给指定的受控 IC，必须使每一块受控 IC 编制一个地址码，称为器件地址。显然器件地址不能在不同的 IC 间重复使用。主控器发送寻址字节时，总线上所有受控器都将寻址字节中的 7 位地址与自己的器件地址相比较，如果两者相同，则该器件就是被寻址的受控器（从器件），受控器内部的 n 个数据地址（子地址）的首地址由子地址数据字节指出，I^2C 总线接口内部具有子地址指针自动加 1 功能，所以主控器不必一一发送 n 个数据字节的子地址。

3. 24CXX 芯片的器件地址

24CXX 器件地址设置如图 11-7 所示。

从图中可以看出，24CXX 的器件地址由 7 位地址和 1 位方向位组成，其中高 4 位器件地址 1010 由 I^2C 委员会分配，最低 1 位 R/$\overline{W}$ 为方向位，当 R/$\overline{W}$=0 时，对存储器进行写操作，当 R/$\overline{W}$=1 时，对存储器进行读操作。其他三位为硬地址位，可选择接地、接 V_{CC} 或悬空。

对于容量只有 128 字节/256 字节的 24C01/24C02 而言，A2、A1、A0 为硬地址，可选择接地或 V_{CC}，当选择接地时，该存储器的写器件地址为 101000000（十六进制为 0xa0），读器件地址为 10100001（十六进制为 0xa1）。

对于容量具有 512 字节的 24C04 而言，硬地址是 A2、A1，其中 A0 悬空，划归页地址 P0 使用，读/写第 0 页的 256 个字节子地址时，其器件地址应赋予 P0=0，读/写第 1 页的 256 个字节子地址时，其器件地址应赋予 P0=1，因为 8 位子地址只能寻址 256 个字节，可见，当 A0 悬空时，可对 512 个字节进行寻址。若 A0 接地，其子地址只能在第 0 页（256 个字节）中寻址，这说明，尽管 24C04 的字节容量有 512 个，但第 1 页的存储容量被放弃。

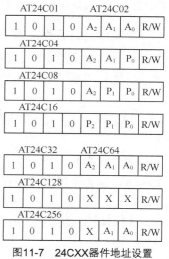

图11-7　24CXX器件地址设置

对于 24C08，A1、A0 应选择悬空，对于 24C16，A0、A1、A2 应选择悬空，只有这样，才能充分利用其内部地址单元。

对于 24C32/64，A2、A1、A0 为硬地址，可选择接地或 V_{CC}。

对于 24C128，A0、A1、A2 应选择悬空。

对于 24C256，A0、A1 为硬地址，A2 应选择悬空。

重点提示：若 A2、A1、A0 未悬空，可以任选接地或接 V_{CC}，这样 A2、A1、A0 就有 8

种不同的选择，说明一对总线系统最多可以同时连接 8 个 24C01/02、4 个 24C04、2 个 24C08、8 个 24C32/64、4 个 24C256 而不发生地址冲突，不过这种使用多块存储器的方法在单片机设计中很少采用。

4. 24CXX 芯片的数据地址

24CXX 系列芯片数据地址如表 11-1 所示。

表 11-1   24CXX 系列芯片数据地址

型号	A15	A14	A13	A12	A11	A10	A9	A8	A7	A6	A5	A4	A3	A2	A1	A0
24C01	×	×	×	×	×	×	×	×	I/O	I/O	I/O	I/O	I/O	I/O	I/O	I/O
24C02	×	×	×	×	×	×	×	×	I/O	I/O	I/O	I/O	I/O	I/O	I/O	I/O
24C04	×	×	×	×	×	×	×	×	I/O	I/O	I/O	I/O	I/O	I/O	I/O	I/O
24C08	×	×	×	×	×	×	×	×	I/O	I/O	I/O	I/O	I/O	I/O	I/O	I/O
24C16	×	×	×	×	×	×	×	×	I/O	I/O	I/O	I/O	I/O	I/O	I/O	I/O
24C32	×	×	×	×	I/O	I/O	I/O	I/O	I/O	I/O	I/O	I/O	I/O	I/O	I/O	I/O
24C64	×	×	×	I/O	I/O	I/O	I/O	I/O	I/O	I/O	I/O	I/O	I/O	I/O	I/O	I/O
24C128	×	×	I/O	I/O	I/O	I/O	I/O	I/O	I/O	I/O	I/O	I/O	I/O	I/O	I/O	I/O
24C256	×	I/O	I/O	I/O	I/O	I/O	I/O	I/O	I/O	I/O	I/O	I/O	I/O	I/O	I/O	I/O

注：表中，X 表示无效位，I/O 表示有效位

从表中可以看出，对于 24C01/02/04/08/16 来说，只有 A0～A7 是有效位，8 位地址的最大寻址空间是 256Kbit，这对于 24C01/02 正好合适，但对于 24C04/08/16 来说，则不能完全寻址，因此需要借助页面地址选择位 P0、P1、P2 进行相应的配合。

11.1.2   I²C 总线驱动程序软件包的制作

为方便编程，在这里，我们仍制作一个 I²C 总线驱动程序软件包，软件包文件名为 I²C_drive.h。驱动程序文件包详细内容参见下载资料中的实例部分。

11.1.3   实例解析 1——具有记忆功能的计数器

1. 实现功能

在"低成本开发板 2"（参见本书第 2 章）上实现具有记忆功能的计数器。按压 K1 键一次，数码管显示加 1，最高计数为 99，关机后再开机，数码管显示上次关机时的计数值。24C02 存储器电路如图 11-8 所示。LED 数码管电路参见第 8 章图 8-6，按键电路参见第 7 章图 7-2，蜂鸣器电路参见第 5 章图 5-9。

2. 源程序

根据要求，编写的源程序如下。

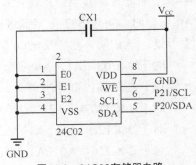

图11-8 24C02存储器电路

```c
#include <reg52.h>
#include "I²C_drive.h"           //包含 I²C 总线驱动程序软件包
#define uchar unsigned char
#define uint unsigned int
uchar code seg_data[]={0x3f,0x06,0x5b,0x4f,0x66,0x6d,0x7d,0x07,0x7f,0x6f,0x77,0x7c,
0x39,0x5e,0x79,0x71,0x00};
//0~F 和熄灭符的显示码(字形码)
uchar code bit_tab[]={0xe3,0xe7,0xeb,0xef,0xf3,0xf7,0xfb,0xff};
//位选表,用来选择哪一只数码管进行显示

uchar disp_buf[2]={0,0};          //定义 2 个显示缓冲单元
uchar count[]={0};                //定义数组,用来存放计数值
//sbit  P26=P2^6;                 //第 8 只数码管位选端
//sbit  P27=P2^7;                 //第 8 只数码管位选端
sbit BEEP=P1^5;                   //蜂鸣器
sbit  K1=P3^1;                    //K1 键
/********以下是延时函数********/
void Delay_ms(uint xms)           //延时程序,xms 是形式参数
{
  uint i, j;
  for(i=xms;i>0;i--)              // i=xms,即延时 xms, xms 由实际参数传入一个值
        for(j=115;j>0;j--);       //此处分号不可少
}
/*********以下是蜂鸣器响一声函数********/
void  beep()
{
  BEEP=0;                    //蜂鸣器响
  Delay_ms(100);
  BEEP=1;                    //关闭蜂鸣器
  Delay_ms(100);
}

/********以下是显示函数********/
void Display()
{
  uchar tmp;                       //定义显示暂存
  static uchar disp_sel=0;         //显示位选计数器,显示程序通过它得知现正显示哪个数码管,初始值为 0
  tmp=bit_tab[disp_sel];           //根据当前的位选计数值决定显示哪只数码管
  P2=tmp;                          //送 P2 控制被选取的数码管点亮
  tmp=disp_buf[disp_sel];          //根据当前的位选计数值查的数字的显示码
  tmp=seg_data[tmp];               //取显示码
  P0=tmp;                          //送到 P0 口显示出相应的数字
  disp_sel++;                      //位选计数值加 1,指向下一个数码管
  if(disp_sel==2)
  disp_sel=0;                      //如果 2 个数码管显示了一遍,则让其回 0,重新再扫描
}
/********以下是定时器 T0 中断函数,用于数码管的动态扫描********/
void timer0() interrupt 1
{
  TH0 = 0xf8;TL0 = 0xcc;           //重装计数初值,定时时间为 2ms
  Display();
}
/*********以下是定时器 T0 初始化函数********/
void  timer0_init()
{
```

```
    TMOD = 0x01;                //定时器 0 工作模式 1,16 位定时方式
    TH0 = 0xf8;TL0 = 0xcc;      //装定时器 T0 计数初值,定时时间为 2ms
    EA=1;ET0=1;                 //开总中断和定时器 T0 中断
    TR0 = 1;                    //启动定时器 T0
}
/*********以下是主函数*********/
void main()
{
    timer0_init();
    I²C_init();
    read_nbyte(0xa0,0x00, count,1);    //从 AT24C02 读出数据 1 个数据,存放在 count[]数组 中
    if(count[0]>=100)count[0]=0;       //防止首次读取 EEPROM 数据时出错
    while(1)
    {
        if(K1==0)
        {
            Delay_ms(10);
            if(K1==0)
            {
                while(!K1);             //等待 K1 键释放
                count[0]++;
                write_nbyte(0xa0,0x00, count,1);//从 count 中取出 1 个数据,向 AT24C02 写入
                beep();
                if(count[0]==99)count[0]=0;
            }
        }
        disp_buf[1]=count[0]/10;
        disp_buf[0]=count[0]%10;
    }
}
```

3. 源程序释疑

为了达到断电记忆的目的,应处理好以下两个问题。

一是断电前数据的存储问题,即断电前一定要将数据保存起来,这一功能由程序中的以下函数完成。

```
write_nbyte(0xa0,0x00, count,1);
```

二是重新开机后数据读取的问题,即重新开机后要将断电前保存的数据读出来,这一功能由程序中的以下函数完成。

```
read_nbyte(0xa0,0x00, count,1);
```

该实验程序和 I²C 总线驱动程序软件包 I²C_drive.h 在下载资料的 ch11\ch11_1 文件夹中。

11.1.4 实例解析 2——花样流水灯

1. 实现功能

在"低成本开发板 2"上演示花样流水灯。开机后,8 个 LED 灯按不同的花样进行显示,演示一遍后,蜂鸣器响一声,然后再重新开始循环。24C02 存储器电路如图 11-8 所示。LED 灯电路参见本书第 2 章图 2-1,蜂鸣器电路参见第 5 章图 5-9。

2. 源程序

根据要求，编写的源程序如下。

```c
#include <reg52.h>
#include <intrins.h>
#include "I²C_drive.h"              //包含 I²C 总线驱动程序软件包
#define uchar unsigned char
#define uint unsigned int
sbit BEEP=P1^5;
/********以下是流水灯数据********/
uchar code  led_data1[40]= {
                0x7e,0xbd,0xdb,0xe7,0xe7,0xdb,0xbd,0x7e,  //两边靠拢后分开
                0x7e,0x3c,0x18,0x00,0x00,0x18,0x3c,0x7e}; //两边叠加后递减

uchar idata led_buf[40]={0xff,0xff };   //数据存储区
/********以下是延时函数********/
void Delay_ms(uint xms)
{
  uint i,j;
  for(i=xms;i>0;i--)                      //i=xms 即延时 x 毫秒
        for(j=110;j>0;j--);
}
/********以下是蜂鸣器响一声函数********/
void  beep()
{
  BEEP=0;                                //蜂鸣器响
  Delay_ms(100);
  BEEP=1;                                //关闭蜂鸣器
  Delay_ms(100);
}
/********以下是主函数********/
main(void)
{
  uchar i,temp;
  I²C_init();
  write_nbyte(0xa0,0,led_data1,16); //从 led_data1[]数组中取出 16 个数据,从 24C02 的 0 单元
开始写入 16 个数据
  Delay_ms(500);
  read_nbyte(0xa0,0,led_buf,16);   //从 AT24C02 的 0 单元开始读出数据 40 个数据,存放在
led_buf[]数组中
  while(1)
  {
        for(i=0;  i<16;  i++)             //显示 16 个数据
        {
                temp= led_buf[i];
                P2 = temp;
                Delay_ms(300);           //显示时间为 300ms
        }
        beep();
  }
}
```

3. 源程序释疑

这个源程序比较简单，采用查表的方法，先从数组 led_data1[]取出 16 个流水灯数据，写

入到 24C02 的前 16 个单元，再将写入的 16 个数据读取出来，存放到数组 led_buf[]中，送入 P2 口的 LED 灯进行显示。

该实验源程序和 I²C 驱动程序软件包 I²C_drive 在下载资料的 ch11\ch11_2 文件夹中。

|11.2　STC89Cxx 内部 EEPROM 的使用|

11.2.1　STC89C 系列单片机内部 EEPROM 介绍

在一般的单片机中（如 AT89S51 等），是在片外扩展存储器，单片机与存储器之间通过 I²C 总线（如前面介绍的 24CXX）或其他总线来进行数据通信。这样不光会增加开发成本，同时在程序开发上也要花更多的心思。而在 STC89C 系列单片机中，内置了 EEPROM（其实是采用 IAP 技术读写内部 FLASH 来实现 EEPROM），这样就节省了片外资源，使用起来也更加方便。STC89C 系列单片机各型号单片机内置的 EEPROM 的容量在 2kbit 以上，可以擦写 10 万次。

上面提到了 IAP，它的意思是"在应用编程"，即在程序运行时程序存储器可由程序自身进行擦写。正是因为有了 IAP，从而使单片机可以将数据写入到程序存储器中，使得数据如同烧入的程序一样，掉电不丢失。当然写入数据的区域与程序存储区要分开来，以使程序不会遭到破坏。

IAP 功能与表 11-2 所示的几个特殊功能寄存器相关。

表 11-2　　　　　　　　　　　STC89C 系列单片机的几个特殊功能寄存器

寄存器	地址	名称	BIT7	BIT 6	BIT 5	BIT 4	BIT 3	BIT 2	BIT 1	BIT 0	复位值
ISP_DATA	E2H	ISP/IAP 操作时的数据寄存器	—	—	—	—	—	—	—	—	11111111
ISP_ADDRH	E3H	ISP/IAP 操作时的地址寄存器高 8 位	—	—	—	—	—	—	—	—	00000000
ISP_ADDRL	E4H	ISP/IAP 操作时的地址寄存器低 8 位	—	—	—	—	—	—	—	—	00000000
ISP_CMD	E5H	SP/IAP 操作时的命令模式寄存器	—	—	—	—	—	MS2	MS1	MS0	XXXXX000
ISP_TRIG	E6H	SP/IAP 操作时的命令触发寄存器	—	—	—	—	—	—	—	—	XXXXXXXX
ISP_CONTR	E7H	ISP/IAP 操作时的控制寄存器	ISPEN	SWBS	SWRST	—	—	WT2	WT1	WT0	000XX000

11.2.2　STC89C 系列单片机内部 EEPROM 驱动程序软件包的制作

为了编程方便，笔者根据宏晶科技提供的资料，制作一个 STC89C 系列单片机内部 EEPROM 驱动程序软件包，软件包文件名为 STC_EEPROM.h，在下载资料 ch13/ch13_4 文件夹中。STC_EEPROM.h 软件包主要包括 STC89C 特殊功能寄存器定义以及打开 ISP/IAP 功能函数、关闭 ISP/IAP 功能函数、字节读函数、扇区擦除函数、字节写函数等。

11.2.3　实例解析 3——STC89C 系列单片机内部 EEPROM 演示

1. 实现功能

要求采用 STC89C 系列单片机（这里采用 STC89C52）内部 EEPROM 存储器，在"低成本开发板 2"上实现具有记忆功能的计数器，具体功能与前面介绍的实例 1 一致。LED 数码管电路参见第 8 章图 8-6，按键电路参见第 7 章图 7-2，蜂鸣器电路参见第 5 章图 5-9。

2. 源程序

根据要求，编写的源程序如下。

```
#include <reg52.h>
#include "STC_EEPROM.h"                    //包含 STC89C52 内部 EEPROM 驱动程序软件包
#define uchar unsigned char
#define uint unsigned int
uchar code seg_data[]={0x3f,0x06,0x5b,0x4f,0x66,0x6d,0x7d,0x07,0x7f,0x6f,0x77,0x7c,
0x39,0x5e,0x79,0x71,0x00};
//0~F 和熄灭符的显示码(字形码)
uchar code bit_tab[]={0xe3,0xe7,0xeb,0xef,0xf3,0xf7,0xfb,0xff};
//位选表,用来选择哪一只数码管进行显示
uchar disp_buf[2]={0,0};                   //定义 2 个显示缓冲单元
uchar count[]={0};                         //定义数组,用来存放计数值
sbit BEEP=P1^5;                            //蜂鸣器
sbit K1=P3^1;                              //K1 键
/********以下是延时函数********/
void Delay_ms(uint xms)                    //延时程序, xms 是形式参数
{
  uint i, j;
  for(i=xms;i>0;i--)                       //i=xms,即延时 xms,x 由实际参数传入一个值
       for(j=115;j>0;j--);                 //此处分号不可少
  }
/*********以下是蜂鸣器响一声函数********/
void beep()
{
  BEEP=0;                                  //蜂鸣器响
  Delay_ms(100);
  BEEP=1;                                  //关闭蜂鸣器
  Delay_ms(100);
}

/********以下是显示函数********/
void Display()
{
  uchar tmp;                               //定义显示暂存
  static uchar disp_sel=0;                 //显示位选计数器,显示程序通过它得知现正显示哪个数码管，初始值为 0
  tmp=bit_tab[disp_sel];                   //根据当前的位选计数值决定显示哪只数码管
  P2=tmp;                                  //送 P2 控制被选取的数码管点亮
  tmp=disp_buf[disp_sel];                  //根据当前的位选计数值查的数字的显示码
```

```
    tmp=seg_data[tmp];                  //取显示码
    P0=tmp;                             //送到 P0 口显示出相应的数字
    disp_sel++;                         //位选计数值加 1,指向下一个数码管
    if(disp_sel==2)
    disp_sel=0;                         //如果 2 个数码管显示了一遍,则让其回 0,重新再扫描
}
/*********以下是定时器 T0 中断函数, 用于数码管的动态扫描*********/
void timer0() interrupt 1
{
    TH0 = 0xf8;TL0 = 0xcc;              //重装计数初值,定时时间为 2ms
    Display();
}
/*********以下是定时器 T0 初始化函数*********/
void  timer0_init()
{
    TMOD = 0x01;                        //定时器 0 工作模式 1,16 位定时方式
    TH0 = 0xf8;TL0 = 0xcc;              //装定时器 T0 计数初值,定时时间为 2ms
    EA=1;ET0=1;                         //开总中断和定时器 T0 中断
    TR0 = 1;                            //启动定时器 T0
}
/*********以下是主函数*********/
void main()
{
    timer0_init();
    count[0]=byte_read(0x2000);   //对 STC89C51, 内部 EEPROM 起始地址为 0x1000
                        //对 STC89C52 单片机, 为 0x2000
    if(count[0]>=100)count[0]=0; //防止首次读取 EEPROM 数据时出错
    while(1)
    {
        if(K1==0)
        {
            Delay_ms(10);
            if(K1==0)
            {
                while(!K1);             //等待 K1 键释放
                count[0]++;
                SectorErase(0x2000);//将 STC89C52 内部 EEPROM 起始地址为 0x2000 的一个
扇区擦除
                            //若采用 STC89C51 单片机, 0x2000 应改为 0x1000
                byte_write(0x2000,count[0]);    //将数据写入 STC89C52 内部 EEPROM 起
始地址为 0x2000 的扇区中
                            //若采用 STC89C51 单片机, 此处的 0x2000 应改为 0x1000
                beep();
                if(count[0]==99)count[0]=0;
            }
        }
        disp_buf[1]=count[0]/10;
        disp_buf[0]=count[0]%10;
    }
}
```

3. 源程序释疑

（1）源程序中，读取 STC89C52 内部 EEPROM 内容由以下语句完成。

```
num=byte_read(0x2000);
```

语句中，byte_read 是驱动程序软件包中的读字节函数，其原形为：

```
uchar byte_read(uint byte_addr)
```

该函数只有一个参数 byte_addr，表示字节地址，函数的功能是，读取 STC89C52 内部 EEPROM 字节地址为 byte_addr 的数据。

注意事项：对于 STC89C51 单片机，内部 EEPROM 共有 8 个扇区，起始与结束地址分别为：0x1000～0x11ff、0x1200～0x13ff、0x1400～0x15ff、0x1600～0x17ff、0x1800～0x19ff、0x1a00～0x1bff、0x1c00～0x1dff、0x1e00～0x1fff。

对于 STC89C52 单片机，内部 EEPROM 也有 8 个扇区，起始与结束地址分别为：0x2000～0x21ff、0x2200～0x23ff、0x2400～0x25ff、0x2600～0x27ff、0x2800～0x29ff、0x2a00～0x2bff、0x2c00～0x2dff、0x2e00～0x2fff。

对于其他型号的 STC 系列单片机，其内部 EEPROM 扇区的地址也有所不同，详细情况请查阅相关资料。

（2）源程序中，将数据写入 STC89C52 内部 EEPROM 由以下两条语句完成。

```
SectorErase(0x2000);        //擦除扇区
byte_write(0x2000,num);     //重新将数据写入到 STC89C52 的 0x2000 地址中
```

第一条语句是 EEPROM 扇区擦除函数，其函数原形为：

```
void SectorErase(uint sector_addr)
```

该函数只有一个参数 sector_addr，表示扇区地址，函数的使用是将 EEPROM 中起始地址为 sector_addr 的一个扇区擦除。

第二条语句的写 EEPROM 数据函数，函数原形为：

```
void byte_write(uint byte_addr, uchar original_data)
```

该函数有两个参数，第一个参数是 byte_addr，表示字节地址，第二个参数 original_data，表示原始数据。函数的功能是将数据 original_data 写入到 STC89C51 内部 EEPROM 字节地址为 byte_addr 的扇区中。

应该注意的是，STC89C52 单片机每个扇区为 512Byte，建议在写程序时将同一次修改的数据放在同一扇区中，以方便修改，因为在执行擦除命令时，一次最小擦除一个扇区的数据，每次更新前都必须擦除原数据方可重新写入一个新数据，不能在原数据基础上更新内容。

该实验程序和 STC 内部 EEPROM 驱动程序软件包 STC_EEPROM.h 在下载资料的 ch11\ch11_3 文件夹中。

第 12 章
单片机看门狗与低功耗模式实例演练

单片机系统工作时，有可能会受到来自外界电磁场的干扰造成程序的出错，从而陷入死循环，程序的正常运行被打断，造成单片机系统陷入停滞状态，发生不可预料的后果。为此，产生了一种专门用于监测单片机程序运行状态的电路，俗称看门狗（Watch Dog Timer），英文缩写为 WDT。看门狗电路主要由一个定时器组成，在打开看门狗时，定时器开始工作，定进时间一到，触发单片机复位；在软件设计时，在合适的地方对看门狗定时器清零，只要软件运行正常，单片机就不会出现复位。当应用系统受到干扰而导致死机或出错时，则程序不能及时对看门狗定时器进行清零，一段时间后，看门狗定时器溢出，输出复位信号给单片机，使单片机重新启动工作，从而保证系统的正常运行。我们常用的 AT89S、STC89C 系列等单片机内部，都集成了看门狗电路，使用十分方便。

|12.1 单片机看门狗实例演练|

12.1.1 单片机看门狗基本知识

目前，常用的看门狗主要有软件看门狗、外部硬件看门狗以及 AT89S、STC89C 系列单片机内部看门狗三种形式。下面，我们重点以 STC89C 系列单片机内部看门狗电路为例进行介绍。

STC89C 系列单片机，设有看门狗定时器寄存器 WDT_CONTR，它在特殊功能寄存器中的字节地址为 0xe1，不能位寻址，该寄存器不但可启停看门狗，而且还可以设置看门狗溢出时间等。WDT_CONTR 寄存器各位的定义如下：

位序号	D7	D6	D5	D4	D3	D2	D1	D0
位符号	—	—	EN_WDT	CLR_WDT	IDLE_WDT	PS2	PS1	PS0

EN_WDT：看门狗允许位，当设置为 1 时，启动看门狗。

CLR_WDT：看门狗清零位，当设为 1 时，看门狗定时器将重新计数。硬件自动清零此位。

IDLE_WDT：看门狗 IDLE 模式位，当设置为 1 时，看门狗定时器在单片机的空闲模式计数；当清零该位时，看门狗定时器在单片机的空闲模式时不计数。

PS2、PS1、PS0：看门狗定时器预分频值，用来设置看门狗溢出时间。看门狗溢出时间与预分频数有直接的关系，公式如下：

看门狗溢出时间=(N×预分频数×32768)/晶振频率

上式中，N 表示 STC 单片机的时钟模式，STC89C 单片机有两种时钟模式：单倍速，也就是 12 时钟模式，这种时钟模式下，STC89C 单片机与其他公司 51 单片机具有相同的机器周期，即 12 个振荡周期为一个机器周期；另一种为双倍速，又被称为 6 时钟模式，在这种时钟模式下，STC89C 单片机比其他公司的 51 单片机运行速度要快一倍，关于单倍速与双倍速的设置在下载程序软件界面上有设置选择，一般情况下，我们使用单倍速模式，即 N 为 12。

当单片机晶振为 11.0592MHz，工作在单倍速下时（N=12），看门狗定时器预分频值与看门狗定时时间的对应关系如表 12-1 所示。

表 12-1　　　　　　　　　　看门狗定时器预分频值与看门狗定时时间

PS2	PS1	PS0	预分频数	看门狗溢出时间
0	0	0	2	71.1ms
0	0	1	4	142.2ms
0	1	0	8	284.4ms
0	1	1	16	568.8ms
1	0	0	32	1.1377s
1	0	1	64	2.2755s
1	1	0	128	4.5511s
1	1	1	256	9.1022s

12.1.2　看门狗实例演练

1．实现功能

在"低成本开发板 2"上测试 STC89C52 单片机的看门狗功能：开机后，P2 口的 LED 灯按流水灯逐个点亮，要求在程序中加入看门狗功能。LED 灯电路参见第 2 章图 2-1。

2．源程序

根据要求，编写的源程序如下。

```
#include<reg52.h>
#define uint unsigned int
sfr  WDT_CONTR =0xe1;              //定义 STC89C 单片机看门狗寄存器
sbit  P20=P2^0;                    //定义位变量
sbit  P21=P2^1;
sbit  P22=P2^2;
sbit  P23=P2^3;
sbit  P24=P2^4;
sbit  P25=P2^5;
sbit  P26=P2^6;
sbit  P27=P2^7;
/********以下是延时函数********/
void Delay_ms(uint xms)
{
  uint i, j;
```

```
    for(i=xms;i>0;i--)              // i=xms,即延时 xms, x 由实际参数传入一个值
        for(j=115;j>0;j--);
}
/********以下是主函数********/
void main()
{
  while(1)                          //循环显示
  {
        WDT_CONTR=0x3d;             //第一次"喂狗",并将看门狗定时时间设置为 2.2755s
        P20=0;                      //P20 脚灯亮
        Delay_ms (500);            // 将实际参数 500 传递给形式参数 xms, 延时 0.5s
        P20=1;                      //P20 脚灯灭
        P21=0;                      //P21 脚灯亮
        Delay_ms (500);
        P21=1;                      //P21 脚灯灭
        P22=0;                      //P22 脚灯亮
        Delay_ms (500);
        P22=1;                      //P22 脚灯灭
        P23=0;                      //P23 脚灯亮
        Delay_ms (500);
        P23=1;                      //P23 脚灯灭
        WDT_CONTR=0x3d;             //第二次"喂狗",并将看门狗定时时间设置为 2.2755s
        P24=0;                      //P24 脚灯亮
        Delay_ms (500);
        P24=1;                      //P24 脚灯灭
        P25=0;                      //P25 脚灯亮
        Delay_ms (500);
        P25=1;                      //P25 脚灯灭
        P26=0;                      //P26 脚灯亮
        Delay_ms (500);
        P26=1;                      //P26 脚灯灭
        P27=0;                      //P27 脚灯亮
        Delay_ms (500);
        P27=1;                      //P27 脚灯灭
  }
}
```

3. 源程序释疑

在应用看门狗时，需要在整个大程序的不同位置"喂狗"，每两次"喂狗"之间的时间间隔一定不能小于看门狗定时器的溢出时间，否则程序将会不停地复位。

在本程序中，8 只 LED 灯按流水灯方式显示一遍需要 4s 的时间，而看门狗定时器定时时间设置为 2.2755s，因此 8 只流水灯循环一遍的过程中需"喂狗"二次。否则流水灯在流动过程中会不断被复位。

为了验证这种情况，读者可以将源程序中的第二次"喂狗"语句"WDT_CONTR=0x3d"删除，观察会有什么现象发生？

删除该语句后会发现，流水灯只能在前 5 只 LED 灯之间循环。原来，点亮前 4 只流水灯需用时 2s，而看门狗定时时间为 2.2755s，因此在点亮第 5 只 LED 灯时看门狗定时器溢出，程序复位，流水灯又从第 1 只开始循环。

该实验程序在下载资料的 ch12\ch12_1 文件夹中。

|12.2　单片机低功耗模式实例演练|

12.2.1　单片机低功耗模式基本知识

在以电池供电的单片机系统中，有时为了降低电池的功耗，在程序不运行时就要采用低功耗模式。低功耗模式有两种，即待机模式和掉电模式。

低功耗模式是由电源控制及波特率选择寄存器 PCON 来控制的。PCON 是一个逐位定义的 8 位寄存器，其格式如下所示。

D7	D6	D5	D4	D3	D2	D1	D0
SMOD	—	—	—	GF1	GF0	PD	IDL

SMOD 为波特率倍增位，在串行通信时用；GF1 为通用标志位 1；GF0 为通用标志位 0；PD 为掉电模式位，PD=1，进入掉电模式；IDL 为待机模式位，IDL=1，进入待机模式。也就是说只要执行一条指令让 PD 位或 IDL 位为 1 就可以了。那么，单片机是如何进入或退出掉电工作模式和待机工作模式的呢？下面，简要进行介绍。

1. 待机模式

待机模式又叫空闲模式，当使用指令使 PCON 寄存器的 IDL=1，则进入待机模式。当单片机进入待机模式时，除 CPU 处于休眠状态外，其余硬件全部处于活动状态，芯片中程序未涉及的数据存储器和特殊功能寄存器中的数据在待机模式期间都将保持原值。但假若定时器正在运行，那么计数器寄存器中的值还将会增加。在待机模式下，单片机的消耗电流从 4～7mA 降为 2mA 左右，这样就可以节省电源的消耗。单片机在待机模式下，可由任一个中断或硬件复位唤醒，需要注意的是，使用中断唤醒单片机时，程序从原来停止处继续运行，当使用硬件复位唤醒单片机时，程序将从头开始执行。

2. 掉电模式

掉电模式又能叫休眠模式。当使用指令使 PCON 寄存器的 PD=1，则进入掉电工作模式，此时单片机的一切工作都停止，只有内部 RAM 的数据被保持下来；掉电模式下电源可以降到 2V，功耗可降至 $0.1\mu A$。单片机在掉电模式下，可由外部中断或者硬件复位唤醒，与待机模式类似，使用外部中断唤醒单片机时，程序从原来停止处继续运行，当使用硬件复位唤醒单片机时，程序将从头开始执行。

12.2.2　低功耗模式实例演练

1. 实现功能

在"低成本开发板 2"（参见第 2 章）上进行实验：开机后第 7、8 只数码管从 00 开始显示秒表的走时情况，当秒表走时到 10 时，单片机进入待机模式，按下 **K3** 键（P3.2 脚，单片机响应外部中断 0）后，单片机从待机模式返回，秒表继续走时。LED 数码管电路参见第 8 章图 8-6，独立按键电路参见第 7 章图 7-2。

2. 源程序

根据要求，编写的源程序如下。

```
#include <reg52.h>
#include <intrins.h>
#define uchar unsigned char
#define uint  unsigned int
sbit P22=P2^2;
sbit P23=P2^3;
sbit P24=P2^4;
uchar count=0, sec=0;               // count 为 50ms 计数器, sec 为秒计数器变量
bit sec_flag=0;
uchar code seg_data[]={0x3f,0x06,0x5b,0x4f,0x66,0x6d,0x7d,0x07,0x7f,0x6f,0x77,0x7c,
0x39,0x5e,0x79,0x71,0x00};
//0~F 和熄灭符的显示码(字形码)
uchar data disp_buf[2] = {0x00,0x00};//显示缓冲区
/********以下是延时函数********/
void Delay_ms(uint xms)             //延时程序，xms 是形式参数
{
  uint i, j;
  for(i=xms;i>0;i--)                // i=xms，即延时 xms，x 由实际参数传入一个值
        for(j=115;j>0;j--);         //此处分号不可少
}
/********以下是显示函数********/
void Display()
{
  disp_buf[0]=sec/10;               //取出秒计数值的十位
  disp_buf[1]=sec%10;               //取出秒计数值的个位
  P0=seg_data[disp_buf[1]];         //显示个位
  P22=0;                            //开个位显示
  P23=1;                            //开个位显示
  P24=1;                            //开个位显示

  Delay_ms(10);                     //延时 10ms
  P0=0x00;                          //关闭显示
  P0=seg_data[disp_buf[0]];         //显示十位
  P22=1;                            //开十位显示
  P23=1;
  P24=1;

  Delay_ms(10);                     //延时 10ms
  P0=0x00;                          //关闭显示
}
/********以下是主函数********/
main()
{
  P0=0x00;
  P2=0xff;
  TMOD=0x01;                        //定时器 T0 方式 1
```

```
        TH0=0x4c; TL0=0x00;              //50ms 定时初值
        EA=1; ET0=1; TR0=1;             //开总中断,开定时器 T0 中断,启动定时器 T0
        EX0=1;IT0=1;                    //开外中断 0,下降沿触发
        while(1)
        {
            if(sec_flag==1)
            {
                if(sec==60)sec=0; //如果秒计数器 sec 为 60,则清零
                if(sec==10)
                {
                    ET0=0;          //关闭定时器 T0
                    PCON=0x01;     //进入待机模式,如果使 PCON 为 0x02,则进入掉电模式
                }
                sec_flag=0;        //秒标志位清零
                sec++;             //秒计数器加 1
            }
            Display();             //显示函数
        }
}
/********以下是定时器 T0 中断函数,产生 50ms 定时********/
void timer0() interrupt 1
{
  TH0=0x4c;TL0=0x00;               //重装 50ms 定时初值
  count++;                         //计数值加 1
  if(count==20)                    //若 count 为 20,说明 1s 到(20×50ms=1000ms)
  {
      count=0;                     // count 清零
  sec_flag=1;
  }
}
/********以下是外中断 0 函数,用来触发单片机进入正常工作状态********/
void int0() interrupt 0
{
PCON=0x00;                         //进入正常模式
ET0=1;                             //打开定时器 T0 中断
}
```

3. 源程序释疑

源程序主要由主函数、显示函数、定时器 T0 中断函数、外部中断 0 中断函数等组成。整个源程序演示了单片机从正常工作模式进入待机模式,然后再从待机模式返回到正常工作模式的全过程。

定时器 T0 中断函数用来产生秒信号,定时时间为 50ms,中断 20 次后恰好为 1s,此时置位秒信号标志位 sec_flag。

在主程序中,首先判断秒标志位 sec_flag 是否为 1,若为 1,则秒计数器 sec 的值加 1,当加到 10 时,关闭定时器 T0,同时,将单片机设置为待机模式。

应该注意的是,在主程序中有以下两条语句。

```
ET0=0;        //关闭定时器 T0
PCON=0x01;    //进入待机模式,如果使 PCON 为 0x02,则进入掉电模式
```

这两条语句的作用:在进入待机模式之前,先把定时器 T0 关闭,这样方可等待外部中断 0 的产生,如果不关闭定时器 T0,定时器 T0 的中断同样也会唤醒单片机,使其退出待机

模式，这样我们便看不出进入待机模式和返回的过程了。

在外部中断 0 服务程序中，首先将 PCON 中原先设定的待机模式控制位清除，接下来再重新开启定时器 T0。这样，当按下 K3 键触发外中断 0 时，一方面可以退出待机模式，另一方面秒表又可以继续走时了。

正常情况下，实验现象如下：数码管从 00 开始递增显示，到 10 后，数码管走时停止并熄灭，单片机进入待机模式，此时，按 K3 键，相当于触发了外中断 0，数码管从 11 开始显示，递增下去，一直到 59 后再回到 00 继续走时。需要说明的是，单片机进入待机模式时，如果按下的是复位键，则单片机唤醒后将从 00 开始显示，而不是从 11 开始显示。

待机实验完成后，读者再将源程序中的 PCON=0x01 改为 PCON=0x02，让单片机进入掉电模式，再观察掉电实验情况。

实验时，大家可将数字万用表调节到电流挡，然后串接入单片机系统的供电回路中，观察单片机在正常工作模式、待机模式、掉电模式下流过系统的总电流变化情况。经测试可发现结果如下：正常工作电流>待机模式电流>掉电模式电流。

该实验程序在下载资料的 ch12\ch12_2 文件夹中。

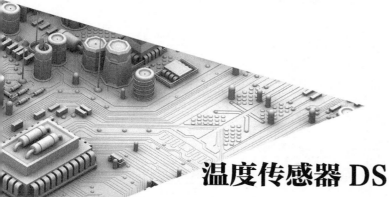

第 13 章
温度传感器 DS18B20 实例解析

美国 DALLAS 公司生产的单线数字温度传感器 DS18B20，是一种模/数转换器件，可以把模拟温度信号直接转换成串行数字信号供单片机处理，而且读写 DS18B20 信息仅需要单线接口，使用非常方便。DS18B20 测量温度范围为-55～+125℃，在-10～+85℃范围内，精度为±0.5℃。DS18B20 支持 3～5.5V 的电压范围，现场温度直接以单总线的数字方式传输，大大提高了系统的抗干扰性。

|13.1   温度传感器 DS18B20 基本知识|

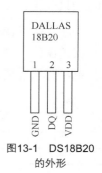

图13-1 DS18B20
的外形

13.1.1   温度传感器 DS18B20 介绍

1. DS18B20 管脚功能

DS18B20 的外形如图 13-1 所示。

可以看出，DS18B20 的外形类似三极管，共三只引脚，分别为 GND（地）、DQ（数字信号输入/输出）和 VDD（电源）。

DS18B20 与单片机连接电路非常简单，如图 13-2（a）所示，由于每片 DS18B20 含有唯一的串行数据口，所以在一条总线上可以挂接多个 DS18B20 芯片，如图 13-2（b）所示。

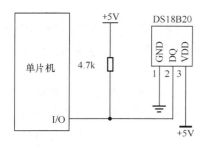

（a）单只 DS18B20 与单片机的连接

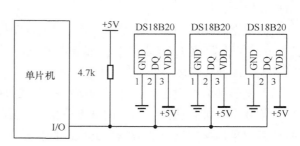

（b）多只 DS18B20 与单片机的连接

图13-2 DS18B20与单片机的连接

2. DS18B20 的内部结构

DS18B20 内部结构如图 13-3 所示。

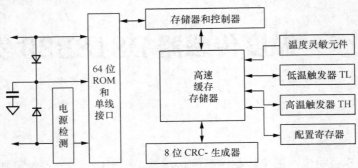

图13-3　DS18B20内部结构

DS18B20 共有 64 位 ROM，用于存放 DS18B20 编码，其前 8 位是单线系列编码（DS18B20 的编码是 19H），后面 48 位是芯片唯一的序列号，最后 8 位是以上 56 的位的 CRC 码（冗余校验）。数据在出厂时设置，不能由用户更改。由于每一个 DS18B20 序列号都各不相同，因此，在一根总线上可以挂接多个 DS18B20。

DS18B20 中的温度传感器完成对温度的测量。

配置寄存器主要用来设置 DS18B20 的工作模式和分辨率。配置寄存器中各位的定义如下。

TM	R1	R0	1	1	1	1	1

配置寄存器的低 5 位一直为 1，TM 是测试模式位，用于设置 DS18B20 在工作模式还是在测试模式。这位在出厂时被设置为 0，R1 和 R0 用来设置分辨率，即决定温度转换的精度位数，其设置情况如表 13-1 所示。

表 13-1　　　　　　　　　　　　DS18B20 分辨率设置

R1	R0	分辨率/位	温度最大转换时间/ms
0	0	9	93.75
0	1	10	187.5
1	0	11	375
1	1	12	750

高温度和低温度触发器 TH、TL 是一个非易失性的可电擦除的 EEPROM，可通过软件写入用户报警上下限值。

高速缓存存储器由 9 个字节组成，分别是：温度值低位 LSB（字节 0）、温度值高位 MSB（字节 1）、高温限值 TH（字节 2）、低温限值 TL（字节 3）、配置寄存器（字节 4）保留（字节字节 5、6、7）、CRC 校验值（字节 8）。

当温度转换命令发出后，经转换所得的温度值存放在高速暂存存储器的第 0 和第 1 个字节内。第 0 个字节存放的是温度的低 8 位信息，第 1 个字节存放的是温度的高 8 位信息。单片机可通过单线接口读到该数据，读取时低位在前，高位在后。第 2、3 个字节是 TH、TL 的易失性拷贝，第 4 个字节是配置寄存器的易失性拷贝，这 3 个字节的内容在每一次上电复位时被刷新。第 5、6、7 个字节用于内部计算，第 8 个字节用于冗余校验。

这里需要注意的是，存放在第 0、1 字节中的温度值，其中后 11 位是数据位，前 5 位是符号位，如果测得的温度大于 0，前 5 位为 0，只要将测到的数值乘于 0.0625 即可得到实际温度；如果温度小于 0，前 5 位为 1，测到的数值需要取反加 1 再乘于 0.0625，即可得到实际温度。表 13-2 所示的是典型温度的二进制及十六进制对照表。

表 13-2　　　　　　　　　　　　典型温度的二进制及十六进制对照表

温度值/℃	双字节温度（二进制）		双字节温度（十六进制）
	符号位（5 位）	数据位（11 位）	
+125	00000	111 1101 0000	0x07d0
+85.5	00000	101 0101 1000	0x0558
+25.0625	00000	001 1001 0001	0x0191
+10.125	00000	000 1010 0010	0x00a2
+0.5	00000	000 0000 1000	0x0008
0	00000	000 0000 0000	0x0000
−0.5	11111	111 1111 1000	0xfff8
−10.125	11111	111 0101 1110	0xff5e
−25.0625	11111	111 0110 1111	0xfe6f
−55	11111	100 1001 0000	0xfc90

3. DS18B20 的指令

在对 DS18B20 进行读写编程时，必须严格保证读写时序，否则将无法读取温度结果。根据 DS18B20 的通信协议，单片机控制 DS18B20 完成温度转换必须经过以下步骤：每一次读写之前都要对 DS18B20 进行复位，复位成功后发送一条 ROM 指令，最后发送 RAM 指令，这样才能对 DS18B20 进行预定的操作。

复位要求单片机将数据线下拉 500μs，然后释放，DS18B20 收到信号后等待 16～60μs，然后发出 60～240μs 的存在低脉冲，单片机收到此信号表示复位成功。

DS18B20 的 ROM 指令如表 13-3 所示，RAM 指令如表 13-4 所示。

表 13-3　　　　　　　　　　　　ROM 指令表

指　　令	约定代码	功　　能
读 ROM	0x33	读 DS18B20 温度传感器 ROM 中的编码（即 64 位地址）
匹配 ROM	0x55	发出此命令之后，接着发出 64 位 ROM 编码，访问单总线上与该编码相对应的 DS18B20 使之做出响应，为下一步对该 DS18B20 的读写作准备
搜索 ROM	0xf0	用于确定挂接在同一总线上 DS18B20 的个数和识别 64 位 ROM 地址。为操作各器件做好准备
跳过 ROM	0xcc	忽略 64 位 ROM 地址，直接向 DS18B20 发温度变换命令。适用于单只 DS18B20 工作
报警搜索命令	0xec	执行后只有温度超过设定值上限或下限的芯片才做出响应

表 13-4　　　　　　　　　　　　RAM 指令表

指　　令	约定代码	功　　能
温度变换	0x44	启动 DS18B20 进行温度转换，12 位转换时最长为 750ms（9 位为 93.75ms）。结果存入内部 9 字节 RAM 中
读高速缓存	0xbe	读内部 RAM 中 9 字节的内容

指　　令	约定代码	功　　能
写高速缓存	0x4e	发出向内部 RAM 的字节 2、3 写上、下限温度数据命令,紧跟该命令之后,是传输两字节的数据
复制高速缓存	0x48	将 RAM 中字节 2、3 的内容复制到 EEPROM 中
重调 EEPROM	0xb8	将 EEPROM 中内容恢复到 RAM 中的第 3、4 字节
读供电方式	0xb4	寄生供电时 DS18B20 发送 0,外接电源供电时 DS18B20 发送 1

4. DS18B20 使用注意事项

DS18B20 虽然具有诸多优点,但在使用时也应注意以下几个问题。

(1) 由于 DS18B20 与微处理器间采用串行数据传输方式,因此,在对 DS18B20 进行读写编程时必须严格地保证读写时序,否则将无法正确读取测温结果。

(2) 对于在单总线上所挂 DS18B20 的数量问题,一般人们会误认为可以挂任意多个 DS18B20,而在实际应用中并非如此。若单总线上所挂 DS18B20 超过 8 个时,则需要解决单片机的总线驱动问题,这在进行多点测温系统设计时要加以注意。

(3) 连接 DS18B20 的总线电缆是有长度限制的。试验中,当采用普通信号电缆且其传输长度超过 50m 时,读取的测温数据将发生错误。而将总线电缆改为双绞线带屏蔽电缆时,正常通信距离可达 150m,如采用带屏蔽层且每米绞合次数更多的双绞线电缆,则正常通信距离还可以进一步加长。这种情况主要是由总线分布电容使信号波形产生畸变造成的,因此,在用 DS18B20 进行长距离测温系统设计时要充分考虑总线分布电容和阻抗匹配问题。

(4) 在 DS18B20 测温程序设计中,当向 DS18B20 发出温度转换命令后,程序总要等待 DS18B20 的返回信号。这样,一旦某个 DS18B20 接触不好或断线,在程序读该 DS18B20 时就没有返回信号,从而使程序进入死循环。因此,在进行 DS18B20 硬件连接和软件设计时,应当加以注意。

(5) 如果单片机对多只 DS18B20 进行操作,需要先执行读 ROM 命令,逐个读出其序列号,然后再发出匹配命令,就可以进行温度转换和读写操作了。单片机只对一只 DS18B20 进行操作,一般不需要读取 ROM 编码以及匹配 ROM 编码,只要用跳过 ROM 命令,就可以进行温度转换和读写操作。

13.1.2　温度传感器 DS18B20 驱动程序软件包的制作

为方便编程,我们制作一个 DS18B20 的驱动程序软件包,软件包文件名为 DS18B20_ drive.h。在“低成本开发板 2”(参见本书第 2 章)上,DS18B20 接在单片机的 P3.7,具体内容如下。

```
#define uchar unsigned char
#define uint unsigned int
sbit DQ = P3^7;  //定义 DS18B20 端口 DQ
uchar yes0 ;
/********以下是延时函数********/
void Delay(uint num)
{
  while( --num );
```

```
}
/********以下是 DS18B20 初始化函数，若返回值为 0 则 DS18B20 正常，返回值为 1 则不正常********/
    Init_DS18B20(void)
{
    DQ = 1;              //DQ 复位
    Delay(8);            //延时
    DQ = 0;              //单片机将 DQ 拉低
    Delay(90);           //精确延时大于 480μs
    DQ = 1;              //拉高总线
    Delay(8);
    yes0 = DQ;           //如果=0 则初始化成功 =1 则初始化失败
    Delay(100);
    DQ = 1;
    return(yes0);        //返回信号，若 yes0 为 0 则存在,若 yes0 为 1 则不存在
}
/********以下是读一字节函数********/
ReadOneByte(void)
{
    uchar i = 0;
    uchar dat = 0;
    for (i = 8; i > 0; i--)
    {
        DQ = 0;
        dat >>= 1;
        DQ = 1;
        if(DQ)
        dat |= 0x80;
        Delay(4);
    }
    return (dat);
}
/********以下是写一字节函数********/
WriteOneByte(uchar dat)
{
    uchar i = 0;
    for (i = 8; i > 0; i--)
    {
        DQ = 0;
        DQ = dat&0x01;
        Delay(5);
        DQ = 1;
        dat>>=1;
    }
}
```

|13.2　DS18B20 数字温度计实例解析|

13.2.1　实例解析 1——LED 数码管数字温度计

1. 实现功能

在"低成本开发板 2"（参见本书第 2 章）上进行实验。DS18B20 感应的温度值通过前 4

位数码管进行显示，其中，前 3 位显示温度的百位、十位和个位，最后 1 位显示温度的小数位。LED 数码管电路参见第 8 章图 8-6。

2. 源程序

根据要求，编写的源程序如下。

```c
#include <reg52.h>
#include "DS18B20_drive.h"                          //DS18B20 驱动程序软件包
#define uchar unsigned char
#define uint unsigned int
sbit BEEP=P1^5 ;
uchar code seg_data[]={0x3f,0x06,0x5b,0x4f,0x66,0x6d,0x7d,0x07,0x7f,0x6f,0x77,0x7c,
0x39,0x5e,0x79,0x71,0x00};
//0~F 和熄灭符的显示码(字形码)
uchar data  temp_data[2] = {0x00,0x00};              //用来存放温度高 8 位和低 8 位
uchar data  disp_buf[5] ={0x00,0x00,0x00,0x00,0x00}; //显示缓冲区
sbit DOT = P0^7;                            //接数码管小数点段位
sbit P20=P2^0;
sbit P22=P2^2;
sbit P23=P2^3;
sbit P24=P2^4;
/********以下是延时函数********/
void Delay_ms(uint xms)                       //延时程序，xms 是形式参数
{
  uint i, j;
  for(i=xms;i>0;i--)
        for(j=115;j>0;j--);                   //此处分号不可少
  }
/**********以下是蜂鸣器响一声函数********/
void  beep()
{
  BEEP=0;                                     //蜂鸣器响
  Delay_ms(100);
  BEEP=1;                                     //关闭蜂鸣器
  Delay_ms(100);
}
/********以下是显示函数，在前 4 位数码管上显示出温度值********/
void Display()
{
  P0 =seg_data[disp_buf[3]];                   //显示百位
  P22=1;                                       //开百位显示
  P23=1;
  P24=0;
  Delay_ms(2);                                 //延时 2ms
  P0=0x00;                                     //关百位显示
  P0 =seg_data[disp_buf[2]];                   //显示十位
  P22 = 0;
  P23=1;
  P24=0;
  Delay_ms(2);
  P0=0x00;
  P0 =seg_data[disp_buf[1]];                   //显示个位
  P22 = 1;
  P23=0;
  P24=0;
```

```
        DOT =1;                                   //显示小数点
        Delay_ms(2);
        P0=0x00;
        P0 =seg_data[disp_buf[0]] ;              //显示小数位
        P22= 0;
        P23=0;
        P24=0;
        Delay_ms(2);
        P0=0x00;
}
/********以下是读取温度值函数********/
GetTemperture(void)
{
uchar i;
Init_DS18B20();                                  //DS18B20 初始化
  if(yes0==0)                                    //若 yes0 为 0,说明 DS18B20 正常
  {
        WriteOneByte(0xcc);                      // 跳过读序号列号的操作
        WriteOneByte(0x44);                      // 启动温度转换
        for(i=0;i<250;i++)Display();
                        //调用显示函数延时,等待 A/D 转换结束,分辨率为 12 位时需延时 750ms 以上
        Init_DS18B20();
        WriteOneByte(0xcc);                      //跳过读序号列号的操作
        WriteOneByte(0xbe);                      //读取温度寄存器
        temp_data[0] = ReadOneByte();            //温度低 8 位
        temp_data[1] = ReadOneByte();            //温度高 8 位
  }
 else  beep();                                   //若 DS18B20 不正常,蜂鸣器报警
}
/********以下是温度数据转换函数,将温度数据转换为适合 LED 数码管显示的数据********/
void TempConv()
{
  uchar  temp;                                   //定义温度数据暂存
  temp=temp_data[0]&0x0f;                        //取出低 4 位的小数
  disp_buf[0]= (temp *10/16);                    //求出小数位的值
  temp=((temp_data[0]&0xf0)>>4)|((temp_data[1]&0x0f)<<4);
                        // temp_data[0]高 4 位与 temp_data[1]低 4 位组合成 1 字节整数
  disp_buf[3]=temp/100;                          //分离出整数部分的百位
  temp=temp%100;                                 //十位和个位部分存放在 temp
  disp_buf[2]=temp/10;                           //分离出整数部分十位
  disp_buf[1]=temp%10;                           //个位部分
  if(!disp_buf[3])                               //若百位为 0 时,不显示百位,seg_data[]表的第 16 位为熄灭符
  {
        disp_buf[3]=16;
        if(!disp_buf[2])                         //若十高位为 0,不显示十位
        disp_buf[2]=10;
  }
}
/********以下是主函数********/
void main(void)
{
  while(1)
  {
        GetTemperture();                         //读取温度值
        TempConv();                              //将温度转换为适合 LED 数码管显示的数据
```

```
            Display();
    }
}
```

3. 源程序释疑

源程序主要由主函数、读取温度值函数 GetTemperture、温度值转换函数 TempConv、显示函数 Display 等组成。

（1）函数 GetTemperture 用来读取温度值，读取时，首先对 DS18B20 复位，检测 DS18B20 是否正常工作，若工作不正常，蜂鸣器报警；若正常，则接着读取温度数据。单片机发出 0xCC 指令，跳过 ROM 操作，然后向 DS18B20 发出 A/D 转换的 0x44 指令，再发出读取温度寄存器的温度值指令 0xbe，将读取的 16 位温度数据的低位和高位分别存放在数组 temp_data[0]、temp_data[1] 单元中。

（2）温度值转换函数 TempConv 将读取到的温度数据转换为适合 LED 数码管显示的数据。

（3）显示函数 Display 比较简单，这里主要说明两点：一是个位数小数点的显示，个位数小数点由单片机的 P0.7 脚控制，当 P0.7 脚为高电平时，个位数小数显示；二是延时时间的选择问题。在显示函数中，延时时间为 2ms，显示 4 位数码管需要 8ms，频率为 125Hz，因此不会出现闪烁现象。这个延时时间可以改变，但最好不要超过 6ms，否则会出现闪烁的现象。

该实验程序和 DS18B20 驱动程序软件包 DS18B20_drive.h 在下载资料的 ch13\ch13_1 文件夹中。

13.2.2 实例解析 2——LCD 数字温度计

1. 实现功能

在"低成本开发板 2"（参见第 2 章）上实现 LCD 数字温度计功能：开机后，若 DS18B20 正常，LCD 第一行显示 "DS18B20 OK"，第二行显示 "TMEP：XXX.X℃"（XXX.X 表示显示的温度数值）；若 DS18B20 不正常，LCD 第一行显示 "DS18B20 ERROR"，第二行显示 "TMEP：----℃"。1602 LCD 电路参见第 9 章图 9-3 所示。

2. 源程序

根据要求，编写的源程序如下。

```c
#include<reg52.h>
#include "LCD_drive.h"         //包含 LCD 驱动程序软件包
#include "DS18B20_drive.h"     //DS18B20 驱动程序软件包
#define uchar unsigned char
#define uint  unsigned int
sbit BEEP=P1^5;                //蜂鸣器
bit  temp_flag ;               //判断 DS18B20 是否正常标志位,正常时为 1,不正常时为 0
uchar  temp_comp;              //用来存放测量温度的整数部分
uchar disp_buf[8]={0};                  //显示缓冲
uchar  temp_data[2] = {0x00,0x00};      //用来存放温度数据的高位和低位
uchar code line1_data[] = "   DS18B20 OK   ";   //DS18B20 正常时第 1 行显示的信息
```

```
uchar code  line2_data[] = " TEMP:           ";     //DS18B20 正常时第 2 行显示的信息
uchar code  menu1_error[] = "  DS18B20 ERR ";    //DS18B20 出错时第 1 行显示的信息
uchar code  menu2_error[] = " TEMP: ----     ";   //DS18B20 出错时第 2 行显示的信息
/********以下是函数声明,由于本例采用的函数较多,应加入函数声明部分********/
void  TempDisp();                            //温度值显示函数声明
void  beep();                               //蜂鸣器响一声函数声明
void  MenuError();                          //DS18B20 出错菜单函数声明
void  MenuOk();                             //DS18B20 正常菜单函数声明
void  GetTemperture();                      //读取温度值函数声明
void  TempConv();                           //温度值转换函数声明
/********以下是温度值显示函数,负责将测量温度值显示在 LCD 上********/
void  TempDisp()
{
  lcd_wcmd(0x46 | 0x80);                     //从第 2 行第 6 列开始显示温度值
  lcd_wdat(disp_buf[3]);                     //百位数显示
  lcd_wdat(disp_buf[2]);                     //十位数显示
  lcd_wdat(disp_buf[1]);                     //个位数显示
  lcd_wdat('.');                             //显示小数点
  lcd_wdat(disp_buf[0]);                     //小数位数显示
  lcd_wdat(0xdf);                            //0xdf是圆圈°的代码,以便和下面的C配合成温度符号℃
  lcd_wdat('C');                             //显示 C
}
/*********以下是蜂鸣器响一声函数********/
void  beep()
{
  BEEP=0;                                    //蜂鸣器响
  Delay_ms(100);
  BEEP=1;                                    //关闭蜂鸣器
  Delay_ms(100);
}
/********以下是 DS18B20 正常时的菜单函数********/
void  MenuOk()
{
uchar i;
lcd_wcmd(0x00|0x80);                        //设置显示位置为第 1 行第 0 列
  i = 0;
  while(line1_data[i] != '\0')               //在第 1 行显示"  DS18B20 OK  "
  {
      lcd_wdat(line1_data[i]);               //显示第 1 行字符
      i++;                                   //指向下一字符
  }
  lcd_wcmd(0x40|0x80);                       //设置显示位置为第 2 行第 0 列
  i = 0;
  while(line2_data[i] != '\0')               //在第 2 行显示" TEMP:        "
  {
      lcd_wdat(line2_data[i]);               //显示第 2 行字符
      i++;                                   //指向下一字符
  }
}
/********以下是 DS18B20 出错时的菜单函数********/
void  MenuError()
{
  uchar  i;
  lcd_clr();                                 //LCD 清屏
```

```
        lcd_wcmd(0x00|0x80);                    //设置显示位置为第 1 行第 0 列
        i = 0;
        while(menu1_error[i] != '\0')           //在第 1 行显示"   DS18B20 ERROR    "
        {
                lcd_wdat(menu1_error[i]);        //显示第 1 行字符
                i++;                             //指向下一字符
        }
        lcd_wcmd(0x40|0x80);                     //设置显示位置为第 2 行第 0 列
        i = 0;
        while(menu2_error[i] != '\0')            //" TEMP: ----       "
        {
                lcd_wdat(menu2_error [i]);       //显示第 2 行字符
                i++;                             //指向下一字符
        }
        lcd_wcmd(0x4b | 0x80);                   //从第 2 行第 11 列开始显示
        lcd_wdat(0xdf);                          //0xdf 是圆圈° 的代码,以便和下面的 C 配合成温度符号℃
        lcd_wdat('C');                           //显示 C
}
/********以下是读取温度值函数********/
void GetTemperture(void)
{
    EA=0;                                        //关中断,防止读数错误
    Init_DS18B20();                              //DS18B20 初始化
    if(yes0==0)             // yes0 为 Init_DS18B20 函数的返回值,若 yes0 为 0,说明 DS18B20 正常
    {
            WriteOneByte(0xcc);                  // 跳过读序号列号的操作
            WriteOneByte(0x44);                  // 启动温度转换
            Delay_ms(1000);                      //延时 1s,等待转换结束
            Init_DS18B20();
            WriteOneByte(0xcc);                  //跳过读序号列号的操作
            WriteOneByte(0xbe);                  //读取温度寄存器
            temp_data[0] = ReadOneByte();        //温度低 8 位
            temp_data[1] = ReadOneByte();        //温度高 8 位
            //temp_TH = ReadOneByte();           //温度报警 TH
            //temp_TL = ReadOneByte();           //温度报警 TL
            temp_flag=1;
    }
    else temp_flag=0;                            //否则,出错标志置 0
    EA=1;                                        //温度数据读取完成后再开中断
}
/********以下是温度数据转换函数,将温度数据转换为适合 LCD 显示的数据********/
void TempConv()
{
    uchar sign=0;                                //定义符号标志位
    uchar  temp;                                 //定义温度数据暂存
    if(temp_data[1]>127)                         //大于 127 即高 4 位全为 1,即温度为负值
    {
            temp_data[0]=(~temp_data[0])+1;      //取反加 1,将补码变成原码
            if((~temp_data[0])>=0xff)            //若大于或等于 0xff
            temp_data[1]=(~temp_data[1])+1;      //取反加 1
            else temp_data[1]=~temp_data[1];     //否则只取反
            sign=1;                              //置符号标志位为 1
    }
    temp =temp_data[0]&0x0f;                     //取小数位
    disp_buf[0]=(temp *10/16)+0x30;              //将小数部分变换为 ASCII 码
```

```
    temp_comp  =((temp_data[0]&0xf0)>>4)|((temp_data[1]&0x0f)<<4);//取温度整数部分
    disp_buf[3]= temp_comp /100+0x30;        //百位部分变换为 ASCII 码
    temp = temp_comp%100;                    //十位和个位部分
    disp_buf[2]= temp /10+0x30;              //分离出十位并变换为 ASCII 码
    disp_buf[1]= temp %10+0x30;              //分离出个位并变换为 ASCII 码
    if(disp_buf[3]==0x30)                    //百位 ASCII 码为 0x30(即数字 0),不显示
    {
        disp_buf[3]=0x20;                    //0x20 为空字符码,即什么也不显示
        if(disp_buf[2]==0x30)                //十位为 0,不显示
        disp_buf[2]=0x20;
    }
    if(sign) disp_buf[3]=0x2d;    //如果符号标志位为 1,则显示负号(0x2d 为负号的字符码)
}
/********以下是主函数********/
void main(void)
{
    P0=0xff; P2=0xff;
    lcd_init();                    //LCD 初始化
    lcd_clr();                     //LCD 清屏
    while(1)
    {
        GetTemperture();           //读取温度数据
        if(temp_flag==0)
        {
            beep();                //若 DS18B20 不正常,蜂鸣器报警
            MenuError();           //显示出错信息函数
        }
        if(temp_flag==1)           //若 DS18B20 正常,则往下执行
        {
            TempConv();            //将温度转换为适合 LCD 显示的数据
            MenuOk();              //显示温度值菜单
            TempDisp();            //调用 LCD 显示函数
        }
    }
}
```

3. 源程序释疑

本例与上例相比,源程序很多是一致的,最大的不同就是显示方式不同。另外需要注意的是,因为温度值均为数字,在采用 LCD 显示时,LCD 显示的是 ASCII 码,所以需要将温度值转换为 ASCII 码,我们只需将温度值加上 0x30 即可转换为相应的 ASCII 码。

另外,该源程序具有 DS18B20 出错显示功能,即当 DS18B20 不正常时,调用函数 MenuError,使 LCD 上显示出 DS18B20 出错信息。

该实验程序 DS18B20 驱动程序软件包 DS18B20_drive.h、1602 LCD 驱动程序软件包 LCD_drive.h 在下载资料的 ch13\ch13_2 文件夹中。

13.2.3　实例解析 3——LCD 温度控制器

1. 实现功能

在"低成本开发板 2"(参见第 2 章)上实现 LCD 温度控制器的功能,具体要求如下。

（1）开机检查温度传感器 DS18B20 的工作状态

LCD 温度控制器接通电源后，在正常工作情况下，LCD 上第一行显示信息为"DS18B20 OK"；第二行显示为"TEMP：XXX.X℃"（测量的温度值）。若传感器 DS18B20 工作不正常，显示屏上第一行显示信息为"DS18B20 ERROR"；第二行显示"TEMP：----℃"。这时要检查 DS18B20 是否连接好，如果连接正常，一般说明 DS18B20 存在问题。

（2）设定温度报警值 TH、TL

按 K1 键，进入设定 TH、TL 报警值状态，LCD 第一行显示为"SET　TH：XXX℃"；第二行显示"SET　TL：XXX℃"。此时，再按 K1 键（加减选择键），可设定加、减方式；按 K2 键（TH 调整键），可调整 TH 值；按 K3 键（TL 调整键），可调整 TL 值；按 K4 键（确认键），退出设定状态。

（3）报警状态显示标志

当实际温度大于 TH 的设定值时，在显示屏第二行上显示符号为">H"。此时关闭继电器，蜂鸣器响起表示超温，同时在 LCD 第 1 行最后显示闪烁的小喇叭符号◀。

当实际温度小于 TL 的设定值时，在显示屏第二行上显示符号为"<L"。此时继电器吸合，开始加热，蜂鸣器响起表示温度过低，同时在 LCD 第 1 行最后显示闪烁的小喇叭符号◀。

按键电路参见第 7 章图 7-2，蜂鸣器电路参见第 5 章图 5-9。1602 LCD 电路参见第 9 章图 9-3 所示。

2. 源程序

根据要求，编写的源程序如下。

```c
#include<reg52.h>
#include "LCD_drive.h"          //包含 LCD 驱动程序软件包
#include "DS18B20_drive.h" //DS18B20 驱动程序软件包
#define uchar unsigned char
#define uint  unsigned int
sbit BEEP=P1^5;                   //蜂鸣器
sbit RELAY=P3^6;                  //继电器接在此脚
sbit K1=P3^1;                     //按键 K1
sbit K2=P3^0;                     //按键 K2
sbit K3=P3^2;                     //按键 K3
sbit K4=P3^3;                     //按键 K4
bit  temp_flag ;                  //判断 DS18B20 是否正常标志位,正常时为 1,不正常时为 0
bit  K1_flag=0 ;                  //K1 键按下时,该标志位为 1,因为 K1 是一个双功能键,需要设置标志位进行区分
uchar count_50ms=0;               //50ms 定时器计数器
bit flag_500ms=0;                 //500ms 标志位,满 500ms 时该位置 1,用来控制小喇叭的闪烁频率
bit key_up;                       //按键加 1 减 1 标志位,用来控制 K1 键进行加 1 和减 1 的切换
uchar disp_buf[8]={0};            //显示缓冲
uchar TH_buf[]={0};               //报警高位缓冲
uchar TL_buf[]={0};               //报警低位缓冲
uchar temp_comp;                  //用来存放比较温度值(即温度值的整数部分),以便和报警值进行比较
uchar temp_data[2] = {0x00,0x00};        //用来存放温度数据的高位和低位
uchar code speaker[8] = {0x01,0x1b,0x1d,0x19,0x1d,0x1b,0x01,0x00};
                                  //小喇叭的 LCD 点阵数据
uchar temp_TH=30;                 //高温报警温度初始值
uchar temp_TL=15;                 //低温报警温度初始值
```

```
uchar code  line1_data[] = "  DS18B20 OK  ";      //DS18B20 正常时第 1 行显示的信息
uchar code  line2_data[] = " TEMP:        ";      //DS18B20 正常时第 2 行显示的信息
uchar code  menu1_error[] = "  DS18B20 ERR ";     //DS18B20 出错时第 1 行显示的信息
uchar code  menu2_error[] = " TEMP: ----   ";     //DS18B20 出错时第 2 行显示的信息
uchar code  menu1_set[] =" SET TH:       ";       //设置菜单第 1 行温度设置信息
uchar code  menu2_set[] =" SET TL:       ";       //设置菜单第 2 行温度设置信息
uchar code  menu2_H[] = ">H ";                    //温度过高时,第 2 行显示高温报警符号
uchar code  menu2_L[] ="<L";                      //温度度过低时,第 2 行显示低温报警符号
/********以下是函数声明,由于本例采用的函数较多,应加入函数声明部分********/
void timer0_init();          //定时器 T0 初始化函数声明
void SpeakerFlash();         //小喇叭符号闪烁函数声明
void lcd_write_CGRAM();      //写 CGRAM 函数声明
void TempDisp();             //温度值显示函数声明
void beep();                 //蜂鸣器响一声函数声明
void MenuError();            //DS18B20 出错菜单函数声明
void MenuOk();               //DS18B20 正常菜单函数声明
void THTL_Disp();            //报警温度值显示函数声明
void GetTemperture();        //读取温度值函数声明
void TempConv();             //温度值转换函数声明
void Write_THTL() ;          //报警值写入函数声明(写入 DS18B20 的 RAM 和 EEPROM)
void ScanKey();              //按键扫描函数声明
void SetTHTL();              //报警温度值设置函数声明
void TempComp();             //温度比较函数声明
/********以下是温度值显示函数,负责将测量温度值显示在 LCD 上********/
void TempDisp()
与实例解析 2 完全相同（略）
/*********以下是蜂鸣器响一声函数********/
void beep()
与实例解析 2 完全相同（略）
/********以下是 DS18B20 正常时的菜单函数********/
void MenuOk()
与实例解析 2 完全相同（略）
/********以下是 DS18B20 出错时的菜单函数********/
void MenuError()
与实例解析 2 完全相同（略）
/********以下是报警值 TH 和 TL 显示函数,用来将设置的报警值显示出来********/
void THTL_Disp()
{
  uchar i, temp1,temp2;
  lcd_wcmd(0x00|0x80);             //设置显示位置为第 1 行第 0 列
  i = 0;
  while(menu1_set[i] != '\0')      //在第 1 行显示" SET TH:   "
  {
      lcd_wdat(menu1_set[i]);      //显示第 1 行字符
      i++;                         //指向下一字符
  }
  lcd_wcmd(0x40|0x80);             //设置显示位置为第 2 行第 0 列
  i = 0;
  while(menu2_set[i] != '\0')      //在第 2 行显示" SET TL:      "
  {
      lcd_wdat(menu2_set[i]);      //显示第 2 行字符
      i++;                         //指向下一字符
  }
```

```
    TH_buf[3]= temp_TH /100+0x30;          //TH 百位部分变换为 ASCII 码
    temp1 = temp_TH %100;                  //TH 十位和个位部分
    TH_buf[2]= temp1 /10+0x30;             //分离出 TH 十位并变换为 ASCII 码
    TH_buf[1]= temp1 %10+0x30;             //分离出 TH 个位并变换为 ASCII 码
    lcd_wcmd(0x09|0x80);                    //设置显示位置为第 1 行第 9 列
    lcd_wdat(TH_buf[3]);                    //TH 百位数显示
    lcd_wdat(TH_buf[2]);                    //TH 十位数显示
    lcd_wdat(TH_buf[1]);                    //TH 个位数显示
    lcd_wdat(0xdf);                         //0xdf 是圆圈° 的代码,以便和下面的 C 配合成温度符号℃
    lcd_wdat('C');                          //显示 C
    TL_buf[3]= temp_TL /100+0x30;          //TL 百位部分变换为 ASCII 码
    temp2 = temp_TL %100;                  //TL 十位和个位部分
    TL_buf[2]= temp2 /10+0x30;             //分离出 TL 十位并变换为 ASCII 码
    TL_buf[1]= temp2 %10+0x30;             //分离出 TL 个位并变换为 ASCII 码
    lcd_wcmd(0x49|0x80);                    //设置显示位置为第 2 行第 9 列
    lcd_wdat(TL_buf[3]);                    //TL 百位数显示
    lcd_wdat(TL_buf[2]);                    //TL 十位数显示
    lcd_wdat(TL_buf[1]);                    //TL 个位数显示
    lcd_wdat(0xdf);                         //0xdf 是圆圈° 的代码,以便和下面的 C 配合成温度符号℃
    lcd_wdat('C');                          //显示 C
}
/********以下是读取温度值函数********/
void GetTemperture(void)
与实例解析 2 完全相同（略）
/********以下是温度数据转换函数,将温度数据转换为适合 LCD 显示的数据********/
void TempConv()
与实例解析 2 完全相同（略）
/********以下是写温度报警值函数********/
void  Write_THTL()
{
  Init_DS18B20();
  WriteOneByte(0xcc);                      //跳过读序号列号的操作
  WriteOneByte(0x4e);                      //将设定的温度报警值写入 DS18B20
  WriteOneByte(temp_TH);                   //写 TH
  WriteOneByte(temp_TL);                   //写 TL
  WriteOneByte(0x7f);                      //12 位精确度
  Init_DS18B20();
  WriteOneByte(0xcc);                      //跳过读序号列号的操作
  WriteOneByte(0x48);                      //把暂存器里的温度报警值拷贝到 EEROM
}
/********以下是按键扫描函数********/
void  ScanKey()
{
  if((K1==0)&&(K1_flag==0))                //若 K1 键按下
  {
        Delay_ms(10);                      //延时 10ms 去抖
        if((K1==0)&&(K1_flag==0))
        while(!K1);                        //等待 K1 键释放
        K1_flag=1;
        beep();                            //蜂鸣器响一声
        THTL_Disp();                       //显示 TH、TL 报警值
  }
  if(K1_flag==0)                           //若 K1_flag 为 0，说明 K1 键未按下
```

```
    {
        TempConv();                              //将温度转换为适合 LCD 显示的数据
        TempDisp();                              //调用 LCD 显示函数
        TempComp();                              //调用温度比较函数
    }
}
/*********以下是设置报警值 TH、TL 函数*********/
 void  SetTHTL()
 {
  if((K1==0)&&(K1_flag==1))                      //若 K1 键按下
  {
        Delay_ms(10);                            //延时 10ms 去抖
        if((K1==0)&&(K1_flag==1))
        {
              while(!K1);                        //等待 K1 键释放
              beep();                            //蜂鸣器响一声
              key_up=!key_up ;                   //加 1 减 1 标志位取反,以便使 K2、K3 键进行加 1 减 1 调整
        }
  }
  if((K2==0)&&(K1_flag==1))                      //若按下 K2 键
  {
        Delay_ms(10);                            //延时去抖
        if((K2==0)&&(K1_flag==1))
        {
              while(!K2);                        //等待 K2 键释放
              beep();
              if(key_up==1) temp_TH++;                    //若 key_up 为 1,TH 加 1
              if(key_up==0) temp_TH--;                    //若 key_up 为 0,TH 减 1
              if((temp_TH >120)|| (temp_TH<=0))  //设置 TH 最高为 120 度,最低为 0 度
              {
                  temp_TH = 0;
              }
              THTL_Disp();                       //显示出调整后的值
        }
  }
  if((K3==0)&&(K1_flag==1))                      //若按下 K3 键
  {
        Delay_ms(10);                            //延时去抖
        if((K3==0)&&(K1_flag==1))
        {
              while(!K3);                        //等待 K3 键释放
              beep();
              if(key_up==1) temp_TL++;  //若 key_up 为 1,TL 加 1
              if(key_up==0) temp_TL--;  //若 key_up 为 0,TL 减 1
              if((temp_TL >120)|| (temp_TL<=0))
              {
                  temp_TL = 0;
              }
              THTL_Disp();
        }
  }
  if((K4==0)&&(K1_flag==1))                      //若按下 K4 键
  {
        Delay_ms(10);
        if((K4==0)&&(K1_flag==1))
        {
```

```
                while(!K4);                    //等待 K4 键释放
                beep();
                K1_flag=0;                     // K1_flag 标志位置 1，说明调整结束
                Write_THTL();                  //将 TH、TL 报警值写入暂存器和 EEPROM
                MenuOk();                      //调整结束后显示出测量温度菜单
        }
    }
}
/********以下是温度比较函数********/
void  TempComp()
{
    uchar i;
    if(temp_comp >=temp_TH)                    //若当前温度大于 TH
    {
        beep();
        RELAY=1;                               //继电器断开停止加热
        lcd_wcmd(0x4e|0x80);                   //设置显示位置为第 2 行第 14 列
        i = 0;
        while(menu2_H[i] != '\0')              //在第 2 行显示" >H "
        {
                lcd_wdat(menu2_H[i]);          //显示第 2 行字符
                i++;                           //指向下一字符
        }
        SpeakerFlash();                        //小喇叭符号闪烁
    }
    else if(temp_comp <=temp_TL)               //若当前温度小于 TL
    {
        beep();
        RELAY=0;                               //继电器吸合开始加热
        lcd_wcmd(0x4e|0x80);                   //设置显示位置为第 2 行第 14 列
            i = 0;
            while(menu2_L[i] != '\0')  //在第 2 行显示" <L "
            {
            lcd_wdat(menu2_L[i]);              //显示第 2 行字符
        i++;                                   //指向下一字符
        }
        SpeakerFlash();                        //小喇叭符号闪烁
    }
    else
    {
        lcd_wcmd(0x0f|0x80);                   //设置显示位置为第 1 行第 15 列
        lcd_wdat(0x20);                        //显示空字符，清除此处的小喇叭符号
        lcd_wcmd(0x4e|0x80);                   //设置显示位置为第 2 行第 14 列
        lcd_wdat(0x20);                        //显示空字符，清除此处的">H"或"<L"符号
        lcd_wdat(0x20);                        //显示空字符，清除此处的">H"或"<L"符号
    }
}
/********以下是定时器 T0 初始化函数********/
void timer0_init()
{
    TMOD=0x01;                //定时器 T0 为定时方式 1
    TH0=0x4c; TL0=0x00;       //定时器 T0 定时时间为 50ms（计数初值为 0x4c00）
    EA=0;ET0=1;               //开定时器 T0 中断，总中断暂时不开放，以免引起温度数据的读取
    TR0=1;                    //定时器 T0 启动
}
```

```
/********以下是小喇叭自定义图形写入 CGRAM 函数********/
void  lcd_write_CGRAM()
{
    unsigned char i;
    lcd_wcmd(0x40);                       //写 CGRAM
    for (i = 0; i< 8; i++)
    lcd_wdat(speaker[i]);                 //写入小喇叭数据
}
/********以下是小喇叭闪动函数, 小喇叭每 1s 闪烁一次, 即亮 0.5s, 灭 0.5s********/
void SpeakerFlash()
{
  if(flag_500ms==1)
  {
        lcd_write_CGRAM() ;               //自定义图形写入 CGRAM 函数
        Delay_ms(5);                      //延时 5ms
        lcd_wcmd(0x0f|0x80);              //设置显示位置为第 1 行第 15 列
        lcd_wdat(0x00);                   //小喇叭为第 0 号图形
  }
  if(flag_500ms==0)
  {
        lcd_wcmd(0x0f|0x80);              //设置显示位置为第 1 行第 15 列
        lcd_wdat(0x20);                   //0x20 为空字符, 即什么也不显示
  }
}
/********以下是主函数********/
void main(void)
{
  P0=0xff; P2=0xff;
  timer0_init();                          //定时器 T0 初始化
  lcd_init();                             //LCD 初始化
  lcd_clr();                              //LCD 清屏
  Write_THTL();                           //将 TH、TL 报警值写入暂存器
  MenuOk();                               //显示温度值菜单
  while(1)
  {
        GetTemperture();                  //读取温度数据
        if(temp_flag==0)
        {
            beep();                       //若 DS18B20 不正常,蜂鸣器报警
            MenuError();                  //显示出错信息函数
        }
        if(temp_flag==1)                  //若 DS18B20 正常,则往下执行
        {
            ScanKey();                    //扫描按键函数
            SetTHTL();                    //设置报警温度函数
        }
  }
}
/********以下是定时器 T0 中断函数,用来控制小喇叭的闪烁********/
void Time0(void) interrupt 1
{
  TH0=0x4c;                               //重置 50ms 定时初值
  TL0=0x00;
  count_50ms++;                           //50ms 计数器加 1
  if(count_50ms>9)
```

```
    {
      count_50ms=0;                   //若计数 10 次则清零
      flag_500ms=~flag_500ms;//将 500ms 标志位取反
    }
}
```

3. 源程序释疑

（1）本例源程序看似复杂，实际上并非如此，它是在上例的基础上再增加几个功能函数后修改而成的。

本例与源程序实例解析 2 相比，以下几个功能函数是完全相同的。

```
void  TempDisp();                   //温度值显示函数
void  beep();                       //蜂鸣器响一声函数
void  MenuError();                  //DS18B20 出错菜单函数
void  MenuOk();                     //DS18B20 正常菜单函数
void  GetTemperture();              //读取温度值函数
void  TempConv();                   //温度值转换函数
```

在此基础上，又增加了以下几个功能函数：

```
void  timer0_init();                //定时器 T0 初始化函数
void  SpeakerFlash();               //小喇叭符号闪烁函数
void  lcd_write_CGRAM();            //写 CGRAM 函数
void  THTL_Disp();                  //报警温度值显示函数
void  Write_THTL() ;                //报警值写入函数(写入 DS18B20 的 RAM 和 EEPROM)
void  ScanKey();                    //按键扫描函数
void  SetTHTL();                    //报警温度值设置函数
void  TempComp();                   //温度比较函数
```

设计这几个新增的功能函数时，要根据产品功能一步一步进行，设计的顺序如下。

第一步：设计定时器 T0 初始化函数 timer0_init()。

第二步：设计按键扫描函数 ScanKey。

第三步：设计报警部分功能函数 Write_THTL、THTL_Disp 和 SetTHTL。

第四步：设计显示小喇叭符号函数 lcd_write_CGRAM、SpeakerFlash。

每设计一步，都要对设计的部分进行简单的编译和调试，验证是否符号要求。实践证明，这种分整为零的设计方法不但方便、实用，而且层次清晰，可大大降低程序设计的难度。

（2）timer0_init、SpeakerFlash、lcd_write_CGRAM 函数用来初始化定时器 T0，并产生闪烁的小喇叭符号。产生的方法是将定时器 T0 定时时间设置为 50ms，定时 10 次后，将标志位 flag_500ms 取反，也就是说标志位 flag_500ms 每 0.5s 取反一次；然后，在 SpeakerFlash 中根据 flag_500ms 标志位的值，去显示和消隐小喇叭图形符号，这样就可以产生闪烁的小喇叭符号了。

可能有些读者不明白小喇叭符号是如何产生的，下面简要说明小喇叭图形数据的制作方法。

LCD 模块内置两种字符发生器。一种为 CGROM，即已固化好的字模库。单片机只要写入某个字符的字符代码，LCD 就可以将该字符显示出来；另一种为 CGRAM，即可随时定义的字符字模库。LCD 模块提供了 64 个字节的 CGRAM，它可以生成 8 个 5×7 点阵的自定义字符,自定义字符的地址为 00H～07H（即 0x00～0x07），LCD 模块仅使用存储单元字节的低 5 位，而高 3 位虽然存在，但不作为字模数据使用。表 13-5 所示的是小喇叭 " " 的点阵与图形数据的对应关系。

表 13-5　小喇叭"🔊"点阵与图形数据的对应关系

点阵	图形数据（二进制）	图形数据（十六进制）
***00001	00000001B	0x01
***11011	00011011B	0x1b
***11101	00011101B	0x1d
***11001	00011001B	0x19
***11101	00011101B	0x1d
***11011	00011011B	0x1b
***00001	00000001B	0x01
********	00000000B	0x00

点阵中，1 代表点亮该元素，0 代表熄灭该元件，*为无效位，可取 0 或 1，一般取 0。从表中可以看出，源程序中的"speaker[8] = {0x01,0x1b,0x1d,0x19,0x1d,0x1b,0x01,0x00};"中的数据就是按照以上方法制作出来的。

（3）源程序中，ScanKey 函数用来对按键 K1 进行判断，若 K1 键按下，设置标志位 K1_flag 为 1，并显示出设置菜单；若 K1 键未按下，显示测量温度值。SetTHTL 函数用来设置报警温度值，设置完成后（即按下 K4 键），要完成三项工作：一是将标志位 K1_flag 清零；二是将设置的数据写入 DS18B20；三是继续显示测量温度菜单。Write_THTL 函数用来将设置的高温和低温写入 DS18B20 的 RAM 和 EEPROM。THTL_Disp 函数用来将设置的高温 TH 和低温 TL 报警温度值显示出来。TempComp 函数用来对测量温度和高温 TH、低位 TL 值进行比较，以便控制继电器接通和断开。

图 13-4 所示的是 LCD 温度控制器的流程图。

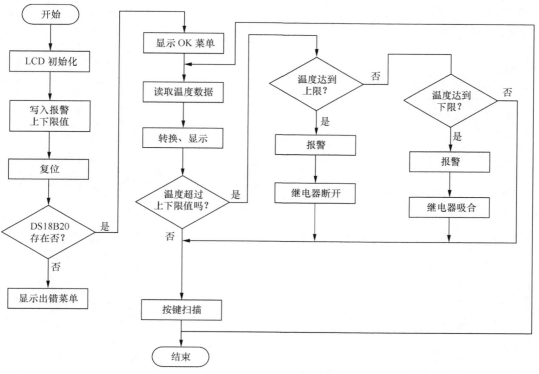

图13-4　LCD温度控制器流程图

实验时，在显示正常后按 K1 键进入设置菜单，按 K2、K3 键调整报警上下限值，调整好后按 K4 键退出。

用手触摸温度传感器，温度应上升，当达到上限报警值时，蜂鸣器响，同时，继电器有断开的声音。再将一块冰放在 DS18B20 管处，LCD 上显示的温度应下降，当下降到下限报警值时，蜂鸣器也会响起。

该实验程序和 DS18B20 驱动程序软件包 DS18B20_drive.h、1602 LCD 驱动程序软件包 LCD_drive.h 在下载资料的 ch13\ch13_3 文件夹中。

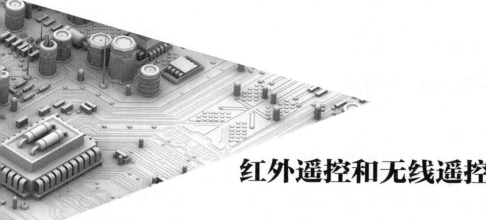

第 14 章
红外遥控和无线遥控实例演练

随着电子技术的发展，遥控技术通信、军事和家用电器等诸多领域得到了广泛的应用，特别是随着各种遥控专用集成电路的不断问世，使得各类遥控设备的性能更加优越可靠，功能更加完善。常见的遥控电路一般有声控、光控、红外遥控、无线遥控等，这里，我们主要介绍适合单片机控制的红外遥控和无线遥控。

|14.1 红外遥控基本知识|

14.1.1 红外遥控系统

红外线遥控是目前使用最广泛的一种通信和遥控手段。由于红外线遥控装置具有体积小、功耗低、功能强、成本低等特点，继彩电、录像机之后，在空调机等其他小型电器装置上也采用了红外线遥控。工业设备中，在高压、辐射、有毒气体、粉尘等环境下，采用红外线遥控不仅安全可靠，而且能有效地隔离电气干扰。

通用红外遥控系统由发射和接收两大部分组成，应用编/解码专用集成电路芯片来进行控制操作，红外遥控系统框图如图 14-1 所示。

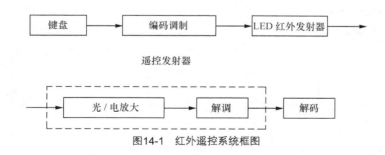

图14-1 红外遥控系统框图

发射部分包括键盘矩阵、编码调制、LED 红外发送器；接收部分包括光电转换放大器、解调、解码电路。

14.1.2 红外遥控的编码与解码

1. 遥控编码

遥控编码由遥控发射器（简称遥控器）内部的专用编码芯片完成。

遥控编码专用芯片很多，这里以应用最为广泛的 HT6122 为例，说明编码的基本工作原理。当按下遥控器按键后，HT6122 即有遥控编码发出，所按的键不同遥控编码也不同。HT6122 输出的红外遥控编码是由一个引导码、16 位用户码（低 8 位和高 8 位）、8 位键数据码和 8 位键数据反码组成，如图 14-2 所示。

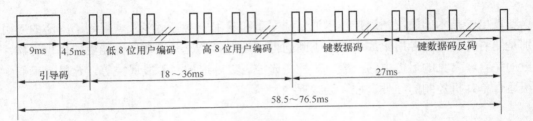

图14-2　HT6122输出的红外码

HT6122 输出的红外编码经过一个三极管反相驱动后，由 LED 红外发射二极管向外发射出去，因此，遥控器发射的红外编码与上图的红外码反相，即高电平变为低电平，低电平变为高电平。

（1）当一个键按下时，先读取用户码和键数据码，22ms 后遥控输出端（REM）启动输出，按键时间只有超过 22ms 才能输出一帧码，超过 108ms 后才能输出第二帧码。

（2）遥控器发射的引导码是一个 9ms 的低电平和一个 4.5ms 的高电平，这个引导码可以使程序知道从这个引导码以后可以开始接收数据。

（3）引导码之后是用户码，用户码能区别不同的红外遥控设备，防止不同机种遥控码互相干扰。用户码采用脉冲位置调制方式（PPM），即利用脉冲之间的时间间隔来区分"0"和"1"。以脉宽为 0.56ms、间隔 0.565ms、周期为 1.125ms 的组合表示二进制的"0"；以脉宽为 1.685ms、间隔 0.565ms、周期为 2.25ms 的组合表示二进制的"1"，如图 14-3 所示。

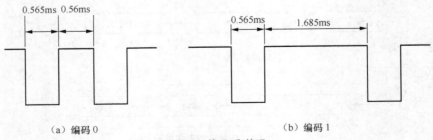

（a）编码0　　　　　　　　　　　　　　（b）编码1

图14-3　编码0和编码1

（4）最后 16 位分为 8 位的键数据码和 8 位键数据码反码，用于核对数据是否接收准确。

上述"0"和"1"组成的二进制码经 38kHz 的载频进行二次调制，以提高发射效率，达到降低电源功耗的目的。然后再通过红外发射二极管产生红外线向空间发射。

2. 遥控解码

遥控解码由单片机系统完成。

解码的关键是如何识别"0"和"1"，从位的定义我们可以发现"0"、"1"均以 0.565ms 的低电平开始，不同的是高电平的宽度不同，"0"为 0.56ms，"1"为 1.685ms，所以必须根据高电平的宽度区别"0"和"1"。如果从 0.565ms 低电平过后开始延时，0.56ms 以后，若读到的电平为低，说明该位为"0"，反之则为"1"，为了可靠起见，延时必须比 0.56ms 长些，但又不能超过 1.12ms，否则如果该位为"0"，读到的已是下一位的高电平，因此取（1.12ms+0.56ms）/2=0.84ms 最为可靠，一般取 0.8～1.0ms 即可。

另外，根据红外编码的格式，程序应该等待 9ms 的起始码和 4.5ms 的结束码完成后才能读码。

14.1.3　DD-900 实验开发板遥控电路介绍

1. 配套遥控器

DD-900 实验开发板配套的红外遥控器采用 HT6122 芯片（兼容 HT6121、HT6222、SC6122、DT9122 等芯片）制作，其外形如图 14-4 所示。遥控器共有 20 个按键，当按键按下后，即有规律地将遥控编码发出，所按的键不同，键值代码也不同，键值代码均在遥控器上进行了标示。

需要说明的是，遥控器按键上标注的并不是键值代码，键值代码可通过程序显示出来，在下面的实例解析中，我们将进行演示。显示出键值代码后，就可以用遥控器上不同的按键，对单片机不同的功能进行控制了。

2. 遥控接收头

"低成本开发板 2"（参见本书第 2 章）选用一体化红外接收头，接收来自红外遥控器的红外信号。接收头将红外接收二极管、放大、解调、整形等电路封装在一起，外围只有三只引脚（电源、地和红外信号输入），结构十分简单。

图14-4　HT6122遥控发射器外形

接收头负责红外遥控信号的解调，将调制在 38kHz 上的红外脉冲信号解调并倒相后输入到单片机的 P3.2 引脚，接收的信号由单片机进行高电平与低电平宽度的测量，并进行解码处理。解码编程时，既可以使用中断方式，也可以使用查询方式。

|14.2　红外遥控实例解析|

14.2.1　实例解析 1——LED 数码管显示遥控器键值

1. 实现功能

在"低成本开发板 2"（参见本书第 2 章）上进行实验：开机，第 7、8 两只数码管显示

"--"，按压 HT6122 遥控器的按键，遥控器会周期性地发出一组 32 位二进制遥控编码，实验开发板上的遥控接收头接收到该遥控编码后进行程序解码，解码成功，蜂鸣器会响一声，并在 LED 的第 7、8 只数码管上显示此键的键值代码。另外，遥控器上的 1 键（键值代码为 0C）时，蜂鸣器响一声，P2 口的 LED 灯全亮，当按下 2 键（键值代码为 18）时，蜂鸣器响一声，P2 口的 LED 灯熄灭。蜂鸣器电路参见第 5 章图 5-9，LED 数码管电路见第 8 章图 8-6，LED 灯电路参见第 2 章图 2-1。

2. 源程序

根据要求，遥控解码采用外中断方式，编写的源程序如下。

```
#include <reg52.h>
#include <intrins.h>
#define uchar unsigned char
#define uint  unsigned int
sbit IRIN = P3^2;                //遥控输入脚
sbit BEEP = P1^5;                //蜂鸣器
uchar IR_buf[4]={0x00,0x00,0x00,0x00};//IR_buf[0]、IR_buf[1]为用户码低位、用户码高位接收缓冲区
                                 // IR_buf[2]、IR_buf[3]为键数据码和键数据码反码接收缓冲区
uchar  disp_buf[2]={17,17};      //显示缓冲单元,初值为17,指向显示码的第17个"-"
uchar code seg_data[]={0x3f,0x06,0x5b,0x4f,0x66,0x6d,0x7d,0x07,0x7f,0x6f,0x77,0x7c,0x39,0x5e,
0x79,0x71,0x00,0x40};
                                 //0～F、熄灭符和字符"-"的显示码(字形码)
/********以下是 0.14ms 的 x 倍延时函数********/
void delay(uchar x)              //延时 x*0.14ms
{
 uchar i;
 while(x--)
 for (i = 0; i<13; i++);
}
/********以下是延时函数********/
void Delay_ms(uint xms)
{
  uint i,j;
  for(i=xms;i>0;i--)             //i=xms 即延时 x 毫秒
  for(j=110;j>0;j--);
}
/*********以下是蜂鸣器响一声函数********/
void  beep()
{
  BEEP=0;                        //蜂鸣器响
  Delay_ms(100);
  BEEP=1;                        //关闭蜂鸣器
  Delay_ms(100);
}
/********以下是显示函数********/
void  Display()
{
  P0=(seg_data[disp_buf[1]]);
  P2=0xff;
  Delay_ms(1);
  P0=(seg_data[disp_buf[0]]);
  P2=0xfb;
  Delay_ms(1);
```

```
}
/********以下是主函数********/
main()
{
  EA=1;EX0=1;                          //允许总中断中断,使能 INT0 外部中断
        IT0 = 1;                       //触发方式为脉冲负边沿触发
  IRIN=1;                              //遥控输入脚置 1
        BEEP=1;
  P2=0xff;                             //关闭灯
  P0=0x00;
  Display();                           //调显示函数
  while(1)
   {
        if(IR_buf[2]==0x0c)            //02H 键（键值码为 0c）
    P2=0;                              //灯打开
    if(IR_buf[2]==0x18)                // 01H 键（键值码为 18）
    P2=0xff;                           //灯关闭
  Display();
  }
}
/********以下是外中断 0 函数********/
void IR_decode() interrupt 0
{
  uchar j,k,count=0;
        EX0 = 0;                       //暂时关闭外中断 0 中断请求
  delay(20);                           //延时 20*0.14=2.8ms
  if (IRIN==1)                         //等待 IRIN 低电平出现
   {
EX0 =1;                                //开外中断 0
return;                                //中断返回
   }
        while (!IRIN) delay(1);        //等待 IRIN 变为高电平，跳过 9ms 的低电平引导码
for (j=0;j<4;j++)                      //收集四组数据,即用户码低位、用户码高位、键值数据码和键值数据码反码
{
        for (k=0;k<8;k++)              //每组数据有 8 位
        {
            while (IRIN)               //等待 IRIN 变为低电平，跳过 4.5ms 的高电平引导码信号
        delay(1);
        while (!IRIN)                  //等待 IRIN 变为高电平
        delay(1);
        while (IRIN)                   //对 IRIN 高电平时间进行计数
            {
            delay(1);                  //延时 0.14ms
            count++;                   //对 0.14ms 延时时间进行计数
            if (count>=30)
                {
                    EX0=1;             //开外中断 0
                    return;            //0.14ms 计数过长则返回
                }
            }
        IR_buf[j]=IR_buf[j] >> 1;      //若计数小于 6，数据最高位补"0"，说明收到的是"0"
        if (count>=6) {IR_buf[j] = IR_buf[j] | 0x80;}      //若计数大于等于 6，数据最高位补
"1"，说明收到的是"1"
        count=0;                       //计数器清零
        }
```

```
        }
        if (IR_buf[2]!=~IR_buf[3])        //将键数据反码取反后与键数据码比较，若不等，表示接收数据错误,放弃
        {

        EX0=1;
        return;
        }

        disp_buf[0]=IR_buf[2] & 0x0f;      //取键码的低四位送显示缓冲
        disp_buf[1]=IR_buf[2] >> 4;        //右移 4 次，高四位变为低四位送显示缓冲
        Display();                         //调显示函数
    beep();                                //蜂鸣器响一声
        EX0 = 1;                           //开外中断 0
    }
```

3. 源程序释疑

源程序主要由主函数、外中断 0 中断函数、键值显示函数等组成。其中，外中断 0 中断函数主要用来对红外遥控信号进行键值解码和纠错。

（1）在外中断 0 中断函数中，首先等待红外遥控引导码信号（一个 9ms 的低电平和一个 4.5ms 的高电平），然后开始收集用户码低 8 位、用户码高 8 位、8 位的键值码和 8 位键值反码数据，并存入 IR_buf[] 数组中，即 IR_buf[0] 存放的是用户码低 8 位，IR_buf[1] 存放的是用户码高 8 位，IR_buf[2] 存放的是 8 位键值码，IR_buf[3] 存放的是 8 位键值码反码。

（2）解码的关键是如何识别"0"和"1"，程序中设计一个 0.14ms 的延时函数，作为单位时间，对脉冲维持高电平的时间进行计数，并把此计数值存入 count，看高电平保持时间是几个 0.14ms。需要说明的是，高电平保持时间必须比 0.56ms 长，但又不能超过 1.12ms，否则如果该位为"0"，读到的已是下一位的高电平，因此在源程序中取 0.14ms×6=0.84ms。

（3）"0"和"1"的具体要求判断由程序中的以下语句进行判断：

```
IR_buf[j]=IR_buf[j] >> 1;                  //若计数小于 6，数据最高位补"0"，说明收到的是"0"
if (count>=6) {IR_buf[j] = IR_buf[j] | 0x80;}  //若计数大于等于 6，数据最高位补"1"，说明收到的是"1"
```

若 count 的值小于 6，说明脉冲维持高电平的时间小于 0.14ms×6=0.84ms，程序执行语句"IR_buf[j]=IR_buf[j] >> 1;"，表示接收到的是 0。

若 count 的值小于 6，说明脉冲维持高电平的时间大于 0.14ms×6=0.84ms，程序执行语句"if (count>=6) {IR_buf[j] = IR_buf[j] | 0x80;}"，表示接收到的是 1。

另外，当高电平计数为 30 时(0.14ms×30=4.2ms)，说明有错误，程序退出。

（4）程序中，语句" if (IR_buf[2]!=~IR_buf[3])"的作用是将 8 位的键数据反码取反后与 8 位的键数据码进行比较，核对接收的数据是否正确。如果接收的数据正确，蜂鸣器响一声，并将解码后的键值送到显示缓冲区 disp_buf[0]（个位）和 disp[1]（十位）中。

该实验程序在下载资料的 ch16\ch16_1 文件夹中。

14.2.2 实例解析 2——遥控器控制花样流水灯

1. 实现功能

在"低成本开发板 2"（参见第 2 章）上实现遥控器控制花样流水灯功能。开机后，P2

口 8 只 LED 灯全亮，分别按遥控器 1、2、3、4、5、6、7 键，LED 灯可显示出不同的花样。
LED 灯电路参见第 2 章图 2-1，蜂鸣器电路参见第 5 章图 5-9。

2. 源程序

根据要求，编写的源程序如下。

```c
#include <reg52.h>
#include <intrins.h>
#define uchar unsigned char
#define uint unsigned int
/********以下是流水灯数据********/
uchar code  led_data1[8]={0xfe,0xfd,0xfb,0xf7,0xef,0xdf,0xbf,0x7f};    //依次逐个点亮
uchar code  led_data2[8]={0xfe,0xfc,0xf8,0xf0,0xe0,0xc0,0x80,0x00};    //依次逐个叠加
uchar code  led_data3[8]={0x7e,0xbd,0xdb,0xe7,0xe7,0xdb,0xbd,0x7e};    //两边靠拢后分开
uchar code  led_data4[8]={0xfe,0xfc,0xf8,0xf0,0xe0,0xc0,0x80,0x00};    //依次逐个叠加
uchar code  led_data5[8]={0x7e,0x3c,0x18,0x00,0x00,0x18,0x3c,0x7e};    //两边叠加后递减
sbit IRIN = P3^2;                //遥控输入脚
sbit BEEP = P1^5;                //蜂鸣器
uchar disp_buf[2];
uchar IR_buf[4]={0x00,0x00,0x00,0x00};//IR_buf[0]、IR_buf[1]为用户码低位、用户码高位接收缓冲区
                                 // IR_buf[2]、IR_buf[3]为键数据码和键数据码反码接收缓冲区
/********以下是 0.14ms 的 x 倍延时函数********/
void delay(uchar x)              //延时 x*0.14ms
{
 uchar i;
 while(x--)
   for (i = 0; i<13; i++);
}
/********以下是延时函数********/
void Delay_ms(uint xms)
{
 uint i,j;
 for(i=xms;i>0;i--)              //i=xms 即延时 x 毫秒
        for(j=110;j>0;j--);
}
/*********以下是蜂鸣器响一声函数********/
void  beep()
{
  BEEP=0;                        //蜂鸣器响
  Delay_ms(100);
  BEEP=1;                        //关闭蜂鸣器
  Delay_ms(100);
}
/********以下是花样灯 1 函数********/
void  LED1()
{
  uchar i;
  for(i=0;  i<8;  i++)           //显示 74 个数据
  {
        P2= led_data1[i];
        Delay_ms(100);
  }
}
/********以下是花样灯 2 函数********/
```

```
void  LED2()
{
  uchar i;
  for(i=0;  i<8;  i++)                         //显示 74 个数据
  {
        P2= led_data2[i];
        Delay_ms(100);
  }
}
/********以下是花样灯 3 函数********/
void  LED3()
{
  uchar i;
  for(i=0;  i<8;  i++)                         //显示 74 个数据
  {
        P2= led_data3[i];
        Delay_ms(100);
  }
}
/********以下是花样灯 4 函数********/
void  LED4()
{
  uchar i;
  for(i=0;  i<8;  i++)                         //显示 74 个数据
  {
        P2= led_data4[i];
        Delay_ms(100);
  }
}
/********以下是花样灯 5 函数********/
void  LED5()
{
  uchar i;
  for(i=0;  i<8;  i++)                         //显示 74 个数据
  {
        P2= led_data5[i];
        Delay_ms(100);
  }
}
/********以下是主函数********/
main()
{
  EA=1;EX0=1;                                  //允许总中断中断,使能 INT0 外部中断
  IT0 = 1;                                     //触发方式为脉冲负边沿触发
  IRIN=1;                                      //遥控输入脚置 1
  BEEP=1;                                      //关闭蜂鸣器
  P2=0xff;                                     //P2 口置 1
  while(1)
  {
        if(IR_buf[2]==0x0c)                    //1 键（键值码为 0x0c）
        LED1();
        if(IR_buf[2]==0x18)                    //2 键（键值码为 0x18）
        LED2();
        if(IR_buf[2]==0x5e)                    //3 键（键值码为 0x5e）
        LED3();
```

```
        if(IR_buf[2]==0x08)                  //4 键（键值码为 0x08）
        LED4();
        if(IR_buf[2]==0x1c)                  //5 键（键值码为 0x1c）
        LED5();
        if(IR_buf[2]==0x5a)                  //6 键（键值码为 0x5a）
        P2=0xff;                             //P2 口灯全灭
    if(IR_buf[2]==0x42)                      //7 键（键值码为 0x42）
        P2=0;                                //LED 灯全亮
    }
}


/*********以下是外中断 0 函数********/
void IR_decode() interrupt 0
{
  uchar j,k,count=0;
  EX0 = 0;                                   //暂时关闭外中断 0 中断请求
  delay(20);                                 //延时 20*0.14=2.8ms
  if (IRIN==1)                               //等待 IRIN 低电平出现
  {
      EX0 =1;                                //开外中断 0
      return;                                //中断返回
  }
  while (!IRIN) delay(1);                    //等待 IRIN 变为高电平，跳过 9ms 的低电平引导码
  for (j=0;j<4;j++)            //收集四组数据,即用户码低位、用户码高位、键值数据码和键值数码反码
  {
      for (k=0;k<8;k++)                      //每组数据有 8 位
      {
          while (IRIN)                       //等待 IRIN 变为低电平，跳过 4.5ms 的高电平引导码信号
          delay(1);
          while (!IRIN)                      //等待 IRIN 变为高电平
          delay(1);
          while (IRIN)                       //对 IRIN 高电平时间进行计数
          {
              delay(1);                      //延时 0.14ms
              count++;                       //对 0.14ms 延时时间进行计数
              if (count>=30)
              {
                  EX0=1;                     //开外中断 0
                  return;                    //0.14ms 计数过长则返回
              }
          }
          IR_buf[j]=IR_buf[j] >> 1;  //若计数小于 6，数据最高位补"0"，说明收到的是"0"
          if (count>=6) {IR_buf[j] = IR_buf[j] | 0x80;}
                                //若计数大于等于 6，数据最高位补"1"，说明收到的是"1"
          count=0;                           //计数器清 0
      }
  }
  if (IR_buf[2]!=~IR_buf[3])    //将键数据反码取反后与键数据码码比较，若不等，表示接收数据错误,放弃
  {
      EX0=1;
      return;
  }
  disp_buf[0]=IR_buf[2] & 0x0f;             //取键码的低四位送显示缓冲
  disp_buf[1]=IR_buf[2] >> 4;              //右移 4 次，高四位变为低四位送显示缓冲
// Display();                               //调显示函数
```

```
    beep();               //蜂鸣器响一声
    EX0 = 1;              //开外中断 0
}
```

3. 源程序释疑

源程序比较简单，首先解码出遥控键值，然后根据键值去调用不同的花样灯函数，在花样灯函数中，将花样灯数据送到 P2 口，即可使 P2 口的 LED 灯显示出相应的花样。

该实验程序在下载资料的 ch14\ch14_2 文件夹中。

|14.3　无线遥控电路介绍与演练|

14.3.1　无线遥控电路基础知识

无线电遥控由发射电路和接收电路两部分组成，当接收机收到发射机发出的无线电波以后,驱动电子开关电路工作。所以，它的发射频率与接收频率必须是完全相同的。无线遥控的主要特点是控制距离远，视不同的应用场合，近则可以是零点几米，远则可以超出地球到达太空。

无线遥控的核心器件是编码与解码芯片，近年来许多厂商相继推出了品种繁多的专用编解码芯片，它们广泛应用于各种电子产品中，下面主要介绍应用最为广泛的 PT2262/PT2272 芯片（可代换芯片有 HS2262/HS2272、SC22262/SC2272 等）。

1. PT2262/PT2272 的结构

PT2262/PT2272 是台湾普城公司生产的一种 CMOS 工艺制造的低功耗低价位通用编码/解码电路，主要应用在车辆防盗系统、家庭防盗系统和遥控玩具中。

PT2262/PT2272 是一对带地址、数据编码功能的红外遥控编码/解码芯片。其中编码（发射）芯片 PT2262 将载波振荡器、编码器和发射单元集成于一身，使发射电路变得非常简洁。解码（接收）芯片 PT2272 根据后缀的不同，有 L4/M4/L6/M6 之分，其中 L 表示锁存输出，数据只要成功接收就能一直保持对应的电平状态，直到下次遥控数据发生变化时改变。M 表示暂存（非锁存）输出，数据脚输出的电平是瞬时的而且和发射端是否发射相对应，可以用于类似点动的控制。后缀的 6 和 4 表示有几路并行的控制通道，当采用 4 路并行数据时（PT2272-M4），对应的地址编码应该是 8 位，如果采用 6 路的并行数据时（PT2272-M6），对应的地址编码应该是 6 位。

PT2262/PT2272 管脚排列如图 14-5 所示。

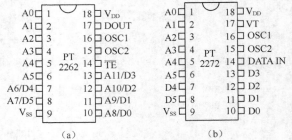

图14-5　PT2262/PT2272管脚排列

编码芯片 PT2262 的管脚功能如表 14-1 所示。解码芯片 PT2272 管脚功能如表 14-2 所示。

表 14-1　　　　　　　　　　　　　编码芯片 PT2262 管脚功能

名称	管脚	说明
A0～A11	1～8、10～13	地址管脚，用于进行地址编码，可置为"0""1""悬空"
D0～D5	7～8、10～13	数据输入端
V$_{DD}$	18	电源正端（＋）
Vss	9	电源负端（－）
$\overline{TE}$	14	编码启动端，用于多数据的编码发射，低电平有效
OSC1	16	振荡电阻输入端，与 OSC2 所接电阻决定振荡频率
OSC2	15	振荡电阻振荡器输出端
DOUT	17	编码输出端（正常时为低电平）

表 14-2　　　　　　　　　　　　　解码芯片 PT2272 管脚功能

名称	管脚	说明
A0～A11	1～8、10～13	地址管脚，用于进行地址编码，可置为"0""1""悬空"，必须与 PT2262 一致，否则不解码
D0～D5	7～8、10～13	地址或数据管脚，当作为数据管脚时，只有在地址码与 PT2262 一致，数据管脚才能输出与 PT2262 数据端对应的高电平，否则输出为低电平，锁存型只有在接收到下一数据才能转换
V$_{DD}$	18	电源正端（＋）
Vss	9	电源负端（－）
DIN	14	数据信号输入端，来自接收模块输出端
OSC1	16	振荡电阻输入端，与 OSC2 所接电阻决定振荡频率
OSC2	15	振荡电阻振荡器输出端；
VT	17	解码有效确认 输出端（常低），解码有效变成高电平（瞬态）

地址码和数据码都用宽度不同的脉冲来表示，两个窄脉冲表示"0"；两个宽脉冲表示"1"；一个窄脉冲和一个宽脉冲表示"开路"。

对于编码芯片 PT2262，A0～A5 共 6 根线为地址线，而 A6～A11 共 6 根线可以作为地址线，也可以作为数据线，这要取决于所配合使用的解码器，若解码器没有数据线，则 A6～A11 作为地址线使用。在这种情况下，A0～A11 共 12 根地址线，每线都可以设成"1""0"和"开路"三种形式，因此共有编码 $3^{12}＝531441$ 种。若配对的解码芯片 PT2272 的 A6～A11 是数据线，那么 PT2262 的 A6～A11 也为数据线使用，并只可设置为"1"和"0"两种状态之一，而地址线只剩下 A0～A5 共 6 根，编码数降为 $3^6=729$ 种。

2．PT2262/PT2272 的基本工作原理

编码芯片 PT2262 发出的编码信号由地址码、数据码、同步码组成一个完整的码字，解码芯片 PT2272 接收到信号后，其地址码经过两次比较核对后，VT 脚才输出高电平，与此同时相应的数据脚也输出高电平，如果发送端一直按住按键，编码芯片 PT2262 会连续发射。当发射机没有按键按下时，PT2262 不接通电源，其 17 脚为低电平，高频发射电路（一般设

置为 315MHz）不工作，当有按键按下时，PT2262 得电工作，其第 17 脚输出经调制的串行数据信号，当 17 脚为高电平期间，高频发射电路起振并发射等幅高频信号（315MHz）；当 17 脚为低平期间，高频发射电路停止振荡。高频发射电路完全受控于 PT2262 的 17 脚输出的数字信号，从而对高频电路完成幅度键控 ASK 调制，相当于调制度为 100％的调幅。

14.3.2　无线遥控模块介绍

目前市场上出现了很多无线遥控模块，这些模块一般包括两部分，一是发射模块，也就是常说的遥控器；二是接收模块，用来接收发射模块发射的信号。由于这类模块外围元件少、功能强、设计与应用简单，因此非常适合进行单片机扩展实验。图 14-6 所示的是 PT2262/PT2272 无线遥控模块外形图。

发射模块外形与汽车遥控器类似，设有四个按键 A、B、C、D，内部主要由编码芯片 PT2262、高频调制及功率放大电路组成，其内部电路如图 14-7 所示。

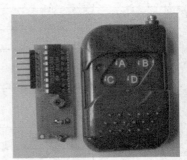

图14-6　PT2262/PT2272无线遥控模块外形图

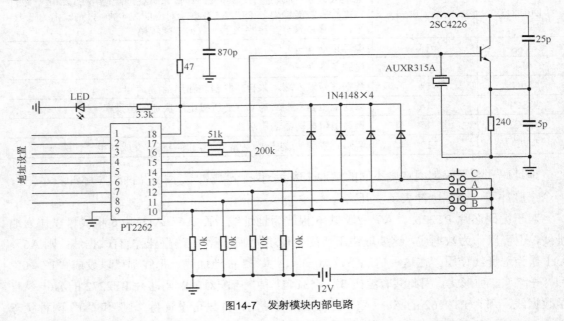

图14-7　发射模块内部电路

接收模块由 PT2272-M4（或 PT2272-L4）及接收电路组成，其电路框图如图 14-8 所示。

接收模块有 7 个引出端，正视面从左向右分别和 PT2272 的 10 脚（D0）、11 脚（D1）、12 脚（D2）、13 脚（D3）、9 脚（GND）、17 脚（VT）、18 脚（+5V）相连，VT 端为解码有效输出端，D0～D3 为四位数据非锁存输出端。

在 PT2262/PT2272 无线遥控模块中，采用的是 8 位地址码和 4 位数据码形式，也就是说，编码电路 PT2262 的第 1～8 脚为地址设定脚，有三种状态可供选择：悬空、接正电源、接地三种状态。因为 3^8=6561，所以地址编码不重复度为 6561 组，只有发射端 PT2262 和接收端

PT2272 的地址编码完全相同，才能配对使用。模块生产厂家为了便于生产管理，出厂时，遥控模块的 PT2262 和 PT2272 的八位地址编码端全部悬空，这样用户可以很方便选择各种编码状态。用户如果想改变地址编码，只要将 PT2262 和 PT2272 的 1～8 脚设置相同即可，如将发射机的 PT2262 的第 1 脚接地，第 5 脚接正电源，其他引脚悬空；那么接收机的 PT2272 只要也是第 1 脚接地，第 5 脚接正电源，其他引脚悬空就能实现配对接收。当两者地址编码完全一致时，接收机对应的 D0～D3 端输出约 4V 互锁高电平控制信号，同时 VT 端也输出解码有效高电平信号。用户可将这些信号加一级放大，便可驱动继电器、功率三极管等进行负载遥控开关操纵。

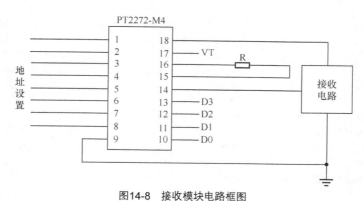

图14-8 接收模块电路框图

14.3.3 实例解析 3——遥控模块控制 LED 灯和蜂鸣器

1. 实现功能

利用无线遥控模块，在"低成本开发板 2"（参见第 2 章）开发板上实现以下功能。

第 1 次按遥控器 A 键，蜂鸣器响 1 声，P2.0 脚 LED 亮；第 2 次按遥控器 A 键，蜂鸣器响 1 声，P2.0 脚 LED 灭。

第 1 次按遥控器 B 键，蜂鸣器响 2 声，P2.1 脚 LED 亮，第 2 次按遥控器 B 键，蜂鸣器响 2 声，P2.1 脚 LED 灭。

第 1 次按遥控器 C 键，蜂鸣器响 3 声，P2.2 脚 LED 亮，第 2 次按遥控器 C 键，蜂鸣器响 3 声，P2.2 脚 LED 灭。

第 1 次按遥控器 D 键，蜂鸣器响 4 声，P2.3 脚 LED 亮，第 2 次按遥控器 D 键，蜂鸣器响 4 声，P2.3 脚 LED 灭。

LED 灯电路参见第 2 章图 2-1。蜂鸣器电路参见第 5 章图 5-9。

2. 源程序

根据要求，编写的源程序如下。

```
#include <reg52.h>
#include <intrins.h>
#define  uint unsigned int
#define  uchar unsigned char
sbit  P20 = P2^0;
```

```
sbit  P21 = P2^1;
sbit  P22 = P2^2;
sbit  P23 = P2^3;
#define  B_CODE 0x01        //遥控器按键 B 发射码，B 键和发射器 PT2262 的 10 脚相连
#define  D_CODE 0x02        //遥控器按键 D 发射码，D 键和发射器 PT2262 的 11 脚相连
#define  A_CODE 0x04        //遥控器按键 A 发射码，A 键和发射器 PT2262 的 12 脚相连
#define  C_CODE 0x08        //遥控器按键 C 发射码，C 键和发射器 PT2262 的 13 脚相连
sbit  D0 = P1^0;           //接收板数据口 0
sbit  D1 = P1^1;           //接收板数据口 1
sbit  D2 = P1^2;           //接收板数据口 2
sbit  D3 = P1^3 ;          //接收板数据口 3
sbit  VT= P1^4;            //解码有效输出端，有信号时 VT 为 1
bit  A_flag;              // A 键按下标志位，为 1 时 LED 灯亮，为 0 时 LED 灯灭
bit  B_flag;              // B 键按下标志位，为 1 时 LED 灯亮，为 0 时 LED 灯灭
bit  C_flag;              // C 键按下标志位，为 1 时 LED 灯亮，为 0 时 LED 灯灭
bit  D_flag;              // D 键按下标志位，为 1 时 LED 灯亮，为 0 时 LED 灯灭
sbit BEEP = P3^7;          //蜂鸣器
uchar  temp;
/********以下是延时函数********/
与实例解析 1 完全相同(略)
/*********以下是蜂鸣器响一声函数********/
与实例解析 1 完全相同(略)
/********以下是发射按键处理函数********/
void KeyProcess()
{
  if(temp== A_CODE)
  {
        A_flag=~A_flag;
        if(A_flag==0){P20=1;beep();}
        if(A_flag==1){P20=0;beep();}
  }
  if(temp== B_CODE)
  {
        B_flag=~B_flag;
        if(B_flag==0){P21=1;beep();beep();}
        if(B_flag==1){P21=0;beep();beep();}
  }
  if(temp== C_CODE)
  {
        C_flag=~C_flag;
        if(C_flag==0){P22=1;beep();beep();beep();}
        if(C_flag==1){P22=0;beep();beep();beep();}
  }
  if(temp== D_CODE)
  {
        D_flag=~D_flag;
        if(D_flag==0){P23=1;beep();beep();beep();beep();}
        if(D_flag==1){P23=0;beep();beep();beep();beep();}
  }
}
/********以下是主函数********/
main()
{
  P1=0x1f;                  //置 P1.0～P1.4 为输入状态
  P2=0xff;                  //关闭 P2 口输出
```

```
    beep();
    while(1)
    {
        if(VT==1)                          // VT=1,表示有键按下
        {
            temp=P1&0x0f;                  //取低 4 位
            KeyProcess();                  //调发射按键处理函数
        }
    }
}
```

3. 源程序释疑

在发射电路中，B 键接 PT2262 的 10 脚，D 键接 PT2262 的 11 脚，A 键接 PT2262 的 12 脚，C 键接 PT2262 的 13 脚。在接收电路中，单片机的 P1.0 脚接 PT2272 的 10 脚，P1.1 脚接 PT2272 的 11 脚，P1.2 脚接 PT2272 的 12 脚，P1.3 脚接 PT2272 的 13 脚，P1.4 脚接 PT2272 的 17 脚。因此，若没有键按下，则单片机的 P1.4 脚（VT）为 0；若有键按下，则单片机的 P1.4 脚为 1。同时，若按下的是 B 键，则单片机的 P1.0 为 1，P1.1、P1.2、P1.3 为 0；若按下的是 D 键，则单片机的 P1.1 为 1，P1.0、P1.2、P1.3 为 0；若按下的是 A 键，则单片机的 P1.2 为 1，P1.0、P1.1、P1.3 为 0；若按下的是 C 键，则单片机的 P1.3 为 1，P1.0、P1.1、P1.2 为 0。根据以上原理，单片机即可识别出发射按键是否按下以及按下的是哪只键。

实验时，用 7 根杜邦连接线将单片机的 P1.0、P1.1、P1.2、P1.3、GND、P1.4、V_{CC} 插针与遥控模块的 D0、D1、D2、D3、GND、VT、V_{CC} 插针相连。下载程序到单片机，分别按压无线模块的遥控器 A、B、C、D 键，观察 P2 口的 LED 灯及蜂鸣器动作是否正常。

需要说明的是，在无线遥控接收模块上有一个可调电感，若调整不当会引起无法接收的故障现象。实验时，若发现接收距离短或不能接收，可用小起子微调一下此电感。

该实验程序在下载资料的 ch14\ch14_3 文件夹中。

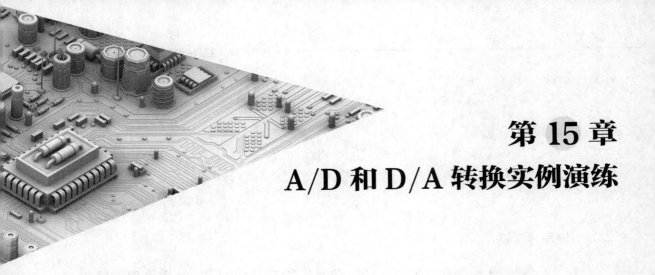

第 15 章
A/D 和 D/A 转换实例演练

单片机的外部设备不一定都是数字式的，经常会和模拟式设备进行连接。例如，用单片机接收温度、压力信号时，因为温度和压力都是模拟量，就需要 A/D 转换电路来把模拟信号变为数字信号，以便能够输送给单片机进行处理。另外，单片机输出的信号都是数字信号，而模拟式外围设备则需要模拟信号才能工作，因此，必须经过 D/A 转换电路，将数字信号变换为模拟信号，才能为模拟设备所接受。总之，A/D 和 D/A 转换是单片机系统中不可缺少的接口电路，在本章中，我们将一一进行介绍和演练。

|15.1　A/D 转换电路介绍及实例解析|

15.1.1　A/D 转换电路介绍

A/D 转换器的种类很多，按其工作原理不同分为直接 A/D 转换器和间接 A/D 转换器两类。直接 A/D 转换器可将模拟信号直接转换为数字信号，这类 A/D 转换器具有较快的转换速度，其典型电路有逐次比较型 A/D 转换器。而间接 A/D 转换器则是先将模拟信号转换成某一中间电量（时间或频率），然后再将中间电量转换为数字量输出。此类 A/D 转换器的速度较慢，典型电路是双积分型 A/D 转换器、电压频率转换型 V/F 转换器。下面主要以常用的 A/D 转换器 XPT2046 为例进行介绍。

XPT2046 内含 12 位分辨率 125kHz 转换速率逐步逼近型 A/D 转换器。XPT2046 支持 1.5～5.25V 的低电压 I/O 接口。如图 15-1 是 XPT2046 在"低成本开发板 2"（参见本书第 2 章）上的应用电路。XPT2046 管脚功能如表 15-1 所示。

有关 XPT2046 原理的详细内容，请读者查阅 XPT2046 使用手册，下面给出 XPT2046 驱动程序软件包，文件名为：XPT2046.h 和 XPT2046.c，在下载资料文件中。

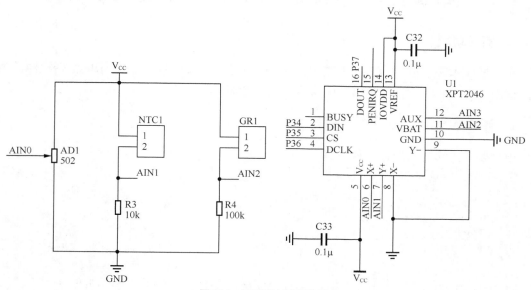

图15-1　XPT2046应用电路

表 15-1　　　　　　　　　　　　　XPT2046 引脚功能

QFN 引脚号	名称	说明
1	BUSY	忙时信号线。当 CS 为高电平时为高阻状态
2	DIN	串行数据输入端。当 CS 为低电平时，数据在 DCLK 上升沿锁存进来
3	CS	片选信号。控制转换时序和使能串行输入输出寄存器，高电平时 ADC 掉电
4	DCLK	外部时钟信号输入
5	V_{CC}	电源输入端
6	X+	X+位置输入端
7	Y+	Y+位置输入端
8	X−	X−位置输入端
9	Y−	Y−位置输入端
10	GND	接地
11	VBAT	电池监视输入端
12	AUX	ADC 辅助输入通道
13	VREF	参考电压输入/输出
14	IOVDD	数字电源输入端
15	PENIRQ	笔接触中断引脚
16	DOUT	串行数据输出端。数据在 DCLK 的下降沿移出，当 CS 高电平时为高阻状态

15.1.2 实例解析 1——LED 数码管显示电位器检测的 AD 值

1. 实现功能

在"低成本开发板 2"（参见第 2 章）上进行实验，数码管后 4 位显示电位器检测的 AD 值，范围是 0～4095。LED 数码管电路参见第 8 章图 8-6。

2. 源程序

根据要求，编写的源程序如下。

```c
#include "reg52.h"
#include"XPT2046.h"
typedef unsigned int u16;                        //对数据类型进行声明定义
typedef unsigned char u8;
sbit LSA=P2^2;
sbit LSB=P2^3;
sbit LSC=P2^4;
u8 disp[4];
u8 code smgduan[10]={0x3f,0x06,0x5b,0x4f,0x66,0x6d,0x7d,0x07,0x7f,0x6f};

/****** delay 延时函数, i=1 时, 大约延时 10μs******/
void delay(u16 i)
{
  while(i--);
}

/******datapros()数据处理函数******/
void datapros()
{
  u16 temp;
  static u8 i;
  if(i==50)
  {
      i=0;
      temp = Read_AD_Data(0x94);              //AIN0 电位器
  }
  i++;
  disp[0]=smgduan[temp/1000];                  //千位
  disp[1]=smgduan[temp%1000/100];              //百位
  disp[2]=smgduan[temp%1000%100/10];           //个位
  disp[3]=smgduan[temp%1000%100%10];
}


/******DigDisplay()数码管显示函数******/
void DigDisplay()
{
  u8 i;
  for(i=0;i<4;i++)
  {
      switch(i)                                //位选，选择点亮的数码管
      {
              case(0):
                      LSA=0;LSB=0;LSC=0; break;    //显示第 0 位
```

```
                case(1):
                        LSA=1;LSB=0;LSC=0; break;    //显示第1位
                case(2):
                        LSA=0;LSB=1;LSC=0; break;    //显示第2位
                case(3):
                        LSA=1;LSB=1;LSC=0; break;    //显示第3位
        }
        P0=disp[3-i];                                //发送数据
        delay(100);                                  //间隔一段时间扫描
        P0=0x00;                                     //消隐
    }
}
/******主函数******/
void main()
{
  while(1)
  {
        datapros();                                  //数据处理函数
        DigDisplay();                                //数码管显示函数
  }
}
```

3. 源程序释疑

源程序主要由主函数、数据处理函数、数码管显示函数等组成。程序比较简单，这里不再分析。

该实验程序和 XPT 驱动程序包在下载资料的 ch15\ch15_1 文件夹中。

|15.2 D/A 转换电路及实例演练|

15.2.1 D/A 转换电路介绍

单片机输出的信号都是数字信号，而模拟式外围设备则需要模拟信号才能工作，因此必须经过 D/A 转换电路，将数字信号变换为模拟信号，才能为模拟式设备所接受。

目前，D/A 转换器较多，这里介绍一种由运放 LM358 组成的 D/A 转换器，其原理框图如图 15-2 所示。

图15-2 由运放LM358组成的D/A转换器

应用时，控制单片机输出 PWM 信号，PWM 是一种周期一定而占空比可以调制的方波信号，经整形隔离、低通滤波后，加到运放 LM358 的输入端，经 LM358 驱动放大，输出、转换成直流电压。图 15-3 所示的是 LM358 在"低成本开发板 2"上的应用电路。

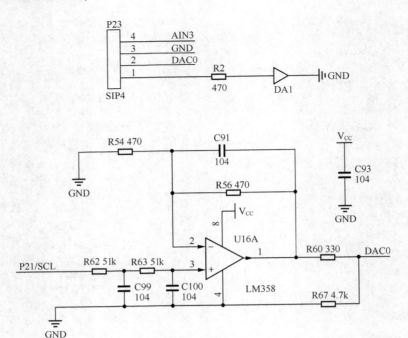

图15-3　LM358应用电路

15.2.2　实例解析 2——D/A 转换实验

1. 实现功能

在"低成本开发板 2"（参见第 2 章）上进行实验。LM358 输出的模拟电压，控制外接的指示灯呈现呼吸灯（接在单片机 P2.1）效果，由暗变亮再由亮变暗。

2. 源程序

根据要求，编写的源程序如下。

```c
#include "reg52.h"
typedef unsigned int u16;   //对数据类型进行声明定义
typedef unsigned char u8;
sbit PWM=P2^1;
bit DIR;
u16 count,value,timer1;
/***********定时器 1 初始化***********/
void Timer1Init()
{
  TMOD|=0x10;                //选择为定时器 1 模式，工作方式 1，仅用 TR1 打开启动
  TH1 = 0xff;
  TL1 = 0xff;                //1μs
  ET1=1;                     //打开定时器 1 中断允许
  EA=1;                      //打开总中断
  TR1=1;                     //打开定时器
}
/********主函数**********/
void main()
{
```

```
        Timer1Init();                            //定时器 1 初始化
        while(1)
        {
              if(count>100)
              {
                    count=0;
                    if(DIR==1)                   //DIR 控制增加或减小
                    {
                      value++;
                    }
                    if(DIR==0)
                    {
                      value--;
                    }
              }
              if(value==1000)
              {
                DIR=0;
              }
              if(value==0)
              {
                DIR=1;
              }
              if(timer1>1000)                     //PWM 周期为 1000*1μs
              {
                    timer1=0;
              }
              if(timer1 <value)
              {
                    PWM=1;
              }
              else
              {
                    PWM=0;
              }
        }
}
/**********定时器 1 的中断函数*************/

void Time1(void) interrupt 3                 //3 为定时器 1 的中断号
{
  TH1 = 0xff;
  TL1 = 0xff;   //1μs
  timer1++;
      count++;
}
```

源程序比较简单，在下载资料的 ch15\ch15_2 文件夹中。

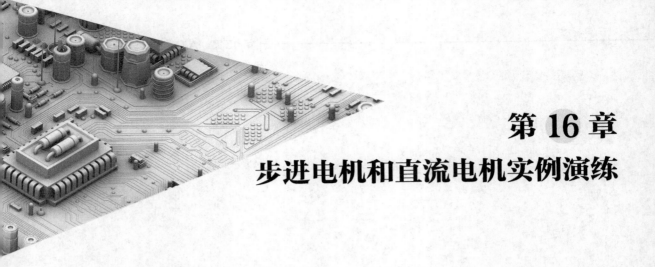

第 16 章
步进电机和直流电机实例演练

电动机作为主要的动力源，在生产和生活中占有重要的地位，电动机的控制过去多用模拟法，随着计算机的产生和发展，开始采用单片机进行控制，用单片机控制电动机，不但控制精确，而且非常方便和智能，因此，应用越来越广泛。本章主要介绍用单片机控制步进电机和直流电机的方法与实例。

|16.1 步进电机实例解析|

16.1.1 步进电机基本知识

一般电机都是连续旋转，而步进电机却是一步一步地转动的，故称之为步进电机。具体而言，每当步进电机的驱动器接收到一个驱动脉冲信号后，步进电机将会按照设定的方向转动一个固定的角度（步进角），因此，步进电机是一种将电脉冲转化为角位移的执行器件。用户可以通过控制脉冲的个数来控制角位移量，从而达到准确定位的目的；同时还可以通过控制脉冲频率来控制电机转动的速度和加速度，从而达到调速的目的。

1. 步进电机分类

常见的步进电机分为三种：永磁式（PM）、反应式（VR）和混合式（HB）。永磁式步进电机一般为两相，转矩和体积较小，步进角一般为 7.5° 或 15°；反应式步进电机一般为三相，可实现大转矩输出，步进角一般为 1.5°，但噪声和振动较大；混合式步进电机是指混合了永磁式和反应式的优点，它又分为两相和五相等，两相步进角一般为 1.8°，五相步进角一般为 0.72°，这种步进电机性能优异，应用比较广泛。

2. 步进电机工作原理

步进电机有三线式、五线式和六线式，其控制方式均相同，都要以脉冲信号电流来驱动。假设每旋转一圈需要 48 个脉冲信号来励磁，可以计算出每个励磁信号能使步进电机前进 7.5°，其旋转角度与脉冲的个数成正比。步进电机的正、反转由励磁脉冲产生的顺序来控制。六线式四相步进电机是比较常见的，它的控制等效电路如图 16-1 所示，外形如图 16-2 所示。我们在下面的实验中采用的也是这种类型的步进电机。

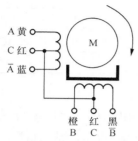

图16-1　六线式步进电机等效电路图

图16-2　步进电机的外形实物

从图 16-1 中可以看出，六线式四相步进电机有两组线圈（每组线圈各有两相）和 4 条励磁信号引线 A、$\overline{A}$、B、$\overline{B}$，两组线圈中间有一个端点引出作为公共端，一共有 6 根引出线（如果将两个公共端引线连在一起，则有 5 根引线）。

要使步进电机转动，只要轮流给各引出端通电即可。将图 16-1 中线圈中间引出线标识为 C，只要 AC、$\overline{A}$C、BC、$\overline{B}$C 四相轮流加电就能驱动步进电机运转。加电的方式可以有多种，如果将公共端 C 接正电源，那么只需用开关元件（如三极管、驱动器）将 A、$\overline{A}$、B、$\overline{B}$ 轮流接地即可。由于每出现一个脉冲信号，步进电机只走一步，因此只要依序不断送出脉冲信号，步进电机就能实现连续转动。

3. 步进电机的励磁方式

步进电机的励磁方式分为 1 相励磁、2 相励磁和 1-2 相励磁三种，简要介绍如下。

（1）1 相励磁

1 相励磁方式也称单 4 拍工作方式，是指在每一瞬间，步进电机只有一个线圈中的一相导通。每送一个励磁信号，步进电机旋转一个步进角（如 7.5°），这是三种励磁方式中最简单的一种。其特点是：精确度好、消耗电力小，但输出转矩最小，振动较大。如果以该方式控制步进电机正转，对应的励磁时序如表 16-1 所示。若励磁信号反向传输，则步进电机反转。

表 16-1　　　　　　　　　　　　　　　　1 相励磁时序表

步进	A	B	$\overline{A}$	$\overline{B}$	说明
1	0	1	1	1	AC 相导通
2	1	0	1	1	BC 相导通
3	1	1	0	1	$\overline{A}$C 相导通
4	1	1	1	0	$\overline{B}$C 相导通

（2）2 相励磁

2 相励磁方式也称双 4 拍工作方式，是指在每一瞬间，步进电机两个线圈各有一相同时导通。每送一个励磁信号，步进电机旋转一个步进角（如 7.5°）。其特点是：输出转矩大，振动小，因而成为目前使用最多的励磁方式。如果以该方式控制步进电机正转，对应的励磁时序如表 16-2 所示。若励磁信号反向传输，则步进电机反转。

表 16-2   2 相励磁时序表

步进	A	B	$\overline{A}$	$\overline{B}$	说明
1	0	0	1	1	AC、BC 相导通
2	1	0	0	1	BC、$\overline{AC}$ 相导通
3	1	1	0	0	$\overline{AC}$、$\overline{BC}$ 相导通
4	0	1	1	0	$\overline{BC}$、AC 相导通

（3）1-2 相励磁

　　1-2 相励磁方式也称单双 8 拍工作方式，工作时，1 相励磁和 2 相励磁交替导通，每传输一个励磁信号，步进电机只走半个步进角（如 3.75°）。其特点是，精确角提高且运转平滑。如果以该方式控制步进电机正转，对应的励磁时序如表 16-3 所示。若励磁信号反向传输，则步进电机反转。

表 16-3   1-2 相励磁时序表

步进	A	B	$\overline{A}$	$\overline{B}$	说明
1	0	1	1	1	AC 相导通
2	0	0	1	1	AC、BC 相导通
3	1	0	0	1	BC 相导通
4	1	0	0	1	BC、$\overline{AC}$ 相导通
5	1	1	0	1	$\overline{AC}$ 相导通
6	1	1	0	0	$\overline{AC}$、$\overline{BC}$ 相导通
7	1	1	1	0	$\overline{BC}$ 相导通
8	0	1	1	0	$\overline{BC}$、AC 相导通

4. 步进电机驱动电路

　　步进电机的驱动可以选用专用的电机驱动模块，如 L298、FT5754 等，这类驱动模块接口简单，操作方便，它们既可驱动步进电机，也可驱动直流电机。除此之外，还可利用三极管自己搭建驱动电路，不过这样会非常麻烦，可靠性也会降低。另外，还有一种方法就是使用达林顿驱动器 ULN2003、ULN2803 等，下面重点对 ULN2003 和 ULN2803 进行介绍。

　　ULN2003/ULN2803 是高压大电流达林顿晶体管阵列芯片，吸收电流可达 500mA，输出管耐压值为 50V 左右，因此有很强的低电平驱动能力，可用于微型步进电机的相绕组驱动。ULN2003 由 7 组达林顿晶体管阵列和相应的电阻网络以及钳位二极管网络构成，具有同时驱动 7 组负载的能力，为单片双极型大功率高速集成电路。ULN2803 与 ULN2003 基本相同，主要区别是，ULN2803 比 ULN2003 增加了一路负载驱动电路。ULN2803 与 ULN2003 内部电路框图如图 16-3 所示。

　　从图中可以看出，ULN2003/ULN2803 内部含有 7～8 个反相器，也就是说，其输出与输入是反相的。另外，ULN2003/ULN2803 内部还集成有多只钳位二极管，其作用是当步进电机线圈通断时，会产生过高的反电动势，加入钳位二极管后可将反电动势钳位，从而保护芯片不因电压过高而击穿。

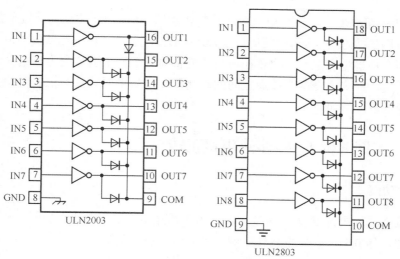

图16-3　ULN2003与ULN2803内部电路框图

5. 步进电机与单片机的连接

低成本开发板 2 和 DD-900 实验开发板中均设有步进电机驱动电路，如图 16-4 和图 16-5 所示。

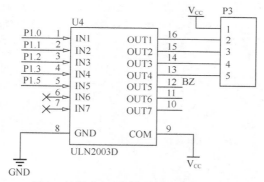

图16-4　低成本开发板2步进电机驱动电路

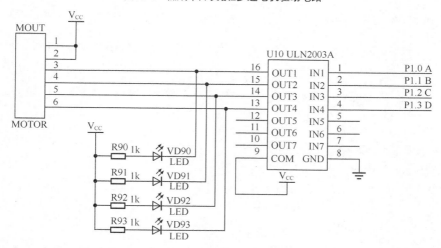

图16-5　DD-900实验板步进电机驱动电路

从图 16-5 中可以看出，步进电机由达林顿驱动器 ULN2003 驱动，通过单片机的 P1.0～P1.3 控制各线圈的接通与切断。开机时，P1.0～P1.3 均为高电平，依次将 P1.0～P1.3 切换为低电平即可驱动步进电机运行，注意在切换之前将前一个输出引脚变为高电平。如果要改变电机的转动速度，只要改变两次接通之间的时间即可；如果要改变电机的转动方向，只要改变各线圈接通的顺序即可。

16.1.2 实例解析 1——步进电机正转与反转

1. 实现功能

在"低成本单片机开发板 2"（参见本书第 2 章介绍）上实现如下功能：开机后，步进电机先正转 1 圈，停 0.5s，然后再反转 1 圈，停 0.5s，并不断循环。

2. 源程序

根据要求，编写的源程序如下。

```
#include <reg51.h>
#define uchar unsigned char
#define uint  unsigned int
uchar code up_data[4]={0xf8,0xf4,0xf2,0xf1};        //1 相励磁正转表
uchar code down_data[4]={0xf1,0xf2,0xf4,0xf8};      //1 相励磁反转表
/********以下是延时函数********/
void Delay_ms(uint xms)
{
  uint i,j;
  for(i=xms;i>0;i--)                    //i=xms 即延时 x 毫秒
        for(j=110;j>0;j--);
}
/********以下是步进电机 1 相励磁法正转函数********/
void  motor_up(uint n)
{
  uchar i;
  uint j;
  for (j=0; j<12*n; j++)               //转 n 圈
  {
        for (i=0; i<4; i++)            //4 次共转 7.5°×4=30°,这样,转 12 次可转 360°(即 1 圈)
        {
                P1 = up_data[i];       //取正转数据
                Delay_ms(500);         //转一个角度停留的时间,可调节转速
        }
  }
}
/********步进电机 1 相励磁法反转函数********/
void  motor_down(uint n)
{
  uchar i;
  uint  j;
  for (j=0; j<12*n; j++)               //转 n 圈
  {
        for (i=0; i<4; i++)            //4 次共转 7.5°×4=30°,这样,转 12 次可转 360°(即 1 圈)
        {
```

```
                    P1 = down_data[i];        //取反转数据
                    Delay_ms(500);            //转一个角度停留的时间,可调节转速
                }
        }
}
/*********以下是主函数********/
main()
{
    while(1)
    {
            motor_up(1);                      //电机正转 1 圈
            P1=0xff;
            Delay_ms(500);                    //换向延时为 0.5s
            motor_down(1);                    //电机反转 1 圈
            P1=0x00;
            Delay_ms(500);                    //换向延时为 0.5s
    }
}
```

3.　源程序释疑

该电路使用两相步进电机，采用 1 相励磁法，正转信号时序为 0xf8→0xf4→0xf2→0xf1，反转信号时序为 0xf1→0xf2→0xf4→0xf8。1 相励磁正反转时序表如表 16-4 所示。

表 16-4　　　　　　　　　　1 相励磁法正反转时序表

步进	P1.7～P1.4	P1.3	P1.2	P1.1	P1.0	十六进制数
1	全设为 1	1	0	0	0	0xf8
2	全设为 1	0	1	0	0	0xf4
3	全设为 1	0	0	1	0	0xf2
4	全设为 1	0	0	0	1	0xf1

注意，表 16-4 与表 16-1 相位相反，这是因为表 16-1 列出的是驱动电路（ULN2003）输出端的信号，而表 16-4 列出的是驱动电路输入端的信号，由于驱动电路内含反相器，因而二者相位相反。

在源程序中，依次取出正转和反转时序表中的数据，并进行适当地延时，即可控制步进电机按要求的方向和速度进行转动了。

表 16-4 列出的是 1 相励磁法正反转时序表，如采用 2 相励磁和 1-2 相励磁，其时序如表 16-5、表 16-6 所示。

表 16-5　　　　　　　　　　2 相励磁法正反转时序表

步进	P1.7～P1.4	P1.3	P1.2	P1.1	P1.0	十六进制数
1	全设为 1	1	1	0	0	0xfc
2	全设为 1	0	1	1	0	0xf6
3	全设为 1	0	0	1	1	0xf3
4	全设为 1	1	0	0	1	0xf9

表 16-6   1-2 相励磁法正反转时序表

步进	P1.7～P1.4	P1.3	P1.2	P1.1	P1.0	十六进制数
1	全设为 1	1	0	0	0	0xf8
2	全设为 1	1	1	0	0	0xfc
3	全设为 1	0	1	0	0	0xf4
4	全设为 1	0	1	1	0	0xf6
5	全设为 1	0	0	1	0	0xf2
6	全设为 1	0	0	1	1	0xf3
7	全设为 1	0	0	0	1	0xf1
8	全设为 1	1	0	0	1	0xf9

需要说明的是，对于 1 相励磁和 2 相励磁方式，每传输一个励磁信号，步进电机走 1 个步进角（7.5°），因此转一圈需要 48 个励磁脉冲。而对于 1-2 相励磁方式，每传输一个励磁信号，步进电机只走半个步进角（3.75°），因此转一圈需要 96 个励磁脉冲。

该实验程序在下载资料的 ch16\ch16_1 文件夹中。

16.1.3 实例解析 2——步进电机加速与减速运转

1. 实现功能

在"低成本单片机开发板 2"（参见本书第 2 章介绍）实现如下功能。开机后，步进电机开始加速启动，然后匀速运转 50 圈，最后减速停止，停止 2s 后继续循环。

2. 源程序

根据要求，编写的源程序如下。

```
#include <reg51.h>
#define uchar unsigned char
#define uint  unsigned int
uchar code up_data[8]={ 0xf8,0xfc,0xf4,0xf6,0xf2,0xf3,0xf1,0xf9 };      //1-2 相励磁正转表
uchar code down_data[8]={ 0xf9,0xf1,0xf3,0xf2,0xf6,0xf4,0xfc,0xf8 };    //1-2 相励磁反转表
uchar  rate;       //速率
/*********以下是延时函数,延时时间为 speed×4ms*********/
void Delay(uint speed)
{
  uint i,j;
  for(i=speed;i>0;i--)
        for(j=440;j>0;j--);
}
/*********以下是步进电机 1-2 相励磁法正转函数*********/
void  motor_up()
{
  uchar i;
  for (i=0; i<8; i++)                    //8 次共转 3.75°×8=30°,即 1 一个周期转 30°
  {
        P1 = up_data[i];                //取正转数据
        Delay(rate);                    //调节转速
  }
}
```

```
/********以下是步进电机加速、匀速、减速运行函数********/
void motor_turn()
{
  uint count;                          //转动次数计数器
  rate=16;                             //速度分16挡
  count=600;                           //转600次，由于每次转30°，因此，共转50圈
  do
  {
        motor_up();                    //加速
        rate--;
  }while(rate!=0x01);
  do
  {
        motor_up();                    //匀速
        count--;
  }while(count!=0x01);
  do
  {
        motor_up();                    //减速
        rate++;
  }while(rate!=0x0a);
}
/********以下是主函数********/
main()
{
  while(1)
  {
        P1=0xff;
        motor_turn();
        Delay(500);                    //延时2s
  }
}
```

3. 源程序释疑

在对步进电机的控制中，如果启动时一次将速度升到给定速度，会导致步进电机发生失步现象，造成不能正常启动。如果到结束时突然停下来，由于惯性作用，步进电机会发生过冲现象，造成位置精度降低。因此，实际控制中，步进电机的速度一般都要经历加速启动、匀速运转和减速停止的过程。本例源程序演示的就是这个控制过程。

在源程序中，将步进电机转速分为 16 个挡，存放在 rate 单元中，该值越小，延时时间越短，步进电机速度越快。

在加速启动过程中，先使 rate 为 16，控制步进电机速度最慢，电机每转动 30°，控制 rate 减 1，速度上升一个挡，直到 rate 减为 1，加速启动过程结束。

在匀速运转过程中，rate 始终为 1，控制步进电机速度恒定不变，电机转 50 圈后，匀速运转过程结束。

减速停止过程中，先使 rate 为 1，电机每转动 30°，控制 rate 加 1，速度下降一个挡，直到 rate 增加到 16，减速停止过程结束。

需要再次说明的是，本实验中采用的步进电机步进角为 7.5°，而源程序中采用了 1-2 相励磁方式，每传输一个励磁信号，步进电机只走半个步进角（3.75°），因此传输 8 个脉冲只

转 30°，传输 96 个脉冲才能转 1 圈。

该实验程序在下载资料的 ch16\ch16_2 文件夹中。

16.1.4 实例解析 3——用按键控制步进电机正反转

1. 实现功能

在"低成本单片机开发板 2"（参见本书第 2 章介绍）实现如下功能。开机时，步进电机停止，按 K1 键，步进电机正转，按 K2 键，步进电机反转，按 K3 键，步进电机停止，正转采用 1-2 相励磁方式，反转采用 1 相励磁方式。按键电路参见第 7 章图 7-2，蜂鸣器电路参见第 5 章图 5-9。

2. 源程序

根据要求，编写的源程序如下（注意：源程序中，采用不同的实验板，按键管脚定义有所不同）。

```
#include <reg51.h>
#define uchar unsigned char
#define uint  unsigned int
sbit K1=P3^1;                              //按键定义
sbit K2=P3^0;                              //按键定义
sbit K3=P3^2;                              //按键定义
sbit BEEP=P1^5;                            //蜂鸣器定义
bit up_flag=0;
bit down_flag=0;
bit stop_flag=0;
uchar code up_data[8]= { 0xf8,0xfc,0xf4,0xf6,0xf2,0xf3,0xf1,0xf9 };//1-2 相励磁正转表
uchar code down_data[4]={0xf1,0xf2,0xf4,0xf8};    //1 相励磁反转表
/*********以下是延时函数*********/
void Delay_ms(uint xms)
{
  uint i,j;
  for(i=xms;i>0;i--)                       //i=xms 即延时 x 毫秒
        for(j=110;j>0;j--);
}
/*********以下是蜂鸣器响一声函数*********/
void  beep()
{
  BEEP=0;                                  //蜂鸣器响
  Delay_ms(100);
  BEEP=1;                                  //关闭蜂鸣器
  Delay_ms(100);
}

/********以下是步进电机正转函数********/
void  motor_up()
{
  uchar i;
  for (i=0;  i<8;  i++)                    //8 次共转 3.75°×4=30°
  {
```

```
            P1 = up_data[i];                //取正转数据
            Delay_ms(30);                   //转一个角度停留的时间,可调节转速
    }
}
/********步进电机反转函数********/
void  motor_down()
{
  uchar i;
  for (i=0; i<4; i++)                       //4 次共转 7.5°×4=30°
    {
            P1 = down_data[i];              //取反转数据
            Delay_ms(30);                   //转一个角度停留的时间,可调节转速
    }
}
/********以下是主函数********/
main()
{
  while(1)
    {
            if(K1==0)
            {
                    Delay_ms(10);
                    if(K1==0)
                    {
                            up_flag=1;
                            down_flag=0;
                            stop_flag=0;
                            beep();
                    }
            }
            if(K2==0)
            {
                    Delay_ms(10);
                    if(K2==0)
                    {
                            down_flag=1;
                            up_flag=0;
                            stop_flag=0;
                            beep();
                    }
            }
            if(K3==0)
            {
                    Delay_ms(10);
                    if(K3==0)
                    {
                            stop_flag=1;
                            up_flag=0;
                            down_flag=0;
                            beep();
                    }
            }
            if(up_flag==1)motor_up();        //电机正转
            if(down_flag==1)motor_down();    //电机反转
            if(stop_flag==1)P1=0x00;         //电机停止
    }
}
```

3. 源程序释疑

本程序通过 K1、K2、K3 键控制步进电机的转动和转向，正转使用了 1-2 相励磁法，反转使用了 1 相励磁法。

按下 K3 键停止电机运行时，为防止关闭时某一相线圈长期通电，要将 P1.0～P1.3 均置为低电平（不要都置为高电平）。因为 P1.0～P1.3 为低电平时，经 ULN2003 反相后输出高电平，使加到步进电机线圈端的电压与电源电压相同，所以线圈不发热。

需要说明的是，正转与反转脉冲信号频率是相同的，但由于正转使用了 1、2 相励磁方法，因此正向转速为反向转速的一半。

该实验程序在下载资料的 ch16\ch16_3 文件夹中。

16.1.5 实例解析 4——用按键控制步进电机转速

1. 实现功能

在"低成本单片机开发板 2"（参见本书第 2 章介绍）实现如下功能。开机时，步进电机停止，第 6、7、8 三只数码管上显示运行速度最小值 25（转/分）；按 K1 键，步进电机启动运转，按 K2 键，速度加 1，按 K3 键，速度减 1，加 1 减 1 均能通过数码管显示出来；按 K4 键，步进电机停止。要求步进电机采用 1 相励磁方式。按键电路参见第 7 章图 7-2，蜂鸣器电路参见第 5 章图 5-9，数码管电路见第 8 章图 8-6。

2. 源程序

根据要求，编写的源程序如下（注意：源程序中，采用不同的实验板，按键管脚定义有所不同）。

```
#include <reg51.h>
#include<intrins.h>
#define uchar unsigned char
#define uint unsigned int
#define min_speed 25        //最小转速为25r/min
#define max_speed 100       //最大转速为100r/min
uchar speed=25;             //定义转速变量,初始值为25
uchar drive_out=0xf1;       //驱动输出,初始值为1相励磁法的第一个值0xf1
sbit K1=P3^1;               //K1键
sbit K2=P3^0;               //K2键
sbit K3=P3^2;               //K3键
sbit K4=P3^3;               //K4键
sbit BEEP=P1^5;             //蜂鸣器
uchar  code  seg_data[]={0xc0,0xe9,0xa4,0xb0,0x99,0x92,0x82,0xf8,0x80,0x90,0xff};
//0～9和熄灭符的段码表
uchar code bit_tab[]={0xdf,0xbf,0x7f};           //第6、7、8只数码管位选表
uchar data disp_buf[3] ={0x00,0x00,0x00};        //显示缓冲区
/********以下是步进电机计数值高位表********/
uchar code motor_h[]={76,82,89,95,100,106,110,115,119,123,127,131,134,137,140,143,146,148,151,
            153,155,158,160,162,165,166,167,169,171,172,174,175,177,178,179,181,182,
            183,184,185,186,187,188,189,190,191,192,193,194,195,196,196,197,198,199,
            199,200,201,201,202,203,203,204,204,205,206,206,207,207,208,208,209,209,
```

```
                              210,210,211};
  /********以下是步进电机计数值低位表********/
uchar code motor_l[]={0,236,86,73,212,0,214,96,163,165,110,0,97,148,158,128,62,219,89,186,0,
                     44,65,64,42,0,196,119,24,171,47,165,13,106,187,0,59,108,147,176,197,210,214,
                     211,200,183,158,128,91,48,0,202,143,78,10,192,114,31,201,110,15,173,70,221,
                     112,0,141,22,157,33,162,32,155,21,140,0};
  /********以下是延时函数********/
void Delay_ms(uint xms)
{
   uint i,j;
   for(i=xms;i>0;i--)                    //i=xms 即延时 x 毫秒
          for(j=110;j>0;j--);
}
  /*********以下是蜂鸣器响一声函数********/
void  beep()
{
   BEEP=0;                              //蜂鸣器响
   Delay_ms(100);
   BEEP=1;                              //关闭蜂鸣器
   Delay_ms(100);
}
/*********以下是转换函数,转换为适合 LED 数码管显示的数据********/
void Conv()
{
   uchar temp;
   disp_buf[0]=speed/100;               //分离出转速的百位部分
   temp=speed%100;                      //十位和个位部分存放在 temp
   disp_buf[1]=temp/10;                 //分离出转速的十位部分
   disp_buf[2]=temp%10;                 //分离出转速个位部分
}
/********以下是显示函数********/
void Display()
{
   uchar tmp;                           //定义显示暂存
   static uchar disp_sel=0;             //显示位选计数器,显示程序通过它得知现正显示哪个数码管, 初始值为 0
   tmp=bit_tab[disp_sel];               //根据当前的位选计数值决定显示哪只数码管
   P2=tmp;                              //送 P2 控制被选取的数码管点亮
   tmp=disp_buf[disp_sel];              //根据当前的位选计数值查的数字的显示码
   tmp=seg_data[tmp];                   //取显示码
   P0=tmp;                              //送到 P0 口显示出相应的数字
   disp_sel++;                          //位选计数值加 1,指向下一个数码管
   if(disp_sel==3)
   disp_sel=0;                          //如果 3 个数码管显示了一遍,则让其回 0,重新再扫描
}
/*********以下是定时器 T0 和 T1 初始化函数********/
void  timer_init()
{
   TMOD = 0x11;                         //定时器 T0 和 T1 均为工作模式 1, 16 位定时方式
   TH0 = 0xf8;TL0 = 0xcc;               //装定时器 T0 计数初值,定时时间为 2ms
   TH1 = 0xff;TL1 = 0xff;               //装定时器 T1 计数初值
   EA=1;ET0=1;ET1=1;                    //开总中断和定时器 T0、T1 中断
   TR0 = 1;                             //启动定时器 T0,暂不启动定时器 T1
}
/*********以下是按键处理函数********/
void  KeyProcess()
```

```
  if(K1==0)
  {
          Delay_ms(10);
          if(K1==0)
          {
                  TR1=1;                          //K1 键按下后,启动定时器 T1,步进电机开始运转
                  beep();
          }
  }
  if(K2==0)
  {
          Delay_ms(10);
          if(K2==0)
          {
                  if(speed==100)speed=25;   //若转速达到 100,则将其恢复为 25
                  speed++;                  //转速加 1
                  beep();
          }
  }
  if(K3==0)
  {
          Delay_ms(10);
          if(K3==0)
          {
                  if(speed==25)speed=100;   //若转速降到 25,则将其设置为 100
                  speed--;                  //转速减 1
                  beep();
          }
  }
  if(K4==0)
  {
          Delay_ms(10);
          if(K4==0)
          {
                  TR1=0;                          //关闭定时器 T1,停止步进电机运转
                  beep();
          }
  }
}
/********以下是主函数********/
main()
{
  timer_init();                               //定时器 T0 和 T1 初始化
  while(1)
  {
          KeyProcess();                       //按键处理函数
          Conv();                             //转速数据转换函数
  }
}
/********以下是定时器 T0 中断函数, 定时时间为 2ms, 用于数码管的动态扫描********/
void timer0() interrupt 1
{
  TH0 = 0xf8;TL0 = 0xcc;                       //重装计数初值,定时时间为 2ms
  Display();                                  //显示函数
}
/********以下是定时器 T1 中断函数, 定时时间由查表值决定, 用于步进电机转速控制********/
```

```
void timer1() interrupt 3
{
    TH1=motor_h[speed-min_speed];      //先将当前转速与最小转换相减,然后再去查计数值高位值表
    TL1=motor_l[speed-min_speed];      //先将当前转速与最小转换相减,然后再去查计数值低位值表
    P1=drive_out;                      //将驱动值送 P1,驱动步进电机运转, drive_out 初始值为 0xf1
    drive_out=(drive_out<<1);          //将 drive_out 左移 1 位再赋值给 drive_out
                                       //4 次中断可依次输出 1 相励磁的数据
    if(drive_out==0x10)drive_out=0xf1; //若左移后 drive_out 的值为 0x10,则将 drive_out 恢复为初始值 0xf1,
}
```

3.　源程序释疑

步进电机采用 1 相励磁法,每 48 个脉冲转 1 圈,即在最低转速时(25r/min)要求为 1200 脉冲/分,相当于每 50ms 输出 1 个脉冲。而在最高转速时,要求为 100r/min,即 4800 脉冲/分,相当于每 12.5ms 输出 1 个脉冲。如果让定时器 T1 产生定时,则步进电机转速与定时器 T1 定时常数的关系如表 16-7 所示(只计算了几个典型值)。

表 16-7　　　　　　　　　步进电机转速与定时器 T1 定时常数的关系

速度（r/min）	每脉冲时间（ms）	计数高位 TH1	计数低位 TL1
25	50	0x4c(76)	0x00(0)
50	25	0xa6(166)	0x00(0)
75	16.7	0xc3(195)	0xe1(225)
90	13.9	0xce(206)	0x00(0)
100	12.5	0xd3(211)	0x00(0)

注：表中括号内为十进制数

表 16-7 中 TH1 和 TL1 是根据定时时间算出来的定时初值,这里用到的晶振是 11.0592MHZ,有了上述表格,程序就不难实现了,使用定时器 T1 为定时器,定时时间到达后,切换 P1 口的输出脚值分别为 0xf1、0xf2、0xf4、0xf8,即可控制步进电机按 1 相励磁方式工作。

源程序主要由按键处理函数、转换函数(将速度值转换为适合数码管显示的数值)、定时器 T0 中断函数(主要完成显示功能)、定时器 T1 中断函数(主要完成步进电机的驱动)等组成。

主函数首先定时器 T0 和 T1 初始化,然后调用按键处理函数 KeyProcess,判断有无键按下,若有,则进行相应的处理。接着是调用转换函数 Conv,将当前的转速值 speed 分离出百位、十位和个位,送入显示缓冲区 disp_buf[0]、disp_buf[1]、disp_buf[2]。

步进电机的驱动工作是在定时器 T1 的中断函数中实现的,由前述分析可知,每次的定时时间到达以后,需要将 P1.0～P1.3 依次接通,程序中用了一个变量 drive_out 来实现这一功能。drive_out 初值为 0xf1,这个值是 1 相励磁法的第一个驱动脉冲,进入到定时器 T1 中断以后,先将该变量取出送 P1,驱动步进电机工作,然后再将该变量左移 1 位;第二次进入中断时,drive_out 的值为 0xe2(其作用是 0xf2 一样),即 1 相励磁法的第 2 个驱动脉冲号;第三次进入中断时,drive_out 的值为 0xc4(其作用是 0xf4 一样),即 1 相励磁法的第 3 个驱动脉冲号;第四次进入中断时,drive_out 的值为 0x88(其作用是 0xf8 一样),即 1 相励磁法的第 4 个驱动脉冲号;当第五次进入中断时,drive_out 的值为 0x10,经判断后,将 drive_out 赋初值 0xf1,这样 P1.0～P1.3 可循环输出低电平,从而控制步进电机持续运转。

定时时间又是如何确定的呢?这里用的是查表的方法，首先用 51 初值计算软件计算出在每一种转速下的 TH1 值和 TL1 值，然后分别放入 motor_h 和 motor_l 表中，在进入定时器 T1 中断函数之后，将速度值变量 speed 减去基数 25，接着分别到 motor_h[]和 motor_h[]查出相应的计数值高位和低位送入 TH1 和 TL1，实现重置定时初值的目的。

重点提示： 控制步进电机速度的方法有两种。

第一种是通过软件延时的方法。改变延时的时间长度就可以改变输出脉冲的频率，但这种方法使 CPU 长时间等待，占用 CPU 大量时间，因此实用价值不高，前面介绍的实例解析 1、2、3 采用的都是这种方式。

第二种是通过定时器中断的方法。在中断服务程序中进行脉冲输出操作，调整定时器的定时常数就可以实现调速。这种方法占用 CPU 时间较少，是一种比较实用的调速方法。实例解析 4 采用的就是这种方式。

在定时器中断法中，通过改变 P1.0 ~ P1.3 电平状态，就可以控制步进电机工作，改变定时常数，就可以控制步进电机的转速。

该实验程序在下载资料的 ch16\ch16_4 文件夹中。

|16.2 直流电机介绍及实例解析|

16.2.1 直流电机基本知识

1. 直流电机的组成与分类

直流电机是由直流供电，将电能转化为机械能的旋转机械装置，主要包括定子、转子和电刷三部分。定子是固定不动的部分，由永久磁铁制成；转子是在软磁材料硅钢片上绕上线圈构成的；电刷则是把两个小炭棒用金属片卡住，固定在定子的底座上，与转子轴上的两个电极接触而构成的。电子稳速式直流电机还包括电子稳速板。

根据直流电机的定子磁场不同，可将直流电机分为两大类，一类为激磁式直流电机，它的定子磁极由铁芯和激磁线圈组成，大中型直流电机一般采用这种结构形式；另一类是永磁式直流电机，它的定子磁极由永久磁铁组成，小型直流电机一般采用这种结构形式。我们实验中采用的就是这种小型的直流电机，其外形如图 16-6 所示。

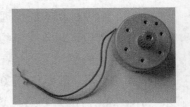

图16-6 小型直流电机外形

2. 直流电机的驱动

用单片机控制直流电机时需要加驱动电路，为直流电机提供足够大的驱动电流。使用不同的直流电机，其驱动电流也不同，我们要根据实际需求选择合适的驱动电路，常用的驱动电路主要有以下几种形式。

（1）采用场效应管驱动电路

直流电机场效应管驱动电路如图 16-7 所示。

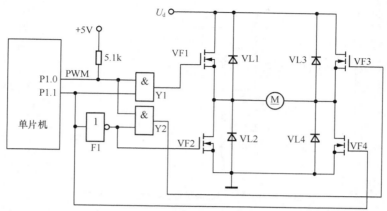

图16-7　直流电机场效应管驱动电路

由单片机的 P1.0 输出 PWM 信号，控制直流电动机的转速；由 P1.1 输出控制正反转的方向信号，控制直流电动机的正反转。当 P1.1=1 时，与门 Y1 打开，由 P1.0 输出的 PWM 信号加在 MOS 场效应晶体管 VF1 的栅极上。同时 P1.1 使 VF4 导通，而经反相器 F1 反相为低电平使 VF2 截止并关闭与门 Y2，使 P1.0 输出的 PWM 不能通过 Y2 加到 VF3 上，因而 VF2 与 VF3 均截止。此时电流由电动机电源 U_d 经 VF1、直流电动机、VF4 接到地，使直流电动机正转。

当 P1.1=0 时，情况与上述正好相反，电路使 VF1 与 VF4 截止，VF2 与 VF3 导通。此时电流由电动机电源 Ud 经 VF3、直流电动机、VF2 接到地，流经直流电动机的电流方向与正转时相反，使电动机反转。

用此电路编程时应注意，在电动机转向时，由于场效应晶体管（开关管）本身在开关时有一定的延时时间，如果上管 VF1 还未关断就打开了下管 VF2，将会使电路直通造成电动机电源短路。因此在电动机转向前（即 P1.1 取反翻转前），要将 VF1～VF4 全关断一段时间，使 P1.0 输出的 PWM 信号变为一段低电平延时，延时时间一般为 5～20μs。

（2）采用电机专用驱动模块

为了解决场效应管驱动电路存在的问题，驱动电路可采用专用 PWM 信号发生器集成电路，如 LMD18200、SG1731、UC3637 等，这些芯片都有 PWM 波发生电路、死区电路、保护电路，非常适合小型直流电动机的控制，下面以 LMD18200 为例进行说明。

LMD18200 是美国国家半导体公司生产的产品，专用于直流电动机驱动的集成电路芯片。它有 11 个引脚，电源电压 55V，额定输出电流 2 A，输出电压 30 V，可通过输入的 PWM 信号实现 PWM 控制，可通过输入的方向控制信号实现转向控制。图 16-8 所示的是由 LMD18200 构成的直流电机驱动电路。

电路中，由单片机发出 PWM 控制信号，通过光电耦合器与 LMD18200 的 3、4 脚相连，其目的是进行信号隔离，以避免 LMD18200 对单片机的干扰。

（3）采用达林顿驱动器

常用的达林顿驱动器有 ULN2003、ULN2803 等，使用达林顿驱动器接线简单，操作方便，并可为电机提供 500mA 左右的驱动电流，十分适合进行直流电机实验，我们在实验中选择的就是达林顿驱动器 ULN20003。

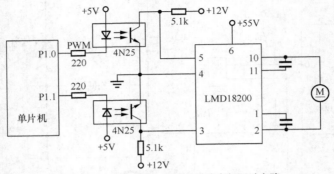

图16-8　由LMD18200构成的直流电机驱动电路

在低成本开发板 2 和 DD-900 实验开发板中，没用多余的 I/O 口可利用，只能选用 I/O 复用，这里选用单片机的 P1.0（与步进电机的 A 输入端共用），当然也可以选用其他 I/O 口，直流电机与单片机的连接如图 16-9 所示。

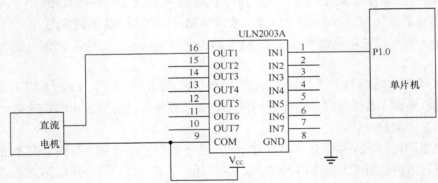

图16-9　直流电机与单片机的连接

3. 直流电机的 PWM 调速原理

直流电机由单片机的 I/O 口控制，当需要调节直流电机转速时，使单片机的相应 I/O 口输出不同占空比的 PWM 波形即可。那么，什么是 PWM 呢？

PWM 是英文 Pulse Width Modulation（脉冲宽度调制）的缩写，它是按一定规律改变脉冲序列的脉冲宽度，来调节输出量的一种调制方式，我们在控制系统中最常用的是矩形波 PWM 信号，在控制时只要调节 PWM 波的占空比（高电平持续时间与周期之比，即，Ton/T，如图 16-10 所示），即可调节直流电机的转速，占空比越大，速度越快，如果全为高电平，占空比为 100% 时，速度达到最快。

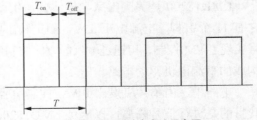

图16-10　矩形波占空比示意图

当用单片机 I/O 口输出 PWM 信号进行调速时，PWM 信号可采用以下三种方法得到。

（1）采用 PWM 信号电路

它是用分立元件或集成电路组成 PWM 信号电路来输出 PWM 信号，这种方法需要增加硬件开销，因此只应用在对控制要求较高的场合。

（2）软件模拟法

软件模拟法又分为两种：

一是采用软件延时方法。当高电平延时时间到时，对 I/O 口电平取反变成低电平，然后再延时；当低电平延时时间到时，再对该 I/O 口电平取反，如此循环就可得到 PWM 信号。

二是利用定时器。控制方法同上，只是在这里利用单片机的定时器来定时进行高、低电平的翻转，而不用软件延时。

在下面的实验中，我们采用的就是软件模拟法。

（3）利用单片机自带的 PWM 控制器

有些单片机（如 C8051、STC12C5410 等）自带 PWM 控制器，AT89S51/STC89C51 单片机无此功能，其他型号的很多单片机如 PIC 单片机、AVR 单片机（如 ATmega16、ATmega128）等都带有 PWM 控制器。

16.2.2　实例解析 5——用按键控制直流电机转速

1. 实现功能

在"低成本单片机开发板 2"（参见本书第 2 章介绍）上实现如下功能。开机后，直流电机停止，按 K1 键，直流电机按 0.1 的占空比运转，按 K2 键，直流电机按 0.2 的占空比运转，按 K3 键，直流电机按 0.5 的占空比运转，按 K4 键，直流电机停止。按键电路参见第 7 章图 7-2。

2. 源程序

根据要求，编写的源程序如下（注意：源程序中，采用不同的实验板，按键管脚定义有所不同）。

```
#include <reg51.h>
#define uchar unsigned char
#define uint unsigned int
sbit K1=P3^1;                        //K1 键
sbit K2=P3^0;                        //K2 键
sbit K3=P3^2;                        //K3 键
sbit K4=P3^3;                        //K4 键
sbit P10=P1^0;
bit K1_flag=0;
bit K2_flag=0;
bit K3_flag=0;
bit K4_flag=0;
/*********以下是延时函数*********/
void Delay_ms(uint xms)
{
  uint i,j;
  for(i=xms;i>0;i--)                 //i=xms 即延时 x 毫秒
        for(j=110;j>0;j--);
```

```
}
/********以下是 0.1 占空比运转函数********/
void speed1()
{
  P10=0;                      //P1.0 为低电平,经 ULN2003 反相后输出高电平,电机停转
  Delay_ms(90);
  P10=1;                      // P1.0 为高电平,经 ULN2003 反相后输出低电平,电机转动
  Delay_ms(10);
}
/********以下是 0.2 占空比运转函数********/
void speed2()
{
  P10=0;                      //P1.0 为低电平,经 ULN2003 反相后输出高电平,电机停转
  Delay_ms(40);
  P10=1;                      // P1.0 为高电平,经 ULN2003 反相后输出低电平,电机转动
  Delay_ms(10);
}
/********以下是 0.5 占空比运转函数********/
void speed3()

{
  P10=0;                      //P1.0 为低电平,经 ULN2003 反相后输出高电平,电机停转
  Delay_ms(10);
  P10=1;                      // P1.0 为高电平,经 ULN2003 反相后输出低电平,电机转动
  Delay_ms(10);
}
/********以下是主函数********/
main()
{
  while(1)
  {
        if(K1==0){K1_flag=1;  K2_flag=0;K3_flag=0;K4_flag=0;}
        if(K2==0){K2_flag=1;  K1_flag=0;K3_flag=0;K4_flag=0;}
        if(K3==0){K3_flag=1;  K1_flag=0;K2_flag=0;K4_flag=0;}
        if(K4==0){K4_flag=1;  K1_flag=0;K2_flag=0;K3_flag=0;}
        if(K1_flag==1)speed1();
        if(K2_flag==1)speed2();
        if(K3_flag==1)speed3();
        if(K4_flag==1)P10=0;   //P1.0 为低电平,经 ULN2003 反相后输出高电平,电机停转
  }
}
```

3. 源程序释疑

源程序比较简单,采用软件延时方法产生 PWM 信号。当按下 K1 键时,转动周期为 90ms+10ms=100ms,P1.0 输出高电平时间(电机转动时间)为 10ms,占空比为 10/100=0.1,此时电机转动速度慢;当按下 K2 键时,转动周期为 40ms+10ms=50ms,P1.0 输出高电平时间(电机转动时间)为 10ms,占空比为 10/50=0.2,此时电机转动速度较快;当按下 K3 键时,转动周期为 10ms+10ms=20ms,P1.0 输出高电平时间(电机转动时间)为 10ms,占空比为 10/20=0.5,此时电机转动速度最快。

该实验程序在下载资料的 ch16\ch16_5 文件夹中。

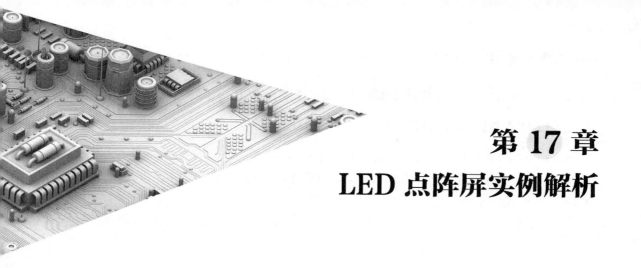

第 17 章
LED 点阵屏实例解析

LED 点阵屏是一种可以显示图文的显示器件，字体亮丽，适合远距离观看，很容易吸引人的注意力，有着非常好的告示效果。LED 点阵屏比霓虹灯简单，容易安装和使用，是很好的户内外视觉媒体。随着 LED 点阵技术的进步和价格的降低，现在已逐步走进大小店铺，为普通大众所接受。本章主要介绍由顶顶电子设计的两种 LED 点阵屏开发板，并演练相关实例。

|17.1 简易 LED 点阵屏开发实例|

17.1.1 LED 点阵屏基本知识

1. LED 点阵屏的分类

LED 点阵屏是以发光二极管 LED 为像素点，通过环氧树脂和塑模封装而成。LED 点阵屏具有亮度高、功耗低、引脚少、视角大、寿命长以及耐湿、耐冷热、耐腐蚀等特点。

LED 点阵屏有 4×4、4×8、5×7、5×8、8×8、16×16、24×24、40×40 等，其中，8×8 点阵屏应用最为广泛。

根据显示颜色的数目，LED 点阵屏分为单色、双基色、全彩色等。

单色 LED 点阵显示屏只能显示固定的色彩，如红、绿、黄等单一颜色。通常这种屏用来显示比较简单的文字和图案信息，如商场、酒店的信息牌等。

双基色和全彩色 LED 点阵屏所显示内容的颜色由不同颜色的发光二极管点阵组合方式决定，如红绿都亮时可显示黄色，若按照脉冲方式控制二极管的点亮时间，则可实现 256 或更高级灰度显示，即可实现全彩色显示。

根据驱动方式的不同，LED 点阵屏分为计算机驱动型和单片机驱动型两种工作方式。

计算机驱动型的特点是 LED 点阵屏由计算机驱动，不但可以显示文字、图形，还可以显示多媒体彩色视频内容，但其造价较高。

单片机驱动型的特点是体积小、重量轻、成本较低，有基础的电子爱好者，经过简单的学习，只需要购置少量的元器件，就可以自己动手制作 LED 点阵屏了。

2. LED 点阵屏的结构与测量

8×8 LED 点阵屏的外形及管脚排列如图 17-1 所示。

从图 17-1 中可以看出，8×8 LED 点阵屏的管脚排列顺序为：从 LED 点阵屏的正面观察（俯视），左下角为 1 脚，按逆时针方向，依次为 1～16 脚。

LED 点阵屏内部由 8×8 共 64 个发光二极管组成，其内部结构如图 17-2 所示。

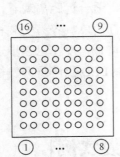

图17-1　8×8LED点阵屏的外形及管脚排列

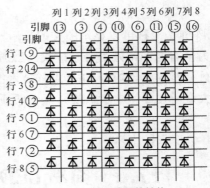

图17-2　LED点阵屏的结构

从图 17-2 中可以看出，每个发光二极管放置在行线和列线的交叉点上，当对应的某一列置低电平，某一行置高电平，则相应的二极管就点亮。因此，通过控制不同行列电平的高低，就可以实现显示不同内容的目的。

LED 点阵屏是否正常，可用数字万用表进行判断。将数字万用表的红表笔接点阵屏的 9 脚，黑表笔接点阵屏的 13 脚，根据图 17-2 可知，9 脚、13 脚接的是一只二极管，因此点阵屏左上角的二极管应点亮，若不亮，说明该二极管像素点损坏。采用同样的方法，可判断出其他二极管像素点是否损坏。

3. 简易 LED 点阵屏开发板介绍

为了配合下面的实例演练，笔者设计并制作了 LED 点阵屏开发板，利用该开发板可实现汉字和图像的静态和动态显示，通过编写程序，还可实现更多的功能。图 17-3 所示的是 LED 点阵屏开发板的电路原理图。

从图 17-3 中可以看出，整个开发板系统由 1 片 STC89C51 单片机、1 片 4-16 译码器 74HC154（也可采用两片 3-8 译码器 74HC138）、4 片串行输入-并行输出移位寄存器 74HC595、1 片 RS232 接口芯片 MAX232、1 片时钟芯片 DS1302、1 片 256KB 串行 EEPROM 存储器 AT24C256（开发板上留有此插座，未安装芯片）、8 块 8×8 LED 点阵屏（组成两块 16×16 LED 点阵屏）、16 只行驱动三极管等组成，电路组成框图如图 17-4 所示。

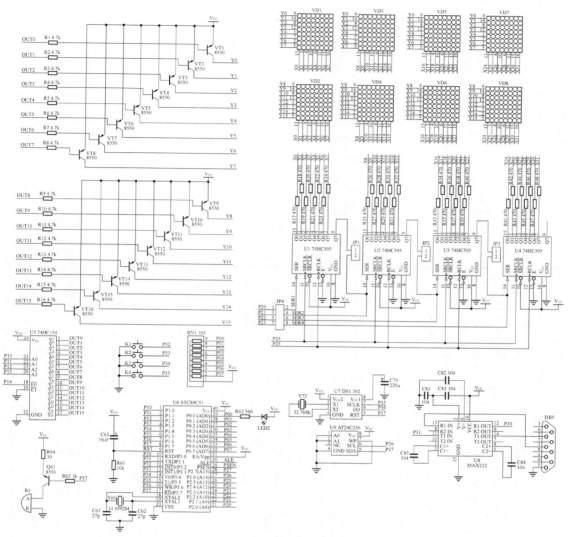

图17-3　LED点阵屏开发板的电路原理图

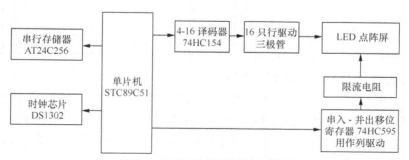

图17-4　LED点阵屏开发板电路框图

（1）4-16 译码器 74HC154

74HC154 能将四位二进制数编码输入译成 16 个彼此独立的有效低电平输出，它们都具有两个低电平选通输入控制端。74HC154 的管脚排列如图 17-5 所示，译码表如表 17-1 所示。

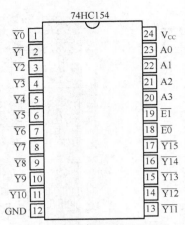

图17-5　74HC154的管脚排列图

表 17-1　　　　　　　　　　　　4 线-16 线译码器 74HC154 的译码表

输入						输出															
E̅0̅	E̅1̅	A3	A2	A1	A0	Y̅15̅ ~ Y̅0̅															
0	0	0	0	0	0	1	1	1	1	1	1	1	1	1	1	1	1	1	1	1	0
0	0	0	0	0	1	1	1	1	1	1	1	1	1	1	1	1	1	1	1	0	1
0	0	0	0	1	0	1	1	1	1	1	1	1	1	1	1	1	1	1	0	1	1
0	0	0	0	1	1	1	1	1	1	1	1	1	1	1	1	1	1	0	1	1	1
0	0	0	1	0	0	1	1	1	1	1	1	1	1	1	1	1	0	1	1	1	1
0	0	0	1	0	1	1	1	1	1	1	1	1	1	1	1	0	1	1	1	1	1
0	0	0	1	1	0	1	1	1	1	1	1	1	1	1	0	1	1	1	1	1	1
0	0	0	1	1	1	1	1	1	1	1	1	1	1	0	1	1	1	1	1	1	1
0	0	1	0	0	0	1	1	1	1	1	1	1	0	1	1	1	1	1	1	1	1
0	0	1	0	0	1	1	1	1	1	1	1	0	1	1	1	1	1	1	1	1	1
0	0	1	0	1	0	1	1	1	1	1	0	1	1	1	1	1	1	1	1	1	1
0	0	1	0	1	1	1	1	1	1	0	1	1	1	1	1	1	1	1	1	1	1
0	0	1	1	0	0	1	1	1	0	1	1	1	1	1	1	1	1	1	1	1	1
0	0	1	1	0	1	1	1	0	1	1	1	1	1	1	1	1	1	1	1	1	1
0	0	1	1	1	0	1	0	1	1	1	1	1	1	1	1	1	1	1	1	1	1
0	0	1	1	1	1	0	1	1	1	1	1	1	1	1	1	1	1	1	1	1	1
0	1	×	×	×	×	1	1	1	1	1	1	1	1	1	1	1	1	1	1	1	1
1	0	×	×	×	×	1	1	1	1	1	1	1	1	1	1	1	1	1	1	1	1
1	1	×	×	×	×	1	1	1	1	1	1	1	1	1	1	1	1	1	1	1	1

（2）串行输入-并行输出移位寄存器 74HC595

为解决串行传输中列数据准备和列数据显示之间的矛盾问题，LED 点阵开发板采用了 74HC595 作为列驱动。因为 74HC595 具有一个 8 位串入并出的移位寄存器和一个 8 位输出锁存器的结构，而且移位寄存器和输出锁存器的控制是各自独立的，这使列数据的准备和列数据的显示可以同时进行。74HC595 的管脚排列如图 17-6 所示。

74HC595 由一个 8 位串行移位寄存器和一个带 3 态并行输出的 8 位 D 型锁存器所构成。该移位寄存器接收串行数据和提供串行输出，同时移位寄存器还向 8 位锁存器提供并行数据。移位寄存器和锁存器具有单独的时钟输入端。该器件还有一个用于移位寄存器的异步复位端。74HC595 内部结构如图 17-7 所示。

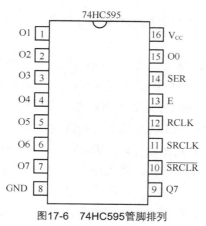

图17-6　74HC595管脚排列

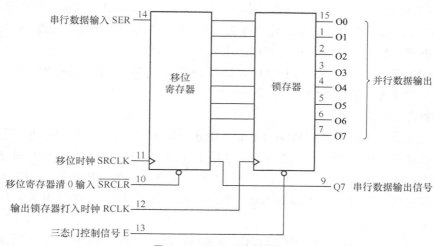

图17-7　74HC595内部结构

74HC595 的管脚功能如表 17-2 所示。

表 17-2　　　　　　　　　　　　　　　74HC595 管脚功能

引脚	符号	功能
15、1～7	O0～O7	并行数据输出
8	GND	地
9	Q7	串行数据输出端
10	$\overline{\text{SRCLR}}$	移位寄存器的清零输入端。当其为低时，移位寄存器的输出全部为 0
11	SRCLK	移位寄存器的移位时钟脉冲。在其上升沿将 SER 的数据打入。移位后的各位信号出现在各移位寄存器的输出端
12	RCLK	输出锁存器的打入时钟信号。其上升沿将移位寄存器的输出打入到输出锁存器。由于 SRCLK 和 RCLK 两个信号是互相独立的时钟，所以能够做到输入串行移位与输出锁存互不干扰
13	E	三态门的开放信号。只要当其为低时，移位寄存器的输出才开放，否则成高阻态
14	SER	串行数据输入端
16	V_{CC}	电源

由于 74HC595 具有存储寄存器（锁存器），因此数据传输时不会立即出现在输出引脚上，

只有在给 RCLK 上升沿后，才会将数据集中输出。该芯片比常用 74HC164 芯片更适于快速和动态地显示数据。

由于 74HC595 的上拉电流和灌电流的能力都很强（典型值为 35 mA），因此 LED 点阵屏既可以使用共阳的．也可以使用共阴的。这里采用的是共阳型的。

重点提示：74HC595 的驱动能力很强（驱动电流典型值为 35 mA），可以直接驱动小型的 LED 点阵屏，但对于大中型的 LED 点阵屏，则需要增加一级驱动电路，如常用的达林顿晶体管阵列芯片 ULN2803，其吸收电流可达 500mA，具有很强的低电平驱动能力，ULN2803 内含 8 个反相器，可同时驱动 8 路负载，非常适合做大中型 LED 点阵屏的驱动电路。

（3）行驱动三极管

对于 8×8 LED 点阵屏，每只 LED 管的工作电流为 3～10mA，若按 10mA 计算，则每块 8×8 LED 点阵屏每行全部点亮时所需的总电流为 10mA×8=80mA；若驱动四块 8×8 LED，则四块 8×8 LED 每行全部点亮时工作电流为 80mA×4=320mA。选用三极管 S8550 作为行驱动可满足要求，因为 S8550 的最大集电极电流为 500mA。

需要说明的是，若驱动四块以上的 8×8LED 点阵屏，则需要选用功率更大的三极管，如 TIP127（最大集电极电流为 5A）。

（4）数据存储电路

数据存储电路由串行 EEPROM AT24C256 组成。AT24C256 是一个 256KB 串行存储器，具有掉电后数据不丢失的特点，AT24C256 采用 I^2C 协议与单片机通信，单片机 STC89C51 通过读 SDA 和 SCL 脚来读取 AT24C256 中的内容，并将其中的内容显示在 LED 点阵屏上。另外，也可以通过上位机（PC）将编辑好的数据内容下载到 AT24C256 芯片内，以便单片机随时进行读取。

在 LED 点阵屏开发板上安装有 AT24C256 插座，芯片未装（因为在下面实例演例中未用到该芯片），读者在编程时，可根据实际情况自行安装。

（5）时钟电路

时钟电路以 DS1302 为核心构成，有关 DS1302 的详细知识，请参考本书第 12 章相关内容。

（6）RS232 接口电路

RS232 接口电路由 MAX232 等组成，主要完成与 PC 通信，该芯片比较常用，这里不再介绍。

（7）按键电路

LED 点阵屏开发板上设置有四个按键 K1～K4，分别接在 STC89C51 的 P3.2～P3.5 脚，按键功能可根据实际编程进行定义。

图 17-8 所示的是制作完成的 LED 点阵屏开发板实物图。

4. 汉字显示的基本原理

国际汉字库中的每个汉字由 16 行 16 列的点阵组成，即每个汉字由 256 个点阵来表示。汉字是一种特殊的图形，在 256 个点阵范围内，可以显示任何图形。

无论显示图形还是文字，只要控制图形或文字的各个点所在位置相对应的 LED 发光，就可以得到我们想要的显示结果，这种同时控制各个发光点亮灭的方法称为静态扫描方式。

1 个 16×16 点阵屏（由 4 个 8×8 点阵屏组成）共有 256 个发光二极管，如果采用静态扫描方式，单片机没有这么多端口，况且在实际应用中，往往要采用多个 16×16 点阵屏，这样所需的控制端口更多，因此在实际应用中，LED 点阵屏一般都不采用静态扫描方式，而采用另一种称为动态扫描的显示方式。

所谓动态扫描，简单地说就是逐行轮流点亮，这样扫描驱动电路就可以实现 16 行的同名列共用一套列驱动器。在轮流点亮一遍的过程中，每行 LED 点亮的时间是极为短暂的，如果以 1ms 计算，扫描 16 行则只需 16ms，扫描频率为 1000/16=62.5Hz，由于这个频率足够快，给人眼的视觉印象就会是在连续稳定地显示，并不察觉有闪烁现象。

5. 汉字扫描码的制作

为了实现汉字的扫描，需要制作汉字字模数据，即扫描码，下面以显示"大"字为例进行说明。

汉字"大"的扫描码一般通过字模提取软件来提取，有关字模提取的软件较多，读者可以网上进行搜索和下载。

制作"大"的扫描码时，在工具栏中选择"横向取模"按钮，然后在汉字输入区中输入"大"，按键盘上的 Ctrl+Enter 键，此时在软件预览区即出现"大"字的点阵图，如图 17-9 所示。

图17-8　LED点阵屏开发板实物图

图17-9　"大"字的点阵图

单击软件工具栏中的"生成 C51 数据格式"按钮，即可在下面的字模数据生成区输出"大"字的字模，共 32 个数据。

```
0x01,0x00,0x01,0x00,0x01,0x00,0x01,0x00,0x01,0x00,0xff,0xfe,0x01,0x00,0x01,0x00,
0x02,0x80,0x02,0x80,0x04,0x40,0x04,0x40,0x08,0x20,0x10,0x10,0x20,0x08,0xc0,0x06
```

这 32 个数据中，第 1 个数据 0x01 表示"大"字在第一行左半部的扫描码；第 2 个数据 0x00 表示"大"字在第一行右半部的扫描码；第 3 个数据 0x01 表示"大"字在第二行左半部的扫描码；第 4 个数据 0x00 表示"大"字在第二行右半部的扫描码……第 31 个数据 0xc0 表示"大"字在第十六行左半部的扫描码；第 32 个数据 0x06 表示"大"字在第十六行右半部的扫描码。

如果需要反相的扫描码，请点击工具栏中"反显图像"按钮，此时，输出的字形会反相，再单击"生成 C51 数据格式"按钮，即可在下面的字模数据生成区输出"大"字的反相字模，共 32 个数据。

```
0xfe,0xff,0xfe,0xff,0xfe,0xff,0xfe,0xff,0xfe,0xff,0x00,0x01,0xfe,0xff,0xfe,0xff,
0xfd,0x7f,0xfd,0x7f,0xfb,0xbf,0xfb,0xbf,0xf7,0xdf,0xef,0xef,0xdf,0xf7,0x3f,0xf9
```

17.1.2　LED 点阵屏实例演练

1.　实例解析 1——显示 1 个汉字

实现功能：在 LED 点阵屏开发板第一组 LED 屏（左边的 4 个 8×8 LED 屏）上显示汉字"大"。根据要求，编写的源程序如下。

```c
#include <reg51.h>
#include <intrins.h>                //函数_nop_();
#define uchar unsigned char
#define uint  unsigned int
#define  BLKN 2                     //1 个 16×16LED 屏的列数据（16 位）可由 2 个 8 位数据组合而成
sbit  SDATA_595=P2^0;               //串行数据输入
sbit  SCLK_595 =P2^4;               //移位时钟脉冲
sbit  RCK_595  =P2^5;               //输出锁存器控制脉冲
sbit  G_74154  =P1^4;               //显示允许控制信号端口
uchar data  disp_buf[32];           //显示缓存
uchar temp;                         //暂存
uchar code Bmp[32]= {0xfe,0xff,0xfe,0xff,0xfe,0xff,0xfe,0xff,0xfe,0xff,0x00,0x01,0xfe,0xff,0xfe,0xff,
          0xfd,0x7f,0xfd,0x7f,0xfb,0xbf,0xfb,0xbf,0xf7,0xdf,0xef,0xef,0xdf,0xf7,0x3f,0xf9};
                                    // "大"字的字模数据
/********以下是将显示数据送入 74HC595 内部移位寄存器函数********/
void WR_595(void)
{
  uchar x;
  for (x=0;x<8;x++)
  {
        temp=temp>>1;               //右移位
        SDATA_595=CY;               //移位数据送 CY
        SCLK_595=1;                 //上升沿发生移位
        _nop_();
        _nop_();
        SCLK_595=0;
  }
}
/********以下是主函数********/
void  main(void)
{
  uchar i;
  TMOD = 0x01;                      //定时器 T0 工作方式 1
  TH0 = 0xfc; TL0 = 0x66;           //1ms 定时初值
  G_74154 = 1;                      //关闭显示
  RCK_595=0;
  P1 =0xf0;                         //行号端口清零
  EA=1;ET0=1;                       //开总中断，允许定时器 T0 中断
  TR0 = 1;                          //启动定时器 T0
  while(1)
  {
        for(i=0;i<32;i++)
        {
                disp_buf[i]= Bmp[i];        //将数据送显示缓存
        }
  }
}
```

```
/*********以下是定时器 T0 中断函数,定时时间为 1ms,即每 1ms 扫描 1 行********/
void timer0() interrupt 1
{
  uchar i,j=BLKN;
  TH0 = 0xfc; TL0 = 0x66;           //重装 1ms 定时常数
  i=P1;                             //读取当前显示的行号
  i=i+1;                            //行号加 1,指向下一行
  if(i==16)i=0;                     //若扫描完 16 行,则继续从第 1 行开始扫描
  i=i & 0x0f;                       //屏蔽高 4 位
  do{
      j--;
      temp = disp_buf[i*BLKN+j];    //先送右半部分数据再送左半部分数据
      WR_595();
  }while(j);                        //完成一行数据的发送
      G_74154=1;                    //关闭显示
      P1 &= 0xf0;                   //行号端口清零
      RCK_595 = 1;                  //上升沿将数据送到输出锁存器
      P1 |=i;                       //写入行号
      RCK_595 = 0;                  //锁存显示数据
      G_74154=0;                    //打开显示
}
```

（1）由于 51 单片机为 8 位单片机，因此为了产生 16×16 点阵汉字，需要将一个字拆为 2 个部分，一般把它拆为左半部和右半部，左半部由 16×8 点阵组成，右半部也由 16×8 点阵组成。

扫描时，先送出第一行右半部发光管亮灭的数据（扫描码）并锁存，再送出左半部发光管亮灭的数据（扫描码）并锁存，然后选通第 1 行，使其点亮一定的时间，然后熄灭；按照同样的方法，再送出第二行右半部分、左半部分数据，选通第二行；送出第三行右半部分、左半部分数据，选通第三行……第 16 行之后，又重新点亮第 1 行，反复轮回。当这样轮回的速度足够快（每秒 40 次以上），由于人眼的视觉暂留现象，就能看到 LED 点阵屏上稳定的图形了。

为什么送出数据时先送右半部分再送左半部分呢？这是因为在本例中，LED 点阵屏实验开发板上的前 2 个 74HC595 是串联的，数据会依次从左往右传。具体来说，第 1 次送出来的数据会先锁存在第 1 个 74HC595 上，在单片机送了第 2 个数据后，第 1 个送出的数据往右传，这样第 1 个数据被传输到第 2 个 74HC595 上，第 2 个数据则停留在第 1 个 74HC595 上。因此，当 2 个 74HC595 采用串联方式时，一定要先传输右边的数据，再传输左边的数据，LED 显示屏才会显示出正确的汉字和图形，否则会发生左右颠倒的现象。

需要说明的是，我们制作的"大"字的字模数据是按先左后右的顺序制作的，在源程序中，取字模数据时采用了查表的方式，即先取出第一行右半部分数据，再取出第一行左半部数据，然后再取第二行右半部、左半部……第 16 行右半部、左半部。具体功能主要由以下几条语句完成。

```
i=i & 0x0f;                       //屏蔽高 4 位
do{
    j--;
    temp = disp_buf[i*BLKN+j];    //先送右半部分数据再送左半部分数据
    WR_595();
}while(j);                        //完成一行数据的发送
```

这几条语句的作用是将每行的数据分左 8 位和右 8 位分别送出。例如，当 i（行号）为 0 进入 do 循环时，j（即 BLKN，初始值为 2）减 1 变为 1，temp=disp[2*0+1]= disp_buf[1]，disp_buf[1] 就是 Bmp[1]，即"大"字的第一行右 8 位的数据；在下一轮 do 循环中，由于此时 j 减 1 后 为 0，temp=disp[2*0+0]= disp_buf[0]，disp_buf[0]就是 Bmp[0]，即"大"字的第一行左 8 位 的数据；j 为 0 后，do 循环结束，这样就可以将第一行右 8 位和左 8 位数据送出了。

（2）LED 点阵屏的行扫描由定时器 T0 中断函数完成，扫描 1 行时间为 1ms，扫描 1 帧 （16 行）用时为 16ms，扫描频率为 1/(0.016s)=62.5Hz，由于这个扫描频率足够快，因此我们 不会感觉到闪烁现象。

读者可以试着将 1ms 定时时间改为 2ms 或更长，再实验一下，你看到了什么？"大"字 开始闪烁了。

实验时，短接 JP1 插针（使前两只 74HC595 串联），同时将 JP4 的 P20、SER1 插针短接 （从第一只 74HC595 输入数据）；JP2、JP3 插针不用短接（后两只 74HC595 暂停工作）。下载 程序到 STC89C51 中，观察显示的汉字是否正常。

该实验源程序在下载资料的 ch17\ch17_1 文件夹中。

2．实例解析 2——同时显示两个汉字

实现功能：在 LED 点阵屏开发板第一组 LED 屏（左边的 4 个 8×8 LED 屏）和第二组 LED 屏（右边的 4 个 8×8 LED 屏）上同时显示两个汉字"成功"。

根据要求，编写的源程序如下。

```
#include <reg51.h>
#include <intrins.h>            //函数_nop_();
#define uchar unsigned char
#define uint  unsigned int
#define  BLKN 4                 //2 个 16×16LED 屏的列数据（32 位）可由 4 个 8 位数据组合而成
sbit  SDATA_595=P2^0;          //串行数据输入
sbit  SCLK_595 =P2^4;          //移位时钟脉冲
sbit  RCK_595  =P2^5;          //输出锁存器控制脉冲
sbit  G_74154  =P1^4;          //显示允许控制信号端口
uchar data  disp_buf[64];       //显示缓存
uchar temp;                     //暂存
uchar code Bmp[64]= {0xff,0xaf,0xff,0xbf,0xff,0xb7,0xff,0xbf,0xff,0xbf,0xff,0xbf,0xc0,0x01,0x01,0xbf,
                     0xdf,0xbf,0xee,0x03,0xdf,0xbf,0xef,0xbb,0xdf,0xbb,0xef,0xbb,0xc1,0xbb,0xef,0xbb,
                     0xdd,0xbb,0xef,0xbb,0xdd,0xd7,0xef,0x7b,0xdd,0xd7,0xef,0x7b,0xdd,0xed,0xe1,0x7b,
                     0xd5,0xcd,0x0e,0xfb,0xbb,0xb5,0xbe,0xfb,0xbf,0x79,0xfd,0xd7,0x7e,0xfd,0xfb,0xef
                     };//"成功"的字模数据
/********以下是将显示数据送入 74HC595 内部移位寄存器函数********/
void WR_595(void)
(略，见下载资料)
/********以下是主函数********/
void  main(void)
{
  uchar i;
  TMOD = 0x01;                  //定时器 T0 工作方式 1
  TH0 = 0xfc; TL0 = 0x66;       //1ms 定时初值
  G_74154 = 1;                  //关闭显示
  RCK_595=0;
```

```
        P1 =0xf0;                           //行号端口清零
        EA=1;ET0=1;                          //开总中断,允许定时器 T0 中断
        TR0 = 1;                            //启动定时器 T0
        while(1)
        {
            for(i=0;i<64;i++)
            {
                disp_buf[i]= Bmp[i];        //将数据送显示缓存
            }
        }
}
/*********以下是定时器 T0 中断函数,定时时间为 1ms,即每 1ms 扫描 1 行********/
void  timer0()  interrupt 1
{
  uchar i,j=BLKN;
  TH0 = 0xfc; TL0 = 0x66;                   //重装 1ms 定时常数
  i=P1;                                     //读取当前显示的行号
  i=i+1;                                    //行号加 1,指向下一行
  if(i==16)i=0;                             //若扫描完 16 行,则继续从第 1 行开始扫描
  i=i & 0x0f;                               //屏蔽高 4 位
  do{
      j--;
      temp = disp_buf[i*BLKN+j];            //先送右半部分数据再送左半部分数据
      WR_595();
    }while(j);                              //完成一行数据的发送
      G_74154=1;                            //关闭显示
      P1 &= 0xf0;                           //行号端口清零
      RCK_595 = 1;                          //上升沿将数据送到输出锁存器
      P1 |=i;                               //写入行号
      RCK_595 = 0;                          //锁存显示数据
      G_74154=0;                            //打开显示
}
```

　　该源程序与上例源程序十分相似,主要不同是字模数据的制作方法不同。该例中"成功"的字模数据为 64 个,先扫描第 1 行"成"字的右 8 位、左 8 位,"功"字的右 8 位、左 8 位;再扫描第 2 行"成"字的右 8 位、左 8 位,"功"字的右 8 位、左 8 位……最后扫描第 16 行"成"字的右 8 位、左 8 位,"功"字的右 8 位、左 8 位。因此,制作字模数据时,不能先制作"成"字的字模再制作"功"字的字模,而应该将"成功"二字作为一个图像来进行制作。具体制作方法是,在汉字输入区中输入"成功"两个汉字,然后按键盘 Ctrl+Enter 键,将汉字输入到预览区,单击软件工具栏中的"反选图像"按钮,使二个汉字反相显示,再单击"生成 C51 格式的点阵数据"按钮,这样就可以在数据生成区看到"成功"两个汉字的字模数据了,如图 17-10 所示。

　　实验时,短接 JP1、JP2、JP3 插针,使四只 74HC595 相互串联工作,同时将 JP4 的 P20、SER1 插针短接(从第一只 74HC595 输入数据)。下载程序到 STC89C51 中,观察显示的 2 个汉字"成功"是否正常。

　　该实验源程序文件名为 ch21_2.c 在下载资料的 ch17\ch17_2 文件夹中。

　　本例也可以用分别制作出"成"字和"功"字的字模数据。方法是短接 JP1、JP3 插针(不要短接 JP2),使前二只 74HC595 和后两只 74HC595 分别串联工作,同时将 JP4 的 P20、SER1

和 P22、SER3 插针同时短接（从第一只和第三只 74HC595 同时输入数据）。这样，通过编程也可以达到同时显示"成功"两个汉字的目的。源程序文件名为 ch21_2_1.c，在下载资料的 ch17\ch17_2 文件夹中。

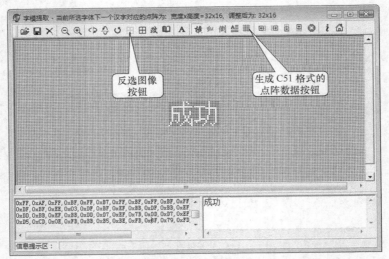

图17-10 "成功"的字模数据

3. 实例解析 3——LED 点阵屏倒计时牌

实现功能：在 LED 点阵屏实验开发板左边的 4 个 8×8 LED 显示屏上，循环显示 10、9、8、7、6、5、4、3、2、1 倒计时，每个数字停留时间为 1s。

根据要求，编写的源程序如下。

```
#include <reg51.h>
#include <intrins.h>                //函数_nop_();
#define uchar unsigned char
#define uint  unsigned int
#define  BLKN 2                     //1个16×16LED屏的列数据（16位）可由2个8位数据组合而成
sbit  SDATA_595=P2^0;              //串行数据输入
sbit  SCLK_595 =P2^4;              //移位时钟脉冲
sbit  RCK_595  =P2^5;              //输出锁存器控制脉冲
sbit  G_74154  =P1^4;              //显示允许控制信号端口
uchar data  disp_buf[32];          //显示缓存
uchar temp;                        //暂存
uchar code Bmp[][32]= {1~10点阵数据，略，见下载资料};
/********以下是 xms 延时函数********/
void Delay_ms(uint xms)
{
  uint i, j;
  for(i=xms;i>0;i--)
        for(j=115;j>0;j--);
  }
/********以下是将显示数据送入74HC595内部移位寄存器函数********/
void WR_595(void)
(略，见下载资料)
/********以下是主函数********/
void  main(void)
```

```
{
    uchar i,k;
    TMOD = 0x01;                              //定时器 T0 工作方式 1
    TH0 = 0xfc; TL0 = 0x66;                   //1ms 定时初值
    G_74154 = 1;                              //关闭显示
    RCK_595=0;
    P1 =0xf0;                                 //行号端口清零
    EA=1;ET0=1;                               //开总中断,允许定时器 T0 中断
    TR0 = 1;                                  //启动定时器 T0
    while(1)
    {
        for(k=0;k<11;k++)                     //显示 10、9……1、黑屏共 11 个字模数据
        {
            for(i=0;i<32;i++)                 //每个字模为 32 个数据
            {
                disp_buf[i]= Bmp[k][i];       //将字模数据送显示缓存
            }
            Delay_ms(1000);                   //每个字之间延时 1s
        }
    }
}
/*********以下是定时器 T0 中断函数,定时时间为 1ms,即每 1ms 扫描 1 行********/
void timer0() interrupt 1
{
    uchar i,j=BLKN;
    TH0 = 0xfc; TL0 = 0x66;                   //重装 1ms 定时常数
    i=P1;                                     //读取当前显示的行号
    i=i+1;                                    //行号加 1,指向下一行
    if(i==16)i=0;                             //若扫描完 16 行,则继续从第 1 行开始扫描
    i=i & 0x0f;                               //屏蔽高 4 位
    do{
        j--;
        temp = disp_buf[i*BLKN+j];            //先送右半部分数据再送左半部分数据
        WR_595();
    }while(j);                                //完成一行数据的发送
        G_74154=1;                            //关闭显示
        P1 &= 0xf0;                           //行号端口清零
        RCK_595 = 1;                          //上升沿将数据送到输出锁存器
        P1 |=i;                               //写入行号
        RCK_595 = 0;                          //锁存显示数据
        G_74154=0;                            //打开显示
}
```

　　该源程序与实例解析 1 十分相似,主要不同是该例需要间隔显示多个汉字(数字),因此存放字模数据时采用了二维数组的形式。在主函数中,将二维数组 Bmp[][32]中的数据分 11 次取出,每取出 32 个数据(1 个汉字的数据)后延时 1s,这样就可以显示出间隔为 1s 的倒计时效果。

　　另外需要说明的是,制作数字 0～9 的字模数据时,在字模软件中输入数字时要采用"全角"的方式,一个数字会占两字节,即和一个汉字相当,这样在显示时才能将数字显示在 16×16 LED 屏的中央;如果采用半角的方式输入数字,则 1 个数字只占一个字节,显示时只能显示在 16×16 LED 屏的半屏位置上。

　　实验时将 JP1 插针短接(使前二只 74HC595 串联),同时将 JP4 的 P20、SER1 插针短接

（从第一只 74HC595 输入数据）；JP2、JP3 插针不用短接（后两只 74HC595 暂停工作）。下载程序到 STC89C51 中。

该实验源程序在下载资料的 ch17\ch17_3 文件夹中。

4. 实例解析 4——显示上下滚动的汉字

实现功能：在 LED 点阵屏实验开发板左边的 4 个 8×8 LED 显示屏上，从上到下滚动显示"顶顶电子"4 个汉字。

要所要求，编写的源程序如下。

```
#include <reg51.h>
#include <intrins.h>                  //函数_nop_();
#define uchar unsigned char
#define uint  unsigned int
#define  BLKN 2                       //1 个 16×16LED 屏的列数据（16 位）可由 2 个 8 位数据组合而成
sbit  SDATA_595=P2^0;                 //串行数据输入
sbit  SCLK_595 =P2^4;                 //移位时钟脉冲
sbit  RCK_595  =P2^5;                 //输出锁存器控制脉冲
sbit  G_74154  =P1^4;                 //显示允许控制信号端口
uchar data  disp_buf[32];            //显示缓存
uchar temp;                           //暂存
uchar code Bmp[][32]={顶顶电子四个字的点阵数据，略，见下载资料}；
/********以下是 xms 毫秒延时函数********/
void Delay_ms(uint xms)
{
  uint i, j;
  for(i=xms;i>0;i--)
        for(j=115;j>0;j--);
  }
/********以下是将显示数据送入 74HC595 内部移位寄存器函数********/
void WR_595(void)
(略，见下载资料)
/********以下是主函数********/
void  main(void)
{
  uchar i,j,k;
  TMOD = 0x01;                        //定时器 T0 工作方式 1
  TH0 = 0xfc; TL0 = 0x66;             //1ms 定时初值
  G_74154 = 1;                        //关闭显示
  RCK_595=0;
  P1 =0xf0;                           //行号端口清零
  EA=1;ET0=1;                         //开总中断,允许定时器 T0 中断
  TR0 = 1;                            //启动定时器 T0
  while(1)
  {
        for(i=0;i<32;i++)             //黑屏
        {
                disp_buf[i]= Bmp[4][i]; //取黑屏数据,二维数组的第 4 行的 32 个数据为黑屏数据
        }
        Delay_ms(100);               //延时 100ms
        for(i=0;i<5;i++)             //滚动显示 5 个汉字
        {
                for(j=0;j<16;j++)     //每个汉字为 16 行,扫描 16 行为 1 个扫描周期
```

```
                     {
                              for(k=0;k<15;k++)          //开始滚动显示
                              {
                                      disp_buf[k*BLKN]=disp_buf[(k+1)*BLKN];//将下一数据送上一数据缓存
                                      disp_buf[k*BLKN+1]=disp_buf[(k+1)*BLKN+1]; //将下一数据送上一数据缓存
                              }
                              disp_buf[30]=Bmp[i][j*BLKN];          //为 disp_buf[30]送数据
                              disp_buf[31]=Bmp[i][j*BLKN+1];        //为 disp_buf[31]送数据
                              Delay_ms(100);
                     }
             }
             Delay_ms(1000);
     }
}
/*********以下是定时器 T0 中断函数,定时时间为 1ms,即每 1ms 扫描 1 行********/
void  timer0()  interrupt 1
{
   uchar i,j=BLKN;
   TH0 = 0xfc; TL0 = 0x66;              //重装 1ms 定时常数
   i=P1;                                //读取当前显示的行号
   i=i+1;                               //行号加 1,指向下一行
   if(i==16)i=0;                        //若扫描完 16 行,则继续从第 1 行开始扫描
   i=i & 0x0f;                          //屏蔽高 4 位
   do{
       j--;
       temp = disp_buf[i*BLKN+j];       //先送右半部分数据再送左半部分数据
       WR_595();
     }while(j);                         //完成一行数据的发送
       G_74154=1;                       //关闭显示
       P1 &= 0xf0;                      //行号端口清零
       RCK_595 = 1;                     //上升沿将数据送到输出锁存器
       P1 |=i;                          //写入行号
       RCK_595 = 0;                     //锁存显示数据
       G_74154=0;                       //打开显示
}
```

　　滚动显示由主函数中的三个 for 循环语句完成。要实现上下滚动显示，只需在下一个扫描周期里，使下一缓存中的数据送到上一显示缓存中，相当于整屏汉字向上移动 1 位，然后扫描，完成一个周期；如果取数时按照上述依次增加，屏幕就会持续不断地有汉字向上滚动，从而实现了滚动显示的效果。

　　实验时短接 JP1 插针（使前两只 74HC595 串联），同时将 JP4 的 P20、SER1 插针短接（从第一只 74HC595 输入数据）；JP2、JP3 插针不用短接（后两只 74HC595 暂停工作）。

　　下载程序到 STC89C51 中，观察显示的汉字滚动是否正常。

　　该实验源程序在下载资料的 ch17\ch17_4 文件夹中。

5. 实例解析 5——显示左右移动的汉字

　　实现功能：在 LED 点阵屏实验开发板的 8 个 8×8 LED 显示屏上，从右向左移动显示"顶顶电子欢迎你" 7 个汉字。

　　根据要求，编写的源程序如下。

```
#include <reg52.h>
#include <intrins.h>                            //包含函数 _nop_()
```

```
#define uchar unsigned char
sbit SDATA0_595=P2^0;                     //定义 P2.0 为列向第 1 个 74HC595 的数据输入
sbit SDATA1_595=P2^1;                     //定义 P2.1 为列向第 2 个 74HC595 的数据输入
sbit SDATA2_595=P2^2;                     //定义 P2.2 为列向第 3 个 74HC595 的数据输入
sbit SDATA3_595=P2^3;                     //定义 P2.3 为列向第 4 个 74HC595 的数据输入
sbit SCLK_595=P2^4;                       //74HC595 的移位时钟控制
sbit RCK_595=P2^5;                        //74HC595 的锁存输出时钟控制
uchar temp[4]={0,0,0,0};                  //74HC595 显示缓冲区变量
uchar idata  disp_buf[4][16];             //显示缓冲区
/*********定义要显示的汉字代码段 8*16，分别是左上→左下→右上→右下*********/
uchar code word[][16]= {顶顶电子欢迎你七个字的点阵数据，略，见下载资料};
 /*********以下是延时函数,可控制移动的速度*********/
void delay()
{
     uchar i;
     for(i=0;i<=100;i++);
}
/*********以下是将显示数据送入 74HC595 内部移位寄存器函数*********/
void WR_595(void)
{
  uchar x;
  for (x=0;x<8;x++)
  {
        temp[0]=temp[0]>>1;               //将 temp[0]右移 1 位
        SDATA0_595=CY;                    //进位输出到移位寄存器
        temp[1]=temp[1]>>1;               //将 temp[1]右移 1 位
        SDATA1_595=CY;                    //进位输出到移位寄存器
        temp[2]=temp[2]>>1;               //将 temp[2]右移 1 位
        SDATA2_595=CY;                    //进位输出到移位寄存器
        temp[3]=temp[3]>>1;               //将 temp[0]右移 1 位后的进位输出到移位寄存器
        SDATA3_595=CY;                    //进位输出到移位寄存器
        SCLK_595=1;                       //上升沿发生移位
        _nop_();
        _nop_();
        SCLK_595=0;
  }
}
/*********以下是显示汉字函数*********/
void display_word()
{
  uchar m,p;
  for(p=0;p<=20;p++)                      //一屏内容刷 20 次
  {
        for(m=0;m<=15;m++)                //从 1~16 行逐行扫描
        {
                temp[0]=disp_buf[0][m];   //将显示内容 0 放入缓冲区 0
                temp[1]=disp_buf[1][m];   //将显示内容 1 放入缓冲区 1
                temp[2]=disp_buf[2][m];   //将显示内容 2 放入缓冲区 2
                temp[3]=disp_buf[3][m];   //将显示内容 3 放入缓冲区 3
                WR_595();                 //将显示数据送入 74HC595 内部移位寄存器
                RCK_595=0;                //锁存输出
                RCK_595=1;
                P1=m;                     //显示当前行
                delay();                  //延时
```

```
                P1=0xff;                            //显示完一行重新初始化防止重影
            }
        }
    }
    //********以下是主函数********/
    void main()
    {
        uchar i,j,m;
        while(1)
        {
            for(i=0;i<=17;i++)                      //一共显示 17+4 个字符,即 11 个汉字
            {
                for(j=0;j<8;j++)                    //左移 0~7 位实现从右向左移
                {
                    for(m=0;m<=15;m++)              //逐行左移
                    {
                        disp_buf[0][m]=(word[i][m]<<j)|(word[i+1][m]>>(8-j));
                                       //将第 i+1 个 8*8 小块左移 j 位后的移出
                        disp_buf[1][m]=(word[i+1][m]<<j)|(word[i+2][m]>>(8-j));
                                       //相或后加在一起,形成左移效果
                        disp_buf[2][m]=(word[i+2][m]<<j)|(word[i+3][m]>>(8-j));
                        disp_buf[3][m]=(word[i+3][m]<<j)|(word[i+4][m]>>(8-j));
                    }
                    display_word();                 //调用显示汉字函数
                }
            }
        }
    }
```

与前几例相比,本例变化较大,下面简要进行分析。

（1）本例汉字显示时采用的是顺序方式,而不是定时中断方式。

（2）本例汉字字模制作时,将 1 个 16×16 的汉字分解为 2 个 16×8 半字组成,也就是每个汉字分解为左 16×8 和右 16×8 两部分,因此用字模提取软件制作字模时,需要采用"纵向取模",这样制作的字模才能符合我们的要求。在前面的几个例子中,我们采用的都是"横向取模"方式,请读者制作本例字模数据时一定要注意。

本例之所以采用"纵向取模"方式,是因为每个半字（上下两块 8×8 屏,即 16×8 屏）都由一个独立的 74HC595 进行控制,也就是电路中 4 个 74HC595 采用并联数据输入方式（4 个 74HC595 的 14 脚数据输入端 SER1、SER2、SER3、SER4 要分别和单片机的 P2.0、P2.1、P2.2、P2.3 连接）。这样,4 个 74HC595 就可以分别对 4 个 16×8 屏进行控制了。

实验时,断开 JP1、JP2、JP3 插针（取消 4 只 74HC595 的串联方式）,同时将 JP4 的 P20、P21、P22、P23 和 SER1、SER2、SER3、SER4 插针分别短接（给 4 只 74HC595 同时输入数据）。

下载程序到 STC89C51 中,观察显示的汉字移动是否正常。

该实验源程序在下载资料的 ch17\ch17_5 文件夹中。

6.　实例解析 6——LED 点阵屏电子钟

实现功能:在 LED 点阵屏实验开发板上实现电子钟功能。

将两块 16×16 LED 点阵分为 8 块 8×8 小点阵,显示时将上下分开,上面 4 块 8×8 显示小时和分钟;下面 4 块 8×8 小点阵中,只用最右侧的一块,用来显示秒走时,其他三块

8×8 小点阵黑屏（备用，可用来显示日期，本例未用）。

开机后点阵屏开始走时，调整好时间后断电，开机仍能正常走时（断电时间不要太长）；按 K1 键（设置键）走时停止，蜂鸣器响一声，此时按 K2 键（小时加 1 键），小时加 1，按 K3 键（分钟加 1 键），分钟加 1，调整完成后按 K4 键（运行键），蜂鸣器响一声后继续走时。

采用定时中断方式，编写的源程序如下。

```
#include <reg51.h>
#include <intrins.h>                    //函数 _nop_()
#include "DS1302_drive.h"              //包含 DS1302 驱动程序软件包
#define uchar unsigned char
sbit SDATA0_595=P2^0;                  //定义 P2.0 为列向第 1 个 74HC595 的 DATA 输入
sbit SDATA1_595=P2^1;                  //定义 P2.1 为列向第 2 个 74HC595 的 DATA 输入
sbit SDATA2_595=P2^2;                  //定义 P2.2 为列向第 2 个 74HC595 的 DATA 输入
sbit SDATA3_595=P2^3;                  //定义 P2.3 为列向第 2 个 74HC595 的 DATA 输入
sbit K1=P3^2;                          //K1 为设置键
sbit K2=P3^3;                          //K2 为小时加 1 调整键
sbit K3=P3^4;                          //K3 为分钟加 1 调整键
sbit K4=P3^5;                          //K4 为确认键
sbit SCLK_595=P2^4;                    //74HC595 的移位时钟控制
sbit RCK_595=P2^5;                     //74HC595 的锁存输出时钟控制
uchar  time_buf[3]={0,0,0};            //定义时钟时间数据存储区,分别为时,分,秒
uchar  disp_buf[8]={0,0,0,0,0,0,0,0};  //显示缓冲区
uchar  temp[4]={0,0,0,0};              //定义 74HC595 的移位暂存区
uchar  flag_500ms;
            //500ms 标志位,控制小时和分钟之间的两个小点每0.5s亮或灭一次,即1s闪烁1次
uchar  count_50ms;        //50ms 标志位,每 50ms 该标志位加 1
bit K1_FLAG;              //K1 键按下标志位,K1 键按下时,该标志位置 1
sbit BEEP=P3^7;          //蜂鸣器引脚
/*********定义 0～9 的 8×8 点阵显示代码*********/
uchar code bmp_0[10][8]={
{0xe3,0xdd,0xdd,0xdd,0xdd,0xdd,0xdd,0xe3},          //0 的显示代码
{0xf7,0xc7,0xf7,0xf7,0xf7,0xf7,0xf7,0xc1},          //1 的显示代码
{0xe3,0xdd,0xdd,0xfd,0xfb,0xf7,0xef,0xc1},          //2 的显示代码
{0xe3,0xdd,0xfd,0xe3,0xfd,0xfd,0xdd,0xe3},          //3 的显示代码
{0xfb,0xf3,0xeb,0xdb,0xdb,0xc1,0xfb,0xf1},          //4 的显示代码
{0xc1,0xdf,0xdf,0xc3,0xfd,0xfd,0xdd,0xe3},          //5 的显示代码
{0xe3,0xdd,0xdf,0xc3,0xdd,0xdd,0xdd,0xe3},          //6 的显示代码
{0xc1,0xdd,0xfd,0xfb,0xf7,0xf7,0xf7,0xf7},          //7 的显示代码
{0xe3,0xdd,0xdd,0xe3,0xdd,0xdd,0xdd,0xe3},          //8 的显示代码
{0xe3,0xdd,0xdd,0xe1,0xfd,0xdd,0xe3},               //9 的显示代码
};
/*********定义 0～9 的 8×8 点阵显示代码,与上面不同的是多了小时和分钟之间的两点*********/
uchar code bmp_1[10][8]={
{0xe3,0xdd,0x5d,0xdd,0xdd,0x5d,0xdd,0xe3},          //:0 的显示代码
{0xf7,0xc7,0x77,0xf7,0xf7,0x77,0xf7,0xc1},          //:1 的显示代码
{0xe3,0xdd,0x5d,0xfd,0xfb,0x77,0xef,0xc1},          //:2 的显示代码
{0xe3,0xdd,0x7d,0xe3,0xfd,0x7d,0xdd,0xe3},          //:3 的显示代码
{0xfb,0xf3,0x6b,0xdb,0xdb,0x41,0xfb,0xf1},          //:4 的显示代码
{0xc1,0xdf,0x5f,0xc3,0xfd,0x7d,0xdd,0xe3},          //:4 的显示代码
{0xe3,0xdd,0x5f,0xc3,0xdd,0x5d,0xdd,0xe3},          //:5 的显示代码
{0xc1,0xdd,0x7d,0xfb,0xf7,0x77,0xf7,0xf7},          //:6 的显示代码
```

```
{0xe3,0xdd,0x5d,0xe3,0xdd,0x5d,0xdd,0xe3},     //:7 的显示代码
{0xe3,0xdd,0x5d,0xdd,0xe1,0x7d,0xdd,0xe3},     //:8 的显示代码
};
/********定义黑屏的显示代码********/
uchar code bmp_2[10][8]={
{0xff,0xff,0xff,0xff,0xff,0xff,0xff,0xff},     //黑屏
{0xff,0xff,0xff,0xff,0xff,0xff,0xff,0xff},     //黑屏
{0xff,0xff,0xff,0xff,0xff,0xff,0xff,0xff},     //黑屏
{0xff,0xff,0xff,0xff,0xff,0xff,0xff,0xff},     //黑屏
{0xff,0xff,0xff,0xff,0xff,0xff,0xff,0xff},     //黑屏
{0xff,0xff,0xff,0xff,0xff,0xff,0xff,0xff},     //黑屏
{0xff,0xff,0xff,0xff,0xff,0xff,0xff,0xff},     //黑屏
{0xff,0xff,0xff,0xff,0xff,0xff,0xff,0xff},     //黑屏
};
/********定义 0～59 模拟七段数码管 8×8 点阵显示代码 ********/
uchar code bmp_3[60][8]={
{点阵数据，略，见下载资料};
void KeyProcess();                             //按键处理函数声明
void get_time();                               //时间处理函数声明
void Display();                                //显示函数声明
void Delay_ms(uint xms);
void  beep();
void WR_595(void);
/********以下是延时函数********/
void Delay_ms(uint xms)
{
  uint i,j;
  for(i=xms;i>0;i--)                           //i=xms 即延时 x 毫秒
        for(j=110;j>0;j--);
}
/********以下是蜂鸣器响一声函数********/
void beep()
{
  BEEP=0;                                      //蜂鸣器响
  Delay_ms(100);
  BEEP=1;                                      //关闭蜂鸣器
  Delay_ms(100);
}
/********以下是将显示数据送入 74HC595 内部移位寄存器函数********/
void WR_595(void)
{
  uchar x;
  for (x=0;x<8;x++)
  {
        temp[0]=temp[0]>>1;
        SDATA0_595=CY;                         //将 temp[0]右移 1 位进位输出到移位寄存器
        temp[1]=temp[1]>>1;
        SDATA1_595=CY;                         //将 temp[1]右移 1 位后进位输出到移位寄存器
        temp[2]=temp[2]>>1;
        SDATA2_595=CY;                         //将 temp[2]右移 1 位后进位输出到移位寄存器
        temp[3]=temp[3]>>1;
        SDATA3_595=CY;                         //将 temp[3]右移 1 位后的进位输出到移位寄存器
        SCLK_595=1;                            //上升沿发生移位
        _nop_();
        _nop_();
```

```
                SCLK_595=0;
        }
}
/********以下是显示函数，将要显示的数据通过 74HC595 和 74LS154 用 LED 点阵显示出来********/
void Display()
{
  uchar i;
  disp_buf[0]=time_buf[1]%10;                        //显示分钟个位
  disp_buf[1]=time_buf[1]/10;                        //显示分钟十位
  disp_buf[2]=time_buf[2]%10;                        //显示小时个位
  disp_buf[3]=time_buf[2]/10;                        //显示小时十位
  disp_buf[7]=time_buf[0];                           //显示秒从 00～59
  for(i=0;i<16;i++)                                  //逐行扫描
  {
        if(i<8)                                      //上面的 8 行显示
        {
                temp[0]=bmp_0[disp_buf[3]][i];       //取小时十位显示码
                temp[1]=bmp_0[disp_buf[2]][i];       //取小时个位显示码
                if(flag_500ms==0)                    //小时和分钟之间的两点闪标志位
                {
                        temp[2]=bmp_1[disp_buf[1]][i];
                                //分钟十位显示码(带两点)，当 flag_500ms 为 0 时,两点亮
                }
                else
                {
                        temp[2]=bmp_0[disp_buf[1]][i];
                                //分钟十位显示码(不带两点)，当 flag_500ms 为 1 时，两点不亮
                }
                temp[3]=bmp_0[disp_buf[0]][i];       //取分钟个位显示码
        }
        else                                         //下面的 8 行显示
        {
                temp[0]=bmp_2[disp_buf[5]][i-8];     //显示黑屏
                temp[1]=bmp_2[disp_buf[5]][i-8];     //显示黑屏
                temp[2]=bmp_2[disp_buf[5]][i-8];     //显示黑屏
                temp[3]=bmp_3[disp_buf[7]][i-8];     //取秒的显示码
        }
        WR_595();                                    //调用移位函数处理
        RCK_595=0;RCK_595=1;                         //输出
        P1=i;                                        //逐行显示，扫描
        Delay_ms(1);                                 //延时 1ms
        P1=0xff;                                     //显示完一行清显示
  }
}
/********以下是按键处理函数********/
void KeyProcess()
{
  uchar min16,hour16;                               //定义十六进制的分钟和小时变量
  write_ds1302(0x8e,0x00);                          //DS1302 写保护控制字，允许写
  write_ds1302(0x80,0x80);                          //时钟停止运行
  flag_500ms=0;                                     //500ms 标志位
  TR0=0;                                            //关闭 T0 定时器，使小时和分钟之间的两个点停止闪烁
  if(K2==0)                                         //K2 键用来对小时进行加 1 调整
  {
        Delay_ms(10);                               //延时去抖
```

```
            if(K2==0)
            {
                    while(!K2);                             //等待 K2 键释放
                    beep();
                    time_buf[2]=time_buf[2]+1;              //小时加 1
                    if(time_buf[2]==24) time_buf[2]=0;      //当变成 24 时，初始化为 0
                    hour16=time_buf[2]/10*16+time_buf[2]%10;//将所得的小时数据转变成十六进制数据
                    write_ds1302(0x84,hour16);              //将调整后的小时数据写入 DS1302
            }
    }
    if(K3==0)                                               //K3 键用来对分钟进行加 1 调整
    {
            Delay_ms(10);                                   //延时去抖
            if(K3==0)
            {
                    while(!K3);                             //等待 K3 键释放
                    beep();
                    time_buf[1]=time_buf[1]+1;              //分钟加 1
                    if(time_buf[1]==60) time_buf[1]=0;      //当分钟加到 60 时，初始化为 0
                    min16=time_buf[1]/10*16+time_buf[1]%10; //将所得的分钟数据转变成十六进制数据
                    write_ds1302(0x82,min16);               //将调整后的分钟数据写入 DS1302
            }
    }
    if(K4==0)                                               //K4 键是确认键
    {
            Delay_ms(10);                                   //延时去抖
            if(K4==0)
            {
                    while(!K4);                             //等待 K4 键释放
                    beep();
                    write_ds1302(0x80,0x00);    //调整完毕后，启动时钟运行
                    write_ds1302(0x8e,0x80);    //写保护控制字，禁止写
                    K1_FLAG=0;                  //将 K1 键按下标志位清零
                    TR0=1;                      //开启定时器 T0，使小时和分钟之间的两点开始闪烁
                    get_time();                 //调读取时间函数
            }
    }
    Display();                                  //调显示函数
}
/*********以下是读取时间函数*********/
void get_time()
{
    uchar sec,min,hour;
    write_ds1302(0x8e,0x00);                    //控制命令,WP=0,允许写操作
    write_ds1302(0x90,0xab);                    //涓流充电控制
    sec=read_ds1302(0x81);                      //读取秒
    min=read_ds1302(0x83);                      //读取分
    hour=read_ds1302(0x85);                     //读取时
    time_buf[0]=sec/16*10+sec%16;               //将读取到的十六进制数转化为 10 进制
    time_buf[1]=min/16*10+min%16;               //将读取到的十六进制数转化为 10 进制
    time_buf[2]=hour/16*10+hour%16;             //将读取到的十六进制数转化为 10 进制
}
/*********以下是定时器 T01 初始化函数*********/
void timer0_init()
```

```
    TMOD = 0x01;                        //定时器 0 工作模式 1, 16 位定时方式
    TH0 = 0x4c;TL0 = 0x00;              //装定时器 T0 计数初值,定时时间为 50ms
    EA=1;ET0=1;                         //开总中断和定时器 T0 中断
    TR0 = 1;                            //启动定时器 T0
}
/********以下是主函数********/
void main()
{
    timer0_init();
    init_ds1302();
    while(1)
    {
        if(K1==0)                       //若 K1 键按下
        {
            Delay_ms(10);               //延时 10ms 去抖
            if(K1==0)
            {
                while(!K1);             //等待 K1 键释放
                beep();                 //蜂鸣器响一声
                K1_FLAG=1;              //K1 键标志位置 1,以便进行时钟调整
            }
        }
        if(K1_FLAG==1)KeyProcess();     //若 K1_FLAG 为 1,则进行走时调整
        get_time();                     //读取时间
        Display();                      //调用显示函数
    }
}
/********以下是定时器 T0 中断函数, 定时时间为 50ms, 控制时钟和分钟之间的两点的闪烁********/
void timer0(void)    interrupt 1
{
    TH0 = 0x4c;TL0 = 0x00;              //重装定时器 T0 计数初值,定时时间为 50ms
    count_50ms++;                       //每 50ms, 计数器 count_50ms 加 1 一次
    if(count_50ms==10)                  //若 0.5s 到
    {
        flag_500ms=0;                   //flag_500ms 标志位清零
    }
    if(count_50ms==20)                  //若 1s 到
    {
        flag_500ms=1;                   //flag_500ms 标志位置 1
        count_50ms=0;                   //count_50ms 计数器清零
    }
}
```

与前几例相比, 本例有所不同, 主要不同点如下。

(1) 本例汉字字模制作时是按 8×8 的小点阵方式进行制作的, 每个数字甚至 2 个数字只占 1 个 8×8 的小点阵。本例中的数字字模数据既可以自己手工制作, 也可以用专用的 8×8 点阵软件进行制作。

(2) 由于每块 8×8 点阵屏需要显示不同的内容, 因此需要对 8 块 8×8 点阵屏分别进行控制, 具体控制时采用了两种措施。

一是由硬件完成。即每个半字(上下两块 8×8 屏, 即 16×8 屏)都由一个独立的 74HC595 进行控制, 也就是电路中 4 个 74HC595 采用并联数据输入方式 (4 个 74HC595 的 14 脚数据

输入端 SER1、SER2、SER3、SER4 要分别和单片机的 P2.0、P2.1、P2.2、P2.3 连接）。这样，4 个 74HC595 就可以分别对 4 个 16×8 屏进行控制了。

二是由软件完成。在显示函数 Display 中，加入了 if…else 判断语句，用来区分扫描的是上部的 8×8 点阵屏还是下部的 8×8 点阵屏。

通过以上硬件和软件的相互结合，单片机就可以对 8 块 8×8 点阵屏分别进行控制了。

实验时断开 JP1、JP2、JP3 插针（取消 4 只 74HC595 的串联方式），同时将 JP4 的 P20、P21、P22、P23 和 SER1、SER2、SER3、SER4 插针分别短接（给 4 只 74HC595 同时输入数据）。下载程序到 STC89C51 中，观察时间显示、时间调整是否正常。

该实验源程序和 DS1302 驱动程序软件包 DS1302_drive.h 在下载资料的 ch17\ch17_6 文件夹中。

|17.2 双核 LED 点阵屏开发实例|

17.2.1 双核 LED 点阵屏开发板及汉字显示原理

1. 双核 LED 点阵屏开发板介绍

为了实现更多更强大的功能，笔者设计并制作了双核 LED 点阵屏开发板，利用该开发板可实现汉字和图像的静态和动态显示，还可以和上位机进行通信。图 17-11 所示的是双核 LED 点阵屏开发板的电路原理图。

从图中可以看出，整个开发板系统由 1 片主单片机 STC89C52 单片机，1 片副单片机 STC11F04，1 片 4-16 译码器 74HC154（也可采用两片 3-8 译码器 74HC138），8 片串行输入-并行输出移位寄存器 74HC595，1 片 RS232 接口芯片 MAX232、1 片时钟芯片 DS1302，1 片 4KB 串行 EEPROM 存储器 AT24C04，1 片 Flash 串行存储器 AT45DB161D，16 块 8×8LED 点阵屏（组成四块 16×16LED 点阵屏）、16 只行驱动三极管等组成，电路组成框图如图 17-12 所示。

图中，74LS154、74HC595、行驱动三极管、EEPROM 数据存储电路、DS1302、按键电路等在前面已进行了介绍，下面重点介绍串行存储器 AT45DB161D 和双核 MCU。

（1）Flash 串行存储器 AT45DB161D

AT45DB161D 是一款串行接口的 FLASH 存储器，是各种数字语音、图像、程序代码和数据存储应用的理想选择。AT45DB161D 支持 RapidS 串行接口，适用于要求高速操作的应用。RapidS 串行接口兼容 SPI，最高频率可达 66MHz。AT45DB161D 的存储容量为 17301504 位，组织形式为 4096 页，每页 512/528 字节。除了主存储器外，AT45DB161D 还包含两个 512/528 字节的 SRAM 缓冲区。缓冲区允许在对主存储器的页面重新编程时接收数据，也可写入连续的数据串。通过独立的"读-改-写"三步操作，可以轻松实现 EEPROM 仿真（可设置成位或字节）。Data Flash 通过 RapidS 串行接口顺序访问数据，而不像传统 FLASH 存储器那样通过复用总线和并行接口随机存取。

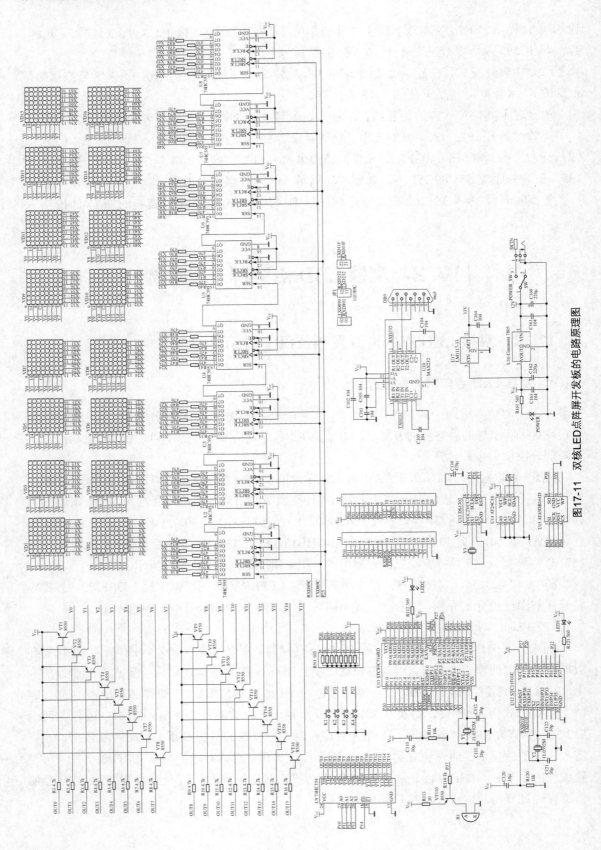

图17-11 双核LED点阵屏开发板的电路原理图

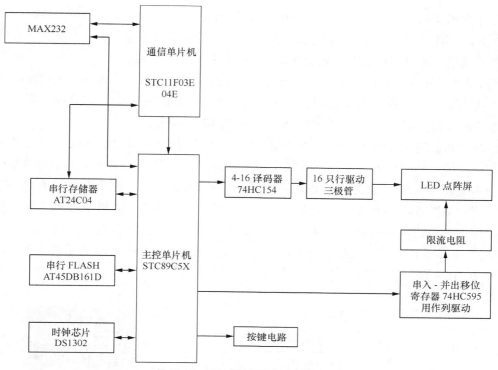

图17-12　LED点阵屏开发板电路框图

　　简单顺序访问机制极大地减少了有效引脚的数量，有利于硬件布局，增强了系统可靠性，将切换噪音降至最小，并缩小了封装的尺寸。对于许多要求高容量，低引脚数，低电压和低功耗的商业级或工业级应用来讲，AT45DB161D 是最佳的选择。

　　为了实现简单的系统重复编程，AT45DB161D 并不需要高输入电压来支持编程。AT45DB161D 工作在独立的 2.5～3.6V 电压下，用于编程和读取操作。

　　AT45DB161D 芯片管脚排列图如图 17-13 所示。

　　AT45DB161D 可通过片选引脚（$\overline{CS}$）使能，并通过 3-wire 接口访问，3-wire 由串行输入（SI），串行输出（SO）和串行时钟（SCK）组成。

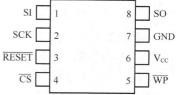

图17-13　AT45DB161D芯片管脚排列图

　　在本开发板中，AT45DB161D 的主要作用是用来存储汉字库文件。

　　LED 点阵屏开发板上设置有四个按键 K1～K4，分别接在 STC89C51 的 P3.2～P3.5 脚，按键功能可根据实际编程进行定义。

　　（2）双 MCU 电路

　　双 MCU 由主单片机 STC89C516RD+和副单片机 STC11F04 组成。其中，主单片机主要完成整机的系统控制，并读取 AT45DB161D 汉字库中的点阵数据；副单片机主要用来与 PC 进行通信。

2. 汉字显示原理及扫描码的制作

　　（1）国标汉字字符集

　　根据对汉字使用频率的研究，可把汉字分成高频字（约 100 个）、常用字（约 3000 个）、次常用字（约 4000 个）、罕见字（约 8000 个）和死字（约 45000 个），即正常使用的汉字达 15000 个。我国 1981 年公布了 GB2312-80《通用汉字字符集（基本集）及其交换码标准》方案，把高频字、常用字和次常用字集合成汉字基本字符集（共 6763 个），在该字符集中按汉字使用的频率，又将其分为一级汉字 3755 个（按拼音排序）、二级汉字 3008 个（按部首排序），再加上西文字母、数字、图形符号等 700 个。国家标准的汉字字符集在汉字操作系统中是以汉字库的形式提供的，汉字库作了统一规定，如图 17-14 所示。

由图可知，字库分成 94 个区，每个区有 94 个汉字（以位作区别），每一个汉字在汉字库中有确定的区号和位号（用两个字节），这就是区位码（区位码的第 1 个字节表示区号，第 2 个字节表示位号），因而只要知道了区位码，就可知道该汉字在字库中的地址。每个汉字在字库中是以点阵字模形式存储的，一般采用 16×16 点阵形式，每个点用一个二进制位表示，为 1 的点当显示时可以在屏上显示一个亮点，为 0 的点则在屏上不显示。如果把存储某字的 16×16 点阵信息直接在显示器上按上述原则显示，则将出现对应的汉字。如一个"大"字的 16×16 点阵字模如图 17-15 所示。

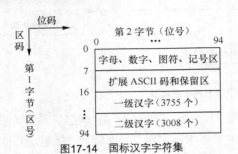

图17-14　国标汉字字符集　　　　　图17-15　大字的16点阵字模

UCDOS 软件中有一个名字为 HZK16 的文件（这个文件也可以从网上下载），这就是 16×16 国标汉字点阵文件，在该文件中按汉字区位码从小到大依次存有国标区位码中的所有汉字，每个汉字占 32 个字节，每个区有 94 个汉字。

（2）汉字的机内码与区位码

在 PC 的文本文件中，汉字不是以区位码存储的，而是以机内码的形式存储的。一个汉字是由两个字节编码的，为了和 ASCII 码区别，范围从十六进制的 0A1 开始（小于 80H 的为 ASCII 码），汉内的机内码范围为 A1A1～FEFE。

将机内码的每个字节各减去 0A0H，即为该汉字的区位码，如"大"字的机内码为 B4F3H（十六进制），其区位码计算方法为：

B4H–A0H=14H（转换为十进制为 20）

F3H–A0H=53H（转换为十进制为 83）

因此，"大"字的区位码为 2083。

知道了汉字的区码和位码，就可以计算出汉字在汉字库 HZK16 中的绝对偏移位置（因为汉字在 HZK16 文件中是以区位码的形式存储的）。

offset=(94*(区码–1)+(位码–1))*32

式中，区码减 1 是因为数组是以 0 为开始而区号位号是以 1 为开始的；(94*(区号–1)+位号–1)是一个汉字字模占用的字节数；最后乘以 32 是因为汉字库应从该位置起的 32 字节信息记录该字的字模信息（一个汉字要有 32 个字节显示）。

汉字的机内码和区位码还可以通过"汉字区位码内码转换伴侣"软件进行计算，该软件运行界面如图 17-16 所示。

如果想查找汉字"大"的区位码和机内码，只需在"常用汉字"文本框中输入"大"字，即可在"区位码"和"内码"的文本框中显示出来，如图 17-17 所示。

图17-16　汉字区位码内码转换伴侣运行界面

图17-17　大字的区位码和内码

需要注意的是，区位码显示的是十进制数，内码显示的是十六进制数。

（3）汉字扫描码的制作

为了实现汉字的扫描，需要制作汉字字模数据，即扫描码，下面以显示"大"字为例进行来说明。

汉字"大"的扫描码一般通过字模提取软件来提取，有关字模提取的软件较多，前面已介绍了一种，这里再介绍另外一种，即 PCtoLCD2002 完美版字模提取软件，其运行界面如图 17-18 所示。

单击"选项"菜单，出现如图 17-19 所示对话框。

图17-18　字模提取软件运行界面

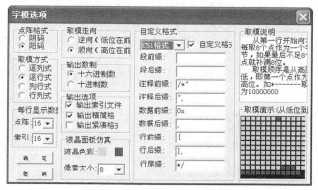

图17-19　对话框

在"点阵格式"中选择"阳码"，在"取模走向"中选择"顺向"，在"自定义格式"中选择"C51"，在"取模式方式"中选择"逐行式"，在"输出数制"中选择"十六进制数"。设置好后，单击"确定"按钮。

在文字输入框中输入汉字"大"，此时在汉字显示区中出现"大"字，单击"生成字模"按钮，即可在下面的点阵输出区出现"大"字的点阵数据，如图 17-20 所示。

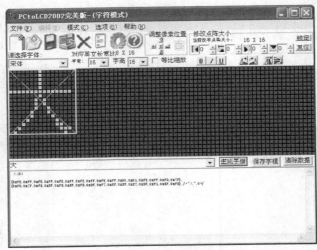

图17-20 大字的点阵数据

"大"字的点阵数据共 32 个。

```
{0xfe,0xff,0xfe,0xff,0xfe,0xff,0xfe,0xff,0xfe,0xff,0x00,0x01,0xfe,0xff,0xfd,0x7f},
{0xfd,0x7f,0xfd,0xbf,0xfb,0xbf,0xfb,0xdf,0xf7,0xef,0xef,0xe7,0xdf,0xf1,0xbf,0xfb},/
*"大",0*/
```

这 32 个数据中，第 1 个数据 0xfe 表示"大"字在第一行左半部的扫描码；第 2 个数据 0xff 表示"大"字在第一行右半部的扫描码；第 3 个数据 0xfe 表示"大"字在第二行左半部的扫描码；第 4 个数据 0xff 表示"大"字在第二行右半部的扫描码……第 31 个数据 0xbf 表示"大"字在第十六行左半部的扫描码；第 32 个数据 0xfb 表示"大"字在第十六行右半部的扫描码。

如果需要反相的扫描码，只需要在"选项"菜单选择"阳码"即可。

17.2.2 双核 LED 点阵屏实例演练

1. 实验 1——显示 4 个汉字(不采用定时中断)

实现功能：在双核 LED 点阵屏开发板上，显示四个汉字"顶顶电子"。

源程序如下。

```
#include<reg52.h>
sbit G=P1^4;                          //P1.4 为显示允许控制信号端口
sbit RRCLK=P2^5;                      //P2.5 为输出锁存器时钟信号端
#define uchar unsigned char
#define uint unsigned int
uchar yid,h;                          //yid 为移动计数器，h 为行段计数器
uint zimuo;                           //字模计数器
uchar BUFF[18];                       //缓存
void in_data(void);                   //装一线点阵数据函数
void rxd_data(void);                  //发送数据函数
void sbuf_out();                      //16 行扫描函数
uchar code table[]={
0xff,0xff,0xfc,0x01,0x03,0xbf,0xef,0x7f,0xee,0x03,0xee,0xfb,0xee,0xdb,0xee,0xdb,
0xee,0xdb,0xee,0xdb,0xee,0xdb,0xee,0xdb,0xef,0xaf,0xae,0x77,0xd9,0xf9,0xff,0xfd,/*"顶",0*/
```

```
0xff,0xff,0xfc,0x01,0x03,0xbf,0xef,0x7f,0xee,0x03,0xee,0xfb,0xee,0xdb,0xee,0xdb,
0xee,0xdb,0xee,0xdb,0xee,0xdb,0xee,0xdb,0xef,0xaf,0xae,0x77,0xd9,0xf9,0xff,0xfd,/*"顶",1*/
0xfe,0xff,0xfe,0xff,0xfe,0xff,0xc0,0x07,0xde,0xf7,0xde,0xf7,0xc0,0x07,0xde,0xf7,
0xde,0xf7,0xde,0xf7,0xc0,0x07,0xde,0xf7,0xfe,0xfd,0xfe,0xfd,0xff,0x01,0xff,0xff,/*"电",2*/
0xff,0xff,0xc0,0x0f,0xff,0xdf,0xff,0xbf,0xff,0x7f,0xfe,0xff,0xfe,0xff,0xfe,0xfb,
0x00,0x01,0xfe,0xff,0xfe,0xff,0xfe,0xff,0xfe,0xff,0xfe,0xff,0xfa,0xff,0xfd,0xff,/*"子",3*/
};
/********主函数********/
void main(void)
{
 SCON=0x00;                          //串口工作模式 0,移位寄存器方式
 while(1)
 {
     sbuf_out();
 }
}
/********16 行扫描函数********/
void sbuf_out()
{
  for(h=0;h<16;h++)                  //16 行扫描
  {
      in_data();                     //装一线点阵数据
      rxd_data();                    //串口发送数据
      RRCLK=0;
      RRCLK=1;                        //锁存为高,595 锁存信号
      P1=h;                          //送行选
  }
}
/********装一线点阵数据(多装一个 16*16 的数据,即多装 2 字节)********/
//如果只有一只 16*16 屏,需要装 2 字节(一线数据),如果有两只 16*16 屏,需要装 4 字节(一线数据)
//其他依次类推
void in_data(void)
{
char s;
   for(s=0;s<=4;s++)//s 为 4 选择 4 个 16*16 屏,h 为向后选择字节计数器,zimuo 为向后选字计数器
   {
       BUFF[2*s]=table[zimuo+32*s+2*h];        //把第一个字模的第二个字节放入 BUFF0
                                               //第二个字模的第二个字节放入 BUFF2 中
       BUFF[2*s+1]=table[zimuo+1+32*s+2*h];    //把第一个字模的第一个字节放入 BUFF1 中,
                                               //第二个字模的第一个字节放入 BUFF3 中
   }
}
/********发送数据函数********/
void rxd_data(void)
{
  char s;
  uchar temp;
  for(s=7;s>=0;s--)                  //根据 16*16 屏的个数进行调整,4 个屏发送 8 字节数据
  {
      temp=BUFF[s];
      SBUF=temp;                     //把 BUFF 中的字节从大到小移位相或后发送输出
      while(!TI);                    //这里使用了串口,串口数据的发送为最低位在前
      TI=0;                          //等待发送中断
  }
}
```

用 9V 外接电源为双核 LED 点阵屏开发板供电，将 JP1 中的 TXD_89、RXD_89 和中间两个插针短接。用 STC 下载软件把 hanzhi.hex 文件下载到主控单片机 STC89C516 中。

下载完成后，显示的四个汉字如图 17-21 所示。

2. 实验 2——显示 4 个汉字(采用定时中断)

实验功能：在双核 LED 点阵屏开发板上，显示四个汉字"顶顶电子"。

源程序：（略，见下载资料）。

实现方法：同上。

显示效果如图 17-21 所示。

图17-21　显示的四个汉字

3. 实验 3——汉字在单屏中左移

实现功能：在双核 LED 点阵屏开发板上，四个汉字"顶顶电子"在第一块（16×16）点阵屏上从右向左移动。

源程序：（略，见下载资料）。

实现方法：同上。

显示效果如图 17-22 所示。

4. 实验 4——汉字在单屏中右移

实现功能：在双核 LED 点阵屏开发板上，四个汉字"顶顶电子"在第一块（16×16）点阵屏上从左向右移动。

源程序：（略，见下载资料）。

实现方法：同上。

5. 实验 5——多屏汉字循环左移

源程序：（略，见下载资料）。

实现方法：同上。

显示效果如图 17-23 所示。

图17-22　显示效果

图17-23　显示效果

6. 实验 6——多屏汉字循环右移

源程序：（略，见下载资料）。

实现方法：同上。

7. 实验 7——汉字上移和下移

实现功能：在双核 LED 点阵屏开发板上，在第一块（16×16）点阵屏上，先从上向下显示"顶顶电子欢迎你"几个汉字；再从下向上显示"顶顶电子欢迎你"几个汉字。

源程序：（略，见下载资料）。

实现方法：同上。

8．实验 8——LED 点阵屏电子钟

实现功能：在双核 LED 点阵屏开发板上实现电子钟功能。

开机后，在四块 16×16 LED 点阵上显示出小时、分钟和秒，并开始走时，调整好时间后断电，开机仍能正常走时（断电时间不要太长）；按 K1 键（复位键），复位为初始时间，按 K2 键（选择键）1 次，小时开始闪烁，再按 K2 键，分钟开始闪烁，再按 K2 键，秒开始闪烁，再按 K2 键，退出闪烁，正常走时；在小时或分钟闪烁时，按 K3 键（加 1 键），小时或分钟加 1，按 K4 键（减 1 键），小时或分钟减 1。

源程序：（略，见下载资料）。

实现方法：同上。

显示效果如图 17-24 所示。

图17-24　显示效果

9．实验 9——PC 控制 LED 点阵屏显示汉字

实现功能：将双核 LED 点阵屏开发板与 PC 通过串口进行连接，在 PC 上位机软件（采用 VB 编写）上输入四个汉字，在开发板的四块 LED 点阵屏上可以实时显示出来。

上位机 VB 源程序、下位机通信单片机 C51 源程序、下位机主控单片机 C51 源程序均在下载资料中。

实现方法：先把 STC89C.hex 文件下载到主控单片机 STC89C516 中，再用 STC 下载软件把 STC11F.hex 文件下载到通信单片机 STC11F03E 中。注意，对 STC11F03E 下载时要选择使用外部晶振，否则单片机将不能与 PC 进行正常通信。

下载完成后，保持开发板串口与 PC 串口的连接，同时将 JP1 中的 TXD_11F、RXD_11F 和中间两个插针短接，使 STC11F03E 单片机和 PC 能够进行通信。

打开上位机 VB 程序，单击运行按钮，出现运行界面，在文本框中输入四个汉字，例如：顶顶电子，如图 17-25 所示。

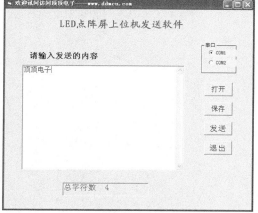

图17-25　输入四个汉字

单击"发送"按钮，开发板上的 LED1 指示灯闪烁（表示接收到 PC 发送的新数据），几秒后点阵屏上即可显示出"顶顶电子"四个汉字，如图 17-26 所示。

再在上位机软件中输入"助你成功"，LED1 指示灯闪烁后，开发板点阵屏上又会显示出"助你成功"四个汉字，如图 17-27 所示。

输入不同的内容，点阵屏上会显示不同的内容，从而达到 PC 控制 LED 点阵屏进行显示的目的。

图17-26　显示的四个汉字顶顶电子

图17-27　显示的四个汉字助你成功

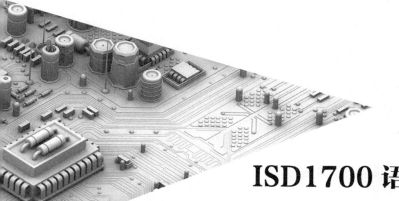

第 18 章
ISD1700 语音电路实例演练

语音的应用现在已经是非常普遍了，在生活中无处不在。作为语音功能的实现单元，语音芯片目前也出来很多种。对于语音芯片实现的功能，我们可以简单的理解成一个录放机。你可以录音进去自己的声音，并按自己的要求播放；同时可以擦除及长期的保存。在各类芯片中，ISD 公司的芯片目前算是比较流行，性价比较高的一款产品。在本章中，主要介绍 ISD 最新推出的一个语音芯片系列 ISD1700。

|18.1　ISD1700 语音电路基础知识|

18.1.1　ISD1700 系列芯片的基本功能及特性

ISD1700 语音芯片是 ISD 公司推出的单片优质语音录放电路，ISD1700 语音芯片提供多项新功能，包括内置专利的多信息管理系统，新信息提示，双运作模式（独立按键和 SPI 接口），以及可定制的信息操作指示音效。芯片内部包含有自动增益控制、麦克风前置扩大器、扬声器驱动线路、振荡器与内存等的全方位整合系统功能。ISD1700 实物图如图 18-1 所示。

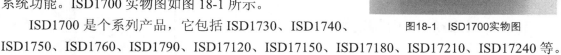

图18-1　ISD1700实物图

ISD1700 是个系列产品，它包括 ISD1730、ISD1740、ISD1750、ISD1760、ISD1790、ISD17120、ISD17150、ISD17180、ISD17210、ISD17240 等。

1. 功能特点

（1）可录、放音十万次，存储内容可以断电保留一百年；

（2）按键模式和 MCU 串行控制模式（SPI 协议）；

（3）MIC 和 ANA in 两种录音模式；

（4）PWM 和 AUD/AUX 三种放音输出方式；

（5）可处理多达 255 段以上信息；

（6）有丰富多样的工作状态提示；

（7）多种采样频率对应多种录放时间；

（8）音质好，电压范围宽，应用灵活。

2. 电特性

（1）工作电压：DC 2.4～5.5V，最高不能超过 6V；

（2）静态电流：0.5～1μA；

（3）工作电流：20mA。

3. ISD1700 系列型号列表

ISD1700 系列型号列表如表 18-1 所示。

表 18-1　　　　　　　　　　　ISD1700 系列型号列表

采样率	ISD1730	ISD1740	ISD1750	ISD1760	ISD1790	振荡电阻
12kHz	20s	26s	33s	40s	60s	60kΩ
8kHz	30s	40s	50s	60s	90s	80kΩ
6.4kHz	37s	50s	62s	75s	112s	100kΩ
5.3kHz	45s	60s	75s	90s	135s	120kΩ
4kHz	60s	80s	100s	120s	180s	160kΩ
采样率	ISD17120	ISD17150	ISD17180	ISD17210	ISD17240	振荡电阻
12kHz	80s	100s	120s	140s	160s	60kΩ
8kHz	120s	150s	180s	210s	240s	80kΩ
6.4kHz	150s	187s	225s	262s	300s	100kΩ
5.3kHz	181s	226s	271s	317s	362s	120kΩ
4kHz	240s	300s	360s	420s	480s	160kΩ

18.1.2　ISD1700 引脚定义

ISD1700 引脚如图 18-2 所示。

ISD1700 引脚功能如表 18-2 所示。

图18-2　ISD1700引脚图

表 18-2   ISD1700 引脚功能

脚号	引脚名称	引脚说明
1	V_{CCD}	数字电路电源
2	$\overline{LED}$	LED 指示信号输出
3	$\overline{RESET}$	芯片复位
4	MISO	SPI 接口的串行输出。ISD1700 在 SCLK 下降沿之前的半个周期将数据放置在 MISO 端。数据在 SCLK 的下降沿时移出
5	MOSI	SPI 接口的数据输入端口。主控制芯片在 SCLK 上升沿之前的半个周期将数据放置在 MOSI 端。数据在 SCLK 上升沿被锁存在芯片内。此管脚在空闲时，应该被拉高
6	SCLK	SPI 接口的时钟。由主控制芯片产生，并且被用来同步芯片 MOSI 和 MISO 端各自的数据输入和输出。此管脚空闲时，必须拉高
7	$\overline{SS}$	为低时，选择该芯片成为当前被控制设备并且开启 SPI 接口。空闲时，需要拉高
8	V_{SSA}	模拟地
9	Anain	芯片录音或直通时，辅助的模拟输入。需要一个交流耦合电容（典型值为 $0.1\mu F$），并且输入信号的幅值不能超出 1.0Vpp。APC 寄存器的 D3 可以决定 Anain 信号被立刻录制到存储器中，与 Mic 信号混合被录制到存储器中，或者被缓存到喇叭端并经由直通线路从 AUD/AUX 输出
10	MIC+	麦克风输入+
11	MIC−	麦克风输入−
12	V_{SSP2}	负极 PWM 喇叭驱动器地
13	SP−	喇叭输出−
14	V_{CCP}	PWM 喇叭驱动器电源
15	SP+	喇叭输出+
16	V_{SSP1}	正极 PWM 喇叭驱动器地
17	AUD/AUX	辅助输出，决定于 APC 寄存器的 D7，用来输出一个 AUD 或 AUX 输出。AUD 是一个单端电流输出，而 AuxOut 是一个单端电压输出。他们能够被用来驱动一个外部扬声器。出厂默认设置为 AUD。APC 寄存器的 D9 可以使其掉电
18	AGC	自动增益控制
19	$\overline{VOL}$	音量控制
20	R_{OSC}	振荡电阻 R_{OSC} 用一个电阻连接到地，决定芯片的采样频率
21	V_{CCA}	模拟电路电源
22	$\overline{FT}$	在独立按键模式下，当 FT 一直为低，Anain 直通线路被激活。Anain 信号被立刻从 Anain 经由音量控制线路发射到喇叭以及 AUD/AUX 输出。不过，当在 SPI 模式下，SPI 无视这个输入，而且直通线路被 APC 寄存器的 D0 所控制。该管脚有一个内部上拉和防抖动设计，允许使用按键开关来控制开始和结束
23	$\overline{PLAY}$	播放控制端，有电平触发和脉冲触发两种模式
24	$\overline{REC}$	录音控制端，低电平有效
25	$\overline{ERASE}$	擦除控制端，低电平有效
26	$\overline{FWD}$	快进控制端，低电平有效
27	INT/RDY	独立按键模式：该管脚在录音，放音，擦除和指向操作时保持为低，保持为高时进入掉电状态； SPI 模式：在完成 SPI 命令后，会产生一个低信号的中断。一旦中断消除，该脚变回为高
28	V_{SSD}	数字地

18.1.3 ISD1700 语音模块说明及其工作模式

ISD1700 有两种工作模式，即按键模式和 SPI 串行工作模式。为了便于说明，我们制作了一个 ISD1700 语音电路模块，有关电路如图 18-3 所示。

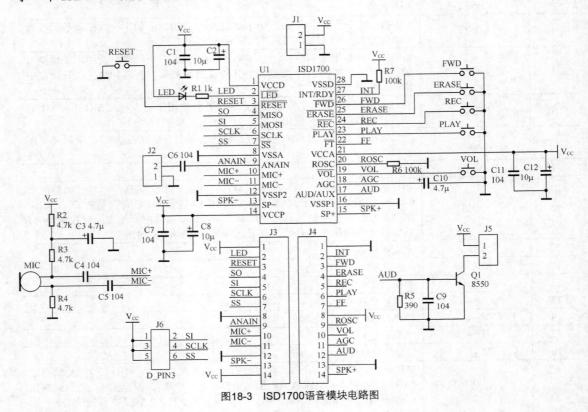

图18-3 ISD1700语音模块电路图

ISD1700 语音模块实物如图 18-4 所示。

板上配有 J1～J6 共六个插针，说明如下。

J1：设有 V_{CC} 和 GND 两个引脚，用来给模块供电，供电电压为 5V。

J2：设有 LINE 和 GND 两个引脚，用来输入线路音频信号。

J3～J4：ISD1700 外引脚端，可将 ISD1700 各脚引出来以便进行扩展实验。J3、J4 中的 SPK+、SPK–可用来连接喇叭。

J5：线路输出端，在线路输入时，可连接喇叭。

J6：独立按键模式和 SPI 模式切换端，在独立按键模式下应用三只短接帽短接，在 SPI 模式下不短接。

图18-4 ISD1700语音模块实物

1. ISD1700 模块独立按键模式说明

ISD1730 的独立按键工作模式录放电路非常简单，而且功能强大，不仅有录、放两种功能，还有快进、擦除、音量控制、直通放音和复位等功能。这些功能仅仅通过按键就可完成。

（1）录音 REC

按住 REC 键不放 LED 灯会亮起，此时对着 MIC 说话，说话内容就会录进 ISD1700 语音芯片里了。录完一段后抬起此键，LED 会同时熄灭，再次按下则开始录第二段，以后的各段依次操作。

（2）放音 PLAY

放音有两种方式：边沿触发和电平触发。（注：录完音后放音指针会停留在最后录完段的起始地址处，此时放音则放最后一段）

边沿触发：点按一下 PLAY 键即放当前段，放音期间 LED 闪烁直到放音结束时熄灭。放音结束后放音指针指向刚放的段的起始地址处，即再次点按 PLAY 键还会放刚放完的这段。

电平触发：常按 PLAY 键芯片会把所有的语音信息全部播放，且循环直到松开此按键。

（3）快进 FWD

执行放音操作前点按一下此键，放音指针会指向下一段，按两下则指向此段后的第二段起始。放音期间点按此键则停止播放当前段接着播放下一段，如果当前播放的是最后一段，则停止播放最后一段，播放第一段。

（4）擦除 ERASE

单段擦除操作只能对第一段和最后一段有效，当放音指针位于第一段或最后一段时，点按此键则会擦除第一段或最后一段。放音指针相应的会跳到擦除前的第二段或倒数第二段。常按此键超过 3s，芯片进入"全部擦除操作模式"，同时 LED 灯闪两下，继续按着此键，LED 闪烁 7 下后熄灭，此时松开此键，芯片内的语音信息被全部擦除。

（5）复位 RESET

点按此键，芯片执行复位操作。复位后，放音和录音指针都指向最后一段，即放音指针指向最后一段起始，录音指针指向最后一段的最后。此时执行放音则播放最后一段，执行录音则接着最后一段开始录新的最后一段。

（6）调音 VOL

点按此键可以调节芯片输出声音的大小。芯片默认输出为声音最大值，每按一下，声音衰减4dB。声音最小后，继续按此键，每按一下，声音增大 4dB（注：执行复位后，声音输出为最大）。

（7）线录

ISD 的 22 脚为直通控制端，在独立按键模式下，当该脚一直为低，线录被激活。线录信号（J2）被送到 ISD1700 的 9 脚，经由音量控制线路发射到喇叭以及 AUD/AUX 输出。当在SPI 模式下，SPI 无视这个输入，而且直通线路被 APC 寄存器的 D0 所控制。

操作提示：操作过程中，当点按任何按键芯片都不执行相应的操作，且 LED 闪烁 7 下后熄灭，确认各处接线正确后还是如此，说明芯片内部程序紊乱。此时需要执行全部擦除操作，擦除完后再执行录音放音等操作即可。

2．SPI 协议串行工作模式

（1）单片机接口

主控单片机主要通过四线（SCLK，MOSI，MISO，$\overline{SS}$）SPI 协议对 ISD1700 进行串行通信。ISD1700 作为从机，几乎所有的操作都可以通过这个 SPI 协议来完成。为了兼容独立按键模式，一些 SPI 命令：PLAY、REC、ERASE、FWD、RESET 和 GLOBAL_ERASE 的运行类似于相应的独立按键模式的操作。另外，SET_PLAY、SET_REC、SET_ERASE 命令允许用户指定录音、放音和擦除的开始和结束地址。还有一些命令可以访问 APC 寄存器，用来设置芯片模拟输入的方式。

（2）SPI 协议总述

ISD1700 系列的 SPI 串行接口操作遵照以下协议。

① 一个 SPI 处理开始于 $\overline{SS}$ 管脚的下降沿。

② 在一个完整的 SPI 指令传输周期，$\overline{SS}$ 管脚必须保持低电平。

③ 数据在 SCLK 的上升沿锁存在芯片的 MOSI 管脚，在 SCLK 的下降沿从 MISO 管脚输出，并且首先移出低位。

④ SPI 指令操作码包括命令字节，数据字节和地址字节，这决定于 ISD1700 的指令类型。

⑤ 当命令字及地址数据输入到 MOSI 管脚时，同时状态寄存器和当前行地址信息从 MISO 管脚移出。

⑥ 一个 SPI 处理在 $\overline{SS}$ 变高后启动。

⑦ 在完成一个 SPI 命令的操作后，会启动一个中断信息，并且持续 ATVOC 保持为低，直到芯片收到 CLR_INT 命令或者芯片复位。

有关 SPI 工作模式的详细内容，这里不再介绍，详细内容参见 ISD1700 语音芯片中文手册。

|18.2　ISD1700 实例演练|

18.2.1　实现的功能

当 ISD1700 模块与单片机开发板连接（如例 第 2 章介绍的"低成本开发板 2"或 DD-900 实验开发板），连接后，可实现以下功能。

录音：当单片机的 P14 脚（录音/放音转换）接 V_{CC} 时，进入录音状态（REC），按住开发板的 K1 键（假设接单片机 P32 脚）不放，单片机 P07 脚外接的指示灯亮，即可对着 ISD1700 模块上话筒讲话录音，松开 K1 键时录音停止，并完成一段录音。再按，则录下一段。

放音：当单片机的 P14 脚（录音/放音转换）接 GND 时，进入放音状态（PLAY），按住开发板的 K1 键（假设接单片机 P32 脚），则播放一段语音，一段结束后自动停止放音，再按 K1 键，则播放下一段。播放完最后一段后，再按下 K1 键，会继续播放第一段语音。按 K2 键（假设接单片机 P33 脚），则回到最后一段。

芯片抹音：长按 K2 键 3s 以上，单片机 P07 外接的 LED 灯会闪烁 3 下，并且 ISD1700 芯片内所有语音内容将被擦除。

18.2.2　源程序

下面给出部分源程序，详细的源程序在下载资料的 ch18 文件夹中。

```
/********************************************************************
* 功能: 1700 芯片 SPI 工作模式下放音、录音、擦除等功能的编程示例 *
********************************************************************/
//*******************头文件*************************//
#include "REG51.h"
//*******************宏定义*************************//
#define uchar unsigned char
#define uint unsigned int
//*************ISD1700 状态寄存器及各个标志位定义*****************//
unsigned char bdata SR0_L;                    // SR0 寄存器
unsigned char bdata SR0_H;
unsigned char bdata SR1;                      // SR1 寄存器
unsigned char APCL=0,APCH=0;                  // APC 寄存器
unsigned char PlayAddL=0,PlayAddH=0;          // 放音指针低位, 高位
unsigned char RecAddL=0,RecAddH=0;            // 录音指针低位, 高位
sbit CMD=SR0_L^0;                             // SPI 指令错误标志位
sbit FULL=SR0_L^1;                            // 芯片存储空间满标志
sbit PU=SR0_L^2;                              // 上电标志位
sbit EOM=SR0_L^3;                             // EOM 标志位
sbit INTT=SR0_L^4;                            // 操作完成标志位
sbit RDY=SR1^0;                               // 准备接收指令标志位
sbit ERASE=SR1^1;                             // 擦除标志位
sbit PLAY=SR1^2;                              // 播放标志位
sbit REC=SR1^1;                               // 录音标志位
/**********************************************
* ISD1700 SPI 指令函数声明 *
**********************************************/
unsigned char ISD_SendData(unsigned char dat);
unsigned char ISD_Devid (void);
void ISD_PU(void);
void ISD_STOP(void);
void ISD_Reset(void);
void ISD_Clr_Int(void);
void ISD_Rd_Status(void);
void ISD_Rd_Playptr(void);
void ISD_PD(void);
void ISD_Rd_Recptr(void);
void ISD_Play(void);
void ISD_Rec(void);
void ISD_Erase(void) ;
void ISD_G_Erase(void);
void ISD_Rd_APC(void);
void ISD_WR_APC2(unsigned char apcdatl,apcdath);
void ISD_WR_NVCFG(unsigned char apcdatl,apcdath);
void ISD_LD_NVCFG(void);
void ISD_FWD(void);
void ISD_CHK_MEM(void);
void ISD_EXTCLK(void);
void ISD_SET_PLAY (unsigned char Saddl,Saddh,Eaddl,Eaddh);
void ISD_SET_Rec (unsigned char Saddl,Saddh,Eaddl,Eaddh);
void ISD_SET_Erase(unsigned char Saddl,Saddh,Eaddl,Eaddh);
//*******************端口定义*******************//
sbit SS=P1^0;
sbit SCK=P1^1;
sbit MOSI=P1^2;
sbit MISO=P1^3;
sbit LED= P0^7;
sbit Key_AN= P3^2;
```

```c
sbit Key_STOP= P3^3;
sbit Switch_PR=P1^4;                        //PLAY=0;REC=1;
//*******************标志位定义**************************//
uchar bdata flag;
sbit PR_flag=flag^1;                        //放音/录音标志位：0=放音，1=录音
sbit Erase_flag=flag^4;
sbit Stop_flag=flag^7;
//******************其他函数声明********************//
void Cpu_Init(void);                        //系统初始化
void ISD_Init(void);                        //ISD1700 初始化
void ISDWORK (void);
void delay(unsigned int t);                 //ms 级延迟
/********************** 主函数 ***********************/
void main(void)
{ uchar i;
  Cpu_Init();                               //CPU 及系统变量初始化
  delay(1);
  ISD_Init();                               //ISD 初始化
  while(1)
  {
        if (Key_AN==0)
        {
                delay(10);
                if (Key_AN==0)
                {
                        if (Switch_PR==1)
                        PR_flag=1;
                        else PR_flag=0;
                        ISDWORK();
                }
        }
        if (Key_STOP==0)
        {
                delay(20);
                if (Key_STOP==0)
                {
                        for (i=100;i>0;i--)
                        {
                                if (Key_STOP==1)
                                {
                                        flag=0x80;
                                        ISDWORK();
                                        ISD_Init();
                                        break;
                                }
                                delay(30);
                        }
                        if (flag==0x80)
                        {
                                flag=00;
                                continue;
                        }
                        Erase_flag=1;
                        ISDWORK();
                }
        }
  }
}
```

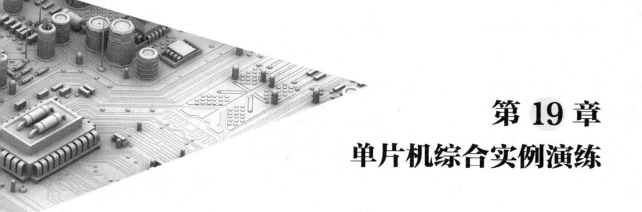

第 19 章
单片机综合实例演练

到目前为止，单片机基本知识的学习也将告一段落，本章可称为前面各章的续集，主要是结合几个典型实例，将前面学习的知识进行综合运用。本章内容虽然有些难，但会对以后的单片机开发，起到很好的辅助作用。

|19.1　12864 万年历实例演练|

19.1.1　硬件电路

本例介绍的 12864 LCD 电子钟是利用 STC89C52 驱动，在 12864 LCD 显示的电子时钟，采用 DS1302 芯片独立产生时间，具有断电记忆功能，通过按键使用户操作更直观、方便。另外，还具有温度显示功能，非常实用。

万年历的硬件电路比较简单，主要由单片机最小系统、DS1302 时钟电路、DS18B20 温度传感器电路、按键电路、蜂鸣器电路、12864 液晶显示电路等组成，如图 19-1 所示。

19.1.2　实现的功能

12864 万年历可实现以下功能：开机后显示万年历画面，按 K1 键，显示版本信息；按 K3 键，显示调整的功能项；再按 K2 键，数据增加；按 K4 键，数据减小；调整完成后，按 K1 键返回到万年历状态。图 19-2 所示的是实验效果图。

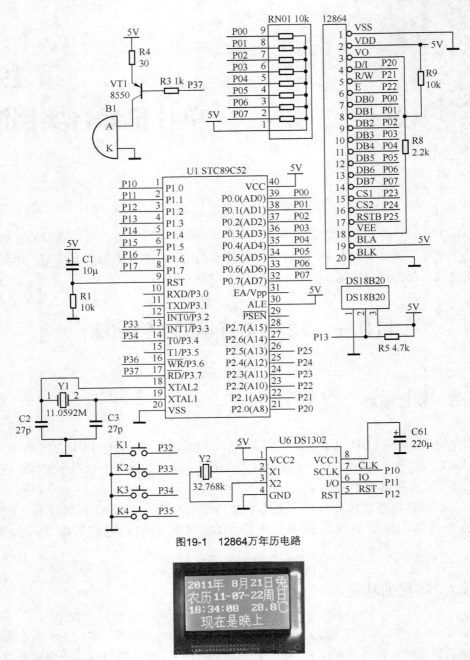

图19-1　12864万年历电路

图19-2　实验效果图

19.1.3　源程序

源程序主要由 DS1302 驱动程序，DS18B20 驱动程序，12864 液晶屏程序和主程序组成，源程序比较复杂，下面只给出部分主程序，完整的源程序在下载资料的 **ch19/ch19_1** 文件夹中。

```
#include "12864LCD.H"
#include "DS1302.H"
#include "DS18B20.H"
```

```
sbit KEY_1 = P3^2;                      //定义按键 1
sbit KEY_2 = P3^3;                      //定义按键 2
sbit KEY_3 = P3^4;                      //定义按键 3
sbit KEY_4 = P3^5;                      //定义按键 4
sbit beep = P3^7;                       //定义蜂鸣器
unsigned char yy,mo,dd,xq,hh,mm,ss,e;   //定义时间全局变量
bit c_moon;
data uchar year_moon,month_moon,day_moon,week;
bit w = 0;                              //调时标志位
static unsigned char menu = 0;          //定义静态小时更新用数据变量
static unsigned char keys = 0;          //定义静态小时更新用数据变量
static unsigned char timecount = 0;     //定义静态软件计数器变量
uchar code tab1[]={
"   顶顶万年历     "
"   世上无难事     "
"   版本 v9.0      "
"   只怕肯攀登     "
};
······
······
······

/********主函数********/
main()
{
  e=0;
  KEY_1 = 1;KEY_2 = 1;KEY_3 = 1;KEY_4 = 1;                //初始键盘
  yy=0xff;mo=0xff;dd=0xff;xq=0xff;hh=0xff;mm=0xff;ss=0xff; //各数据刷新
  beep = 0;
  DelayM(200);
  beep = 1;
  LCM_init();                           //初始化液晶显示器
  LCM_clr();                            //清屏
  chn_disp(tab1);                       //显示欢迎字
  DelayM(3000);                         //显示等留 3 秒
      LCM_clr();                        //清屏
  Init_1302();                          //1302 初始化
  while(1)
    {
        Keydone();                      //按键处理函数
    }
}
```

|19.2　串口测温实例演练|

19.2.1　PC 与单片机串行通信介绍

近年来，单片机在数据采集、智能仪表仪器、家用电器和过程控制中应用越来越广泛，

但由于单片机计算能力有限，难以进行复杂的数据处理，因此应用高性能的 PC 对单片机系统进行管理和控制，已成为一种发展方向。在 PC 与单片机的控制系统中，通常以 PC（上位机）为主机，单片机（下位机）为从机，由单片机完成数据的采集及对装置的控制，而由 PC 完成各种复杂的数据处理和对单片机的控制。所以，PC 与单片机之间的数据通信越发显得重要。

1. PC 与单片机通信硬件的实现

由于 51 单片机具有全双工串口，因此 PC 与单片机通信一般采用串口进行。串口是指按照逐位顺序传递数据的通信方式，在串口通信中，主要有 RS232 和 RS485 等两个标准，RS232 标准接口结构简单，只要三根线（RX、TX、GND）就可以完成通信任务，但缺点是带负载能力差、通信距离不超过十几米。本实例采用的即是 RS232 串口。

2. MSComm 控件的通信方法

在标准串口通信方面，VB 提供了串行通信控件 MSComm，为编写 PC 串口通信软件提供了极大的方便。

MSComm 是 Microsoft 公司提供的 Windows 下串行通信编程 ActiveX 控件，它为应用程序提供了通过串行接口收发数据的简便方法。使用 MSComm 控件非常方便，仅需通过简单的修改控件的属性和使用控件的通信方法，就可以实现对串口的配置，完成串口接收和发送数据等任务。

MSComm 控件提供了两种处理通信问题的方法：事件驱动方式和查询方式。

（1）查询法

这种方法是在每个重要的程序之后，查询 MSComm 控件的某些属性值（如 CommEvent 属性和 InBufferCount 属性）来检测事件和通信状态。如果应用程序较小，并且是自保持的，这种方法是更可取的。例如，写一个简单的电话拨号程序，没有必要对每接收一个字符都产生事件，唯一等待接收的字符是调制解调器的"确定"响应。

（2）事件驱动法

这是处理串口通信的一种有效方法。当串口接收或发送指定数量的数据或当串口通信状态发生改变时，MSComm 控件触发 OnComm 事件。在 OnComm 事件中，可通过检测 CommEvent 属性值获知串口的各种状态，从而进行相应的处理。这种方法程序响应及时，可靠性高。

3. MSComm 控件的引用

MSComm 控件没有出现在 VB 的工具箱里面，在使用.MSComm 控件时，需要将其添加到工具箱中，步骤如下。

（1）单击 VB 菜单的"工程"→"部件"，如图 19-3 所示。

（2）选择"部件"后，出现部件对话框，勾选"Microsoft Comm Control6.0"控件，如图 19-4 所示。

（3）单击"应用"或"确定"按钮后，在工具箱中可看到 MSComm 控件的图标 ，双击该图标，即可将 MSComm 控件添加到窗口中，如图 19-5 所示。

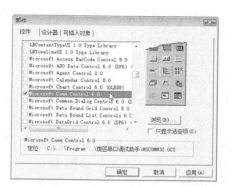

图19-3　选择"部件"

图19-4　勾选"Microsoft Comm Control6.0"控件

（4）单击窗口中的 MSComm 控件，在 VB 界面的右侧会显示出 MSComm 控件的属性窗口，如图 19-6 所示。在属性窗口中，可以对 MSComm 控件的属性进行设置。

图19-5　将MSComm控件的添加到窗口中

图19-6　MSComm控件的属性窗口

4. MSComm 控件的属性

MSComm 控件的属性较多，下面仅介绍一些常用的属性。

（1）CommPort

设置并返回通信端口号，当其设置为 1 时，表示选择 COM1 串口；设置为 2 时，表示选择 COM2 串口，最大设置值为 16。

（2）Settings

以字符串的形式设置并返回串口设置参数，其格式为"波特率、奇偶校验、数据位、停止位"，缺省值为"9600，N，8，1"，即波特率为 9600baud，无校验，8 位数据，1 位停止位。波特率可为 300、600、1200、2400、9600、14400、19200、28800、38400、56000 等。校验位有 NONE（无校验）、奇校验（ODD）、偶校验（EVEN）、标志校验（MARK）、空格校验（SPACE）等，缺省为 NONE（无校验）；若传输距离长，可增加校验位，可选偶校验或奇校验。停止位的设定值可为 1（缺省值）、1.5 和 2。

需要注意的是，在程序设计时，校验位 NONE、ODD、EVEN、MARK、SPACE 只取第一个字母，即 N、O、E、M、S，否则会产生编译错误。例如，Settings 属性设置为"9600，

N，8，1"是正确的，而设置为"9600，NONE，8，1"则会报错。

校验位用来检测传输的结果是否正确无误，这是最简单的数据传输错误检测方法。需注意，校验位本身只是标志，无法将错误更正。常用的校验位奇校验（ODD）、偶校验（EVEN）、标志校验（MARK）、空格校验（SPACE）等 4 种。

ODD 校验位：将数据位和校验位中是 1 的位数目加起来为奇数。换句话说，校验位能设置成 1 或 0，使得数据位加上校验位具有奇数个 1。

EVEN 校验位：将数据位和校验位中是 1 的位的数目加起来为偶数。换句话说，校验位能设置成 1 或 0，使得数据位加上校验位具有偶数个 1。

标记校验位：表示校验位永远为 1。

空格校验位：表示校验位永远为 0。

数字 0～9 的 ODD、EVEN 校验位的值如表 19-1。

表 19-1　　　　　　　　　　数字 0～9 的 ODD、EVEN 校验位的值

数据位	ODD 校验位	EVEN 校验位	数据位	ODD 校验位	EVEN 校验位
0000 0000	1	0	0000 0101	1	0
0000 0001	0	1	0000 0110	1	0
0000 0010	0	1	0000 0111	0	1
0000 0011	1	0	0000 1000	0	1
0000 0100	0	1	0000 1001	1	0

（3）PortOpen

设置或返回通信端口状态。应用程序要使用串口进行通信，必须在使用之前向操作系统提出资源申请要求（打开串口），打开方式为：MSComm.PortOpen=True；通信完成后必须释放资源（关闭串口），关闭方式为：MSComm.PortOpen=False。

（4）Input

从接收缓冲区移走字符串，该属性设计时无效，运行时只读。在使用 Input 前，用户可以选择检查 InBufferCount 属性来确定缓冲区中是否已有需要数目的字符。

（5）InputLen

设置并返回每次从接收缓冲区读取的字符数。缺省值为 0，表示读取全部字符。若设置 InputLen 为 1，则一次读取 1 个字节；若设置 InputLen 为 2，则一次读取两个字节。

（6）InputBufferSize

设置或返回接收缓冲区的大小，缺省值为 1024 字节。

（7）InputMode

设置或返回 Input 属性取回的数据的类型。有两个形式，设为 ComInputModeText（缺省值，其值为 0）时，按字符串形式接收；设为 ComInputModeBinary（其值为 1）时，当作字节数组中的二进制数据来接收。

（8）InBufferCount

返回输入缓冲区等待读取的字节数。可以通过该属性值为 0 来清除接收缓冲区。

（9）Output

向发送缓冲区发送数据，该属性设计时无效，运行时只读。

（10）OutBufferSize

设置或返回发送缓冲区的大小，缺省值为 512 字节。

（11）OutBufferCount

设置或返回发送缓冲区中等待发送的字符数。可以通过设置该属性为 0 来清空发送缓冲区。

（12）CommEvent

返回最近的通信事件或错误。只要有通信事件或错误发生就会产生 OnComm 事件。CommEvent 属性中存有该事件或错误的数值代码，程序员可通过检测数值代码来进行相应的处理。

通信错误设定值如表 19-2 所示，通信事件设定值如表 19-3 所示。

表 19-2   通信错误设定值

常数	值	描述
comEventBreak	1001	接收到中断信号
comEventCTSTO	1002	Clear-To-Send 超时
comEventDSRTO	1003	Data-Set- Ready 超时
comEventFrame	1004	帧错误
comEventOverrun	1006	端口超速
comEventCDTO	1007	Carrier Detect 超时
comEventRxOver	1008	接收缓冲区溢出
comEventRxParity	1009	Parity 错误
comEventTxFull	1010	发送缓冲区满
comEventDCB	1011	检索端口 设备控制块 (DCB) 时的意外错误

表 19-3   通信事件设定值

常数	值	描述
comEvSend	1	发送事件
comEvReceive	2	接收事件
comEvCTS	3	Clear-To-Send 线变化
comEvDSR	4	Data-Set Ready 线变化
comEvCD	5	Carrier Detect 线变化
comEvRing	6	振铃检测
comEvEOF	7	文件结束

（13）Rthreshold

设置或返回引发接收事件的字节数。接收字符后，如果 Rthreshold 属性被设置为 0（缺省值），则不产生 OnComm 事件；如果 Rthreshold 被设为 n，则接收缓冲区收到 n 个字符时 MSComm 控件产生 OnComm 事件。

（14）SThreshold

设置并返回发送缓冲区中允许的最小字符数。若设置 Sthreshold 属性为 0（缺省值），数据传输事件不会产生 OnComm 事件；若设置 Sthreshold 属性为 1，当传输缓冲区完全空时，MSComm 控件产生 OnComm 事件。

（15）EOFEnable

确定在输入过程中 MSComm 控件是否寻找文件结尾（EOF）字符。如果找到 EOF 字符，将停止输入并激活 OnComm 事件，此时 CommEvent 属性设置为 comEvEOF（文件结束）。

（16）RTSEnable

确定是发送状态还是接收状态，为 False 时，为发送状态（缺省值）；为 True 时，为接收状态。

5. MSComm 控件的事件

通过串行传输的过程，VB 的 MSComm 控件会在适当的时候引发相关的事件。不同于其他控件的是，VB 的 MSComm 控件只有一个事件 OnComm。所有可能发生的情况，全部由此事件进行处理，只要 CommEvent 的属性值产生变化，就会产生 OnComm 事件，这表示发生了通信事件或错误。通过引发相关事件，就可通过 CommEvent 属性了解发生的错误或事件是什么。

6. 一个简单的例子

下面介绍一个简单的例子，说明 MSComm 控件的编程方法。

（1）实现功能

将 PC 键盘输入的一个或一串字符发送给单片机，单片机接收到 PC 发来的数据后，回送同一数据给 PC，并在 PC 屏幕上显示出来。只要 PC 屏幕上显示的字符与键入的字符相同，即表明 PC 与单片机间通信正常。

（2）通信协议

通信协议为：波特率选为 9600baud，无奇偶校验位，8 位数据位，1 位停止位。

（3）用 C 语言编写单片机端通信程序

单片机端晶振采用 11.0592MHz，串口工作于方式 1，波特率为 9600baud（注意与上位 PC 波特率一定相同）；定时器 T1 工作于方式 2，当波特率为 9600baud、晶振频率为 11.0592MHz 时初值为 0FDH（SMOD 设为 0），完整源程序如下。

```c
#include "reg52.h"
#define uchar unsigned char
uchar data Buf=0;                //定义数据缓冲区
/*********以下是串行口初始化函数*********/
void series_init()
{
  SCON=0x50;                     //串口工作方式1,允许接收
  TMOD=0x20;                     //定时器T1工作方式2
  TH1=0xfd;TL1=0xfd;             //定时初值
  PCON&=0x00;                    //SMOD=0
  TR1=1;                         //开启定时器1
}
/*********以下是主函数*********/
void main()
{
  series_init();                 //调串行口初始化函数
  while(1)
  {
       while(!RI);               //等待接收中断
       RI= 0;                    //清接收中断
```

```
        Buf = SBUF;            //将接收到的数据保存到 Buf 中
        SBUF= Buf;             //将接收的数据发送回 PC
        while(!TI);            //等待发送中断
        TI=0;                  //若发送完毕,将 TI 清零
    }
}
```

（4）用 VB 编写 PC 端串口通信程序

PC 端上位机通信程序采用 VB 编写,根据要求先设计一个窗体,窗体上放置两个标签,两个文本框,两个按钮,同时将 MSComm 控件添加到窗体上。设计的窗口界面如图 19-7 所示。

窗体上各对象属性如表 19-4 所示。

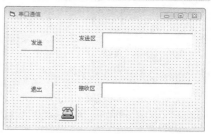

图19-7　串口通信窗口界面

表 19-4　　　　　　　　　　　串口通信各对象属性设置

对象	属性	设置
窗体	Caption	串口通信
	名称	Form1
标签 1	Caption	Label1
	名称	发送区
标签 2	Caption	Label2
	名称	接收区
文本框 1	Caption	Text1
	Text	置空
	Multiline	True
文本框 2	Caption	Text2
	Text	置空
	Multiline	True
按钮 1	Caption	Command1
	名称	发送
按钮 2	Caption	Command2
	名称	退出
MSComm 控件	Caption	MSComm1
	其他属性	在代码窗口设置

在窗体上单击右键,选择"查看代码",打开代码窗口,加入以下程序代码:

```
'*****初始化代码****
Private Sub Form_Load()
        MSComm1.CommPort = 1          '设定串口 1,如果采用的是虚拟串口,此处应修改为相应的串口号
        MSComm1.Settings = "9600,n,8,1"      '设置波特率,无校验,8 位数据位,1 位停止位
        MSComm1.InBufferSize = 1024    ' 设置接收缓冲区为 1024 字节
        MSComm1.OutBufferSize = 512    ' 设置发送缓冲区为 512 字节
        MSComm1.InBufferCount = 0      ' 清空输入缓冲区
        MSComm1.OutBufferCount = 0     ' 清空输出缓冲区
        MSComm1.SThreshold = 0         ' 不触发发送事件
        MSComm1.RThreshold = 1         ' 每收到一个字符到接收缓冲区引起触发接收事件
        MSComm1.InputLen = 1           '一次读入 1 个数据
        MSComm1.PortOpen = True        ' 打开串口
```

```
                Text2.Text = ""                    '清空接收文本框
                Text1.Text = ""                    '清空发送文本框
        End Sub
        '****发送按钮单击事件****
        Private Sub Command1_Click()
                Dim SendString As String           '发送变量
                SendString = Text1.Text            '传输数据
                If MSComm1.PortOpen = False Then
                    MSComm1.PortOpen = True        '串口未开，则打开串口
                End If
                If Text1.Text = "" Then            ' 判断发送数据是否为空
                    MsgBox "发送数据不能为空", 16, "串口通信"        ' 发送数据为空则提示
                End If
                MSComm1.Output = SendString        '发送数据
        End Sub
        '****退出按钮单击事件****
        Private Sub Command2_Click()
                If MSComm1.PortOpen = True  Then
                    MSComm1.PortOpen = False       '先判断串口是否打开，如果打开则先关闭
                End If
                Unload Me                          '卸载窗体，并退出程序
                End
        End Sub
        '**** onComm 事件****
        Private Sub MSComm1_onComm()
                Dim InString As String             '接收变量
            Select Case MSComm1.CommEvent          '检查串口事件
                Case comEvReceive                  '接收缓冲区内有数据
                    InString = MSComm1.Input        '从接收缓冲区读入数据
                    Text2.Text = Text2.Text & InString
                Case comEventRxOver                '接收缓冲区溢出
                    Text2.Text = ""
                    Text1.Text = ""
                    Text1.SetFocus                 '设置焦点
                Case comEventTxFull                '发送缓冲区溢出
                    Text2.Text = ""
                    Text1.Text = ""
                    Text1.SetFocus                 '设置焦点
            End Select
        End Sub
```

VB 源程序主要由初始化、发送数据、onComm 事件、退出程序等几部分组成。

程序的初始化部分主要完成对串口的设置工作，包括串口的选择、波特率及帧结构设置、打开串口以及发送和接收触发的控制等。此外，在程序运行前，还应该进行清除发送和接收缓冲区的工作。这部分工作是在窗体载入的时候完成的，因此应该将初始化代码放在 Form_Load 过程中。需要说明的是，为了触发接收事件，一定要将 MSComm1.RThreshold 设置为 1。

在初始化时，要注意校验位的设置，一般情况下，在校验位的设置时应采取不设校验位（NONE），这是因为，设了校验位（如偶校验或奇校验）后，当由下位机发送过来的数据不满足校验规则时，PC 将接收不到发来的数据，而只得到一个 "3FH" 的错误信息。所以，在多数据传输时要避免使用校验位来验证接收数据是否正确，应采取其他方法来验证接收是否

正确，如可发送这批数据的校验和等。

发送数据过程是通过单击发送按钮完成的。单击发送按钮，程序检查发送文本框中的内容是否为空，如果为空串，则终止发送命令，警告后返回；若有数据，则将发送文本框中的数据送入 MSComm1 的发送缓冲区，等待数据发送。

接收数据部分使用了事件响应的方式。当串口收到数据使得数据缓冲区的内容超过 1 字节时，就会引发 comEvReceive 事件；OnComm() 函数负责捕捉这一事件，并负责将发送缓冲区的数据送入输出文本框显示；OnComm() 函数还对错误信息进行捕捉，当程序发生缓冲区溢出之类的错误时，由程序负责将缓冲区清空。

退出程序过程是通过单击退出按钮完成的。单击退出按钮，关闭串口，卸载窗体，结束程序运行。

为了验证所编写的程序是否正确，可使用串口线连接 PC，并将串口线另一端的第 2 脚、3 脚短接，这样 PC 通过串口 TX 发射端发送出去的数据就将立刻被返回给 PC 串口的 RX 接收端。这时，在发送数据文本框添加内容，单击"发射"按钮，则应该可以在接收文本框中得到同样的内容。否则，说明程序有误，需要进行修改。

7. 程序调试

用"低成本开发板 2"或 DD-900 实验开发板均可进行实验，方法如下。

（1）打开 Keil 软件，建立工程项目，输入上面的 C 语言源程序，对源程序进行编译、链接和调试，并将生成的目标文件下载到单片机中。

（2）"低成本开发板 2"与 PC 是通过 USB 线连接，经过 USB 转串口芯片，PC 会虚拟一个串口号（如 COM3），DD-900 有 RS232 串口，如果 PC 有串口，可以直接连接，串口号为 COM1；如果 PC 没有串口，可以通过 USB 转串口线连接 PC，这时也会虚拟一个串口号（如 COM3）。

（3）PC 打开上面编写的 VB 源程序，软件运行后，在发送文本框输入字符，单击"发送"按钮，若在接收区文本框中显示该字符，则表示通信成功。

以上仅为演示参考程序，其功能十分简单，读者可以根据实际的需要在相应位置加以改动，以适应更复杂的要求。

19.2.2 串口测温程序实例演练

1. 实现的功能

这是一个由 PC 实时显示和控制的单片机温度监控系统，该温度监控系统具有以下功能。

（1）温度由温度传感器 DS18B20 配合单片机进行检测，检测的温度可以在温度监控系统的 LED 数码管显示。

（2）检测的温度可以实时地通过串口传输给 PC，由 PC 进行显示。

（3）当温度在 30℃ 以下时，PC 显示"温度正常"，同时向单片机发送命令"0x66"，控制温度监控系统的继电器断开；当温度超过 30℃时，PC 显示"温度过高"同时向单片机发送命令"0x77"，控制温度监控系统的继电器闭合,打开风扇进行降温。

2. 通信协议

通信协议为：波特率选为 9600baud，无奇偶校验位，8 位数据位，1 位起始位，1 位停止位。

3. 下位机电路及程序设计

根据要求，设计的温度监控系统硬件电路原理图如图 19-8 所示。

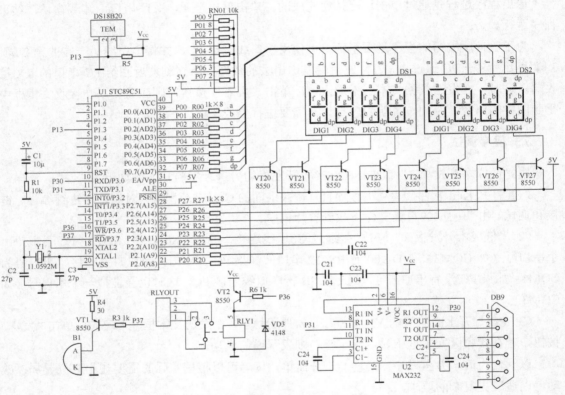

图19-8　温度监控系统硬件电路原理图

下位机主要完成以下功能：一是进行温度检测；二是与 PC 进行通信；三是接收 PC 指令后，对继电器进行控制。源程序主要由主程序和 DS18B20 驱动程序两部分组成，主程序如下。

```
#include <reg52.h>
#include "DS18B20_drive.h"          //DS18B20 驱动程序软件包
#define uchar unsigned char
#define uint unsigned int
sbit BEEP=P3^7 ;
sbit RELAY=P3^6;
uchar code seg_data[]={0xC0,0xF9,0xA4,0xB0,0x99,0x92,0x82,0xF8,0x80,0x90,0xff};
                                    //0～9 和熄灭符的段码表
uchar data  temp_data[2] = {0x00,0x00};      //用来存放温度高 8 位和低 8 位
uchar data  disp_buf[5] ={0x00,0x00,0x00,0x00,0x00}; //显示缓冲区
```

```
sbit DOT = P0^7;                        //接数码管小数点段位
sbit P20=P2^0;
sbit P21=P2^1;
sbit P22=P2^2;
sbit P23=P2^3;
uchar recv_buf=0;
/********以下是延时函数********/
void Delay_ms(uint xms)                 //延时程序，xms 是形式参数
{
  uint i, j;
  for(i=xms;i>0;i--)
          for(j=115;j>0;j--);           //此处分号不可少
}
/*********以下是蜂鸣器响一声函数********/
void beep()
{
  BEEP=0;                               //蜂鸣器响
  Delay_ms(100);
  BEEP=1;                               //关闭蜂鸣器
  Delay_ms(100);
}
/********以下是显示函数，在前 4 位数码管上显示出温度值********/
Display()
{
  P0 =seg_data[disp_buf[3]];            //显示百位
  P20 = 0;                              //开百位显示
  Delay_ms(2);                          //延时 2ms
  P20=1;                                //关百位显示
  P0 =seg_data[disp_buf[2]];            //显示十位
  P21 = 0;
  Delay_ms(2);
  P21=1;
  P0 =seg_data[disp_buf[1]];            //显示个位
  P22 = 0;
  DOT = 0;                              //显示小数点
  Delay_ms(2);
  P22=1;
  P0 =seg_data[disp_buf[0]] ;           //显示小数位
  P23= 0;
  Delay_ms(2);
  P23=1;
}
/********以下是读取温度值函数********/
GetTemperture(void)
{
  uchar i;
  Init_DS18B20();                       //DS18B20 初始化
        if(yes0==0)                     //若 yes0 为 0,说明 DS18B20 正常
        {
              WriteOneByte(0xcc);       //跳过读序号列号的操作
        WriteOneByte(0x44);             //启动温度转换
        for(i=0;i<250;i++)Display();//调用显示函数延时,等待A/D转换结束,分辨率为12位时需延时750ms以上
        Init_DS18B20();
        WriteOneByte(0xcc);             //跳过读序号列号的操作
        WriteOneByte(0xbe);             //读取温度寄存器
```

```
                temp_data[0] = ReadOneByte();            //温度低 8 位
                temp_data[1] = ReadOneByte();            //温度高 8 位
        }
    else  beep();                                     //若 DS18B20 不正常,蜂鸣器报警
}
/********以下是温度数据转换函数,将温度数据转换为适合 LED 数码管显示的数据********/
void TempConv()
{
    uchar  temp;                                       //定义温度数据暂存
    temp=temp_data[0]&0x0f;                            //取出低 4 位的小数
    disp_buf[0]= (temp *10/16);                        //求出小数位的值
    temp=((temp_data[0]&0xf0)>>4)|((temp_data[1]&0x0f)<<4);
                                                       // temp_data[0]高 4 位与 temp_data[1]低 4 位组合成 1 字节整数
    disp_buf[3]=temp/100;                              //分离出整数部分的百位
    temp=temp%100;                                     //十位和个位部分存放在 temp
    disp_buf[2]=temp/10;                               //分离出整数部分十位
    disp_buf[1]=temp%10;                               //个位部分
//  if(!disp_buf[3])                                   //若百位为 0 时,不显示百位,seg_data[]表的第 10 位为熄灭符
//  {
//          disp_buf[3]=10;
//          if(!disp_buf[2])                           //若十高位为 0,不显示十位
//          disp_buf[2]=10;
//  }
}


/********以下是串行口初始化函数********/
void series_init()
{
    SCON=0x50;                                         //串口工作方式 1,允许接收
    TMOD=0x20;                                         //定时器 T1 工作方式 2
    TH1=0xfd;TL1=0xfd;                                 //定时初值
    PCON&=0x00;                                        //SMOD=0
    TR1=1;                                             //开启定时器 1
}
/********以下是接收 PC 控制命令函数********/
void RecvCommand()
{
    if(RI==1)
    {
            recv_buf=SBUF;                             //若 RI=1,说明接收完毕,将接收的数据送 recv_buf
            RI=0;                                      //清 RI,准备接收下次数据
    }
            if(recv_buf==0x66)RELAY=1;                 //若接收的是数据命令 0x66,继电器断开
            if(recv_buf==0x77){RELAY=0;beep();beep();}
                                                       //若接收的是数据命令 0x77,继电器吸合,同时蜂鸣器响两声
}
/********以下是温度数据发送函数********/
void TempSend()
{
    TI=0;
    SBUF=disp_buf[2]+0x30;                             //加 0x30,得到温度值十位数的 ASCII 码,发送到 PC
    while(!TI);                                        //等待发送中断
    TI=0;                                              //若发送完毕,将 TI 清 0
    SBUF=disp_buf[1]+0x30;                             //加 0x30,得到温度值个位数的 ASCII 码,发送到 PC
    while(!TI);                                        //等待发送中断
```

```
    TI=0;                          //若发送完毕,将 TI 清 0
    SBUF=0x2e;                     //0x2e 是小数点的 ASCII 码
    while(!TI);                    //等待发送中断
    TI=0;
    SBUF=disp_buf[0]+0x30;         //加 0x30,得到温度值第一位小数的 ASCII 码,发送到 PC
    while(!TI);                    //等待发送中断
    TI=0;                          //若发送完毕,将 TI 清 0

}
/********以下是主函数********/
void main(void)
{
    series_init();                 //调串行口初始化函数
    while(1)
    {
            GetTemperture();       //读取温度值
        TempConv();                //将温度转换为适合 LED 数码管显示的数据
        Display();                 //显示函数
        TempSend();                //调温度数据发送函数
        RecvCommand();             //调接收 PC 控制命令函数
    }
}
```

完整的源程序在下载资料 ch19_2 文件夹中。

4. 上位机程序设计

PC 端上位机通信程序采用 VB 编写,根据要求先设计一个窗体,窗体上放置两个标签、1 个文本框、1 个按钮,同时,将 MSComm 控件添加到窗体上。设计的窗口界面如图 19-9 所示。

图19-9 温度显示窗口界面

窗体上各对象属性如表 19-5 所示。

表 19-5 串口通信各对象属性设置

对象	属性	设置
窗体	Caption	显示温度
	名称	Form1
标签 1	Caption	Label1
	名称	置空(用来显示温度是正常还是过高)
标签 2	Caption	Label2
	名称	温度值
文本框	Caption	Text1
	Text	置空
按钮	Caption	Command1
	名称	退出
MSComm 控件	Caption	MSComm1
	其他属性	在代码窗口设置

在窗体上单击右键,选择"查看代码",打开代码窗口,加入以下程序代码。

```vb
'Option Explicit
'****窗口加载初始化代码****
Private Sub Form_Load()
  MSComm1.CommPort = 1 '设定串口1，注意，如果开发板采用虚拟串口号，此处串口号应修改，保持一致
  MSComm1.Settings = "9600,n,8,1"              '设置波特率，无校验，8位数据位，1位停止位
  MSComm1.InBufferSize = 1024                  '设置接收缓冲区为1024字节
  MSComm1.OutBufferSize = 512                  '设置发送缓冲区为512字节
  MSComm1.InBufferCount = 0                    '清空输入缓冲区
  MSComm1.OutBufferCount = 0                   '清空输出缓冲区
  MSComm1.SThreshold = 0                       '不触发发送事件
  MSComm1.RThreshold = 1                       '每收到1个字符到接收缓冲区引起触发接收事件
  MSComm1.InputLen = 4                         '一次读入4个数据
  MSComm1.InputMode = comInputModeBinary       '采用二进制形式接收
  MSComm1.PortOpen = True                      '打开串口
  Text1.Text = ""                             '清空接收文本框
End Sub
'****退出按钮单击事件****
Private Sub Command1_Click()
  If MSComm1.PortOpen = True Then
        MSComm1.PortOpen = False               '先判断串口是否打开，如果打开则先关闭
  End If
  Unload Me                                    '卸载窗体，并退出程序
  End
End Sub
'****MSComm1控件事件****
Private Sub MSComm1_onComm()
  Dim buf As Variant                           '定义自动变量
  Dim ReArr() As Byte                          '定义动态数组
  Dim StrReceive As String                     '定义字符串变量
  Select Case MSComm1.CommEvent
  Case comEvReceive                            '触发接收事件
        Do
              DoEvents                          '交出控制权
        Loop Until MSComm1.InBufferCount = 4   '等待4个接收字节发送完毕
        buf = MSComm1.Input                    '将接收的数据放入变量
        ReArr = buf                            '存入数组
        For i = LBound(ReArr) To UBound(ReArr) Step 1   '求数组的下边界和上边界
              StrReceive = StrReceive & Chr(ReArr(i))       '转换为字节串
        Next i
        Text1.Text = StrReceive                '显示接收的温度值
        MSComm1.InBufferCount = 0              '清空接收缓冲区
        If Val(StrReceive) > 30 Then           '若接收的温度值大于30℃,说明温度过高
              Label1.Caption = "当前温度:" & "过高"
              Call Auto_send2                  '调自动发送函数2（发送0x77控制命令）
              For i = 0 To 100                 '延时
                    Beep                       '控制PC音箱响
              Next i
        Else                                   '若接收温度值小于30℃,说明温度正常
              Label1.Caption = "当前温度:" & "正常"
              Call Auto_send1                  '调自动发送函数1（发送0x66控制命令）
        End If
  Case comEventRxOver                          '接收缓冲区溢出
        Text1.Text = ""                       '清空接收文本框
```

```
          Case comEventTxFull                      '发送缓冲区溢出
               Text1.Text = ""                     '清空接收文本框
 End Select
End Sub
'****自动发送函数 1(发送控制命令 0x66)****
Private Sub Auto_send1()                           '发送数据
 Dim AutoData1(1 To 1) As Byte                     '定义数组
 AutoData1(1) = CByte(&H66)                         '若温度小于 30℃,发送数据 0x66
 MSComm1.Output = AutoData1                         '发送
 MSComm1.OutBufferCount = 0                         '清除发送缓冲区
End Sub
'****自动发送函数 2(发送控制命令 0x77)****
Private Sub Auto_send2()                           '发送数据
 Dim AutoData2(1 To 1) As Byte                     '定义数组
 AutoData2(1) = CByte(&H77)                         '若温度大于 30℃,发送数据 0x77
 MSComm1.Output = AutoData2                         '发送
 MSComm1.OutBufferCount = 0                         '清除发送缓冲区
End Sub
```

该 VB 源程序在下载资料 ch19/ch19_2VB 文件夹中。

在 VB 源程序中,先在加载窗体时对 MSComm1 控件进行初始化,然后由 MSComm1 控件的 onComm 事件对接收数据进行处理,当检测到温度过高时输出 "0x66",发送到单片机,控制继电器工作。

5. 程序调试

读者可以根据上面硬件电路制作实验板进行调试,将程序下载到单片机中,实验板串口和 PC 的串口连接。

输入上面编写的 VB 源程序,软件运行后在软件的文本框口中显示检测到的温度值,当温度在 30℃ 以下时,标签 1 中显示 "当前温度:正常",如图 19-10 所示;当温度在 30℃ 以上时,标签 1 中显示 "当前温度:过高",同时,串口测温实验板的继电器工作,蜂鸣器不断鸣叫,直至温度降到 30℃ 以下为止。

图19-10　温度正常时的运行界面

|19.3　nRF905、nRF2401 实例演练|

19.3.1　无线通信温度监控系统的组成和功能

随着网络及通信技术的飞速发展,短距离无线通信以其特有的抗干扰能力强、可靠性高、安全性好、受地理条件限制较少、安装施工简便灵活等特点,在许多领域都有着广阔的应用前景。应用较为广泛的是由挪威 Nordic 公司生产的无线通信芯片 nRF905、nRF24L01,它们具备使用简单、性能稳定、低成本等特点。

nRF905 是工作在 433MHz、868MHz 和 915MHz 频段的 GFSK 调制模式的无线数传芯片，nRF2401 是工作在 2.4GHz 的国际通用 ISM 免申请频段 GFSK 调制的无线数传芯片。nRF905 因为工作频率与 nRF2401 的工作频率不同，所以相互之间不能通信。下面主要以采用 nRF905 芯片的线通信温度监控系统为例进行介绍。

在工农业生产和日常生活中，温度检测系统应用十分广阔，对温度的测量及控制占据着极其重要地位。例如，电力、电讯设备过热故障预知检测，空调系统的温度检测，各类运输工具组件的过热检测等。

这里介绍一种采用 nRF905 射频模块、DS18B20 温度传感器构成的无线温度监控系统，采用该系统进行温度检测，监测及时，查看方便，彻底解决了传统人工抄录方法监测温度带来的不便。

该温度监控系统由两部分组成：第一部分是发射系统，主要包括温度检测与 nRF905 传输模块；第二部分是接收系统，主要包括 nRF905 传输模块与温度处理接口电路，图 19-11 所示的是这两部分的组成框图。

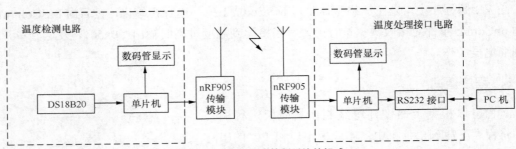

图19-11　无线温度控制系统的组成

系统的工作过程：由温度传感器 DS18B20 检测到的温度数据经单片机处理后，一方面通过数码管进行显示；另一方面经 nRF905 无线传输模块发射出去，发射的温度数据经另一块 nRF905 无线传输模块接收后，送到单片机进行处理，处理后，除通过数码管将接收到的温度进行显示外，还经 RS232 接口送 PC 进行显示和处理。

图 19-11 中两块 nRF905 无线传输模块结构完全相同，内部均集成有 nRF905 芯片和信号处理电路，其外形实物如图 19-12 所示。

这里制作的 nRF905 无线通信温度监控系统主要是采集温度数据，并通过 nRF905 模块发射出去，然后再通过另一块 nRF905 模块进行接收，接收后由单片机通过 RS232 接口送 PC 进行显示。另外，无论是发射部分还是接收部分，都可以将温度数据通过数码管进行显示。

图19-12　NRF905实物图

19.3.2　nRF905 介绍

1. nRF905 的结构

nRF905 是挪威 Nordic 公司推出的单片射频发射器芯片，工作电压为 1.9～3.6V，工作于

433/868/915MHz 三个 ISM 频道（可以免费使用，本实例采用 433MHz）。nRF905 可以自动完成处理字头和 CRC（循环冗余码校验）的工作，可由片内硬件自动完成曼彻斯特编码/解码，使用 SPI 接口与单片机通信，配置非常方便。

　　nRF905 单片无线收发器工作由一个完全集成的频率调制器，一个带解调器的接收器，一个功率放大器，一个晶体振荡器和一个调节器组成，其内部结构如图 19-13 所示；nRF905 可采用 PBC 环形天线或单端鞭状天线，发射功率最大为 10dBm，在开阔地带传输距离最远可达 600m 以上。nRF905 管脚功能如表 19-6 所示。

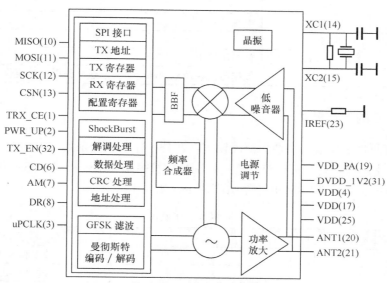

图19-13　NRF905内部结构

表 19-6　　　　　　　　　　　　　　　　nRF905 管脚功能

脚号	符号	功能
1	TRX_CE	芯片使能
2	PWR_UP	芯片上电
3	uPCLK	晶振分频时钟输出
4	VDD	电源（3.3V）
5	VSS	地
6	CD	载波检测
7	AM	地址匹配
8	DR	收发数据准备好
9	VSS	地
10	MISO	SPI 主机输入从机输出
11	MOSI	SPI 主机输出从机输入
12	SCK	SPI 时钟
13	CSN	SPI 使能，低电平有效
14	XC1	晶振
15	XC2	晶振
16	VSS	地
17	VDD	电源（3.3V）

脚号	符号	功能
18	VSS	地
19	VDD_PA	功放用电源（1.8V）
20	ANT1	天线接口 1
21	ANT2	天线接口 2
22	VSS	地
23	IREF	参考电流
24	VSS	地
25	VDD	电源（3.3V）
26～30	VSS	地
31	DVDD_1V2	低电压输出
32	TX_EN	发送与接收控制，高电平为发送，低电平为接收

2. nRF905 的工作模式

nRF905 有两种工作模式和两种节能模式。两种工作模式分别是 ShockBurst^{TM} 接收模式和 ShockBurst^{TM} 发送模式，两种节能模式分别是关机模式和空闲模式。nRF905 的工作模式由 TRX_CE、TX_EN 和 PWR_UP 三个引脚决定，如表 19-7 所示。

表 19-7　　　　　　　　　　　　　　　nRF905 工作模式

PWR_UP	TRX_CE	TE_EN	工作模式
0	×	×	掉电和 SPI 编程
1	0	×	待机和 SPI 编程
1	1	0	接收
1	1	1	发射

nRF905 的两种活动模式分别是 ShockBurst^{TM} 接收模式和 ShockBurst^{TM} 发送模式，与射频数据包有关的高速信号处理都在 nRF905 片内进行，数据速率由单片机配置的 SPI 接口决定，不需要昂贵的高速 MCU 来进行数据处理和时钟覆盖，数据在单片机中低速处理，在 nRF905 中高速发送，因此，中间有很长时间的空闲，这很有利于节能。由于 nRF905 工作于 ShockBurst^{TM} 模式，因此使用低速的单片机也能得到很高的射频数据发射速率。在 ShockBurst^{TM} 接收模式下，当一个包含正确地址和数据的数据包被接收到后，地址匹配和数据准备好两引脚通知单片机。在 ShockBurst^{TM} 发送模式，nRF905 自动产生字头和 CRC 校验码，当发送过程完成后，数据准备好引脚通知单片机数据发射完毕。由以上分析可知，nRF905 的 ShockBurst^{TM} 收发模式有利于节约存储器和单片机资源，同时也缩短了软件开发时间。

nRF905 的两种节电模式分别是关机模式和空闲模式。在关机模式，nRF905 的工作电流最小，一般为 2.5μA。进入关机模式后，nRF905 是不活动的状态，配置字中的内容保持不变，这时候平均电流消耗最小，电池使用寿命最长，不会接收或发送任何数据。空闲模式有利于减小工作电流，其从空闲模式到发送模式或接收模式的启动时间也比较短。nRF905 在空闲模式下的电流消耗取决于晶体振荡器的频率。

3. nRF905 的工作过程

nRF905 在正常工作前应由单片机先根据需要写好配置寄存器，或是按照默认配置工作。其后的工作主要是两个：发送数据和接收数据。

发送数据时，单片机应先把 nRF905 置于待机模式（PWR_UP 引脚为高、TRX_CE 引脚为低），然后通过 SPI 总线把发送地址和待发送的数据都写入相应的寄存器中，之后把 nRF905 置于发送模式（PWR_UP、TRX_CE 和 TX_EN 全置高），数据就会自动通过天线发送出去。若射频配置寄存器中的自动重发位（AuTO_RETRAN）设为有效，数据包就会重复不断地一直向外发，直到单片机把 TRX_CE 拉低，退出发送模式为止。为了数据更可靠地传输，建议多使用此种方式。

接收数据时，单片机先在 nRF905 的待机模式中把射频配置寄存器中的接收地址写好，然后置其于接收模式（PWR_UP=1、TRX_CE=1、TX_EN=0），nRF905 就会自动接收空中的载波。若收到地址匹配和校验正确的有效数据，DR 引脚会自动置高，单片机在检测到这个信号后，可以改其为待机模式，通过 SPI 总线从接收数据寄存器中读出有效数据。

4. nRF905 内部寄存器配置

nRF905 内部有 5 类寄存器：一是射频配置寄存器，共 10 个字节，包括中心频点、无线发送功率配置、接收灵敏度、收发数据的有效字节数、接收地址配置等重要信息；二是发送数据寄存器，共 32 字节，单片机要向外发的数据就需要写在这里；三是发送地址，共 4 个字节，一对收发设备要正常通信，就需要发送端的发送地址与接收端的接收地址配置相同；四是接收数据寄存器，共 32 字节，nRF905 接收到的有效数据就存储在这些寄存器中，单片机可以在需要时到这里读取；五是状态寄存器，1 个字节，含有地址匹配和数据就绪的信息，一般不用。

单片机若要操作这些寄存器，需遵循 nRF905 规定的操作命令，常用的有以下 7 种，都是 1 个字节：写射频配置（0XH，"X"含 4 位二进制位，该字节表示要开始写的初始字节数）、读射频配置（1XH，"X"含 4 位二进制位，该字节表示要从哪个字节开始读）、写发送数据（20H）、读发送数据（2lH）、写发送地址（22H）、读发送地址（23H）和读接收数据（24H）。关于寄存器的详细信息可以参阅 nRF905 数据手册。

19.3.3 基于 nRF905 无线通信温度监控系统的设计

1. nRF905 无线传输模块的设计

nRF905 无线传输模块集成有 nRF905 芯片和相应的外围电路，这里，笔者不主张自己设计 nRF905 模块，原因有两个：一是目前此类模块市场上有售，且价格也可以接受；二是 nRF905 工作频率较高，走线对无线通信模块的质量会有很大影响，即使一根很短的导线也会如电感一样。粗略估算，每毫米长度导线的电感量约为 1nH，而接收电路中的高增益放大器对噪声相当敏感。因此，业余条件下设计 nRF905 无线通信模块有一定困难。

市售的 nRF905 无线传输模块设有一个双排 14 针的插口，如图 19-14 所示，可方便地与单片机进行连接。

2. 温度检测电路的设计

温度检测电路用于发射部分，电路比较简单，主要由单片机（可采用 STC89C51）、温度传感器 DS18B20、数码管显示电路、蜂鸣器驱动电路、电源电路等组成，电路原理图如图 19-15 所示。

电路中，LM1117 是一片 3.3V 稳压块，可将 5V 电压变换为 3.3V 电压，以便为 nRF905 供电。J1、J2 为 20 脚插针，设置此插针的目的是方便与 nRF905 无线传输模块进行连接。

3. 温度处理与接口电路的设计

温度处理与接口电路用于接收部分，主要由单片机、数码管显示电路、蜂鸣器驱动电路、RS232 接口电路、电源电路等组成。此部分电路与上面介绍的温度检测电路的主要区别是：没有 DS18B20 温度传感器，但增加了 RS232 接口电路，电路原理图如图 19-16 所示。

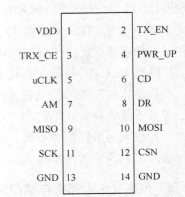

图19-14　NRF905无线传输模块插针接口

4. 下位机软件设计

根据硬件电路的不同和功能的要求，下位机软件应根据发射部分与接收部分分别进行设计。

（1）发射部分软件设计

发射部分的软件主要包括两大功能，第一是温度的读取、处理与显示，这部分软件设计比较简单，在本书第 15 章已做过介绍，直接引用即可；第二是温度数据的发射，这是发射部分软件设计的重点，下面简要进行说明。

发射时，应首先对 nRF905 进行初始化，这项任务由 Iinit_nRF905() 函数完成，在 Iinit_nRF905() 中，要初始化 nRF905 的射频配置寄存器。这些寄存器中有很多信息，必须根据实际情况进行配置，本设计中，配置的信息存放在数组 nRF_Config[11] 中，单片机通过 SPI 总线将其写入到 nRF905 即可。

发射温度数据由函数 Send_nRF905() 完成，nRF905 发送数据时，先写发送地址，再写发送数据，并把 nRF905 的 TRX_CE、TX_EN 引脚都置为高电平，数据就会自动发送出去。之后拉低 TRX_CE 引脚，回到待机模式。

发射部分完整的源程序在下载资料 ch19/ ch19_3TX 文件夹中。

（2）接收部分软件设计

接收部分的软件主要包括两大功能，第一是温度的串口发送，用于将接收到的数据回送到 PC，这部分软件设计比较简单，在本书第 8 章已做过介绍；第二是温度数据的接收，这是接收部分软件设计的重点，下面简要进行说明。

接收时，应首先对 nRF905 进行初始化，这项任务也由 Iinit_nRF905() 函数完成，这个函数与发射初始化函数完成相同。

接收温度数据由函数 WaitRecv() 完成，nRF905 接收温度数据时，把 nRF905 的 TRX_CE 引脚置为高电平，TX_EN 引脚拉为低电平后，就开始接收数据。本设计中，单片机在设定的时间内一直判断 nRF905 的 DR 引脚是否变高，若变高，则证明接收到了有效数据，可以退出接收模式；若一直没有接收到，待时间到时也退出接收模式。

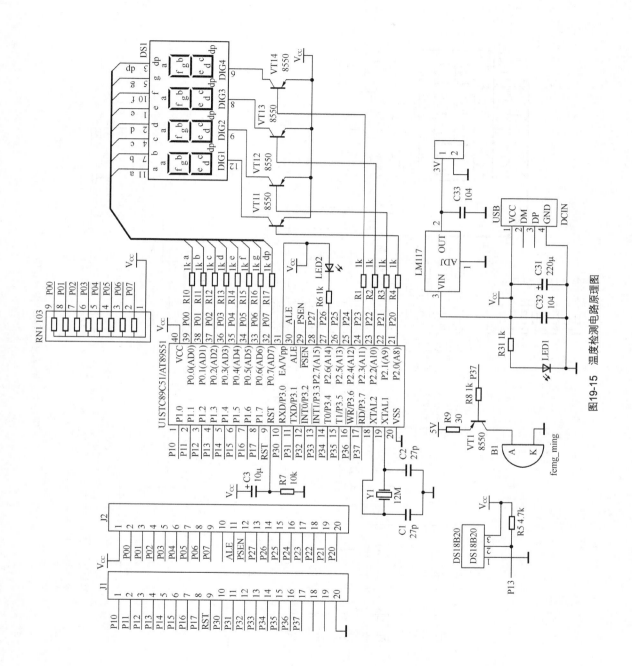

图19-15　温度检测电路原理图

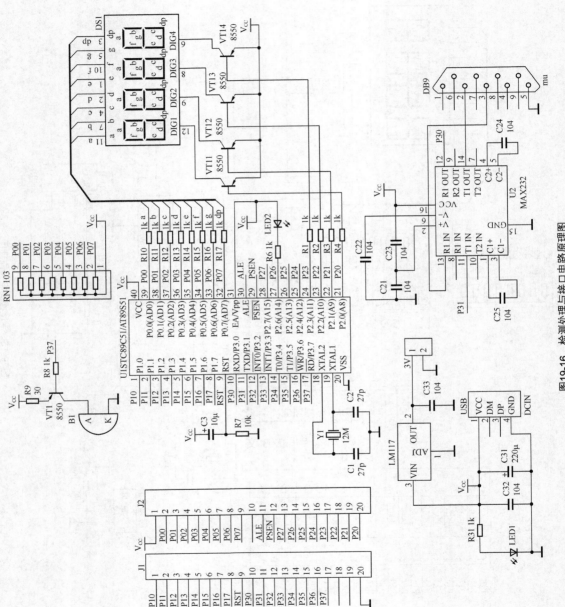

图19-16　检测处理与接口电路原理图

接收部分完整的源程序在下载资料 ch19/ch19_3RX 文件夹中。

5. 上位机程序设计

PC 端上位机通信程序采用 VB 编写，根据要求先设计一个窗体，窗体上放置 3 个标签、两个文本框、3 个按钮，同时，将 MSComm 控件添加到窗体上。设计的窗口界面如图 19-17 所示。

窗体上各对象属性如表 19-8 所示。

表 19-8　　　　　　　　　　　**串口通信各对象属性设置**

对象	属性	设置
窗体	Caption	无线温度监控系统
	名称	Form1
标签 1	Caption	Label1
	名称	nRF905 无线温度监控系统
标签 2	Caption	Label2
	名称	接收的温度数据
标签 3	Caption	Label3
	名称	接收个数
文本框 1	Caption	Text1
	MultiLine	True
文本框 2	Caption	Text2
按钮 1	Caption	Command1
	名称	开始发送
按钮 2	Caption	Command2
	名称	退出
按钮 3	Caption	Command3
	名称	清除
MSComm 控件	Caption	MSComm1
	其他属性	在代码窗口设置

上位机详细源程序在下载资料 ch19/ch19_3VB 文件夹中。

调试时，按要求连接好，下载程序到单片机中，打开 VB 源程序，单击"开始接收"按钮，则在软件的文本框 1 中显示检测到的温度值，在文本框 2 中显示接收到的数据个数，如图 19-18 所示。

图19-17　无线温度监控系统窗口界面

图19-18　无线温度传输系统VB运行界面

|19.4　智能小车开发|

19.4.1　智能小车介绍

智能小车的设计与开发涉及控制、模式识别、传感技术、电子、电气、计算机、机械等多个学科。开展自主智能小车的学习与研究工作，对促进控制及电子水平的提高，具有良好的推动作用。

顶顶电子设计的这款简易智能小车，采用 STC89C51/52 单片机作为小车的检测和控制核心；采用光电开关、声控传感器、光敏传感器、温度传感器、红外接收器等来检测和感应各种外界情况，从而把反馈到的信号送单片机，使单片机按照预定的工作模式控制小车在各区域按预定的速度行驶；智能小车既可以采用 LED 数码管来显示有关信息，也可以采用 1602LCD 实时显示小车行驶的距离。智能小车结构简单，电路功能齐全，具有高度的智能化、人性化，是学习和开发机器人的基础开发板。

机器小车主要由底盘（含两个带电机的驱动轮、两个从动轮，底板）、电路板和 6 节 5 号电池盒三部分组成，其外形如图 19-19 所示。

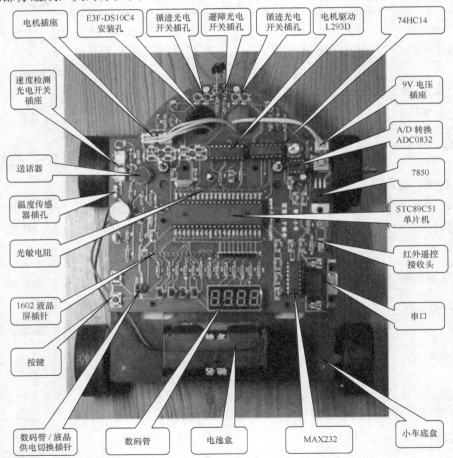

图19-19　智能小车的外观

智能小车电路框图如图 19-20 所示。

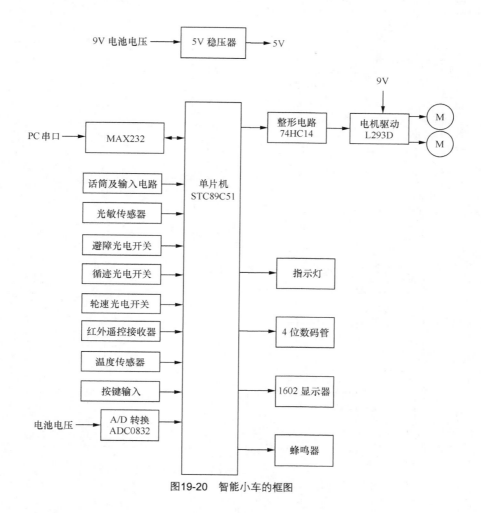

图19-20　智能小车的框图

开发板上设有 JP1 插针，用来对显示器进行转换，当 JP1 中的 V_{CC}、DS 短接时，数码管接入电路中；当 V_{CC}、LCD 短接时，LCD 接入电路中。

智能小车电路原理图如图 19-21 所示。

19.4.2　智能小车开发实例

为了便于使用，我们开发了几个智能小车的源程序，供大家在实验时参考。以下实验的所有源程序在下载资料的 ch19/ch19_4 文件夹中。

1. 实验 1—电池电压检测程序

实现功能：

开机后，数码管上显示出电池电压的值，当电池电压低于 7V 时，蜂鸣器鸣叫，表示电池电压低，需要更换电池。

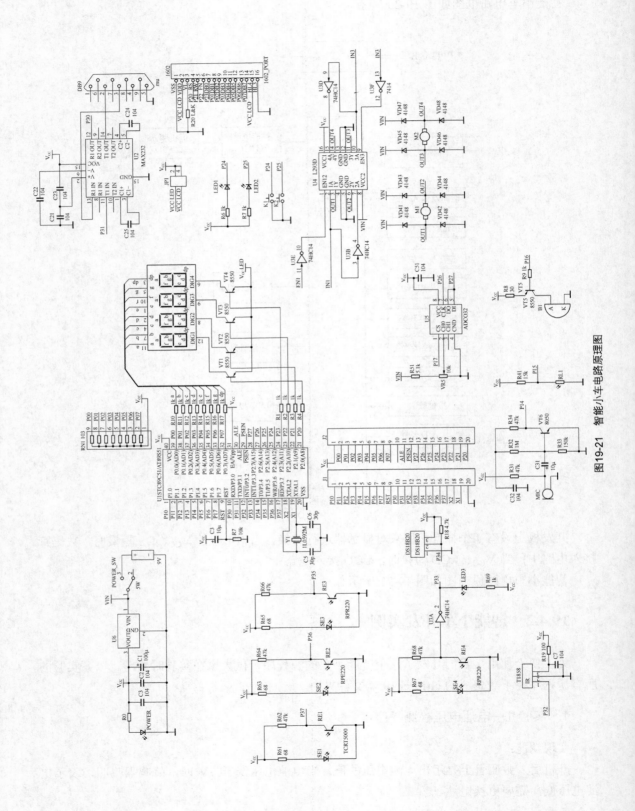

图19-21 智能小车电路原理图

实现方法如下。

（1）打开智能小车开发板电源开关，为开发板供电，将 JP1 中的 V_{CC}、DS 两个插针短接，使数码管接入电路中。用 STC 下载软件把 volt_check.hex 文件下载到单片机 STC89C51 中。

（2）下载完成后，需要对检测电压值进行校正。方法是用万用表测量一下电池两端的电压值，假设为 9.5V，打开小车电源开关，调整电位器 VR51，使数码管显示值也为 9.5V，检测电压即校正完成。

（3）校正完成后，即可对电池电压进行测量。实验时，可试着用几节旧电池更换小车上的电池，模拟电池电压低的情况，若电池电压低于 7 V，则蜂鸣器会鸣叫。

2.　实验 2—模拟 PWM 控制小车速度程序

实现功能：

用单片机的 IO 口模拟 PWM 信号，控制小车的转速，具体要求为开机后，小车按全速运转，当按下 K1 键时，小车运行的速度是全速的 10%；当按下 K2 键时，小车的速度是全速的 50%。

实现方法如下。

（1）打开智能小车开发板电源开关，为开发板供电，用 STC 下载软件把 speed.hex 文件下载到单片机 STC89C51 中。

（2）下载完成后，拿起小车使车轮离开地面，先打开电源开关，观察小车的转速，再分别按下 K1、K2 键，观察小车的转速变化情况。

3.　实验 3—话筒控制小车起停程序

实现功能：

在智能小车上安装有话筒，要求采用声音可以控制小车的起停，具体要求为开机后，小车运转，LED1、LED2 指示灯亮；当拍一下巴掌或敲击一下器物发出响亮的声音时，小车停转，LED1、LED2 指示灯熄灭；再次拍一下，小车继续运转，LED1、LED2 指示灯又点亮。

实现方法如下。

（1）打开智能小车开发板电源开关，为开发板供电，用 STC 下载软件把 MIC_ctrol.hex 文件下载到单片机 STC89C51 中。

（2）下载完成后，将小车置于地面，打开电源开关，小车开始运行，当拍一下巴掌时，小车应停转；再次拍一下时，小车应继续转动。

4.　实验 4—光控小车程序

实现功能：

在智能小车上安装有光敏电阻，能够感受到光线的变化情况，要求通过光敏电阻判断出白天和黑夜，当白天时（光线正常时），小车前面的两个指示灯 LED1、LED2 不亮；当夜晚时（光线暗时），小车前面的两个指示灯 LED1、LED2 点亮。

实现方法如下。

（1）打开智能小车开发板电源开关，为开发板供电，用 STC 下载软件把 LIGHT_ctrol.hex

文件下载到单片机 STC89C51 中。

（2）下载完成后，将小车置于地面，打开电源开关，小车开始运行，当小车在较暗的光线下行车时，指示灯 LED 1、LED 2 应点亮，用手电照射小车上面的光敏电阻（模拟强光线），此时小车的两个指示灯 LED 1、LED 2 应熄灭。

5．实验 5—避障小车程序

实现功能：

在智能小车的头部，设有避障光电开关安装位置，如果装上此光电开关后，就能够感受到前方障碍物的，当检测到有障碍物时，可控制小车后退并转向，从而避开障碍物，达到避障的目的。

实现方法如下。

（1）打开智能小车开发板电源开关，为开发板供电，用 STC 下载软件把 BiZhang.hex 文件下载到单片机 STC89C51 中。

（2）将避障光电开关 TCRT5000 安装在电路前方的安装孔中，使 TCRT5000 接入到电路中。

（3）将小车置于地面，打开电源开关，小车开始运行，当小车前方无障碍时，小车正常行走；当有障碍物时，小车会倒退，并转一下方向，再继续向前行进，从而避开障碍物。

本实例采用的是普通的光电开关（TCR T5000）进行避障，由于该开关检测距离较短（一般只有 1cm 左右），因此避障效果不是很好，只有当小车离障碍物较近时，才能检测到障碍物的存在，容易发生车头触碰障碍物的情况。要真正达到比较好的效果，需要采用性能较好的光电开关，如 E3F-DS10C4 等，其检测距离达 10cm 以上，即使小车速度较快，一般也不会发生撞车的现象。另外，如果想全方位进行避障，还需要在小车的前面多装几个光电开关，对不同方位的障碍物进行检测，用户可根据情况自行设计和安装。

6．实验 6—小车循迹程序

实现功能：

在智能小车的头部，设有两个循迹光电开关安装位置，如果装上这个光电开关后，就能够感受到地面铺设的道路情况，从而控制小车按事先制作的黑色道路行进。

实现方法如下。

（1）打开智能小车开发板电源开关，为开发板供电，用 STC 下载软件把 XunJi.hex 文件下载到单片机 STC89C51 中。

（2）将两个循迹光电开关 RPR220 安装在电路背面的安装孔中，使两只 RPR220 接入到电路中。安装时，注意使两只 RPR220 保持平行，与地面的间距不得大于 1cm（因为 RPR220 的检测距离较近）。

（3）为了进行循迹实验，需要铺设道路，铺设时，按以下要求进行铺设：一是道路采用宽黑胶布进行铺设，道路的宽度不得小于 10cm（因为开发板上两个循迹光电开关的间距较大）；二是铺路一般铺设成环形状，这样小车运行时可绕圈行进。

（4）铺设好地面后，将小车置于黑色道路的中间，打开电源开关，小车就可以沿着黑色路线行走了。

本实例采用的是普通的光电开关（RPR220）进行循迹，由于该开关检测距离较短，因此，循迹效果不是很好。另外，还需要根据铺设的道路情况对源程序中的延时程序进行调整（当转向大时，将延时常数调小一些，当转向小时，将延时常数调大一些），以便使小车偏离道路时，能够及时转到正常的轨道上来。

为了能够达到比较好的循迹效果，建议采用性能较好的光电开关，如两只 E3F-DS10C4 等，其检测灵敏度较高，检测距离较远。当然，即使采用性能较好的光电开关，也需要根据实际的道路情况，对源程序中的延时时间进行调整。

这个源程序实验时有一定难度，用户一定要铺设好道路，对源程序进行简单的修改，并保持一定的耐心，否则，不易成功！

7. 实验 7—小车里程计算程序

实现功能：

当小车运行时，在数码管上可以显示出小车转动的圈数，并且每转一圈，指示灯 LED3 会闪烁一次；当按下 K1 键时，小车停止，同时在数码管上显示出小车运行的距离。

实现方法如下。

（1）打开智能小车开发板电源开关，为开发板供电，用 STC 下载软件把 Distance.hex 文件下载到单片机 STC89C51 中。

（2）将 JP1 中的 V_{CC}、DS 两脚短接，为数码管供电。

（3）制作一个一半黑一半白的圆形纸片码盘，大小和车轮相当，如图 19-22 所示。贴在车轮的内侧，将速度检测光电开关固定在车轮一侧的底板上。这样，当车轮转动时，当光电开关检测到黑色的半圆时，光电开关不通，当检测到白色的半圆时，光电开关导通，经单片机处理后，就可以知道小车的转动速度了。

图19-22 一半黑一半白的圆形纸片码盘

假如小车车轮的直径是 40cm，则车轮的周长是 40×3.14=125.6cm。

由于车轮转动一圈时，光电开关导通 1 次，若车轮转动 n 次，则转动的距离为：

$$S=n\times125.6cm$$

这就是小车运行的距离。

（4）将小车置于地面，打开电源开关，小车开始运行，同时在数码管上可以看到显示的圈数。运行一段距离后，按下开发板上的 K1 键，小车停止行走，同时，在数码管上会显示出小车运行的距离（单位是厘米）。

本实例采用的是普通的光电开关（RPR220）进行检测，由于该开关检测距离较短（一般只有 1cm 左右），因此，安装速度光电开关时，应尽量靠近车轮的内侧，如果小车转动时，指示灯 LED3 不闪烁，说明光电开关安装位置不正确，需要反复进行调整，直至正常为止。

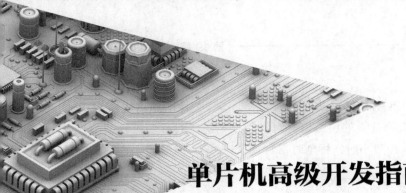

第 20 章
单片机高级开发指南与程序错误剖析

到目前为止，本书也将进入尾声，将简要介绍单片机高级开发指南和程序查错方法。主要包括 USB 接口设备、FM 数字调谐收音机、GSM/GPRS 模块、GPS 模块、超声波测距仪、TFT 触摸屏模块、非接触式 IC 卡的开发、程序错误、热启动与冷启动等内容。

|20.1　USB 接口设备的开发|

20.1.1　USB 接口基本知识

1.　什么是 USB

USB 目前有三个版本 USB1.1、USB2.0 和 USB3.0，其中 USB1.1 的最高数据传输率为 12Mbit/s，USB2.0 则提高到 480Mbit/s，而 USB 3.0 则可达到 4.8Gbit/s。虽然很多设备不需要如此高的速率，但硬盘和读卡器等设备对速度的要求还是很高的。另外，与 USB 2.0 相比，USB 3.0 将更加节能，并向下兼容 USB 2.0 设备。注意：1MByte/s（兆字节/秒）=8Mbit/s（兆位/秒），12Mbit/s=1.5MByte/s。

无论是 USB1.1、USB2.0 还是 USB3.0，它们的物理接口完全一致，数据传输率上的差别完全由 PC 的 USB host 控制器以及 USB 设备决定。另外，USB 接口还可以通过连接线为设备提供最高 5V，500mA 的电力。

2.　USB 设备的硬件

USB 设备的硬件通常是由处理器以及接口电路组成。目前，USB 设备的硬件通常有以下两种类型。

一种采用专用的带有 USB 接口电路的单片机，这种单片机的芯片上集成了 USB 接口电路，可以直接处理 USB 传输线上的数据。如 Intel 的 8X930AX、CYPRESS 的 EZ-USB、SIEMENS 的 C541U 等。采用这种结构的设备外围电路简单，设计方便，由于内部已集成了专用的微处理器，所以设计中一般要采用专用的开发设备，不适于初学者和业余爱好者的开发。

另一种结构就是采用分离的 USB 接口芯片和微处理器芯片。我们这里提到的 USB 接口芯片，是指芯片厂商生产的可以用单片机控制的带有 USB 接口的芯片。最常用的接口芯片有 Philips 公司的 PDIUSBD11（I^2C 串行接口）、PDIUSBD12（并行接口），National Semiconductor 公司推出的 USBN960x，NetChip 公司的 NET2888、NET2890，以及南就沁恒公司生产的 CH375 等。其中，PDIUSBD12、CH375 应用比较广泛。采用这种结构开发 USB 设备，成本较低，可靠性较高，但软件开发难度较大。

20.1.2 基于 PDIUSBD12 的应用系统开发

1. PDIUSBD12 硬件电路

PDIUSBD12 是一个性能优化的 USB 器件，该器件采用模块化的方法实现一个 USB 接口，它允许在众多可用的微控制器中选择最合适的作为系统微控制器，并允许使用现存的体系结构并使固件投资减到最小。这种器件的灵活性减少了开发时间、风险和成本，是开发低成本且高效的 USB 外围设备解决方案的一种最快途径。PDIUSBD12 完全符合 USB1.1 规范，也能适应大多数设备类规范的设计，因此 PDIUSBD12 非常适合做很多外围设备，如打印机、扫描仪、外部大容量存储器和数码相机等。图 20-1 所示的是 PDIUSBD12 的应用电路图。

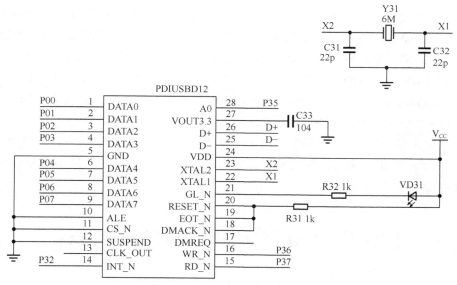

图20-1 PDIUSBD12应用电路图

在这个电路中，PDIUSBD12 的 ALE 始终接低电平，说明采用单独地址和数据总线配置。A0 脚接 51 单片机的 P3.5 脚，控制命令或是数据输入到 PDIUSBD12。51 单片机的 P0 口直接与 PDIUSBD12 的数据总线相连接。

2. 单片机控制程序设计

对于单片机控制程序，目前没有任何厂商提供自动生成固件的工具，因此所有程序都要由自己手工编制。单片机控制程序通常由三部分组成：一是初始化单片机和所有的外围电路（包括 PDIUSBD12）；二是主循环部分，其任务是可以中断的；三是中断服务程序，其任务是对时间敏感的，必须马上执行。根据 USB 协议，任何传输都是由主机（host）开始的，单片机作它的前台工作，等待中断。主机首先要发令牌包给 USB 设备（这里是 PDIUSBD12），PDIUSBD12 接收到令牌包后就给单片机发中断，单片机进入中断服务程序，首先读 PDIUSBD12 的中断寄存器，判断 USB 令牌包的类型，然后执行相应的操作。因此，单片机程序主要就是中断服务程序的编写，在单片机程序中要完成对各种令牌包的响应。

单片机与 PDIUSBD12 的通信主要是靠单片机给 PDIUSBD12 发命令和数据来实现的。PDIUSBD12 的命令字分为三种：初始化命令字、数据流命令字和通用命令字。PDIUSBD12 给出了各种命令的代码和地址，单片机先给 PDIUSBD12 的命令地址发命令，根据不同命令的要求再发送或读出不同的数据。因此，可以将每种命令做成函数，用函数实现各个命令，以后直接调用函数即可。

3. USB 设备驱动程序的设计

在 Windows 系统下，与 USB 外设的任何通信必须通过 USB 设备驱动，设备驱动是保证应用程序访问硬件设备的软件组件，使得应用程序不必知道物理连接、信号和与一个设备通信需要的协议等的细节，可以保证应用程序代码只通过外设名字访问外设或端口的目的。应用程序不需要知道外设连接端口的物理地址，不需要精确监视和控制外设需要的交换信号。

Windows 系统提供通用驱动，对于自定义的设备，需要对设备编写自定义的驱动，并且必须遵循微软在 Windows98 和更新版本中为用户定义的 Win32 驱动模式。尽管 Windows 系统已经提供了很多标准接口 API 函数，但编制驱动程序仍然是 USB 开发中最困难的一件事情，通常采用 Windows DDK 来实现。目前，有许多第三方软件厂商提供了各种各样的生成工具，如 Compuware 的 driver works，Blue Waters 的 Driver Wizard 等，运用这些工具包只需很少的时间就能生成一个高效的驱动程序。

总之，PDIUSBD12 是一个性能优化的 USB 器件，在性能、速度、方便性以及成本上都具有很大的优势。因此，使用 PHILIPS 公司的 PDIUSBD12 可以快速开发出高性能的 USB 设备，如 USB 鼠标、USB 键盘等。

|20.2 FM 数字调谐收音机的开发|

20.2.1 TEA5767 介绍

FM 调频收音机一直以来是无线电发烧友的最爱，如果你精通单片机，还可以设计出具有智能功能的 FM 数字调谐收音机。下面以飞利浦公司生产的 FM 调频芯片 TEA5767 为例，简要介绍 FM 数字调谐收音机的设计与制作。

TEA5767 是一款适用于低电压（2.5～5V，典型值为 3V）的单片立体声 FM 数字调谐收音机芯片，它集成了 FM 解码的几乎所有电路，用它制作的 FM 收音机，只需要很少的外围元件，并且完全免调试。

该芯片的可覆盖的调频频率的范围是 76～108MHz，即通过软件设置，收音机能调谐到中国及其他一些国家的 FM 频段。由于内部集成了 FM 解调器，所以不再需要外部的鉴频器；内部的立体声解码器也是完全免调试的，为制作者带来了很大的方便。

TEA5767 芯片很小，管脚密集，业余条件下不便于焊接，为此一些厂家制作了 TEA5767 模块，该模块将 TEA5767 和外围元件集成在一起，只保留 10 个焊盘与外电路相连，十分方便接线和使用。图 20-2 所示的是 TEA5767 模块的实物图。

TEA5767 模块的 10 个焊盘，从正面看，标有圆形凹点的是第一脚，其他引脚依顺时针方向排列。各引脚功能如表 20-1 所示，模块使用的是 32.768kHz 晶体振荡器，编写软件需注意这点。

图20-2　TEA5767模块的实物图

表 20-1　　　　　　　　　　　　　TEA5767 模块管脚功能

引脚	符号	功能	引脚	符号	功能
1	ANT	天线输入	6	V_{CC}	电源
2	MPX	解调信号输出，一般不用	7	W/R	3-wire 读写控制
3	R_OUT	右声道信号输出	8	BUSMOD	总线模式选择
4	L_OUT	左声道信号输出	9	CLK	总线时钟
5	GND	地	10	SDA	串行总线数据

20.2.2　硬件电路设计

由 TEA5767 模块组成的 FM 数字调谐收音机电路结构十分简捷，如图 20-3 所示。

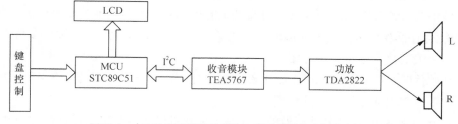

图20-3　由TEA5767模块组成的FM数字调谐收音机电路框图

从图中可以看出，FM 数字调谐收音机硬件部分由 STC89C51 单片机、TEA5767 收音模块、功放 TDA2822、LCD 显示器、按键等几部分组成。

单片机选用了 STC89C51 对 TEA5767 进行控制，STC89C51 是一个低功耗高性能的 8 位微处理器，除了 4KB FLASH 存储器之外，它还含有一个 2KB 的 EEPROM 存储器，以方便存台。用单片机两个 I/O 口来模拟 I²C 总线 SDA、SCL 的时序，在 I²C 总线的控制下，TEA5767 模块从 L_OUT、R_OUT 输出左右声道音频信号，送到功放 TDA2822，驱动扬声器发出声音。电路中，按键用来完成搜索、选台等操作；LCD 显示电路可显示出所收听电台的频率和台号。图 20-4 所示的是 TEA5767 的应用电路图。

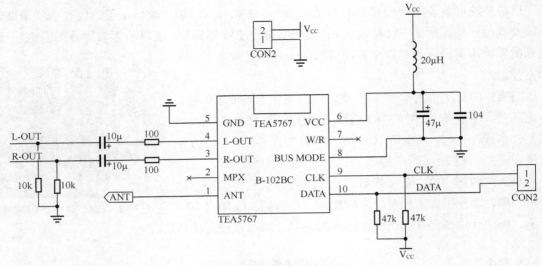

图20-4 TEA5767的应用电路图

20.2.3 软件设计

TEA5767 数据的写入以及与外界的数据交换可通过 I²C 和 3-wire 两种总线方式实现。选用 I²C 总线，其最高时钟频率可达 400 kHz；当选用 3-wire 总线时，其最高时钟频率可达 1 MHz。当 TEA5767 模块的第 8 脚接地时选择 I²C 总线模式，接 V_{CC} 时选择 3-wire 模式，使用时，一般选用 I²C 总线模式。当 TEA5767 工作于 I²C 总线模式时，其写地址是 C0H，读地址是 C1H。

TEA5767 芯片内部有一个 5 字节的控制寄存器，该控制寄存器的内容决定了 TEA5767 的工作状态。TEA5767 在上电复位后默认设置为静音，控制寄存器所有其他位均被置低，因此，必须事先根据需要向控制寄存器写入适当数据 TEA5767 才能正常工作。TEA5767 内部 5 字节寄存器中的每位都有相应的含义，对收音机的控制并实现其功能就是通过 I²C 总线读写这 5 个功能寄存器相应位的值来完成的。有关这 5 字节的具体含义，请读者参考 TEA5767 说明手册或相关书籍，这里不再介绍。

在设计软件时，应重点考虑以下三个部分：一是初始化程序；二是按键检测程序；三是检测到某按键时实现此按键功能的程序。

首先是初始化系统，这部分需要做的工作是对单片机里的存储单元进行合理的地址分配。对于存储电台，可根据需要在 STC89C51 的片内 EEPROM 中开辟一定的空间，并采取一定的格式进行存储，以方便取用其中的数据。初始化音量，此收音机的音量是通过按键来控制的，音量的大小通过软件和硬件结合的方式来控制。初始化频道，作为用户，希望一打开收音机就能听到电台，所以这一步也必不可少。

然后要进行的是按键循环检测，主要是检测按键是否按下、松开，按的是哪个功能键等。

最后就是当检测到某个按键时，应该按照事先的设计实现其功能。在具体设计时，应根据按键功能合理进行设计。另外，还要根据实际情况，扩展其他功能，如静音、单声道切换等。

以 TEA5767 模块为核心 FM 数字调谐收音机，硬件调试较传统收音机简单很多，收音效果较好，加之该模块体积很小，因此，可以内嵌于手机、MP3、PDA 等多种便携式产品中。

|20.3　GSM/GPRS 模块的开发|

20.3.1　GSM/GPRS 模块介绍

GSM/GPRS 模块是一个类似于手机的通信模块，内部主要由电源电路、GSM/GPRS 基带处理器、FLASH 存储器、通信接口电路、射频电路、发射天线等构成。电源电路负责外加电源的转换和过流保护等功能，通信接口电路负责外部控制器和 GSM/GPRS 基带处理器的正常通信，FLASH 存储器则用来存储短消息等数据，GSM/GPRS 基带处理器完成 AT 命令的解析以及射频电路的调制控制，射频电路配合天线完成载波的生成、消息的调制和发射。

一般 GSM/GPRS 模块都提供通信接口，可以和 PC 和单片机实现 RS232 通信。目前，市场上 GSM/GPRS 模块产品型号很多，其中 SIM800C 模块应用比较广泛。

SIM800C 是一款四频 GSM/GPRS 模块，为城堡孔封装。其性能稳定，外观小巧，性价比高，能满足客户的多种需求。SIM800C 工作频率为 GSM/GPRS 850/900/1800/1900MHz，可以低功耗实现语音、SMS 和数据信息的传输。SIM800C 尺寸为 $17.6 \times 15.7 \times 2.3$mm，能适用于各种紧凑型产品设计需求。图 20-5 所示的是 SIM800C 外形实物图。

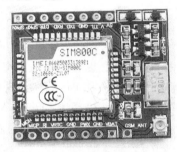

图20-5　SIM800C外形实物图

目前，GSM/GPRS 模块主要在工业领域使用，如在测绘行业，很多偏僻的测绘点安装了 GSM/GPRS 模块实现了实时的监控，不必再人工收集数据；在家庭，可以安装无线报警系统，一旦发生火情或盗窃行为，可以立即通知户主和报警。

20.3.2　由 GSM/GPRS 模块组成的应用系统

由 GSM/GPRS 模块组成的通信应用系统如图 20-6 所示。

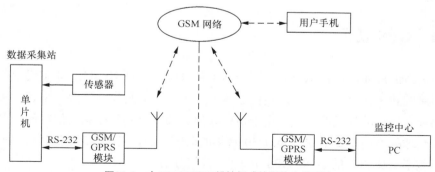

图20-6　由GSM/GPRS模块组成的通信应用系统

在这个系统中，传感器用来采集数据，采集的数据经单片机处理后，由 GSM/GPRS 模块发射出去，再经另一 GSM/GPRS 模块接收后，送 PC，由 PC 进行显示和控制。另外，采集的数据也可由一部手机进行接收。

图 20-7 所示的是一个由 GSM/GPRS 模块组成的温度和安防监控系统框图。

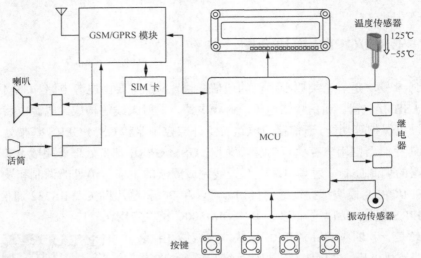

图20-7　由GSM/GPRS模块组成的温度和安防监控系统框图

该系统主要由单片机（MCU）、GSM/GPRS 模块、LCD 显示器、按键输入电路、继电器、温度传感器、振动传感器等组成。该系统具有以下功能。

（1）防盗作用。当盗贼入门时，振动传感器感知到振动信号，经单片机处理后，控制 GSM/GPRS 模块工作，向监控中心或手机发出短信息，提示有盗贼进入。

（2）温度监控作用。当温度过高时，经单片机控制后，继电器动作；当温度降下来后，继电器断开。另外，监测的温度信号可通过 GSM/GPRS 模块发送到监控中心或手机。

以上简要介绍的 GSM/GPRS 模块的基本知识，感兴趣的读者可以找一些实验设备和实验程序进行实验，通过不断的努力，相信会有更大的收获。

|20.4　GPS 模块的开发|

20.4.1　GPS 概述

GPS（Global Positioning System）即全球定位系统。它是 20 世纪 70 年代由美国陆海空三军联合研制的新一代空间卫星导航定位系统。其主要目的是为陆、海、空三大领域提供实时、全天候和全球性的导航服务，并用于情报收集、核爆监测和应急通信等一些军事目的，是美国独霸全球战略的重要组成。经过 20 余年的研究实验，耗资 300 亿美元，到 1994 年 3 月，全球覆盖率高达 98% 的 24 颗 GPS 卫星已布设完成。

GPS 全球卫星定位系统由三部分组成：空间部分——GPS 卫星；地面控制部分——地面监控系统；用户设备部分——GPS 信号接收机。

使用 GPS 定位，观测简便、经济效益好，大大优于以前的定位技术，定位精度也非常高，经差分后，可达到±5m 的定位精度，在经过特定的后处理，可达到厘米级的定位精度，故获得了越来越广泛的应用。

20.4.2　GPS 原理

GPS 导航系统的基本原理是测量出已知位置的卫星到用户接收机之间的伪离（即伪距离），然后综合多颗卫星的数据就可知道接收机的具体位置。

首先由地面支撑系统的监测站常年不断地观察每颗卫星的伪距、工作状态 并采集气象等数据。然后发到主控站主控站综合监测站来的各种信息，按一定格式编辑导航电文，发到注入站，由注入站将导航电文向卫星发射；GPS 卫星则接收注入站的信号，将导航电文广播发送，同时发送测距信号，并根据注入站信号中的控制指令，调整自身工作状态；用户接收机则接收 GPS 卫星的信号，解算得接收机的位置。

20.4.3　硬件与软件设计

要进行 GPS 开发，首先应选择一个合适的 GPS 模块，目前市场上此类模块较多，这里以 UBLOX NEO-7N 为例进行介绍，模块外形实物如图 20-8 所示。

该模块有 5 个插针，1 脚是电源，可接 3.3～5V 电压，2 脚是地，3 脚是串口发送，4 脚是串口接收，5 脚是 PPS 脉冲输出，可不接。实际使用时 UBLOX NEO-7N 模块的串口可以和单片机的串口直接相连，硬件电路设计十分简单。

在实际设计时，为了能对 GPS 进行操作并将有关信息显示出来，还需要增加按键电路、LCD 显示电路等。

UBLOX NEO-7N 模块的软件设计不复杂，难点是接收 GPS 定位信息程序，由于定位信息是由 GPS 模块提供的，因此进行软件设计时，应首先熟悉 GPS 模块的技术文档，这里不再详细介绍。

图20-8　UBLOX NEO-7N模块实物外观

|20.5　超声波测距仪的开发|

20.5.1　超声波测距基本原理

超声波是指频率高于 20kHz 的机械波。为了以超声波作为检测手段，必须产生超声波和接收超声波。完成这种功能的装置就是超声波传感器，也称超声波换能器或超声波探头。超声波传感器有发送器和接收器，图 20-9 所示的是常用的 40kHz 超声波发射探头 T-40-16 和接收探头 R-40-16 的实物图。

图20-9　超声波发射探头T-40-16和接收探头R-40-16的实物图

为什么选 40kHz 的超声波传感器呢？因为超声波在空气中传播时衰减很大，衰减的程度与频率成正比，但频率越高则分辨力也会越高，所以短距离测量时一般选频率高的超声波传感器（100kHz 以上），长距离测距只能选频率低的传感器。

超声波测距时，其发射器是利用压电晶体的谐振带动周围空气振动来工作的，超声波发射器向某一方向发射超声波，在发射的同时开始计时，超声波在空气中传播，途中碰到障碍物就立即返回来，超声波接收器接收到反射波就立即停止计时。一般情况下，超声波在空气中的传播速度为 340m/s，根据计时器记录的时间 t，就可以计算出发射点距障碍物的距离 s，即 $s=340 \times t/2$，这就是常用的时差法测距。

20.5.2　超声波测距仪硬件设计

这里，我们将设计制作一个超声波测距仪，测量范围在 0.27～3.00m，测量精度 1cm，测量时与被测物体无直接接触，能够清晰稳定地显示测量结果。

超声波测距仪主要由 STC89C51 单片机、4 位共阳 LED 数码管，超声波发射电路（超声波发射驱动 74HC04、超声波发射探头等），超声波接收电路（超声波接收解调 CX20106A、超声波接收探头等）等组成，如图 20-10 所示。

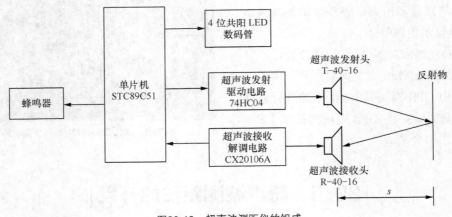

图20-10　超声波测距仪的组成

图 20-11 所示的是超声波测距仪的电路原理图。

超声波发射电路主要由 U3（74HC04）、超声波发射探头 T-40-16 等组成。单片机用 P1.0 端口输出超声波转化器所需的 40kHz 方波信号，经 74HC04 放大和缓冲后，驱动超声波发射探头工作。

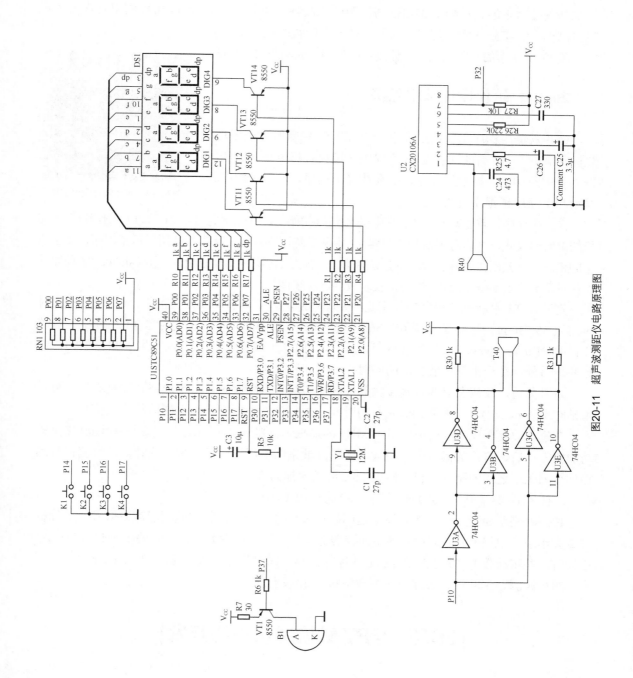

图20-11　超声波测距仪电路原理图

超声波接收电路由超声波解调电路 U2（CX20106A）、超声波接收探头 R-40-16 等组成。CX20106A 实际上是一款红外线检波接收的专用芯片，常用于电视机红外遥控接收器。考虑到红外遥控常用的载波频率 38kHz 与测距超声波频率 40kHz 较为接近，可以利用它作为超声波检测电路。实验证明其具有很高的灵敏度和较强的抗干扰能力。

图 20-12 所示的是顶顶电子设计制作好的超声波测距仪实物图。

20.5.3 软件设计基本思路

超声波测距程序主要由主程序、定时器 T1 中断服务程序（产生驱动脉冲）、外中断 0 中断服务程序（接收到超声波的回波后进入外中断 0）、显示子程序、距离计算子程序、延时子程序和其他几个通用子程序组成。

图 20-12　超声波测距仪实物图

在主程序中，首先对有关单元和标志位进行初始化，并设置定时器 T0 和 T1 工作模式为 16 位的定时器模式，开启总中断和定时器 T1 中断。然后进入循环状态，调用显示子程序，显示测量的距离，并判断接收标志位 testok 是否为 1，若为 1，说明接收成功，调用 calulate() 子程序计算测量距离；若 testok 为 0，说明接收未成功，继续接收。

定时器 T1 中断服务程序的作用是产生驱动脉冲，驱动超声波探头工作，定时器 T1 定时时间为 65.536ms，也就是每隔 65.636ms 定时器 T1 就中断一次，在定时器 T1 中断中，对单片机的 P1.0 脚（wave_out）进行取反，延时，再取反，共取反 4 次，以产生 40kHz 的超声波脉冲。另外，在产生超声波脉冲的同时，还把计数器 T0 打开进行计时。

为避免超声波从发射器直接传输到接收器引起的直接波触发，超声波脉冲发送后，再调用延时函数 delay()，延迟 0.1ms 左右的时间，才打开外中断 0 接收返回的超声波信号。

在超声波测距仪中，由于采用 12MHz 的晶振，机器周期为 1μs，当主程序检测到接收成功的标志位后，将计数器 T0 中的数（即超声波来回所用的时间）按下式计算即可测得被测物体与测距仪之间的距离，设计时取 20℃时的声速为 340 m/s，则有：

d=(C×T0)/2 =170T0/1000cm（其中 T0 为计数器 T0 的计数值）

超声波测距器利用外中断 0 检测返回超声波信号，一旦接收到返回超声波信号（单片机 P3.2 脚出现低电平），立即进入外中断 0 服务程序。进入该中断后，立即关闭定时器 T0，停止计时，并将计数值 T0 送变量 distance 进行保存，同时将测距成功标志位 testok 置 1。

超声波测距仪的详细源程序在下载资料 ch20 文件夹中。

|20.6　TFT 触摸屏模块的开发|

20.6.1　TFT 触摸屏模块介绍

随着 TFT 触摸屏价格的不断下降，其应用也越来越广泛，学习 TFT 触摸屏现已成为一种时尚。以前，很多人只有在 ARM 单片机中才能看到 TFT 触摸屏的风采，现在随着 51 单片机性能的提高，51 单片机也能玩 TFT 触摸屏了。这里我们介绍的是一款 2.4 英寸 TFT 触摸屏模块，其正面与反面外形如图 20-13 所示。

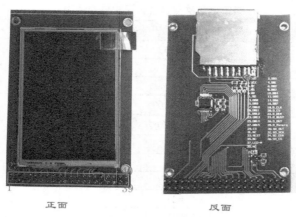

图20-13　2.4英寸TFT触摸屏模块

这款触摸屏模块主要具备如下特点。

（1）2.4 英寸，320×240，65K/262K 色。

（2）屏带 PCB 板，PCB 板设有 2.4 英寸液晶屏、SD 卡座、触摸屏控制芯片 ADS7843，通过 40 脚插针将屏、卡座和触摸芯片功能引脚，引脚间距为 2.54mm，采用杜邦线可十分方便地与单片机进行连接。PCB 引出脚排列及功能如图 20-14 所示。

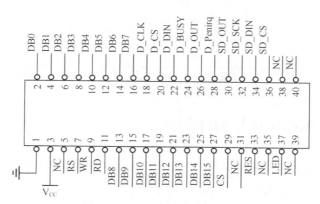

图20-14　PCB引出脚排列及功能

（3）屏设置为 8 位，用户也可根据实际情况设置为 16 位。

（4）控制 IC 为 ILI9325。

20.6.2　供电及连接说明

要进行 TFT 触摸屏模块的开发，需要找一块单片机实验板，这里采用顶顶电子早期设计的 DD-900 实验开发板（参见第 2 章），读者也可采用其他实验板进行实验。DD-900 采用的是 5V 供电，因此单片机应采用 5V 单片机，如 STC89C516、STC12C5A60S2 等。晶振采用

30MHz，注意 TFT 要采用 3V 供电，否则有可能烧屏，TFT 与单片机连接时可加限流电阻，电阻大小为 470Ω左右，也可以不加，但单片机不可设置为推挽模式。各引脚连接如表 20-2 所示。

表 20-2　　　　　　　　　　　TFT 触摸屏与单片机实验板的连接

TFT 触摸屏	DD-900 实验开发板	说明
GND	GND	屏与背光供电
V$_{CC}$	3V	
LED+	3V	
DB8～DB15	P00～P07	液晶屏部分
DB0～DB7	不连接（这里采用是 8 位方式，不用连接）	
RS	P26	
WR	P25	
RD	P24	
CS	P27	
RES	P23	
D_CLK	P21	触摸控制部分（进行第 3、第 4 个实验时连接，其他几个实验不用连接）
D_CS	P20	
D_DIN	P22	
D_BUSY	P34	
D_DOUT	P33	
D_Penirq（中断）	P35	
SD_OUT	P10	SD 卡座部分（进行第 5 个实验时连接，其他几个实验不用连接）
SD_SCK	P11	
SD_DIN	P12	
SD_CS	P13	

注意：在 TFT 的 PCB 板上标有 TFT 的引脚功能，一定要认清管脚与标注的对应关系。

20.6.3　TFT 触摸屏模块程序设计

这里以 DD-900 实验开发板配合 TFT 触摸屏为例，说明实验的操作方法，实验采用 5V 单片机 STC12C5A60S2；晶振采用 30MHz（频率不能太低）。

1．TFT 触摸屏刷屏实验

将 TFT 触摸屏与 DD-900 实验开发板相应脚连接好，开机后，循环显示红、绿、蓝三种色彩。

源程序在下载资料的 ch20 文件夹中。

2．TFT 触摸屏显示图片实验

将 TFT 触摸屏与 DD-900 实验开发板相应脚连接好，开机后液晶屏上显示出多个 QQ 图片；如图 20-15 所示。

源程序在下载资料的 ch20 文件夹中。

3. TFT 触摸屏显示坐标实验

将 TFT 触摸屏与 DD-900 实验开发板相应脚连接好，实现以下功能：开机后 TFT 触摸屏上面显示"触摸测试"，下面显示"welcome to you"以及"顶顶电子携助你，轻松玩转单片机"英文和汉字。当用触摸笔触摸屏幕时，在"触摸测试"下面可以显示出触摸位置的坐标。

在源程序中，汉字字模数据是通过 PCtoLCD2002 软件制作的，制作时要对选项菜单进行设置，点阵格式选择"阴码"，取模走向设置为横向取模（逐行式），字节正序（顺向），自定义格式选择 C51，如图 20-16 所示，然后单击确定按钮。

图20-15　显示QQ图片

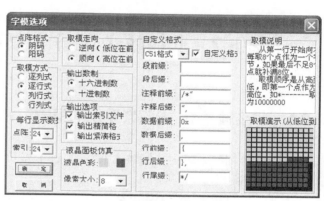

图20-16　字模选项

在主界面中，将字体大小设置为宽×高（像素）：12×16，在文字输入框中输入汉字"顶顶电子欢迎你，轻松玩转单片机"，此时在汉字显示区中出现相应的汉字，单击"生成字模"按钮，即可在下面的点阵输出区出现这些字的点阵数据，如图 20-17 所示。

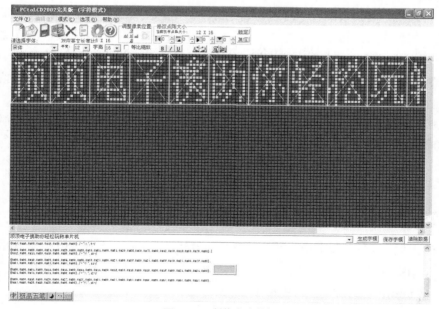

图20-17　制作点阵数据

用同样的方法，再制作"触摸测试"几个汉字的字模数据。

用 Keil 软件打开"触摸屏显示坐标 C51 源程序"文件夹中的"touch1"文件，对源程序进行编译和链接，产生 touch1.hex 目标文件，下载到单片机中，此时观察实验效果是否正常。

找一支触摸笔，在屏上触摸，屏上会显示出触摸点的坐标值，如图 20-18 所示。

源程序在下载资料的 ch20 文件夹中。

图20-18　显示的效果

|20.7　非接触式 IC 卡门禁系统的开发|

20.7.1　非接触式 IC 卡门禁系统的组成

非接触式 IC 卡门禁系统由非接触式 IC 卡、读卡器和 PC 管理机组成，此外还包括外部门禁设备。

1．读卡器：是门禁系统的主要设备，直接与 PC 通过 RS-232 串行口相连，只要有非接触式 IC 卡进入读卡器天线射频能量范围，读卡器便通过射频信号与 IC 卡通信，认证密码，读取卡中的数据，并将其存入计算机中。

2．非接触式 IC 卡：相当于开门钥匙，它是通过磁力线圈产生感应电流向读卡器发射卡内信息，完成读卡工作的。

3．PC 管理机：门禁系统有不同的构成方案，一种是读卡器不带存储器，PC 直接与读卡器相连，读卡信息实时地传输给 PC；另一种是读卡器独立工作，内部用较大的存储器存放读卡数据，采用采集器采集读卡器中的数据，再传输到 PC 管理机上，一般采用第一种方案。

4．门禁设备：门禁设备由读卡器中单片机的 I／O 口根据刷卡情况发出控制信号控制，密码认证通过开门，否则不开门。在读卡器上用喇叭来模拟。

门禁系统的关键部件是读卡器，它由微处理器、外围扩展器件、读写芯片、射频天线、串行通信接口等几部分组成。接上串行口和+5V 电源之后不仅可以读卡而且可以与计算机进行通信。

20.7.2　Mifare1 卡

在所有的 ISO14443A 型卡中，以飞利浦公司设计的 Mifare1 系列 S50 卡最常用。Mifare1 S50 卡内部有 8K 容量的 EEPROM，分为 16 个扇区，每个扇区内有 4 个数据块，每块有 16 字节数据。Mifare1 卡数据结构如图 20-19 所示。

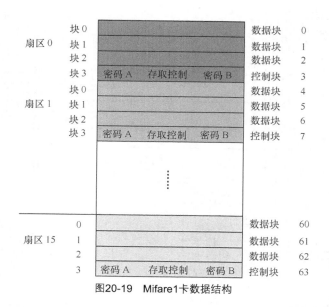

图20-19　Mifare1卡数据结构

第 0 扇区的块 0 内已固化存储厂商代码，其中包含唯一识别的卡号，其他扇区的块 0、1 和 2 为数据块，用于存储用户数据。由于数据存储格式的不同，数据块可以分为 2 种：普通数据块和数值块。

此外，每个扇区的数据块 3 为该扇区密钥控制块，内部包含密钥 A（6 字节）、存取控制（4 字节）和密钥 B（6 字节）。每个扇区的密钥和存取控制条件都是独立设置的，可以根据需要设定各自的密钥及存取控制。

对一张 Mifare1 卡来说，基本功能无非就是实现读取和写入卡内数据，而在对 Mifare1 卡进行读写操作之前，必须经过寻卡、防冲撞、选卡和密钥验证等环节。

寻卡主要实现在天线识别范围内搜寻是否存在 Mifare1 卡。寻卡成功后，进入防冲撞操作的过程，主要功能是在若干个 Mifare1 卡中按照一定算法获取其中 1 张卡的序列号。随后选择该序列号的卡，进行密钥验证。

20.7.3　读写芯片 MF RC522 介绍

MF RC522 是 Philips 公司推出的一款非接触式低功耗读写基站芯片，它是应用于 13.56MHz 非接触式通信中高集成读卡芯片系列中的一员。该读卡芯片系列利用了先进的调制和解调概念，完全集成了 13.56MHz 下所有类型的被动非接触式通读方式和协议。MF RC522 支持 ISO14443A 所有的层，传输速度最高达 424kbit/s，内部的发送器部分不需要增加有源电路就能够直接驱动近距离天线，接收部分提供了一个坚固而有效的解调和解码电路，用于接收 ISO14443A 兼容的应答信号。数字处理部分提供奇偶和 CRC 检测功能。RC522 具有三种接口方式，可方便地与任何 MCU 通信（SPI 模式、UART 模式、I^{2}C 模式）。甚至可通过 RS232 或 RS485 通信方式直接与 PC 相连，给终端设计提供了前所未有的灵活性。图 20-20 所示的是 RC522 的应用电路。

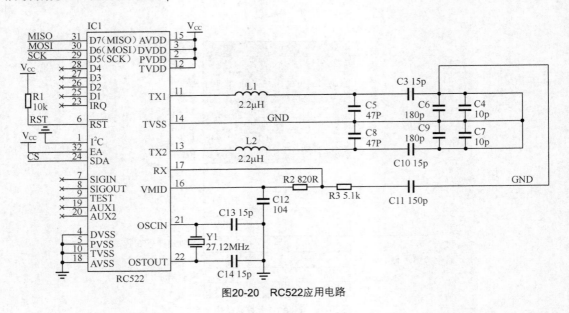

图20-20　RC522应用电路

20.7.4　软件设计

软件设计流程如下：MFRC522 与单片机之间通过接口（如采用 SPI 接口）进行数据交换，通过单片机发送过来的控制命令实现 ISO1444 3A 协议的所有操作。首先，单片机对 MFRC522 进行复位，开启天线，设置初始化寄存器值；随后，MRFC522 开始进入命令接收状态，单片机开始按照 ISO14443A 协议的流程发送寻卡、防冲撞、选卡、密钥校验和读写卡操作的命令，完成对射频卡的数据读写操作。

非接触式 IC 卡门禁系统的软件设计比较复杂，有兴趣的读者可购买实验开发板，一边实验一边开发，这样收获会更大。

|20.8　程序错误、热启动与冷启动剖析|

20.8.1　程序错误的分类

程序的错误主要分为两类：一类是编译错误；另一类是运行错误。

1. 编译错误

编译器在编译阶段发现的错误称为编译错误，编译错误主要是由于源程序存在语法错误引起的。

编译错误可以通过编译器（Keil）的语法检查发现。当源程序输入完成后，单击编译器的"编译"按钮，编译器会一个个字符地检查源程序，检查到某一点有问题，就把这一点作为发现错误的位置。因为源程序中实际的错误出现在编译程序指出的位置，或是出现在这个位置之前，所以应当从这个位置开始向前检查，设法确定错误的真正原因。有时，一个实际的错误会导致许多行的编译错误信息，经验原则是：每次编译后集中精力排除编译程序发现的第一个错误。如果无法确认后面的错误，就应当重新编译。

另外，Keil 编译程序还做一些超出语言定义的检查，如发现可疑之处，会发出警告（warning），这种信息未必表示程序有错，但也可能是真的有错。对警告信息决不能掉以轻心，警告常常预示着隐藏较深的实际错误，必须认真地一个一个弄清其原因。

单片机 C 语言编写时要注意语法，语法错误会造成编译失败，下面列举几种常见的编译错误。

（1）忘记定义变量就使用

例如：

```
main ()
{
  x=3;y=x;
}
```

在上式中看似正确，实际上却没有定义变量 x 和 y 的类型。C 语言规定，所有的变量必须先定义，后使用。因此在函数开头必须有定义变量 x 和 y 的语句，应改为：

```
main ()
{
  int x,y;
  x=3;y=x;
}
```

（2）变量没有赋值初就直接使用。

例如：

```
unsigned int addition (unsigned int n)
 {
 unsigned int i;
 unsigned int sum;
 for (i=0;i<n;i++)
 sum+=i;
 return (sum);
}
```

上例中本意是计算 1 到 *n* 之间整数的累加和，但是由于 sum 没有赋初值，sum 中的值是不确定的，因此得不到正确的结果。应改为如下：

```
unsigned int addition (unsigned int n)
{
 unsigned int i;
 unsigned int sum=0;
 for (i=0;i<n;i++)
 sum+=i;
 return (sum);
}
```

或者将 sum 定义为全局变量（全局变量在初始化时自动赋值"0"）。

```
unsigned int sum;
unsigned int addition (unsigned int n)
{
 unsigned int i;
 for (i=0;i<n;i++)
 sum+=i;
 return (sum);
}
```

（3）语句后面漏加分号

C 语言规定语句末尾必须有分号，分号是 C 语句不可缺少的一部分，例如：

```
main ()
{
    unsigned int i,sum;
    sum=0;
    for(i=0;i<10;i++)
    {sum+=i}
}
```

很多初学者认为用大括号括起就不必加分号，这是错误的。即使该语句用大括号括起来，也必须加入分号，在复合语句中，初学者往往容易漏写最后一个分号。上例应改为如下形式：

```
main ()
{
  unsigned int i,sum;
  sum=0;
  for (i=0;i<10;i++)
  {sum+=i;}
}
```

当漏写分号而出错，光标将停留在漏写分号的下一行。

编译错误还有很多，这里不一一列举。

2. 运行错误

程序通过编译检查后，在实际运行中出现的错误，称为运行错误。运行错误不能在编译检查阶段发现，只能在程序运行中才能发现。

运行错误主要是以下几种原因引起的。

（1）程序有逻辑错误

这种程序没有语法错误，也能运行，但却得不到正确的结果。这是由于程序设计人员写出的源程序与设计人员的本意不相同，即出现了逻辑上的混乱。

例如：

```
unsigned char i=1;
unsigned int sum=0;
while (i<=100)
sum=sum+i;
i++;
```

在这个例子中，设计者本意是想求从 1 到 100 的整数和，但是由于循环语句中漏掉了大括号，使循环变为死循环而不是求累加。对于这种错误，用 Keil 编译时不会有出错信息（因为符合 C 语法，但有部分编译系统会提示有一个死循环）。对于这类逻辑错误，比语法错误更难查找，要求程序设计者有丰富的设计经验和有丰富的排错经验。

（2）输入变量时忘记使用地址符号

输入变量时忘记使用地址符号通常出现在输入语句中，例如：

```
main ()
{
int a,b;
scanf ("%d%d",a,b);
}
```

应改为：scanf ("%d%d",&a,&b)。

（3）输入输出的数据类型与所用格式说明符不一致

例如：

```
main ( )
{
  int a=3,b=4.5;
  printf("%f %d\n",a,b);
}
```

在上例中，a 与 b 变量错位，但编译时并不给出出错信息，所以不会输出正确的结果。

（4）没有注意数据的数值范围

8 位单片机适用的 C 编译器，对字符型变量分配一个字节，对整型变量分配两个字节，因此有数值范围的问题。有符号的字符变量的数值范围为−128～127，有符号的整型变量的数值范围为−32768～32767，其他类型变量的范围这里就不再一一列举，请读者参见本书第 5 章有关内容。

例如：

```
main ()
{
  char x;
  x=300;
}
```

在上例中，有很多读者会认为 x 的值就是 300，实际上却是错误的。十进制数 300 的二进制为 1 0010 1100，赋值给 x 时，将赋值最后的 8 位，高位截去。

（5）误把"="作为关系运算符"等于"

在数学和其他高级语言中，都是把"="作为关系运算符"等于"，因此容易将程序误写为：

```
if (a=b)
c=0;
else
c=1;
```

在上例中，本意是如果 a 等于 b，则 c=0，否则 c=1。但 C 编译系统却认为将 b 赋值给 a，并且如果 a 不等于 0，则 c=0，当 a 等于 0，则 c=1，这与原设计的意图完全不同。应将条件表达式更改为：a==b。

引起运行出错的原因还有许多，这里不一一论述。

20.8.2 程序错误的常用排错方法

通过前面的讲解我们知道，程序的错误主要分为编译错误和运行错误两大类，编译错误可方便地通过编译器（如 Keil）进行查找，找到后会提示我们出错的大致位置，我们只要根据其提示内容，就可以方便地进行排错；而运行错误则比较隐蔽，查错需要一定的方法和技巧，下面重点介绍运行错误的查错方法。

1．LED 灯排错法

我在开发产品时，大都会在单片机的 I/O 端口上留一些 LED 接口，并在相应端口接上 LED 测试工具（参见图 20-21），测试工具的正极接在电源上，负极接在单片机相应的端口（设

为 P0.0 脚）。程序启动后会将系统状态值送到 P0.0 脚的 LED 灯上，而我只要观看该接口的

LED 灯的显示情形，即可得知 P0.0 脚的状态如何，若单片机 P0.0 脚为高电平，则 LED 灯不亮；若 P0.0 脚为低电平，则 LED 灯亮。我将这种采用 LED 灯进行排错的方法称为 LED 灯排错法。

图20-21　LED测试工具

有些时候，LED 接口上的灯变化太快了，看不出状态值来，此时可以视情况在 LED 接口显示之后加上一段 0.5s 左右的时间延迟，就可以清晰地看到 LED 灯的状态了。保守地估计，有一半以上的软件错误可用这种简易而有效的方法找出问题来。

下面举一个简单的例子，说明 LED 灯的排错方法。

```
#include<reg51.h>
#define uint unsigned int
#define uchar unsigned char
sbit P00=P0^0;
bit flag;
sbit K1=P3^2;
void main()
{
  P0=0xff;
  while(1)
  {
        if(K1==0)
        flag=!flag;
  }
}
```

这处程序的作用是，每按一下 K1 键（接在单片机 P3.2 脚），标志位 flag 取反一次。假如，我们需要观察 flag 的状态，应该如何做呢？很简单，只需将 LED 灯接在单片机的一个端口（设为 P0.0 脚），然后在"flag=!flag;"语句的后面加入以下语句即可。

```
      P00=flag;
```

这样，当 flag 取反时，将 flag 的状态送到 P0.0 脚的 LED 灯，LED 会随着 flag 的变化而变化；如果 LED 灯始终不亮或始终常亮，都说明程序存在问题。

2. 蜂鸣器排错法

蜂鸣器排错法与 LED 灯排错法的原理是一致的，不同的是，LED 排错法是通过 LED 灯的亮与灭反映程序的执行情况，而蜂鸣器排错法则是通过蜂鸣器的响与不响来反映程序的执行情况。

例如，在上面的实例中，我们只要在"flag=!flag;"语句的后面加入以下语句即可判断 flag 的变化情况。

```
      P37=flag;
```

这里，P37 表示蜂鸣器接在单片机的 P3.7 脚，当 flag 取反时，flag 的状态会送到 P3.7 脚的蜂鸣器，若 flag 为低电平，蜂鸣器会发声；若 flag 为高电平，蜂鸣器会停止发声。如果蜂鸣器始终不响或始终常响，都说明程序存在问题。

另外，你还可以制作一个蜂鸣器响一声函数 beep()，来判断程序的执行情况，beep()函数如下所示。

```
void beep()
{
```

```
    P37=0;                              //蜂鸣器响
    Delay_ms(500);               //延时 0.5s
    P37=1;                              //关闭蜂鸣器
    Delay_ms(500);
}
```

假如编写的程序比较长，而且你很想知道某一部分程序是否被执行，那么可以在此部分程序中加入一条语句"beep();"即可，若此部分语句被执行，蜂鸣器会响一声；若此部分程序未被执行，蜂鸣器不会发声。这样，根据蜂鸣器的发声情况，就可以方便地判断出这部分程序是否被执行了。

3. 串行通信排错法

当我们进行单片机程序排错或进行程序调试时，总是希望可以看到程序运行的情况，这包括 I/O 口的状态和内部程序关键数值的变化情况。使用单片机的串口可方便地满足我们的要求。使用串口需要以下三个步骤。

第一步，打开顶顶串口调试助手，选中"十六进制接收"复选框，其他按默认设置即可。

第二步，连接硬件电路。如果开发板上有串行接口，只需将开发板通过串行线连接到计算机的串口上即可；如果开发板没有串行接口，则需要制作一个串行接口电路（采用 MAX232或分立元件均可），制作好后将开发板通过串行接口电路与计算机串口连接起来。

第三步，把一个串口程序加入到我们要调试的源程序之中，当程序运行时我们所需要的数据就在串口中得到了。

下面举例进行说明。

以下是一个加入了串口程序的闪烁 LED 灯的源程序，在源程序中设置了一个计数器count，它可以对 LED 灯的闪烁次数进行计数，当计数到 10 回到 0，然后再继续加 1 计数。最终程序的数据在串口调试助手上显示出来。

```
#include <reg51.h>
sbit  LED = P0 ^ 0;                        //外接一个发光二极管
/*********以下是串口初始化函数********/
void series_init()
{
    SCON=0x50;                             //串口工作方式 1,允许接收
    TMOD=0x20;                             //定时器 T1 工作方式 2
    TH1=0xfd;TL1=0xfd;                     //定时初值,设定波特率为 9600
    PCON&=0x00;                            //SMOD=0
    TR1=1;                                 //开启定时器 1
}
/********以下是延时函数********/
void Delay_ms(unsigned int xms)            //延时程序,xms 是形式参数
{
    unsigned int i, j;
    for(i=xms;i>0;i--)                     // i=xms,即延时 xms, x 由实际参数传入一个值
        for(j=115;j>0;j--);                //此处分号不可少
}
/********以下是主函数********/
void main(void)
{
    unsigned char count=0;                 //设置一个变量 count,初值为 0,假设其为重要数据
```

```
        series_init();                    //串口初始化
        while (1)                         //循环做这些工作
        {
            LED = 0;                      //点亮发光二极管
            Delay_ms(1000);               //亮 1 秒（延时 1 秒）
            LED = 1;                      //关掉发光二极管
            Delay_ms(1000);               //关 1 秒
            SBUF = count;                 //将调试数据发送回 PC
            count++;                      //变量 count 的值加 1
            if(count >10){count=0;}       //如果 count 的值大于 10 则回到 0 重新计数
        }
}
```

源程序中，series_init()为串口初始化函数，加入该函数后就可以在串口调试助手上观察到计数器 count 的计数值了，如图 20-22 所示。

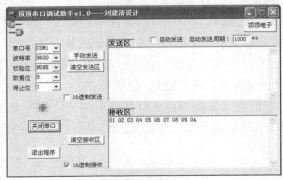

图20-22　接收到的计数值

20.8.3　热启动与冷启动探讨

所谓冷启动是指单片机从断电到通电的这么一个启动过程；而热启动是单片机始终通电，由于看门狗动作或按复位按钮形成复位信号而使单片机复位。冷启动与热启动的区别在于：冷启动时单片机内部 RAM 中的数值是一些随机量，而热启动时单片机内部 RAM 的值不会被改变，与启动前相同。

对于工业控制单片机系统，通常设有看门狗电路，当看门狗动作，使单片机复位，程序再从头开始运行，这就是热启动。需要说明的是，热启动时一般不允许从头开始，从头开始将导致现有的已测量到或计算到的值复位，引起系统工作异常。因此，在程序必须判断是热启动还是冷启动，常用的方法是：在内部 RAM 中开辟若干空间（如 0x7e、0x7f 两个单元），并且将特定的数据（例如，0x7e 单元的值为 0xaa，0x7f 单元的值为 0x55）保存在这一空间中，启动后将这一空间保存的数据与预设的数据进行比较，如果一致，说明是热启动，否则是冷启动。

下面这段程序中，可区分出是热启动还是冷启动，如果是热启动，可将保存在 RAM 从 7AH 开始的 4 个备份单元中数据，回存到 RAM 从 40H 开始的工作单元中；如果是冷启动，则从外部 EEPROM 中读取上次断电时保存的数据，回存到 RAM 从 40H 开始的工作单元中。

```
void main()
{
  char data *HotPoint=(char *)0x7f;
```

```
    if((*HotPoint==0xaa)&&(*(--HotPoint)==0xaa))
    {
        //热启动的处理，主要是将备份的数据进行恢复
    }
    else //冷启动的处理，主要是建立热启动标志
    {
        HotPoint=0x7e;
        *HotPoint=0xaa;
        *(++HotPoint)=0xaa;
    }
    //正常工作代码
}
```

　　然而实际调试中发现，无论是热启动还是冷启动，开机后所有 RAM 内存单元的值都被复位为 0，当然也实现不了热启动的要求。这是为什么呢？

　　原来，开机时执行的代码并非是从主程序的第一句语句开始的，在主程序执行前要先执行一段起始代码 STARTUP.A51（STARTUP.A51 在 C51\LIB\startup.a51 文件夹中）。首先将 STARTUP.A51 程序复制一份到源程序所在文件夹。然后将 STARTUP.A51 加入工程中（Keil 在每次建立新工程时都会提问是否要将该源程序复制到工程文件所在文件夹中，如果回答 "Yes"，则将自动复制该文件并加入到工程中），如图 20-23 所示。

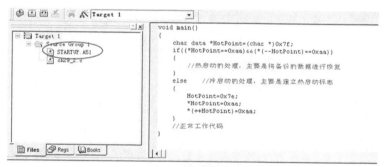

图20-23　加入启动文件的工程

打开 STARTUP.A51 文件，可以看到如下代码：

```
    IDATALEN  EQU  80H ; the length of IDATA memory in bytes
STARTUP1:
    IF  IDATALEN <> 0
    MOV  R0,#IDATALEN - 1
    CLR  A
IDATALOOP:
    MOV  @R0,A
    DJNZ  R0,IDATALOOP
    ENDIF
```

　　可见，在执行到判断是否热启动的代码之前，起始代码已将所有内存单元清零。如何解决这个问题呢？好在启动代码是可以更改的，方法是：将以上代码中的第一行 IDATALEN EQU 80H 中的 80H 改为 7AH（也可以改为其他值），就可以使 7AH 到 7FH 的 6 字节内存不被清零。